机械工程控制及测试技术基础

吴波　杨威　刘洋◎主编

清华大学出版社
北京

内容简介

本书根据应用型本科院校的教学特点，结合编者多年教学经验编写而成。本书将工程中不可分割的控制与测试技术相结合，由浅入深导入理论知识点，以工程案例为应用扩展点，使学生理解并灵活运用控制和测试理论，进而对复杂工程问题进行分析、设计和研究。

本书可作为高等学校机械工程相关专业的教材和参考书，也可作为继续教育和职业教育的培训教材，对相关工程技术人员也具有参考价值。

图书在版编目(CIP)数据

机械工程控制及测试技术基础/吴波，杨威，刘洋主编. —北京：清华大学出版社，2022.6
ISBN 978-7-302-60783-0

Ⅰ. ①机… Ⅱ. ①吴… ②杨… ③刘… Ⅲ. ①机械工程－控制系统－高等学校－教材 ②机械工程－测试技术－高等学校－教材 Ⅳ. ①TH-39 ②TG806

中国版本图书馆 CIP 数据核字(2022)第 075858 号

责任编辑：王剑乔
封面设计：刘 键
责任校对：袁 芳
责任印制：刘海龙

出版发行：清华大学出版社
网 址：http://www.tup.com.cn，http://www.wqbook.com
地 址：北京清华大学学研大厦 A 座 邮 编：100084
社 总 机：010-83470000 邮 购：010-62786544
投稿与读者服务：010-62776969，c-service@tup.tsinghua.edu.cn
质量反馈：010-62772015，zhiliang@tup.tsinghua.edu.cn
课件下载：http://www.tup.com.cn，010-83470410
印 装 者：三河市少明印务有限公司
经 销：全国新华书店
开 本：185mm×260mm 印 张：17.5 字 数：419 千字
版 次：2022 年 8 月第 1 版 印 次：2022 年 8 月第1 次印刷
定 价：59.00 元

产品编号：093284-01

前言

科学技术起源于人类对原始机械和力学问题的研究。随着人类社会的发展，机械工程出现在人们日常生活、生产、交通运输、军事和科研等各个领域。人们不断地要求机械设备最大限度地代替人的劳动，并产生更多、更好的劳动成果，这就要求机械设备不断地向自动化和智能化方向发展。如今，自动控制技术和测试技术已经广泛应用于工农业生产、交通运输和国防建设的各个领域。自动控制技术以控制理论为基础，以计算机为手段，解决了一系列高科技难题，诸如宇宙航行、航空航天工程、导弹制导与导弹防御体系等领域的一些高精度控制问题等，在科学技术现代化的发展与创新过程中，正在发挥着越来越重要的作用。

随着教育部高等教育"卓越工程师计划"项目的实施，"新工科"建设项目的铺开，衔接工程教育专业认证及 OBE 办学理念，适应国际交流及合作办学时代浪潮成为高校发展的关键。机械工程控制及测试技术作为机械工程类专业的核心课程，教学方法、教学手段和教学理念在不断地更新调整。

自动控制理论和测试技术的描述离不开数学，在自动控制理论和测试技术书籍中使用了大量的数学知识，使得大多数学生在学习过程中感到抽象和困难，对学习这些理论的目的性缺乏认识，影响了学习兴趣，学习效果欠佳。为了解决这些问题，本书将工程中不可分割的控制与测试技术相结合，由浅入深导入理论知识点，以工程案例为应用扩展点串接全书各个章节进行深入讲解。本书从基本概念、基本分析方法入手，结合生产和生活中的实例，以时域分析方法为主线，时域分析和频域分析并进，利用直观的物理概念，使学生充分理解系统结构、参数与系统指标之间的内在联系，由浅入深地引导学生理解和掌握经典控制理论的精髓。结合实用性传感器的原理介绍和应用说明，使学生更好地理解被测信号的测量、显示和记录全过程，使学生理解并可灵活运用控制和测试理论，进而对复杂工程问题进行分析、设计和研究。

本书共 9 章，第 1～6 章由长春工程学院吴波副教授编写，其中，2.6、3.6、4.4、5.4 节的设计示例由沈阳机床成套设备有限责任公司刘洋高级工程师编写；第 7～9 章由长春工程学院杨威老师编写。

在本书的编写过程中，编者得到了许多授课老师的关心、支持和帮助，并参阅了国内外有关控制理论和测试技术方面的教材、资料和文献，在此对各位作者谨致谢意。

控制理论和测试技术发展日新月异，加之编者水平有限，书中难免存在疏漏和不妥之处，恳请读者不吝指教。

编　者

2022 年 5 月

本书教学课件和习题答案

目录

第1章

绪　　论

在现代科学技术的众多领域中，自动控制技术起着越来越重要的作用。自动控制(automatic control)是在没有人的直接干预下，利用物理装置对生产设备和(或)工艺过程进行合理的控制，使被控制的物理量保持恒定，或者按照一定的规律变化，如矿井提升机的速度控制、造纸厂纸浆浓度的控制、轧钢厂加热炉温度的控制、轧制过程中的速度和张力的控制等。自动控制系统是为实现某一控制目标所需要的所有物理部件的有机组合体。在自动控制系统中，被控制的设备或过程称为被控对象或对象；被控制的物理量称为被控量或输出量；决定被控量的物理量称为控制量或给定量；妨碍控制量对被控量进行正常控制的所有因素称为扰动量。给定量和扰动量都是自动控制系统的输入量。扰动量按其来源可分为内部扰动和外部扰动。自动控制的任务实际上就是克服扰动量的影响，使系统按照给定量所设定的规律运行。测试技术与控制永远是相辅相成的两个单元，没有控制，测试将无法立足；没有测试，控制也无意义。测试技术(technique of measurement and test)是科学研究和技术评价的基本方法之一。它是具有试验性质的测量技术，是测量和试验的综合。测量是确定被测对象属性量值的过程，所做的是将被测量与一个预定的标准尺度的量值相比较；试验是对研究对象或系统进行试验性研究的过程。

1.1　机械工程控制论和测试技术概述

人类的祖先在制作和使用工具以后，就逐渐开始制作和使用机械了，人类最初使用机械的目的是省力，或者增大人的力量。最古老、最简单的机械是杠杆，通过杠杆，人可以移动直接用手不能移动的重物。利用自然力(如风车和水车的使用)是人用机械的动力把自己从繁重的体力劳动中解脱出来的开始。蒸汽机和电动机的发明为机械提供了有效并且使用方便的动力。机械的不断发展不仅使人类从繁重的体力劳动中解放出来，而且大大提高了劳动效率和产品质量。人类认识到机械在生产中的重要作用，不断地改进旧机器和发明新机器来满足各种各样不断增长的需要。在机械工程发展的过程中，人们一直致力于机器的自动化。因为只有自动化的机器才能生产出更多、更好的产品，并能进一步减少人们在生产过程中紧张而繁重的劳动。不断提高机器的自动化水平，一直是人类追求的目标。

虽然在几百年前人类就开始运用自动控制的初步原理，但自动控制理论的形成是在20世纪40年代。由于当时军事技术和工业生产中都出现了许多亟待解决的系统控制问题，要求设计的系统工作稳定、响应迅速，并且精度高。这就需要对系统做深入的理论研究，揭示系统内部运动的规律，即系统性能与系统结构及参数之间的关系。最初所涉及的系统

是单变量输入/输出、用微分方程及传递函数描述的系统，形成的理论称为经典控制理论。经典控制理论用频率法、根轨迹法等方法分析和设计系统。在经典控制理论基础上发展起来的模拟量自动控制系统，至今在许多工业部门仍然占有重要地位。经典控制理论的重要性还在于它是现代控制理论的基础，要掌握现代控制理论首先要学好经典控制理论。

随着现代科学技术的发展，多输入多输出的复杂系统越来越多，如各种数控机床和各种用途的机器人等。经典控制理论已不能满足解决这类问题的需要，机械工程发展的需要是自动控制理论发展的强大动力。现代控制理论用状态空间描述系统变量，所建立的状态空间表达式不仅表达系统输入输出间的关系，而且还描述系统内部状态变量随时间的变化规律。现代控制理论在实际工程中的应用需要大量快速的运算，电子技术和计算技术的发展为现代控制理论的产生和发展提供了在现代化系统中实际应用的技术条件。现代控制理论的基础部分是线性系统理论，它研究如何建立系统的状态方程，如何由状态方程分析系统的响应、稳定性和系统状态的可观测性与可控制性，以及如何利用状态反馈改善系统性能等。现代控制理论的重要部分是最优控制，就是在已知系统的状态方程、初始条件及某些约束条件下，寻求一个最优控制向量，使系统在此最优控制向量作用下的状态或输出满足某种最优准则。电子计算机及计算方法的迅速发展，使最优控制成为应用越来越广泛的方法。自适应控制是近十几年来发展较快的现代控制论分支，它适合被控对象的结构或参数随环境条件的变化而变化的情况。控制器的参数要能随环境条件的变化自动进行调节，才能使系统始终满足某种最优准则。这类系统称为自适应控制系统。

智能控制技术是一个方兴未艾的领域。智能控制特别适应实际工程中存在的一些无法建立精确数学模型或者根本无法建立系统数学模型及具有强非线性复杂系统的控制问题。虽然它还处于初级阶段，但它具有无限的发展空间，是以往任何控制理论和技术无法比拟的。人类可以把所有的知识以及获取知识的方法注入智能控制系统，也可以把人的思维方法(对所获取信息的分析、特性提取、推理、判断、决策、经验的获取、积累与提高等)“教给”智能控制系统。人类的智能在不断地发展，智能控制系统也将不断地发展。智能控制近年来发展较快，并在实际工程中得到广泛应用。

无论是现代控制系统还是正在发展的智能控制系统，它们的控制算法都是通过运行在控制计算机中的程序实现的，因此它们属于数字控制系统。根据经典控制理论建立起来的控制系统属于模拟量控制系统，因为在这样的系统中全部是连续的模拟信号和模拟量。模拟量控制系统的控制作用是通过模拟电路来实现的。本书主要讲述模拟量控制系统。

1.2 反馈控制

1.2.1 反馈控制原理

为了实现各种复杂的控制任务，首先要将被控对象和控制装置按照一定的方式连接起来，组成一个有机整体，这就是自动控制系统。在自动控制系统中，被控对象的输出量(被控量)是要求严格加以控制的物理量，它可以要求保持为某一恒定值，如温度、压力、液位等，也可以要求按照某个给定规律运行，如飞行航迹记录曲线等；而控制装置则是对被控对象施加控制作用的机构的总称，它可以采用不同的原理和方式对被控对象进行控制，但最基本的一种是基于反馈控制原理组成的反馈控制系统。

在反馈控制系统中,控制装置对被控对象施加的控制作用是取自被控量的反馈信息,用来不断修正被控量与输入量之间的偏差,从而实现对被控对象进行控制的任务,这就是反馈控制的原理。

其实,人的一切活动都体现出反馈控制的原理,人本身就是一个具有高度复杂控制能力的反馈控制系统。例如,人用手拿取桌上的书,汽车司机操纵方向盘驾驶汽车沿公路平稳行驶等,这些日常生活中习以为常的动作都渗透着反馈控制的原理。下面通过解剖手从桌上取书的动作过程,透视一下这一动作所包含的反馈控制机理。在这里,书的位置是手运动的指令信息,一般称为输入信号。取书时,首先人要用眼睛连续目测手相对于书的位置,并将这个信息送入大脑(称为位置反馈信息);然后由大脑判断手与书之间的距离,产生偏差信号,并根据其大小发出控制手臂移动的命令(称为控制作用或操纵量),逐渐使手与书之间的距离(偏差)减小。显然,只要这个偏差存在,上述过程就要反复进行,直到偏差减小为零,手便取到了书。可以看出,大脑控制手取书的过程是一个利用偏差(手与书之间距离)产生控制作用,并不断使偏差减小直至消除的运动过程;同时,为了取得偏差信号,必须要有手位置的反馈信息,两者结合起来,就构成了反馈控制。显然,反馈控制实质上是一个按偏差进行控制的过程,因此,它也称为按偏差的控制,反馈控制原理就是按偏差控制的原理。

人取书视为一个反馈控制系统时,手是被控对象,手位置是被控量(即系统的输出量),产生控制作用的机构是眼睛、大脑和手臂、手,统称为控制装置。可以用图1-1所示的系统方框图来展示这个反馈控制系统的基本组成及工作原理。

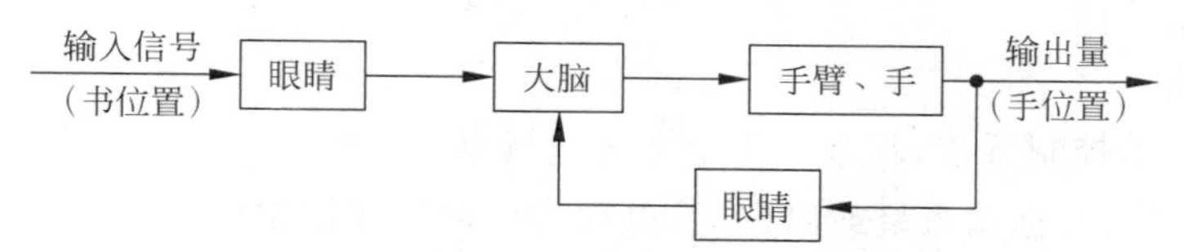

图1-1 人取书的反馈控制系统方框图

通常,把取出输出量送回输入端,并与输入信号相比较产生偏差信号的过程称为反馈。若反馈的信号与输入信号相减,使产生的偏差越来越小,则称为负反馈;反之,则称为正反馈。反馈控制就是采用负反馈并利用偏差进行控制的过程,而且,由于引入了被控量的反馈信息,整个控制过程成为闭环过程,因此反馈控制也称闭环控制。

1.2.2 控制系统的组成

1. 基本结构

任何一个机械自动控制系统,无论是简单的还是复杂的,都是由一些基本元件组成的,这些基本元件在系统中的作用及相互联系可用图1-2表示,其具体组成如下。

(1) 输入元件。又称为给定元件,其作用是产生与输出量的期望值相对应的系统输入量。

(2) 反馈元件。其作用是产生与输出量有一定函数关系的反馈信号。这种反馈信号可能是输出量本身,也可能是输出量的函数。

(3) 比较元件。其作用是比较由给定元件给出的输入信号和由反馈元件反馈回来的反

馈信号，并产生反映两者差值的偏差信号。

（4）放大变换元件。其作用是将比较元件给出的偏差信号进行放大并完成不同能量形式的转换，使之具有足够的幅值、功率和信号形式，以便驱动执行元件控制被控对象。

（5）执行元件。其作用是直接驱动被控对象运动，以使系统输出量发生变化。

（6）被控对象。就是控制系统所要操纵和控制的对象。

（7）校正元件。又称为校正装置，其作用是校正系统的动态特性使之达到性能指标要求。

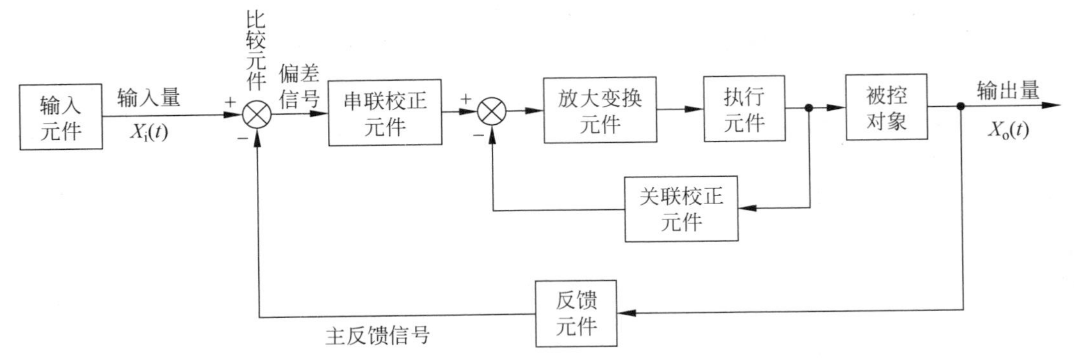

图 1-2　反馈控制系统基本结构组成方框图

在工程实际中，比较元件、放大元件及校正元件常常合在一起形成一个装置，这样的装置一般称为控制元件。

2. 基本变量

一个机械自动控制系统，其基本变量主要包括以下几种。

（1）输入信号，又称输入量或给定量，也称为控制量或控制信号，用 $X_i(t)$ 表示，是控制输出量按预期规律变化而提供给控制系统的输入物理量。

（2）输出信号，又称输出量或被控量，用 $X_o(t)$ 表示，是与输入信号存在一定函数关系的物理量。

（3）反馈信号，是指从输出端或中间环节引出，并直接或经过变换以后传输到输入端比较元件中的信号。反馈分为主反馈和局部反馈。从输出端到输入端的反馈称为主反馈；从中间环节到输入端或者从输出端到中间环节的反馈称为局部反馈。反馈信号有正负之分，自动控制系统中的主反馈一定是负反馈；否则偏差信号会越来越大，最终将导致系统失去控制。

（4）偏差信号，简称偏差，用 $e(t)$ 表示，它是比较元件的输出，等于输入信号与主反馈信号之差。偏差信号只存在于闭环系统中，它是闭环系统的实际控制信号，即真正起调节和控制作用的信号不是输入信号本身，而是由输入信号和主反馈信号通过比较元件形成的偏差信号。

（5）误差信号，简称误差，用 $\zeta(t)$ 表示，它是输出量的期望值与实际值之差。由于输出量的期望值是一个理想值，在实际系统中无法测量，所以误差只是一个理论值，通常误差用偏差来度量，其原因在于误差和偏差两者之间存在确定关系，偏差的大小能间接反映误差的大小，所以用偏差来度量误差既合理又实用。对于单位负反馈系统，误差就等于偏差。

值得注意的是，在机械工程控制基础这门学科中，信号和变量这两个术语不加区分，信号也即变量，变量也即信号。正因为如此，以上许多术语都有多种叫法。

1.2.3 控制案例

控制系统分析包含对不同工程元件的统一处理。这里是指设法以相同的格式表示系统的各个环节，并且以相同的方式标识各个环节之间的连接。当进行这些处理后，以示意图形式表示的大多数控制系统看上去都是相同的，并适用于相同的分析方法。这个过程通常涉及一种称为方框图表示法的技术，这将在后面加以讨论，每个元件简化为包含一个输入变量和一个输出变量的基本函数，输入和输出之间的关系称为传递函数。

初学时，最好集中讨论一个简单的例子，即假设分析淋浴时调节水温的运行机理，如图1-3所示。当进入淋浴间时，在我们的头脑里面有一个期望水温。这个温度不是一个已知的绝对读数，如42℃，而是定性的，如冷的、温的或热的。我们皮肤中的温度传感器会非常有效地测出水温，并把这一信息传给大脑，将它与我们的期望水温进行比较，大脑计算出其差值并用“太热”或“太冷”来表示，如果太热就用手操纵冷热混合阀来调低温度，或者如果太冷就调高温度。一旦采取校正动作，就要重复这个过程直至得到期望的水温为止。

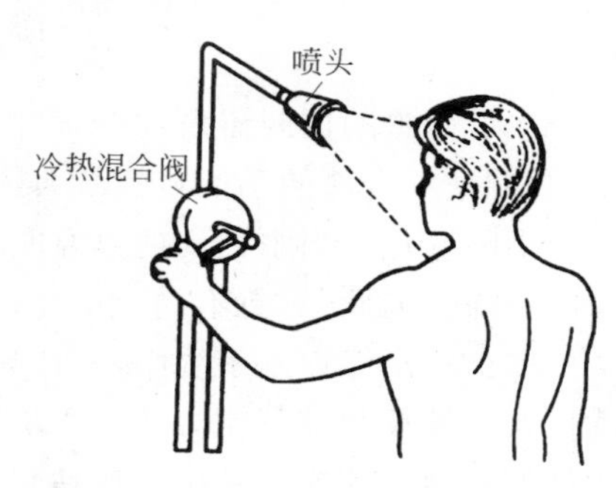

图1-3 水温调节系统

系统的操作及主要组成部分如图1-4所示。图中的各个方框表示执行总目标下的子任务的过程，如测量水温或控制(转动)阀门。这些方框用前面提及的传递函数的方式将输入变量传递到输出变量。这些传递函数易于计算，如混合阀。此环节具有作为输入变量的阀门手柄转动角θ和作为输出变量的水温T。假设考虑阀门是线性的，可导出以下关系，即

$$T = K_T\theta \tag{1-1}$$

式中，K_T为阀门温度常数。其余传递函数，如通过大脑和手之间的神经信号与混合阀手柄的转动之间的关系，就很难用简单的数学形式来表示。

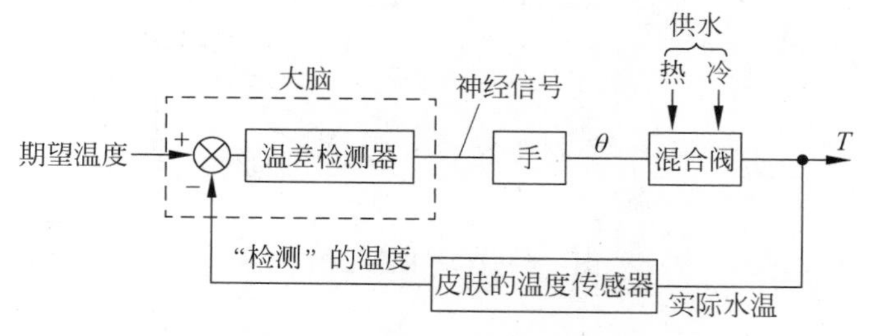

图1-4 温度控制系统方框图

现在将上述系统以稍微抽象的形式来表示，如图1-5所示。这样做的原因是，因为大多数控制系统都可表示为图1-5的形式，所以所研究的用于这个系统的分析方法将会适用于大多数控制问题而不用参考各个环节的具体物理特性。图1-5中的术语在全书中都是通用的，通常对象表示被控的主要元件，并且它的传递函数通常是固定的。控制器是一个元件，这样就可得到整个系统的“最佳”性能。反馈通道是系统的关键部分，表示如何测量出来自

对象的感兴趣的输出变量值(本例是温度值),并反馈回去与期望值进行比较。偏差的大小引起对象输入量的变化,进而导致输出量的变化。

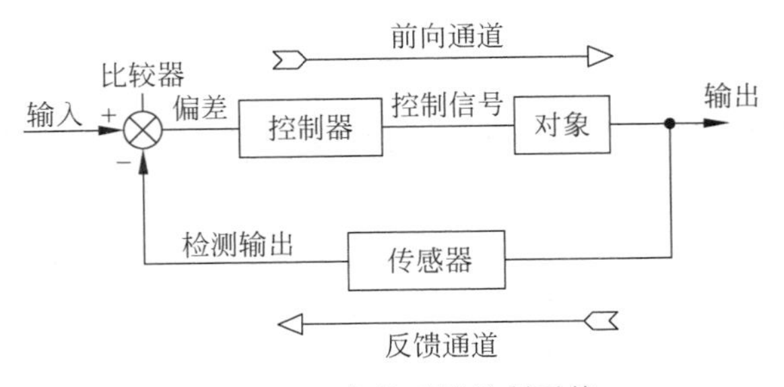

图 1-5　一般的反馈控制系统

在最简单的控制器设计中,输出量与输入量成比例。在我们的例子中,如果水温实在太低了,就把混合阀的手柄转到最大热水流出量的位置。当水温接近期望值时,手柄的位置发生较小的变化。当水达到期望温度时,比较器的两个输入值相等并且输出为零,像控制器的输出一样。因此,对象不受干扰并且整个系统达到平衡。

在上述水温控制系统中,人作为控制回路的一部分。在不远的将来,许多控制系统将继续把人的计算和推理能力作为系统的一部分,因为计算机和激励硬件没有提供实际经验替代物的功能。这样的系统将包括在繁忙运输中驾驶一辆汽车、对病人进行外科手术、打网球及在钢琴上弹奏古典音乐等。然而在许多情况下,控制回路中的人已被代替,从而得到一个自动控制系统。在水温控制问题中,安装在混合阀给水管中的温度传感器能生成一个与温度成比例的电压值,将它与电位计的设定值进行比较,这个差值或偏差驱动电机转动混合阀的手柄,从而使人的操作简化为拨动要求的温度,而把剩下的工作留给控制系统来完成。这样一个系统的物理形式如图 1-6 所示,其方框图形式如图 1-7 所示。

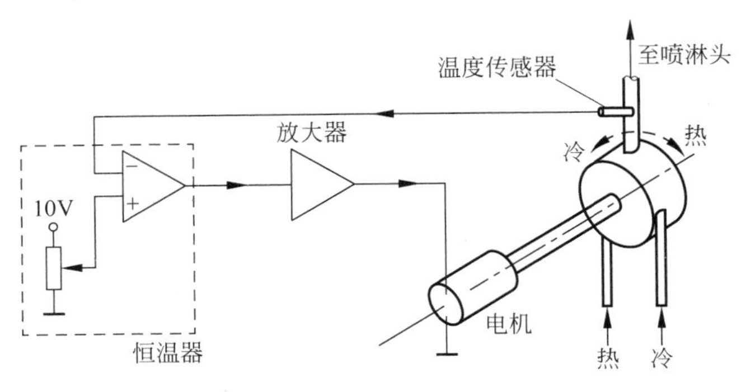

图 1-6　自动水温控制系统

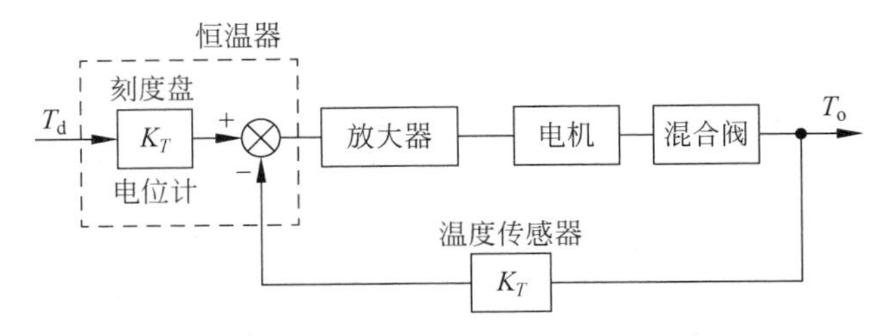

图 1-7　自动温度控制系统的方框图

至此,我们只是讨论了闭环控制系统,但是许多目标可使用开环系统来实现。开环系统定义为不对感兴趣的物理变量测量和反馈的系统。为了检查开环系统的运行状况,再次考虑淋浴的温度问题。如果我们知道输入热水和冷水的温度以及混合阀的特性,就能够设定一个混合阀转角 θ 来得到期望的精确水温。这样一个系统可用图 1-8 所示的方框图形式表示。因为不需要图 1-6 所示的自动化系统情况下的温度传感器和比较器,显然这个系统比闭环系统要简单得多,生产成本更低。与闭环系统比较,这是开环系统的最大优点。开环系统的主要缺点是需要知道组成系统各元件的精确模型以便适当设定输入。要考虑到无论我们是否知道诸如混合阀的传递函数,闭环系统都能工作。

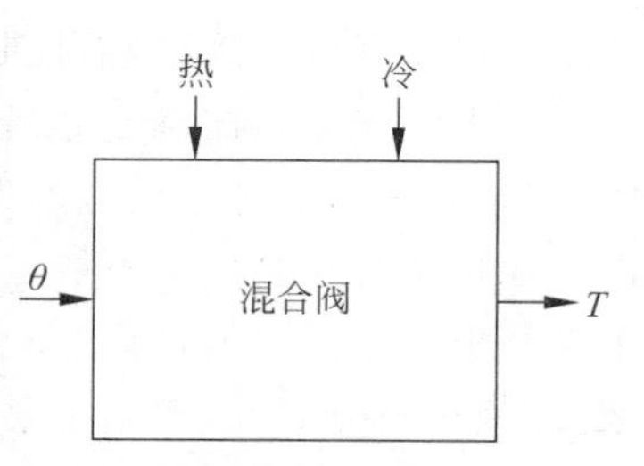

图 1-8 开环水温控制系统

与开环系统相比,闭环系统的另一个优点就是对外界不期望的干扰具有恢复能力。在淋浴时经常发生的情况是,期间有人在冲洗马桶,减少了混合阀的冷水供应量,导致水温快速升高。如果系统是开环的,那么无法调节混合阀来响应快速升高的温度;否则,它就变成一个闭环系统。我们所能做的是等待,直到马桶水箱充满,然后恢复原来的冷水水流。这个恢复过程如图 1-9 所示。另外,如果在闭环控制模式下,人在淋浴室操作混合阀,那么可混合较少的热水和较多的冷水,从而就可更快速地得到正确的温度,同样如图 1-9 所示。而当水充满时,因为感应到的温度在降低,但是使用者希望体验一个合理的恒定水温,所以需要继续调节混合阀。一旦马桶水箱充满,并且恢复了原来的水流条件,混合阀也会恢复到原来的位置,也就不再需要做进一步的调节。因此可总结为,虽然建立一个开环系统比较简单也比较便宜,但为了得到期望输出,需要详细了解每个元件来确定输入值,而且在不期望干扰的作用下,恢复的速度没有闭环系统那么快。后面将会看到,闭环系统比开环系统还具有其他重要的优点。

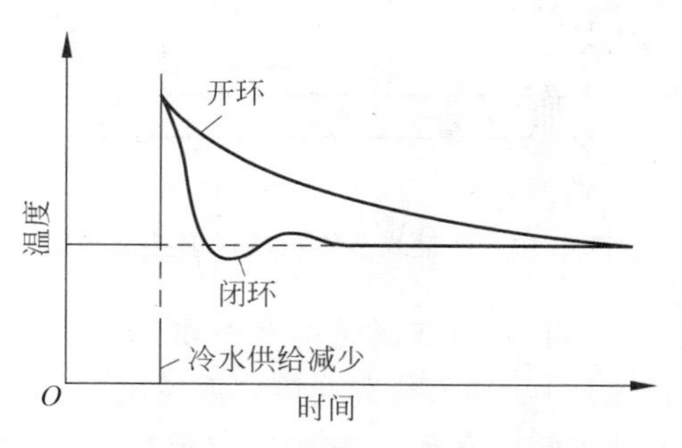

图 1-9 外界干扰作用下的温度恢复

本书将要研究的许多自动控制系统可归类为伺服机构,这些是以某个机械量如位置、力或温度作为输出的简单的自动控制系统。我们的闭环系统使用温度传感器和电机来调节混合阀,它便是一个伺服机构。

闭环水温控制系统的工作模式是显而易见的,正如图 1-7 所示的自动模式,然而这些系统只是由反馈和激励的直观知识来构建的。问题产生了:如果无须知道系统各个元件的技术知识就可建立可运行的系统,为什么还要研究控制系统的详细分析和性能呢?在历史上,控制系统的实际应用比控制系统的分析要早 100 年左右。第一个例子是讨论 18 世纪发明的蒸汽机速度调节系统，而控制理论直到 20 世纪中期才开始发展。分析控制系统的原因是为了在系统建立之前确定系统的性能。后面我们将会知道一个反馈系统很容易变得不稳定。例如，在通过定位反应堆中的碳棒来调节核电站的功率输出的控制系统设计中，在实际试验前预测是否会发生不稳定特性是非常有益的。同样，确定一个控制系统的性能比另一个更好也是很重要的，哪怕只是很小的改进。例如，如果一架战斗机在机动性上胜过另一架，即使是百分之几，效果也是相当显著的。

至此就结束了反馈控制的介绍。此时学生应该能够分析一个实际的反馈控制系统，以便画出方框图来表示它，并能辨识出包括对象、控制器、传感器、比较器、输入、输出、前向和反馈通道。

【例 1-1】 图 1-10 所示为往复式蒸汽机的速度控制系统，它最初是由詹姆斯·瓦特于 1769 年发明的。画出控制系统的方框图，并辨识出各部分。汽阀设为常开，而且负载也为恒值，那么涡轮将达到恒速。如果负载增大，涡轮将会减速；反之，如果负载减小，涡轮将会加速。由于诸多原因期望能保持涡轮以恒速运行。如果涡轮驱动一个交流(AC)发电机，则电源的频率与速度直接成正比，因此必须保持恒值。若涡轮突然失去负载，则速度会增加到某个值导致叶片折断，引起机器瘫痪。

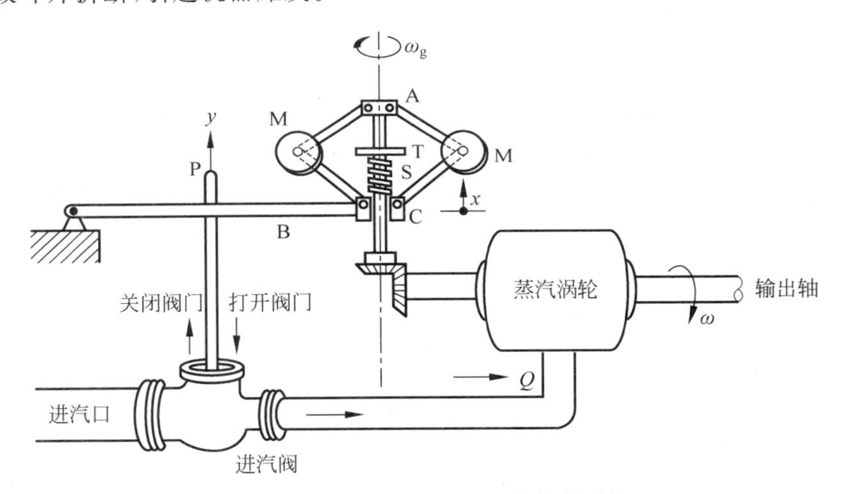

图 1-10　往复式蒸汽机的速度控制系统

速度控制是通过调节进汽阀，即改变涡轮的蒸汽供应来实现的。系统运行的关键元件是瓦特飞球调节器(离心调速器)。这个装置连接到涡轮轴上，并以与其成比例的速度旋转。套环 A 和 C 也围绕调节器轴旋转。套环 A 被固定在顶端，而套环 C 可以沿轴做上下滑动。两个大质量块 M 通过铰链连接到 A 和 C。当调节器旋转时，向心力使质量块向外移动，从而使套环 C 沿轴向向上滑动，而弹簧 S 阻止了这个移动。同时连接到套环 C 上的是与控制蒸汽进汽阀的推杆 P 相连接的木棒 B。虽然套环 C 围绕调节器轴旋转，但是木棒 B 不转，并且以图 1-11 所示的形式连接在套环 C 上。假设在某一速度时系统处于平衡状态，如果负载突然减轻，涡轮就会加速，这将引起调节器上的旋转质量块向外移动，导致套环 C 沿调节器向上滑动，继而使推杆 P 向上移动，减少了涡轮的蒸汽供应量，因此降低了转速。同样，速度降低将会减小质量块的向心力，致使弹簧将 C 向下推，打开阀门，并增加涡轮的蒸汽供应量。系统是简单的、鲁棒的、可靠的并且已经在发动机的速度控制上令人满意地运行了

200年。

对象是涡轮，给对象的输入可定义为Q，即蒸汽流量，由对象输出的感兴趣的输出变量为转速ω。对象可用方框图表示，见图1-12，调节器轴以$\omega_g = N_\omega$的速度旋转，其中N是齿轮箱的变速比，结果可以用方框图1-13表示。注意，已知齿轮箱的传递函数，就可将其插入方框中。调节器的功能就是将ω_g与设定速度ω_d进行比较，并用套环C的位移来表示误差，将其称为x。如果假设x正比于速度误差，那么调节器的方框图可用图1-14表示，其中K_g为比例常数，单位为mm・s/rad。注意在图1-11中x又是如何表示的。假设推杆P连在套环C和支点的中间，则进汽阀的位移y由下式给定，即

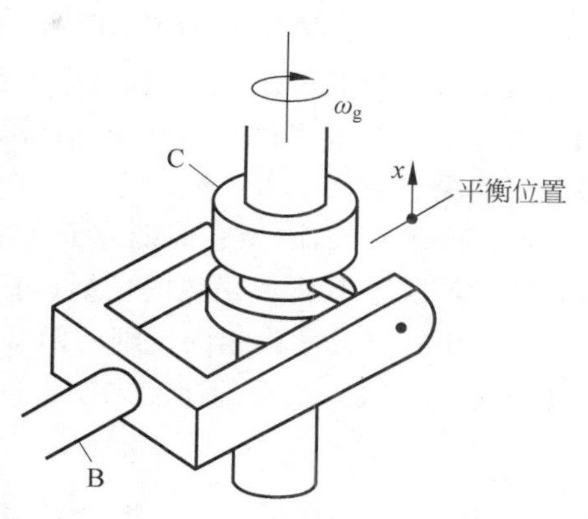

图1-11　木棒B和套环C的连接

$$y = \frac{1}{2}x \tag{1-2}$$

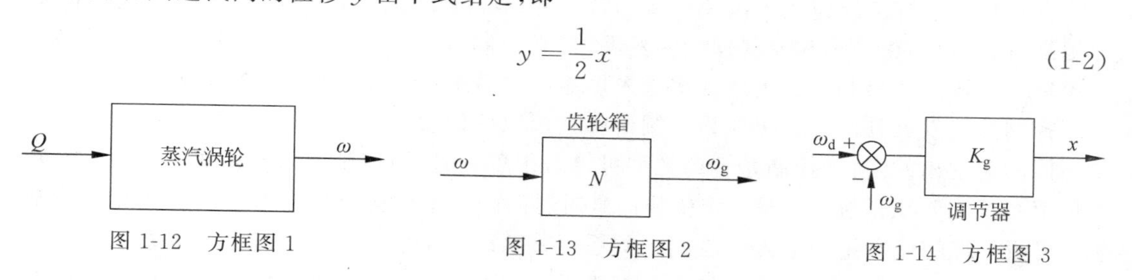

图1-12　方框图1

图1-13　方框图2

图1-14　方框图3

得出图1-15所示的方框图。最后，阀门可以认为是具有输入为y而输出为蒸汽流量Q的环节。已知阀门中杆的移动和汽流的流量之间关系是高度非线性的，因此假设Q与y成比例是不明智的。此方框图如图1-16所示，这就完成了对单个元件的分析。而完整的涡轮转速控制系统的方框图如图1-17所示。将图1-17与图1-10进行比较，可以得出以下结论。

图1-15　方框图4

图1-16　方框图5

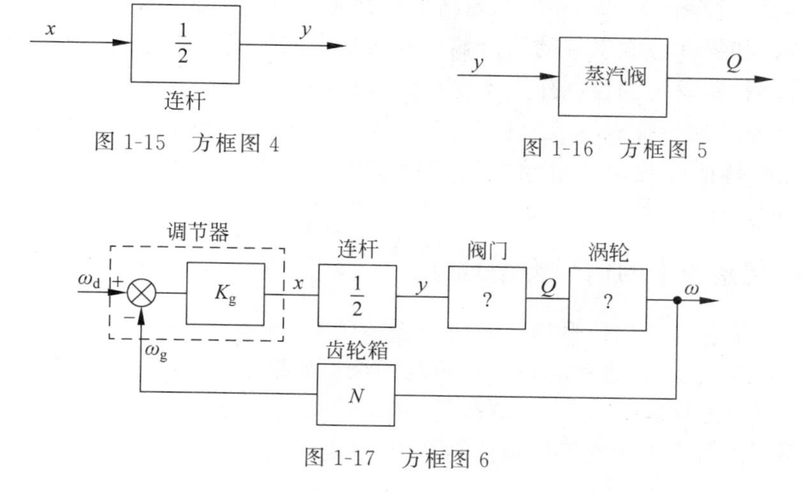

图1-17　方框图6

(1) 一些传递函数可以很容易地确定，而另一些则不能。有些可能是简单的常数（如连杆），而另一些则是非线性函数（如阀门）。有些传递函数，如涡轮，只能通过试验方法来

确定。

(2) 在许多情况下,存在比图 1-10 所示的更多的"方框",而且难以将各个环节分配给对象还是给控制器。在本例中,很难界定阀门是对象的一部分还是控制器的一部分。这将会说明这个分类事实上并不重要,而确定一个环节是前向通道的一部分还是反馈通道的一部分可能更有意义。

(3) 传递函数,因为它们把一个变量转换为另一个变量,因此通常是有量纲的。阀门和涡轮的确有关于其传递函数的量纲,而连杆和齿轮箱的传递函数却是无量纲的。

(4) 比较器只能将相同量纲的两个变量相减,产生一个相同量纲的误差变量。例如,可由要求的速度减去获得的速度来产生一个速度误差,但速度不能用位移去减。

1.3 控制系统的分类

自动控制系统广泛应用于国民经济的各个部门。随着生产规模的扩大和生产能力的不断提高,以及自动化技术和控制理论的发展,自动控制系统也日益复杂和日趋完善。例如,由单输入单输出的控制系统发展为多输入多输出的系统;由具有常规控制仪表和控制器的连续控制系统发展到由计算机作为控制器的直接数字控制系统,从而实现各种复杂的控制。从不同的角度出发,自动控制系统的类型可以有很多,如按照控制量的变化规律可将系统分为恒值系统和随动系统;按照系统传输信号对时间的关系可将系统分为连续系统和离散系统;按照系统的输出量和输入量之间的关系可将系统分为线性系统和非线性系统;按照系统参数对时间的变化情况可将系统分为定常系统和时变系统;按照系统的结构和参数是否确定可将系统分为确定性系统和不确定性系统等。现将经常讨论的并且能够反映自动控制系统本质特征的几种类型概括如下。

1.3.1 按控制系统有无反馈划分

如果检测系统检测输出量,并将检测结果反馈到前面,参加控制运算,这样的系统称为闭环控制系统。如果在控制系统的输出端与输入端之间没有反馈通道,则称此系统为开环控制系统。开环控制系统的控制作用不受系统输出的影响。如果系统受到干扰,使输出偏离了正常值,则系统便不能自动改变控制作用,而使输出返回到预定值。所以,一般开环控制系统很难实现高精度控制。自动控制理论主要研究闭环系统的性能分析和系统设计问题。

1.3.2 按控制系统中的信号类型划分

如果控制系统各部分的信号均为时间的连续函数,如电流、电压、位置、速度及温度等,则称其为连续量控制系统,也称为模拟量控制系统。如果控制系统中有离散信号,则为离散控制系统。计算机处理的是数字量、离散量,所以计算机控制系统为离散控制系统,也称为数字控制系统。本书主要讨论模拟量控制系统,这是控制理论的基础。

1.3.3 按控制变量的多少划分

如果系统的输入输出变量都是单个的,则称其为单变量控制系统。如果系统有多个输入输出变量，则称此系统为多变量控制系统。多变量控制系统是现代控制理论研究的对象。

1.3.4 按系统控制量变化规律划分

在生产中应用最多的闭环自动控制系统往往要求被控制量保持在恒定的数值上。但也有的系统要求输出量按一定规律变化。因此，按照给定量的特征，又可将系统分成以下3种类型。

(1) 恒值系统。恒值系统中的给定量是恒定不变的，如恒速、恒温、恒压等自动控制系统，这种系统的输出量也应是恒定不变的。

(2) 随动系统。随动系统中的给定量按照事先未知的时间函数变化，要求输出量跟随给定量的变化。所以，也可以叫作同步随动系统。

(3) 程序控制系统。这种系统中的给定量是按照一定的时间函数变化的，如数控机床的程序控制系统，这种系统的输出量应与给定量的变化规律相同。

当然，这3种系统都可以是连续的或离散的、线性的或非线性的、单变量的或多变量的。本书着重以恒值系统和随动系统为例来阐明自动控制系统的基本原理。

1.3.5 按系统本身的动态特性划分

系统的数学模型描述系统的动态特性。如果系统的数学模型是线性微分方程，则称其为线性系统；如果系统中存在非线性元器件，系统的数学模型是非线性方程，则称其为非线性系统。线性系统控制理论是自动控制理论的基础，也是本书的主要研究对象。

1.3.6 按系统采用的控制方法划分

在模拟量控制系统中，按控制器的类型可分为比例微分(PD)、比例积分(PI)、比例积分微分(PID)控制。在计算机控制系统中，由于微机作为控制器，通过控制软件可实现多种控制方法。根据控制器采用的控制算法不同，控制系统可分为模糊控制系统、最优控制系统、神经网络控制系统和专家控制系统等。

1.4 对控制系统的基本要求

由于控制目的不同，不可能对所有控制系统有完全一样的要求。但是，对控制系统有一些共同的基本要求，可归结为以下几点。

(1) 稳定性。稳定性是指系统在受到外部作用之后的动态过程的倾向和恢复平衡状态的能力。如果系统的动态过程是发散的或由于振荡而不能稳定到平衡状态时，则系统是不稳定的。不稳定的系统是无法工作的。因此，控制系统的稳定性是控制系统分析和设计的首要要求。

(2) 快速性。系统在稳定的前提下，响应的快速性是指系统消除实际输出量与稳态输出量之间误差的快慢程度。

(3) 准确性。准确性是指系统在达到稳定状态后，系统实际输出量与给定的希望输出量之间的误差大小，又称为稳态精度。系统的稳态精度不但与系统有关，而且与输入信号的类型有关。对于一个自动化系统来说，最重要的是系统的稳定性，这是使自动控制系统能正常工作的首要条件。

要使一个自动控制系统满足稳定性、准确性和响应快速性要求，除了要求组成此系统的所有元器件的性能都是稳定、准确和响应快速外，更重要的是应用自动控制理论对整个系统进行分析和校正，以保证系统整体性能指标的实现。一个性能优良的机械工程自动控制系统绝不是机械和电器的简单组合，而是经过对整个系统进行仔细分析和精心设计的结果。自动控制理论为机械工程自动控制系统分析和设计提供理论依据与方法。

自动控制系统的这些性能可以用性能指标具体描述，我们将在以后的章节中介绍。

1.5 测试技术的任务

在科学研究和工程实践中，测试技术的应用十分广泛。随着测试技术的发展，该技术越来越多地应用于认识自然界和工程实际中的各种现象、了解研究对象的状态及其变化规律等。工程实际中的机械装备，结构形式繁多、运动规律各异、工作环境多种多样。为了掌握机械装备及其零部件的运动学、动力学以及受力和变形状态，理论分析方法有时难以应用或无法满足工程需求，在这种情况下，通常需要借助测试技术，检测、分析和研究有关现象及其规律。

例如，为了获得汽车的载荷谱、评价车架的强度与寿命，需要测定汽车所承受的随机载荷和车架的应力、应变分布；为了研究飞机发动机零部件的服役安全性，首先需要对其动负荷及温度、压力等参数进行测试；为了消除机床刀架系统的颤振以保证加工精度，需要测定机床的振动速度、加速度以及机械阻抗等动态特性参数；为了确定轧钢机的真实载荷水平和应力状态，评价设备的服役安全性和可靠性，改进工艺和提高设备的生产能力，需要测定轧制力、传动轴扭矩等；设备振动和噪声会严重降低工作效率并危害健康，因此需要现场实测各种设备的振动和噪声，分析振源和振动传播的路径，以便采取减振、隔振等措施。

测试技术在机械工程等领域的功能有以下几个。

（1）产品开发和性能试验。在装备设计及改造过程中，通过模型试验或现场实测，可以获得设备及其零部件的载荷、应力、变形以及工艺参数和力能参数等，实现对产品质量和性能的客观评价，为产品技术参数优化提供基础数据。例如，对齿轮传动系统，要做承载能力、传动精确度、运行噪声、振动机械效率和寿命等性能试验。

（2）质量控制和生产监督。测试技术是质量控制和生产监督的基本手段。在设备运行和环境监测中，经常需要测量设备的振动和噪声，分析振源及其传播途径，进行有效的生产监督，以便采取有效的减振、防噪措施；在工业自动化生产中，通过对有关工艺参数的测试和数据采集，可以实现对产品的质量控制和生产监督。

（3）设备的状态监测和故障诊断。利用机器在运行或试验过程中出现的诸多现象，如温升、振动、噪声、应力变化、润滑油状态来分析、推测和判断，结合其他综合监测信息，如温度、压力、流量等，运用故障诊断技术可以实现故障的精确定位和故障分析。

1.6 测试技术的主要内容

测试过程是借助专门设备，通过合适的试验和必要的数据处理，从研究对象中获得有关信息的认识过程。通常，测试技术的主要内容包括测量原理、测量方法、测量系统和数据处理 4 个方面。

测量原理是指实现测量所依据的物理、化学、生物等现象及有关定律的总体。例如，利用压电晶体测振动加速度依据的是压电效应；利用电涡流位移传感器测静态位移和振动位移依据的是电磁效应；利用热电偶测量温度依据的是热电效应。不同性质的被测量依据不同的原理测量，同一性质的被测量也可通过不同的原理去测量。

测量原理确定后，根据对测量任务的具体要求和现场实际情况，需要采用不同的测量方法，如直接测量法或间接测量法、电测法或非电测法、模拟量测量法或数字量测量法、等精度测量法或不等精度测量法等。

确定了被测量的测量原理和测量方法以后，需要设计或选用合适的装置组成测量系统。

最后，通过对测试数据的分析、处理，获得所需要的信息，实现测试目标。

信息是事物状态和特征的表征。信息的载体就是信号。表征无用信息的信号统称噪声。通常测得的信号中包含有用信号和噪声。测试技术最终目标就是从测得的复杂信号中提取有用信号，排除噪声。

本书主要介绍非电量电测技术。非电量电测技术的原理是把非电物理量转换成电流、电压等电量，根据待测量与电流、电压等电量之间的关系，通过测试电量获取待测量的信息。

作为机械工程测试技术，本书讨论以下几方面参数的测量。

(1) 运动参数，包括固体的位移、速度、加速度以及流体的流量、流速等。

(2) 力能参数，包括应力、应变、力、扭矩和流体压力等。

(3) 动力学参数，包括弹性体的固有频率、阻尼比、振型等。

(4) 其他与设备状态直接相关的参数，如温度、噪声等。

1.7 测试系统的组成

测试系统一般由激励装置、传感器、信号调理、信号处理和显示记录等几大部分组成，如图 1-18 所示。

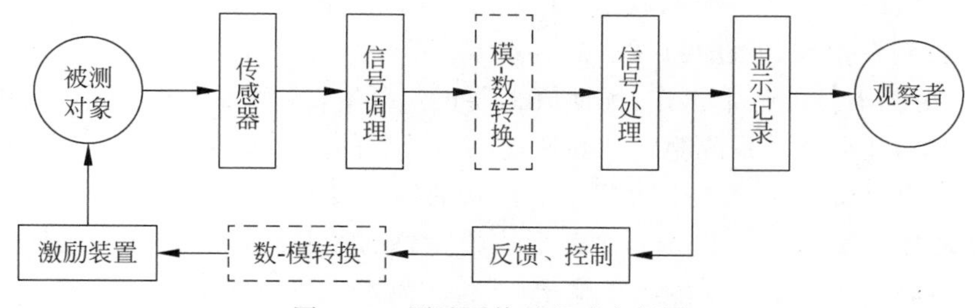

图 1-18　测试系统的组成方框图

测试对象的信息，即测试对象存在方式和运动状态的特征，需要通过一定的物理量表现出来，这些物理量就是信号。信号需要通过不同的系统或环节传输。有些信息在测试对象处于自然状态时就能显现出来，有些信息则需要在被测对象受到激励后才能产生便于测量的输出信号。

传感器是对被测量敏感并能将其转换成电信号的器件，它包括敏感器和转换器两部分。敏感器把温度、压力、位移、振动、噪声和流量等被测量转换成某种容易变换成电量的物理量，然后通过转换器把这些物理量转换成容易检测的电量，如电阻、电容、电感的变化。本书中关于信号的概念指的是这些转换成电量的物理量。

信号的调理环节把传感器的输出信号转换成适合于进一步传输和处理的形式。这种信号的转换多数是电信号之间的转换，如把阻抗变化转换成电压变化，还有滤波、幅值放大或者把幅值的变化转换成频率的变化等。

信号处理环节是对来自信号调理环节的信号进行各种运算、滤波和分析。

图 1-18 中虚线框的模-数(A-D)转换和数-模(D-A)转换环节是在采用计算机、PLC 等测试、控制系统时，进行模拟信号与数字信号相互转换的环节。

信号显示、记录环节则是将来自信号处理环节的信号-测试的结果以易于观察的形式显示或存储。

需要指出的是，任何测量结果都存在误差，因而必须把误差限制在允许范围内。为了准确获得被测对象的信息，要求测试系统中每一个环节的输出量与输入量之间必须具有一一对应的关系，并且其输出的变化在给定的误差范围内反映其输入的变化，即实现不失真的测试。

1.8 机械制造的发展与控制理论和测试技术的应用和发展

1.8.1 控制理论的应用和发展

最早的自动控制技术的应用可以追溯到公元前我国古代的自动计时器和漏壶指南车，而自动控制技术的广泛应用则开始于欧洲工业革命时期。英国人詹姆斯·瓦特在改良蒸汽机的同时，应用反馈原理，于 1788 年发明了离心式调速器。当负载或蒸汽供给量发生变化时，离心式调速器能够自动调节进汽阀门的开度，从而控制蒸汽机的转速。1868 年，以离心式调速器为背景，物理学家麦克斯韦尔研究了反馈系统的稳定性问题，发表了“论调速器”论文。随后，源于物理学和数学的自动控制原理开始逐步形成。1892 年，俄国学者李雅普诺夫发表了《论运动稳定性的一般问题》博士论文，提出了李雅普诺夫稳定性理论。20 世纪 10 年代，PID 控制器出现，并获得广泛应用。1927 年，为了使广泛应用的电子管在其性能发生较大变化的情况下仍能正常工作，反馈放大器正式诞生，从而确立了“反馈”在自动控制技术中的核心地位，并且有关系统稳定性和性能品质分析的大量研究成果也应运而生。

20 世纪 40 年代是系统和控制思想空前活跃的年代，1945 年贝塔朗菲提出了“系统论”，1948 年维纳提出了著名的“控制论”，至此形成了完整的控制理论体系——以传递函数为基础的经典控制理论，主要研究单输入单输出、线性定常系统的分析和设计问题。

20 世纪 50 年代，人类开始征服太空。1957 年，苏联成功发射了第一颗人造地球卫星，1968 年美国“阿波罗”飞船成功登上月球。在这些举世瞩目的成功中，自动控制技术起着不可磨灭的作用，也因此催生了 20 世纪 60 年代第二代控制理论——现代控制理论，其中包括以状态为基础的状态空间法、贝尔曼的动态规划法和庞特里亚金的极小值原理以及卡尔曼滤波器。现代控制理论主要研究具有高性能、高精度和多耦合回路的多变量系统的分析和设计问题。

从20世纪70年代开始，随着计算机技术的不断发展，出现了许多以计算机控制为代表的自动化技术，如可编程控制器和工业机器人，自动化技术发生了根本性的变化，其相应的自动控制科学研究也出现了许多分支，如自适应控制、混杂控制、模糊控制以及神经网络控制等。此外，控制论的概念、原理和方法还被用来处理社会、经济、人口和环境等复杂系统的分析与控制，形成了经济控制论和人口控制论等学科分支。目前，控制理论还在继续发展，正朝向以控制论、信息论和仿生学为基础的智能控制理论方向深入。

然而，纵观百余年自动控制科学与技术的发展，反馈控制理论与技术占据了极其重要的地位。

1.8.2 测试技术的应用和发展

测试技术是科学技术发展水平的综合体现。随着传感器技术、计算机技术、通信技术和自动控制技术的发展，测试技术也在不断应用新的测量原理和测试方法，提出新的信号分析理论，开发新型、高性能的测量仪器和设备。测试技术及系统的发展趋势如下。

(1) 传感器趋向微型化、智能化、集成化和网络化。

(2) 测试仪器向高精度、多功能方向发展。

(3) 参数测量与数据处理以计算机为核心，参数测量、信号分析、数据处理、状态显示及故障预报的自动化程度越来越高。

另外，机械科学与技术的发展也对测试技术提出了新要求。

(1) 多传感器融合技术。多传感器融合是测量过程中获取信息的新方法，它可以提高测量信息的准确性。由于多传感器是以不同的方法或从不同的角度获取信息的，因此可以通过它们之间的信息融合去伪存真，提高测量精度。

(2) 柔性测试系统。采用积木式、组合式测量方法实现不同层次、不同目标的测试目的。

(3) 虚拟仪器。虚拟仪器是虚拟现实技术在精密测试领域的应用，一种是将多种数字化的测试仪器虚拟成一台以计算机为硬件支撑的数字式的智能化测试仪器；另一种是研究虚拟制造中的虚拟测量，如虚拟量块、虚拟坐标测量机等。

(4) 智能结构。智能结构是融合智能技术、传感技术、信息技术、仿生技术、材料科学等的一门交叉学科，使监测的概念过渡到在线、动态、主动的实时监测与控制。

(5) 视觉测试技术。视觉测试技术是建立在计算机视觉基础上的新兴测试技术。与计算机视觉研究的视觉模式识别、视觉理解等内容不同，重点研究物体的几何尺寸及物体的位置测量，如三维面形的快速测量、大型工件同轴度测量、共面性测量等。视觉测试技术可以广泛应用于在线测量、逆向工程等主动、实时测量过程。

(6) 大型设备测试。如飞机外形的测量、大型设备关键部件测量、高层建筑电梯导轨的校准测量、油罐车的现场校准等都要求能进行大尺寸测量。为此，需要开发便携式测量仪器用于解决现场大尺寸的测量问题，如便携式光纤干涉测量仪、便携式大量程三维测量系统等。

(7) 微观系统测试。近年来，微电子技术、生物技术的快速发展对探索物质微观世界提出了新要求，为了提高测量精度，需要进行微米、纳米级的测试。

(8) 无损检测。为了保证产品质量、保障设备服役安全，或为了给设备或设施的维护、维修提供支持，需要在不破坏观测对象的条件下检测其可能存在的缺陷、损伤等。

习　题

1-1　单项选择题

(1)(　　)是保证控制系统正常工作的先决条件。

A. 稳定性　　B. 快速性　　C. 准确性　　D. 连续性

(2)与开环控制系统相比较,闭环控制系统通常对(　　)进行直接或间接地测量,通过反馈环节去影响控制信号。

A. 输出量　　B. 输入量　　C. 扰动量　　D. 设定量

(3)通常把系统(或环节)的输出信号直接或经过一些环节重新引回到输入端的做法叫作(　　)。

A. 对比　　B. 校正　　C. 顺馈　　D. 反馈

(4)系统在稳定的前提下,其响应的(　　)是指系统消除实际输出量与稳态输出量之间误差的快慢程度。

A. 稳定性　　B. 快速性　　C. 准确性　　D. 连续性

(5)在系统达到稳定状态后,系统实际输出量与希望输出量之间的误差大小属于(　　)。

A. 稳定性　　B. 快速性　　C. 准确性　　D. 连续性

1-2　什么是反馈?什么是负反馈?负反馈在自动控制系统中有什么重要意义?

1-3　机械自动控制系统有许多类型及分类方法,试简要说明。

1-4　控制系统的基本要求是什么?

1-5　试用方框图说明负反馈控制系统的基本组成。

1-6　通过实际应用例子说明开环控制系统和闭环控制系统的原理、特点及适应范围。

1-7　在下列这些运动中,都存在信息的传输。试说明哪些运动是利用反馈来进行控制的,哪些不是?为什么?

①司机驾驶汽车　②篮球运动员投篮　③人骑自行车

1-8　题1-8图所示是一个全自动电热淋浴器,说明其工作原理,并画出水温控制系统的原理框图。

1-9　题1-9图所示为一压力控制系统。炉内压力由挡板位置控制,并由压力测量元件测量,说明其控制原理。

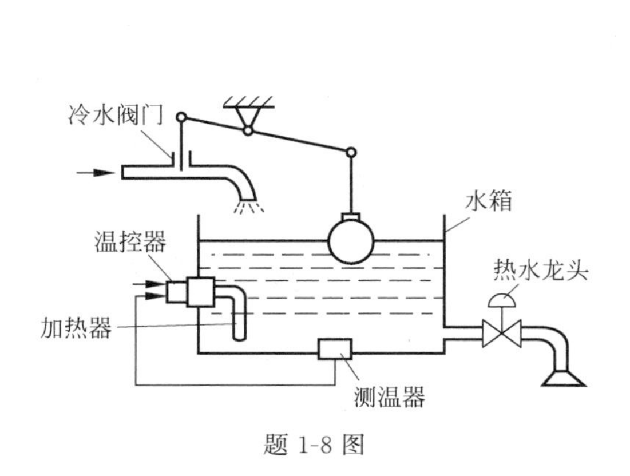

题1-8图

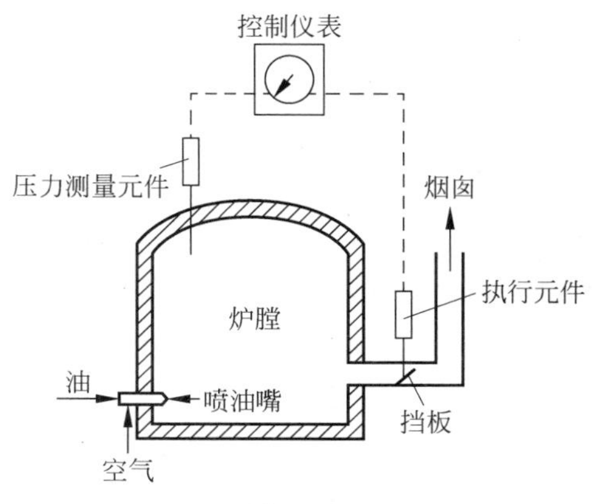

题1-9图

1-10 某角位移随动系统如题图1-10所示，试分析系统的工作原理，画出系统的方框图。

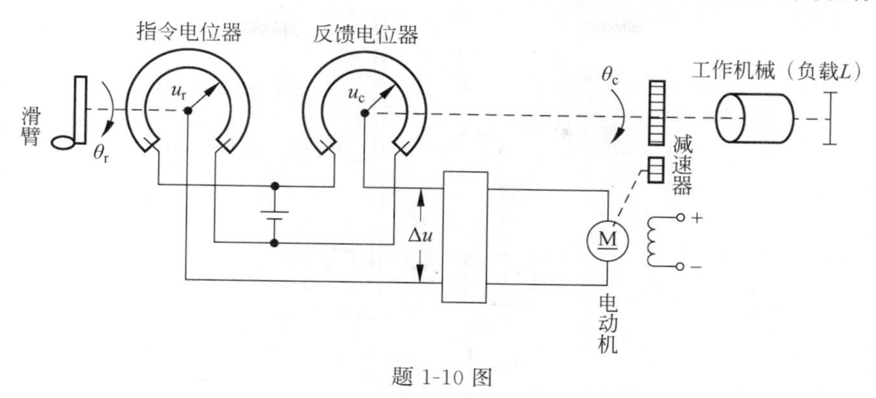

题1-10图

1-11 试说明题1-11图所示电阻炉微型计算机温度控制系统的工作原理。

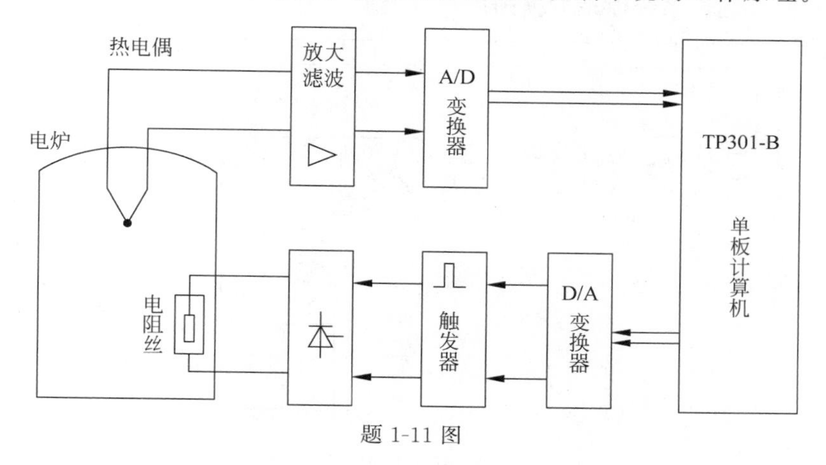

题1-11图

1-12 题1-12图所示是一工作台位置液压控制系统。该系统可以使工作台按照控制电位器给定的规律变化。要求：①指出系统的被控对象、被控量和给定量，画出系统方框图；②说明控制系统中控制装置各组成部分。

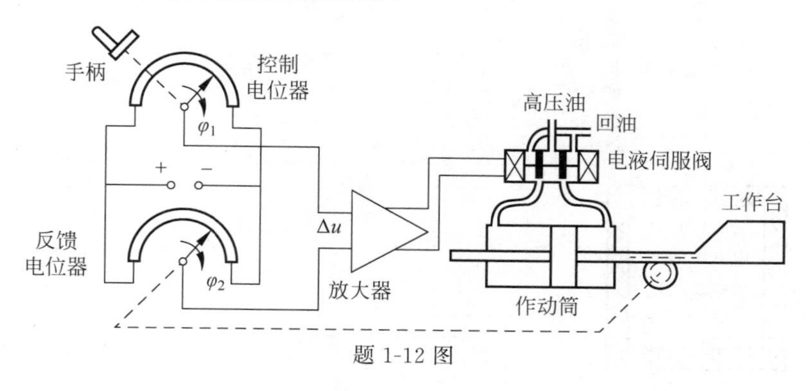

题1-12图

1-13 电冰箱制冷系统工作原理如题1-13图所示。试简述系统的工作原理，指出系统的被控对象、被控量和给定量，并画出系统方框图。

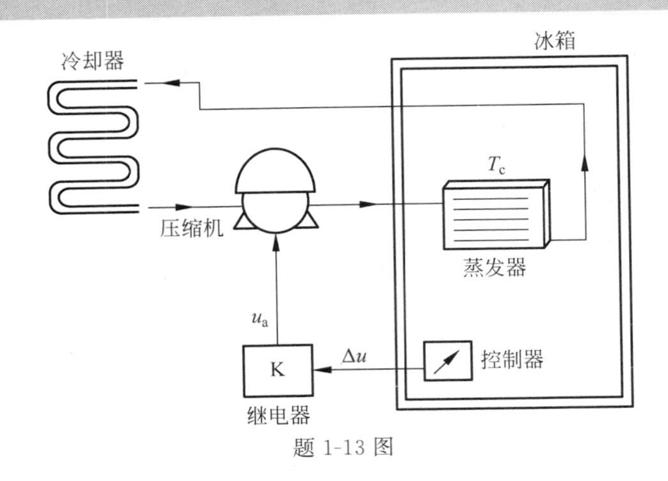

题 1-13 图

1-14　题 1-14 图所示是仓库大门自动控制系统原理示意图。试说明自动控制大门开关的工作原理,并画出系统原理方框图。

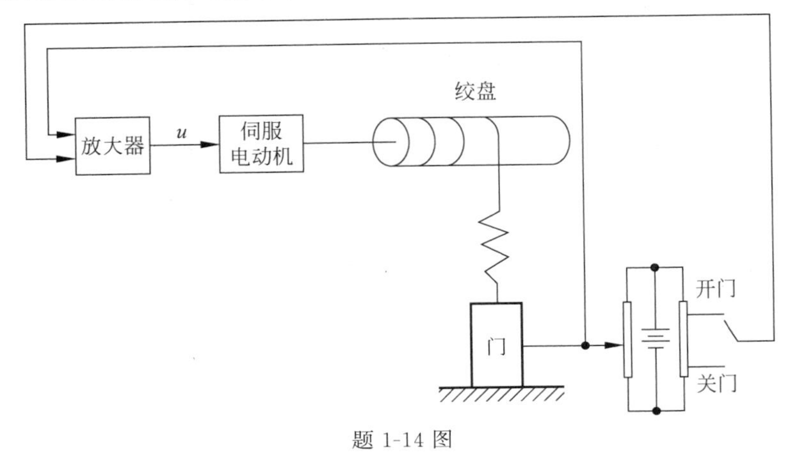

题 1-14 图

1-15　题 1-15 图所示是炉温自动控制系统示意图,其中热电偶是稳定检测元件,它的输入量是温度,输出量为电压。试说明此系统的工作原理,画出原理框图。

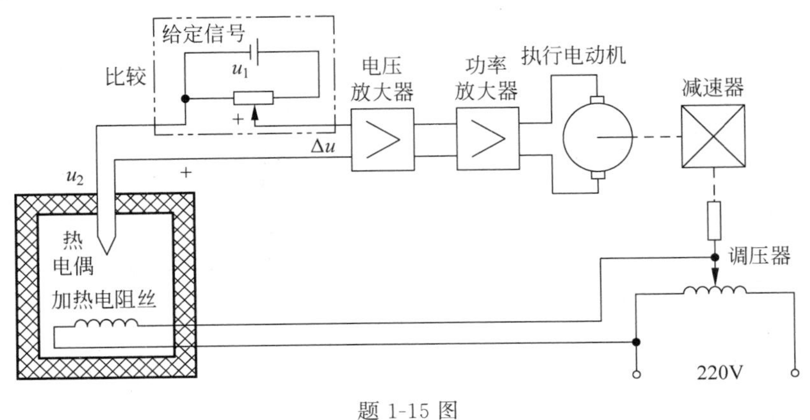

题 1-15 图

1-16　简述测试系统的组成及各部分的作用。

第 2 章

系统的数学模型

在控制系统的分析和设计中，首先要建立系统的数学模型。控制系统的数学模型是描述系统内部物理量（或变量）之间关系的数学表达式。在静态条件下（即变量各阶导数为零），描述变量之间关系的代数方程叫静态数学模型，描述变量各阶导数之间关系的微分方程叫动态数学模型。如果已知输入量及变量的初始条件，对微分方程求解，就可以得到系统输出量的表达式，并由此可对系统进行性能分析。因此，建立控制系统的数学模型是分析和设计控制系统的首要工作。

建立控制系统数学模型的方法有分析法和试验法两种。分析法是对系统各部分的运动机理进行分析，根据它们所依据的物理规律或化学规律分别列写相应的运动方程，如电学中有基尔霍夫定律、力学中有牛顿定律、热力学中有热力学定律等。试验法是人为地给系统施加某种测试信号，记录其输出响应，并用适当的数学模型去逼近，这种方法称为系统辨识。近年来，系统辨识已发展成为一门独立的分支学科，本章研究用分析法建立系统数学模型。

若描述系统的微分方程是变量及其导数的一次有理整式，即线性微分方程，则此系统称为线性系统。根据微分方程的理论，线性系统服从叠加原理。不是线性系统的系统称为非线性系统。如果描述系统的微分方程的系数均为常数，则该系统称为定常系统。对于非线性系统，首先要分析它的非线性的性质。如果在工作点附近存在着不连续直线、跳跃和折线，以及非单值关系等严重非线性，只能采用复杂的非线性处理方法。除具有上述严重非线性性质外的非线性系统，称为非本质性非线性系统。对于非本质性非线性系统，可在其工作点附近进行线性化处理，得到线性微分方程，从而采用线性系统的方法进行分析和设计。

在自动控制理论中，数学模型有多种形式。时域中常用的数学模型有微分方程、差分方程和状态方程；复数域中有传递函数、结构图；频域中有频率特性等。本章只研究微分方程、传递函数和结构图等数学模型的建立和应用，其余几种数学模型将在以后各章中予以详述。

2.1 系统的微分方程

2.1.1 线性元件的微分方程

在建立起物理模型后，要根据基本的物理学定理和定律建立系统的微分方程。在机械系统中，主要根据牛顿第二定律和达朗贝尔原理来建立微分方程，也可以用拉格朗日方程等方法建立微分方程。对于电学系统，主要利用基尔霍夫定律来建立其微分方程。由于电动机是把电能变成机械能的转换元件，因此在建立机电一体化系统的微分方程时，常常用到电动机的特性方程。

下面通过几个例子来说明建立微分方程的方法。

【例 2-1】 图 2-1 所示的无源网络中，$u_i(t)$为输入电压，$u_o(t)$为输出电压，试建立其微分方程。

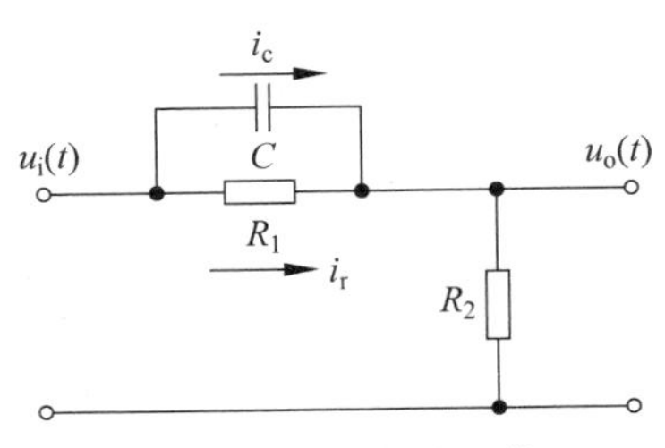

图 2-1 无源电路网络

解：根据基尔霍夫定律和欧姆定律，有

$$u_i - u_o = i_r R_1 \tag{2-1}$$

$$u_i - u_o = \frac{1}{C}\int i_c \mathrm{d}t \tag{2-2}$$

$$u_o = (i_r + i_c) R_2 \tag{2-3}$$

由式(2-2)得

$$i_c = (u_i - u_o) C \tag{2-4}$$

由式(2-1)得

$$i_r = \frac{u_i - u_o}{R_1} \tag{2-5}$$

将式(2-4)和式(2-3)整理后，得到

$$CR_1R_2u_o + (R_1 + R_2)u_o = CR_1R_2u_i + R_2u_i \tag{2-6}$$

式(2-6)即为所求微分方程。

一般微分方程的表达方式是将含有输出量及其导数项写在方程左侧，而把含有输入量及其导数项写在方程右边。

【例 2-2】 试列写图 2-2 所示电枢控制直流电动机的微分方程，要求取电枢电压 $u_a(t)$为输入量，电动机转速 $\omega_m(t)$为输出量。图中 R_a、L_a 分别是电枢电路的电阻和电感；M_c 是折合到电动机轴上的总负载转矩。励磁磁通设为常值。

解：电枢控制直流电动机的工作实质是将输入的电能转换为机械能，也就是由输入的电枢电压 $u_a(t)$在电枢回路中产生电枢电流 $i_a(t)$，再由电流 $i_a(t)$与励磁磁通相互作用产生电磁转矩 $M_m(t)$，从而拖动负载运动。因此，直流电动机的运动方程由以下 3 部分组成。

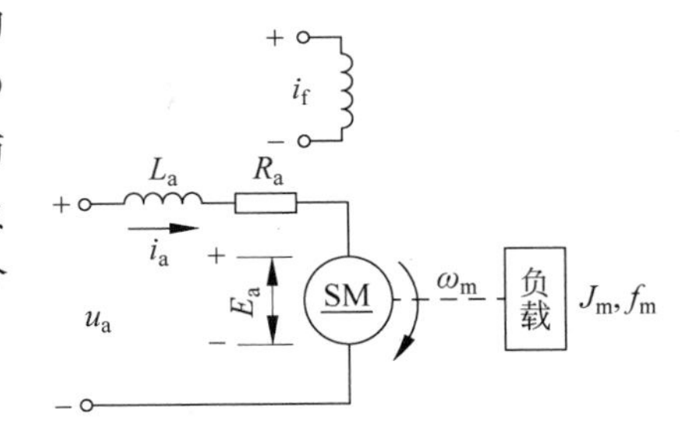

图 2-2 电枢控制直流电动机原理

(1) 电枢回路的电压平衡方程为

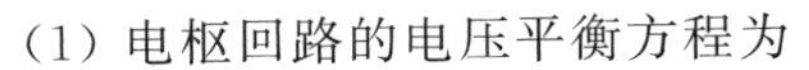

$$u_a(t) = L_a \frac{\mathrm{d}i_a(t)}{\mathrm{d}t} + R_a i_a(t) + E_a \tag{2-7}$$

式中，E_a 为电枢反电势，它是电枢旋转时产生的反电势，其大小与励磁磁通及转速成正比，方向与电枢电压 $u_a(t)$相反，即 $E_a = C_e\omega_m(t)$，C_e 是反电势系数。

(2) 电磁转矩方程为

$$M_m(t) = C_m i_a(t) \tag{2-8}$$

式中，C_m 为电动机转矩系数；$M_m(t)$为电枢电流产生的电磁转矩。

(3) 电动机轴上的转矩平衡方程为

$$J_m \frac{\mathrm{d}\omega_m(t)}{\mathrm{d}t} + f_m\omega_m(t) = M_m(t) - M_c(t) \tag{2-9}$$

式中，f_m 为电动机和负载折合到电动机轴上的黏性摩擦系数；J_m 为电动机和负载折合到电动机轴上的转动惯量。

由式(2-7)和式(2-8)中消去中间变量 $i_a(t)$、E_a 及 $M_m(t)$，便可得到以 $\omega_m(t)$ 为输出量，$u_a(t)$ 为输入量的直流电动机微分方程，即

$$L_a J_m \frac{d^2\omega_m(t)}{dt^2} + (L_a f_m + R_a J_m)\frac{d\omega_m(t)}{dt} + (R_a f_m + C_m C_e)\omega_m(t)$$

$$= C_m u_a(t) - L_a \frac{dM_c(t)}{dt} - R_a M_c(t) \tag{2-10}$$

在工程应用中，由于电枢电路电感 L_a 较小，通常可忽略不计，因而式(2-10)可简化为

$$T_m \frac{d\omega_m(t)}{dt} + \omega_m(t) = K_m u_a(t) - K_c M_c(t) \tag{2-11}$$

式中，$T_m = R_a J_m/(R_a f_m + C_m C_e)$ 为电动机机电时间常数；$K_m = C_m/(R_a f_m + C_m C_e)$，$K_c = R_a/(R_a f_m + C_m C_e)$ 为电动机传递系数。

如果电枢电阻 R 和电动机的转动惯量 J_m 都很小可忽略不计时，式(2-11)还可进一步简化为

$$C_e \omega_m(t) = u_a(t) \tag{2-12}$$

这时，电动机的转速 $\omega_m(t)$ 与电枢 $u_a(t)$ 成正比，于是，电动机可作为测速发电机使用。

【例 2-3】 图 2-3 表示弹簧-质量-阻尼器机械位移系统。试列写质量 m 在外力 $F(t)$ 作用下(其中重力略去不计)位移 $x(t)$ 的运动方程。

解：设质量 m 相对于初始状态的位移、速度、加速度分别为 $x(t)$、$dx(t)/dt$、$d^2x(t)/dt^2$。由牛顿运动定律，有

$$m\frac{d^2x(t)}{dt^2} = F(t) - F_1(t) - F_2(t) \tag{2-13}$$

式中，$F(t) = f \cdot dx(t)/dt$ 为阻尼器的阻尼力，其方向与运动方向相反，大小与运动速度成比例；f 为阻尼系数；$F_2(t) = Kx(t)$ 是弹簧的弹性力，其方向与运动方向相反，其大小与位移成比例，K 是弹性系数。将 $F_1(t)$ 和 $F_2(t)$ 代入式(2-13)中，经整理后即得该系统的微分方程为

$$m\frac{d^2x(t)}{dt^2} + f\frac{dx(t)}{dt} + Kx(t) = F(t) \tag{2-14}$$

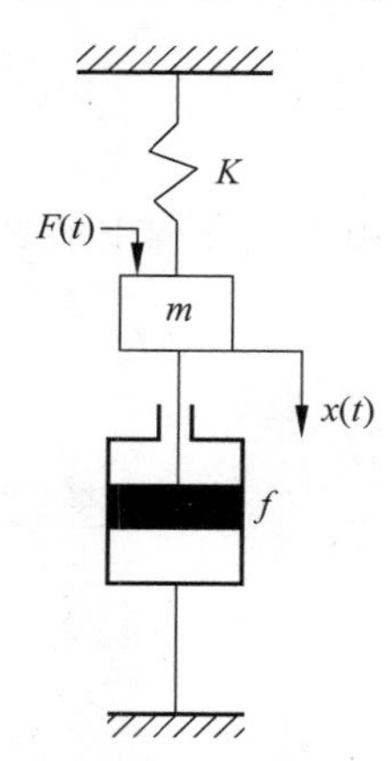

图 2-3 弹簧-质量-阻尼器机械位移系统原理

【例 2-4】 试列写图 2-4 所示齿轮系统的运动方程。图中齿轮 1 和齿轮 2 的转速、齿数和半径分别用 ω_1、Z_1、r_1 和 ω_2、Z_2、r_2 表示；其黏性摩擦系数及转动惯量分别是 f_1、J_1 和 f_2、J_2；齿轮 1 和齿轮 2 的原动转矩及负载转矩分别是 M_m、M_1 和 M_2、M_c。

解：控制系统的执行元件与负载之间往往通过齿轮系统进行运动传递，以便实现减速和增大力矩的目的。在齿轮传动中，两个啮合齿轮的线速度相同，传送的功率也相同，因此有关系式

$$M_1\omega_1 = M_2\omega_2 \tag{2-15}$$

$$\omega_1 r_1 = \omega_2 r_2 \tag{2-16}$$

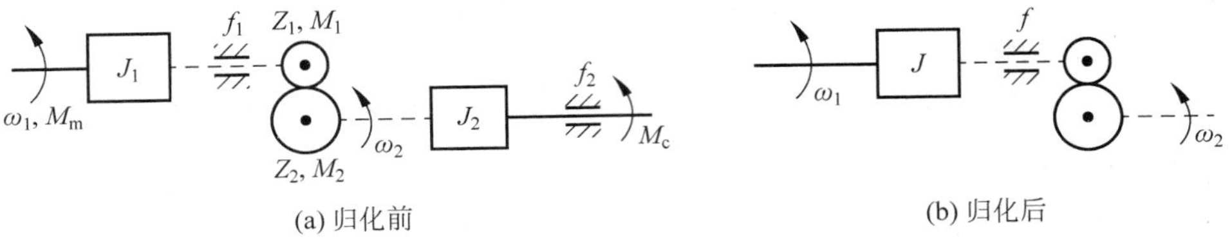

图 2-4　齿轮系统原理

(a) 归化前　(b) 归化后

又因为齿数与半径成正比,即

$$\frac{r_1}{r_2}=\frac{Z_1}{Z_2} \tag{2-17}$$

于是,可推得关系式

$$\omega_1=\frac{Z_1}{Z_2}\omega_2 \tag{2-18}$$

$$M_1=\frac{Z_1}{Z_2}M_2 \tag{2-19}$$

根据力学中定轴转动的动静法,可分别写出齿轮 1 和齿轮 2 的运动方程,即

$$J_1\frac{\mathrm{d}\omega_1}{\mathrm{d}t}+f_1\omega_1+M_1=M_m \tag{2-20}$$

$$J_2\frac{\mathrm{d}\omega_2}{\mathrm{d}t}+f_2\omega_2+M_c=M_2 \tag{2-21}$$

由上述方程中消去中间变量 ω_2、M_1、M_2,可得

$$M_m=\left[J_1+\left(\frac{Z_1}{Z_2}\right)^2J_2\right]\frac{\mathrm{d}\omega_1}{\mathrm{d}t}+\left[f_1+\left(\frac{Z_1}{Z_2}\right)^2f_2\right]\omega_1+M_c\frac{Z_1}{Z_2} \tag{2-22}$$

$$J=J_1+\left(\frac{Z_1}{Z_2}\right)^2J_2 \tag{2-23}$$

$$f=f_1+\left(\frac{Z_1}{Z_2}\right)^2f_2 \tag{2-24}$$

$$M'_c=\frac{Z_1}{Z_2}M_c \tag{2-25}$$

则得齿轮系统微分方程为

$$J\frac{\mathrm{d}\omega_1}{\mathrm{d}t}+f\omega_1+M'_c=M_m \tag{2-26}$$

式中,J、f 及 M'_c 分别为折合到齿轮 1 的等效转动惯量、等效黏性摩擦系数及等效负载转矩。显然,折算的等效值与齿轮系统的速比有关,速比越大,即 Z_2/Z_1 值越大,折算的等效值越小。如果齿轮系统速比足够大,则后级齿轮及负载的影响便可以不予考虑。

综上所述,列写元件微分方程的步骤可归纳如下。

(1) 根据元件的工作原理及其在控制系统中的作用,确定其输入量和输出量。

(2) 分析元件工作中所遵循的物理规律或化学规律,列写相应的微分方程。

(3) 消去中间变量,得到输出量与输入量之间关系的微分方程便是元件时域的数学

模型。

(4) 将微分方程写为标准形式,即与输入量有关的项写在方程的右端,与输出量有关的项写在方程的左端,方程两端变量的导数项均按降幂次序排列。

2.1.2 非线性微分方程的线性化

1. 线性系统的基本特性

用线性微分方程描述的元件或系统称为线性元件或线性系统。线性系统的重要性质是可以应用叠加原理。叠加原理有两重含义,即系统具有可叠加性和均匀性(或齐次性)。现举例说明:设有线性微分方程

$$\frac{\mathrm{d}^2 c(t)}{\mathrm{d}t^2}+\frac{\mathrm{d}c(t)}{\mathrm{d}t}+c(t)=f(t) \tag{2-27}$$

当 $f(t)=f_1(t)$时,上述方程的解为 $c_1(t)$;当 $f(t)=f_2(t)$时,其解为 $c_2(t)$。如果 $f(t)=f_1(t)+f_2(t)$,容易验证,方程的解必为 $c(t)=c_1(t)+c_2(t)$,这就是可叠加性。而当 $f(t)=Af_1(t)$时,式中 A 为常数,则方程的解必为 $c(t)=Ac_1(t)$,这就是均匀性。

线性系统的叠加原理表明,两个外作用同时加于系统所产生的总输出,等于各个外作用单独作用时分别产生的输出之和,且外作用的数值增大若干倍时,其输出也相应增大同样的倍数。因此,对线性系统进行分析和设计时,如果有几个外作用同时加于系统,则可以将它们分别处理,依次求出各个外作用单独加入时系统的输出,然后将它们叠加。此外,每个外作用在数值上可只取单位值,从而大大简化了线性系统的研究工作。

2. 非线性微分方程的线性化

严格地讲,控制系统元部件的输入输出特性几乎不同程度地都具有非线性关系。只是在很多情况下,非线性因素较弱,被近似看作线性特性。但是有一些元部件,非线性程度比较严重,其动态数学模型为非线性微分方程,而非线性微分方程求解非常困难。因此,在理论研究时总是力图将非线性问题在合理、可能的条件下简化处理成线性问题。假如非线性元件的变量,在动态过程中对某一工作状态偏离很小,那么元件的输出量与输入量之间可近似为线性关系。

基本方法如下所述。

(1) 设元件的输入量 $x(t)$和输出量 $y(t)$的非线性函数为

$$y=f(x) \tag{2-28}$$

在系统工作点(x_0,y_0)的邻域内,式(2-28)中的 $y(t)$可表示成泰勒级数,即

$$y=f(x_0)+\frac{\mathrm{d}f(x_0)}{\mathrm{d}x}(x-x_0)+\frac{1}{2!}\frac{\mathrm{d}^2 f(x_0)}{\mathrm{d}x^2}(x-x_0)^2+\cdots \tag{2-29}$$

其中,

$$\frac{\mathrm{d}f(x_0)}{\mathrm{d}x}=\left.\frac{\mathrm{d}f(x)}{\mathrm{d}x}\right|_{x=x_0}$$

$$\frac{\mathrm{d}f^2(x_0)}{\mathrm{d}x^2}=\left.\frac{\mathrm{d}^2 f(x)}{\mathrm{d}x}\right|_{x=x_0}$$

因为变量 x 偏离工作点 x_0 的范围较小,所有增量$(x-x_0)$的高次项可以忽略不计,故

可近似得到

$$y=f(x_0)+\frac{\mathrm{d}f(x_0)}{\mathrm{d}t}(x-x_0)$$

即

$$y-y_0=K(x-x_0) \tag{2-30}$$

其中，

$$y_0=f(x_0)$$

$$K=\left.\frac{\mathrm{d}f(x)}{\mathrm{d}x}\right|_{x=x_0}$$

式(2-30)表达了非线性元件在工作点处进行小偏差线性化的基本方程。

(2) 设多变量系统的输入量 x_1、x_2 和输出量 y 的非线性函数为

$$y=f\ (x_1,x_2) \tag{2-31}$$

则系统在工作点(y_0,x_{10},x_{20})的邻域内，式(2-31)的泰勒级数为

$$\begin{aligned} y=&y(x_{10},x_{20})+f_{x_1}(x_{10},x_{20})(x_1-x_{10})+f_{x_2}(x_{10},x_{20})(x_2-x_{20})\\ &+\frac{1}{2!}[f_{x_1x_1}(x_{10},x_{20})(x_1-x_{10})^2+2f_{x_1x_2}(x_{10},x_{20})(x_1-x_{10})(x_2-x_{20})\\ &+f_{x_2x_2}(x_{10},x_{20})(x_2-x_{20})^2]+\cdots \end{aligned} \tag{2-32}$$

同理，由于各变量在工作点处偏离很小，故忽略高阶无穷小项，近似得

$$y-y_0=K_1(x_1-x_{10})+K_2(x_2-x_{20}) \tag{2-33}$$

其中，

$$y_0=f(x_{10},x_{20})$$

$$K_1=f_{x_1}(x_{10},x_{20})=\left.\frac{\partial f(x_1,x_2)}{\partial x_1}\right|_{\substack{x_1=x_{10}\\x_2=x_{20}}}$$

$$K_2=f_{x_2}(x_{10},x_{20})=\left.\frac{\partial f(x_1,x_2)}{\partial x_2}\right|_{\substack{x_1=x_{10}\\x_2=x_{20}}}$$

式(2-33)是描述多变量非线性系统在工作点处进行小偏差线性化处理的基本方程。

【例 2-5】 求液压伺服马达线性化数学模型。

解： 液压执行元件是自动控制系统中经常采用的一种执行机构，它与其他类型的执行机构相比，具有体积小、反应快等优点。图 2-5 所示为液压伺服马达的工作原理，它由滑阀式液压放大器Ⅰ和执行机构-油缸Ⅱ组成。由于作用在滑阀上的油液压力是平衡的，所以滑阀是一个平衡阀，它可以控制很大的输出功率，而操纵滑阀只需要很小的功率。

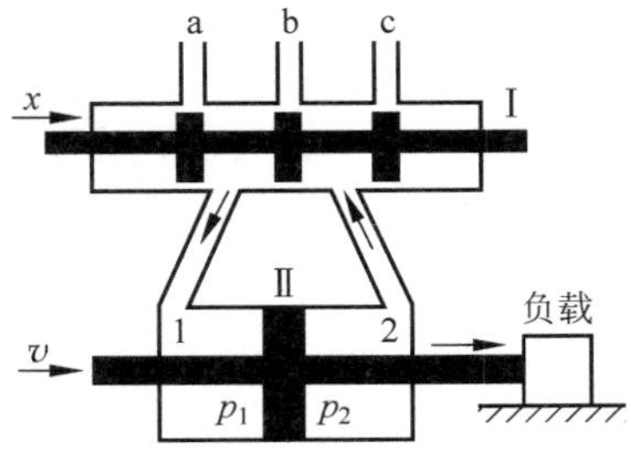

图 2-5　液压伺服马达原理

a，c—回油；b—高压油

当滑阀处于中间位置时，油缸中活塞两侧的压力相等，活塞处于静止状态。然而，当滑阀向右位移 x 时，油缸的腔 1 与高压油路 b 相通，于是活塞两侧产生压差 $p=p_1-p_2$。此压差推动活塞带动负载向右运动，使负载产生位移 y。从液压伺服马达来看，输入量是位移 x，

输出量是位移 y。

1）油缸的负载特性

进入油缸的油量 Q 与滑阀位移 x 和活塞两侧的压差有关。设滑阀位移为 x，活塞两侧单位面积上的压差为 p_c，单位时间内进入油缸的油量为 Q，变量 Q 与 x 和 p_c 之间的关系为非线性的，可以表示为

$$Q=f(x,p_c) \tag{2-34}$$

如果工作点为 $Q_0=f(x_0,p_0)$，那么在工作点附近变化时，可以用以下线性方程来表示，即

$$Q=Q_0+K_1(x-x_0)-K_2(p_c-p_{c0}) \tag{2-35}$$

式中，$K_1=\left(\dfrac{\partial Q}{\partial x}\right)_{x=x_0}$，$K_2=-\left(\dfrac{\partial Q}{\partial p_c}\right)_{p_c=p_{c0}}$。

写成增量方程式为

$$Q-Q_0=K_1(x-x_0)-K_2(p_c-p_{c0})$$

$$\Delta Q=K_1\Delta x-K_2\Delta p_c \tag{2-36}$$

如果工作点 $Q_0=0$，即 $x_0=0$，$p_{c0}=0$，式(2-36)可以写成

$$Q=K_1x-K_2p_c \tag{2-37}$$

这就是液压伺服马达负载特性的线性方程，绘成曲线如图 2-6 所示。

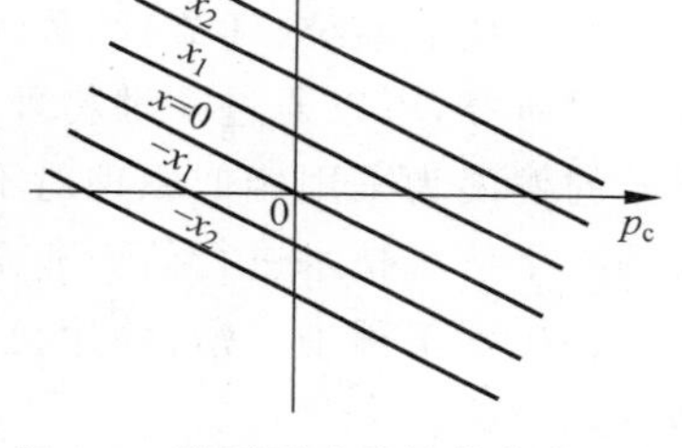

图 2-6　液压马达线性化负载特性

2）活塞运动方程式

当高压油进入油缸并推动活塞和负载产生位移时，这一运动过程由两种平衡关系来决定。一种平衡关系是进油量和活塞位移量之间的关系，可以表示为

$$Q\,\mathrm{d}t=\rho A\,\mathrm{d}y \quad 或 \quad Q=\rho A\frac{\mathrm{d}y}{\mathrm{d}t} \tag{2-38}$$

式中，ρ 为油液密度；A 为活塞面积。

方程式(2-38)表示当不计油的压缩和泄漏时，进入油缸的油量所占有的容积应等于活塞右移的容积。

另一种平衡关系是由于压差 p_c 使活塞运动时力的平衡，可写成

$$p_cA=F_f+m\frac{\mathrm{d}^2y}{\mathrm{d}t^2} \tag{2-39}$$

式中，m 为活塞及负载的运动质量；F_f 为黏性摩擦阻力。

$$F_f=K_f\cdot\frac{\mathrm{d}y}{\mathrm{d}t} \tag{2-40}$$

式中，K_f 为黏性阻尼系数。

由式(2-37)至式(2-40)可求得液压伺服马达的动态微分方程式为

$$m\frac{\mathrm{d}^2y}{\mathrm{d}t^2}+\left(K_f+\frac{A^2\rho}{K_2}\right)\frac{\mathrm{d}y}{\mathrm{d}t}=\frac{AK_1}{K_2}x \tag{2-41}$$

这就是描述液压伺服马达的线性化微分方程式。写成算子形式为

$$mp^2y+\left(K_f+\frac{A^2\rho}{K_2}\right)py=\frac{AK_1}{K_2}x \tag{2-42}$$

通过上述讨论应注意到，运用线性化方程来处理非线性特性时，线性化方程的参量（如液压马达 K_1 值与 K_2 值）与原始工作点有关，工作点不同时，参量的数值也不同。因此，在线性化以前，必须确定元件的静态工作点。

线性化时要注意以下几点。

（1）必须明确系统处于平衡状态的工作点，因为不同的工作点所得线性化方程的系数不同，即非线性曲线上各点的斜率（导数）是不同的。

（2）如果变量在较大范围内变化，则用这种线性化方法建立的微分方程，除工作点外的其他工况势必有较大的误差。所以，非线性模型线性化是有条件的，即变量偏离预定工作点很小。

（3）对于某些典型的本质非线性，如果非线性函数是不连续的，则在不连续点附近不能得到收敛的泰勒级数，这时就不能线性化。

2.1.3 相似原理

对不同的物理系统（环节）可用形式相同的微分方程与传函数来描述，即可以用形式相同的数学模型来描述。一般称能用形式相同的数学模型来描述的物理系统（环节）为相似系统（环节），称在微分方程或传递函数中占相同位置的物理量为相似量。所以，这里讲的“相似”只是就数学形式而言而不是就物理实质而言的。

由于相似系统（环节）的数学模型在形式上相同，因此，可以用相同的数学方法对相似系统加以研究，可以通过一种物理系统去研究另一种相似的物理系统。特别是现代电气、电子技术的发展为采用相似原理对不同系统（环节）的研究提供了良好条件。在数字计算机上，采用数字仿真技术进行研究非常方便有效。

在机械工程中，常常使用机械、电气、流体系统或它们的联合系统，下面就它们的相似性做一些讨论。

图 2-7(a)和图 2-7(b)所示分别为一机械系统和一电系统。对图 2-7(a)所示的系统有

$$m\ddot{y}+c\dot{y}+ky=f$$

故

$$G(s)=\frac{Y(s)}{F(s)}=\frac{1}{ms^2+cs+k} \tag{2-43}$$

对图 2-7(b)所示的系统，有

$$L\frac{\mathrm{d}i}{\mathrm{d}t}+Ri+\frac{1}{C}\int i\,\mathrm{d}t=u \tag{2-44}$$

如以电量 q 表示输出，则有

$$L\ddot{q}+R\dot{q}+\frac{1}{C}q=u$$

故

$$G(s)=\frac{Q(s)}{U(s)}=\frac{1}{Ls^2+Rs+\frac{1}{C}} \tag{2-45}$$

显然，这两个系统为相似系统。其相似量列于表 2-1 中。这种相似称为力-电压相似。有兴趣的读者还可从有关参考书中找到力-电流相似的机、电系统。

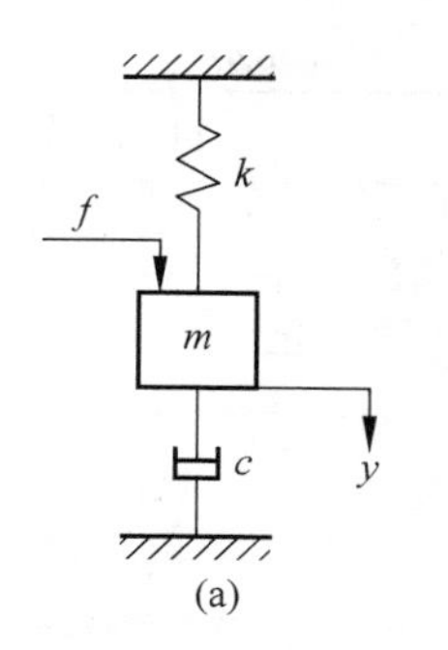

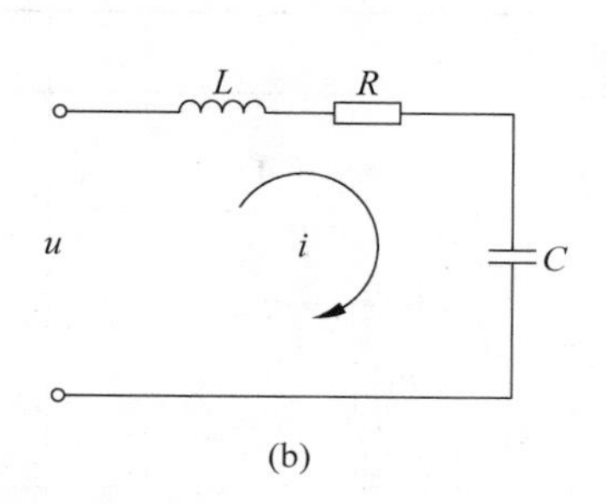

图 2-7　机械系统和电系统

同类的相似系统很多，如表 2-2 所示。

表 2-1　机械系统和电系统的相似量

机 械 系 统	电　系　统
力 f（力矩 M）	电压 u
质量 m（转动惯量 J）	电感 L
黏性阻尼系数 c	电阻 R
弹簧刚度 k	电容的倒数 $1/C$
位移 y（角位移 θ）	电量 q
速度 $\dot{y}$（角速度 $\dot{\theta}$）	电流 $i(\dot{q})$

表 2-2　相似的电系统和机械系统

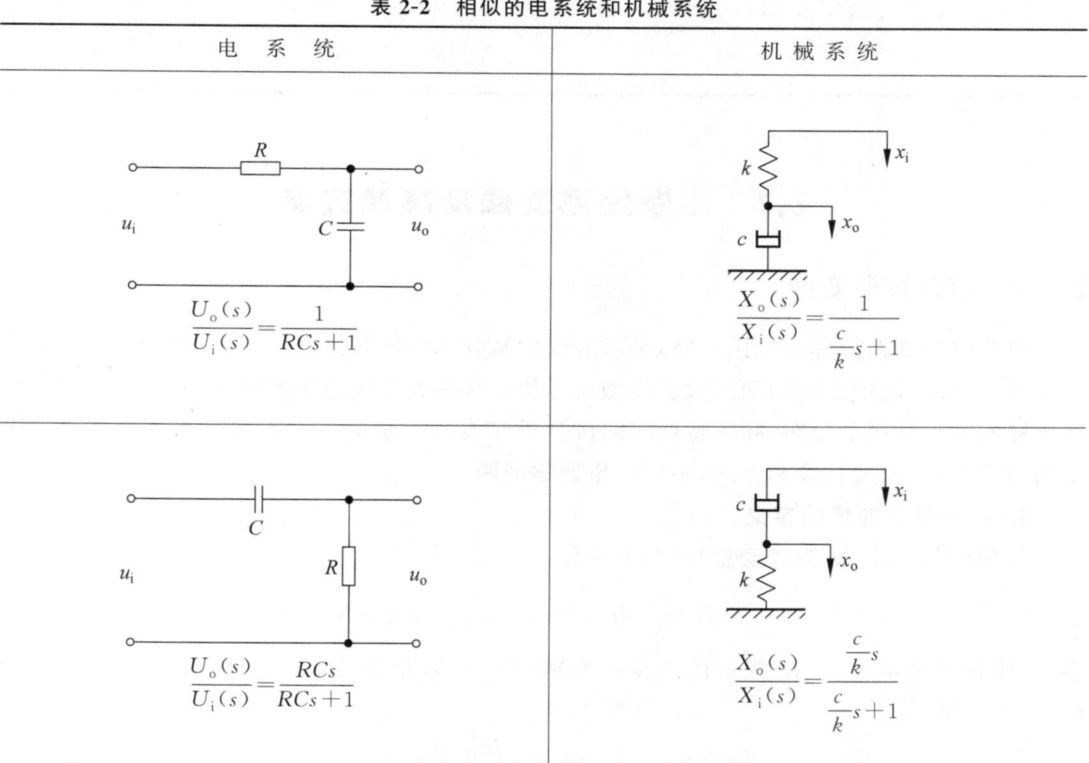

电　系　统	机 械 系 统
u_i, R, C, u_o $$\frac{U_o(s)}{U_i(s)}=\frac{1}{RCs+1}$$	k, c, x_i, x_o $$\frac{X_o(s)}{X_i(s)}=\frac{1}{\frac{c}{k}s+1}$$
u_i, C, R, u_o $$\frac{U_o(s)}{U_i(s)}=\frac{RCs}{RCs+1}$$	c, k, x_i, x_o $$\frac{X_o(s)}{X_i(s)}=\frac{\frac{c}{k}s}{\frac{c}{k}s+1}$$

续表

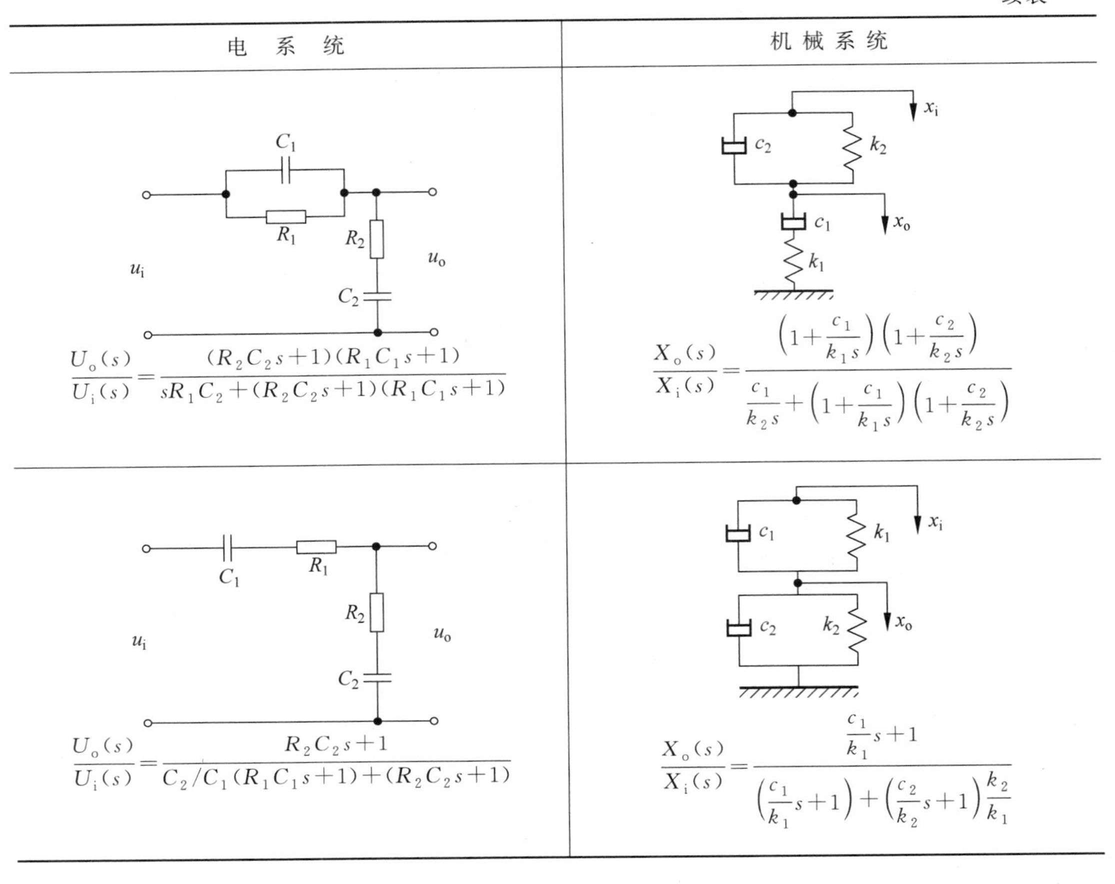

电 系 统	机 械 系 统
$\dfrac{U_o(s)}{U_i(s)}=\dfrac{(R_2C_2s+1)(R_1C_1s+1)}{sR_1C_2+(R_2C_2s+1)(R_1C_1s+1)}$	$\dfrac{X_o(s)}{X_i(s)}=\dfrac{\left(1+\dfrac{c_1}{k_1s}\right)\left(1+\dfrac{c_2}{k_2s}\right)}{\dfrac{c_1}{k_2s}+\left(1+\dfrac{c_1}{k_1s}\right)\left(1+\dfrac{c_2}{k_2s}\right)}$
$\dfrac{U_o(s)}{U_i(s)}=\dfrac{R_2C_2s+1}{C_2/C_1(R_1C_1s+1)+(R_2C_2s+1)}$	$\dfrac{X_o(s)}{X_i(s)}=\dfrac{\dfrac{c_1}{k_1}s+1}{\left(\dfrac{c_1}{k_1}s+1\right)+\left(\dfrac{c_2}{k_2}s+1\right)\dfrac{k_2}{k_1}}$

2.2 拉普拉斯变换及其反变换

2.2.1 拉普拉斯变换

拉普拉斯变换简称为拉氏变换，是求解线性微分方程的简捷方法。更重要的是，由于采用了这一方法，能把系统的动态数学模型很方便地转换为系统的传递函数，并由此发展出传递函数的零点和极点分布、频率特性等间接分析和设计系统的工程方法。本节只介绍拉氏变换的定义、性质及其计算方法，不作严格数学证明。

1. 拉普拉斯变换的定义

如果函数 $f(t)$（t 为实变量）的线性积分

$$\int_0^{\infty} f(t)\mathrm{e}^{-st}\mathrm{d}t \quad (s=\sigma+\mathrm{j}\omega \text{ 为复变量})$$

存在，则称其为函数 $f(t)$ 的拉氏变换。变换后的函数是复变量 s 的函数，记为 $F(s)$ 或 $L[f(t)]$，即

$$L[f(t)]=F(s)=\int_0^{\infty} f(t)\mathrm{e}^{-st}\mathrm{d}t \tag{2-46}$$

称 $F(s)$ 为 $f(t)$ 的变换函数或象函数，而 $f(t)$ 为 $F(s)$ 的原函数。

另外，有逆运算

$$L^{-1}[F(s)]=f(t)=\frac{1}{2\pi j}\int_{\sigma-j\infty}^{\sigma+j\infty}F(s)e^{st}ds \tag{2-47}$$

式(2-47)称为 $F(s)$ 的拉氏反变换。

2. 拉普拉斯变换表

为了工程应用方便，常把 $f(t)$ 和 $F(s)$ 的对应关系编成表格，就是通常所说的拉氏变换表，如表2-3所示。在“自动控制原理”中，最常用的是表格中的前8项，应该通过不断地应用加以熟记。

表2-3 拉普拉斯变换对照表

序 号	原函数 $f(t)$	象函数 $F(s)$
1	$\delta(t)$	1
2	$1(t)$	$\frac{1}{s}$
3	t	$\frac{1}{s^2}$
4	t^n	$\frac{n!}{s^{n+1}}$
5	e^{-at}	$\frac{1}{s+a}$
6	te^{-at}	$\frac{1}{(s+a)^3}$
7	$\sin\omega t$	$\frac{\omega}{s^2+\omega^2}$
8	$\cos\omega t$	$\frac{s}{s^2+\omega^2}$
9	$\frac{1}{b-a}(e^{-at}-e^{-bat})$	$\frac{1}{(s+a)(s+b)}$
10	$\frac{1}{b-a}(be^{-bt}-ae^{-at})$	$\frac{s}{(s+a)(s+b)}$
11	$\frac{1}{ab}\left[1+\frac{1}{a-b}(be^{-bt}-ae^{-at})\right]$	$\frac{1}{s(s+a)(s+b)}$
12	$e^{-\omega t}\sin\omega t$	$\frac{\omega}{(s+a)^2+\omega^2}$
13	$e^{-\omega t}\cos\omega t$	$\frac{s+a}{(s+a)^2+\omega^2}$
14	$\frac{\omega_n}{\sqrt{1-\xi^2}}e^{-\xi\omega_n t}\sin(\sqrt{1-\xi^2}\omega_n t)$	$\frac{\omega_n^2}{s^2+2\xi\omega_n s+\omega_n^2}$
15	$\frac{-1}{\sqrt{1-\xi^2}}e^{-\xi\omega_n t}\sin(\omega_n\sqrt{1-\xi^2}t+\varphi)$ $\varphi=\arctan\frac{\sqrt{1-\xi^2}}{\xi}$ $0<\xi<1$	$\frac{s}{s^2+2\xi\omega_n s+\omega_n^2}$

3. 拉普拉斯变换的性质和定理

1）线性性质

拉氏变换也像一般线性函数那样具有齐次性和叠加性。

(1) 齐次性。一个时间函数乘以常数时，其拉氏变换为该时间函数的拉氏变换乘以该常数，即

$$L[af(t)]=aF(s) \tag{2-48}$$

(2) 叠加性。若 $f_1(t)$ 和 $f_2(t)$ 的拉氏变换分别为 $F_1(s)$ 和 $F_2(s)$，则有

$$L[f_1(t)\pm f_2(t)]=F_1(s)\pm F_2(s) \tag{2-49}$$

2) 微分定理

设 $F_1(s)=L\left[\dfrac{\mathrm{d}f(t)}{\mathrm{d}t}\right]=sF(s)-f(0)$

$$L\left[\frac{\mathrm{d}^2 f(t)}{\mathrm{d}t^2}\right]=s^2F(s)-sf(0)-f'(0)$$

$$L\left[\frac{\mathrm{d}^n f(t)}{\mathrm{d}t^n}\right]=s^nF(s)-s^{n-1}f(0)-s^{n-2}f'(0)-\cdots-f^{(n-1)}(0)$$

式中，$f(0),f'(0),\cdots,f^{(n-1)}(0)$ 为函数 $f(t)$ 及其各阶导数在 $t=0$ 时的值。

如果初始条件都为零，即 $f(0)=f'(0)=\cdots=f^{(n-1)}(0)=0$，则有

$$L\left[\frac{\mathrm{d}f(t)}{\mathrm{d}t}\right]=sF(s) \tag{2-50}$$

$$L\left[\frac{\mathrm{d}^n f(t)}{\mathrm{d}t^n}\right]=s^nF(s) \tag{2-51}$$

3) 积分定理

设 $F(s)=L[f(t)]$，则有

$$L\left[\int f(t)\mathrm{d}t\right]=\frac{1}{s}F(s)+\frac{1}{s}f^{(-1)}(0)$$

$$L\left[\iint f(t)\mathrm{d}t^2\right]=\frac{1}{s^2}F(s)+\frac{1}{s^2}f^{(-1)}(0)+\frac{1}{s}f^{(-2)}(0)$$

$$\vdots$$

$$L\left[\int\cdots\int f(t)\mathrm{d}t^n\right]=\frac{1}{s^n}F(s)+\frac{1}{s^n}f^{(-1)}(0)+\cdots+\frac{1}{s}f^{(-n)}(0)$$

式中，$f^{(-1)}(0),f^{(-2)}(0),\cdots,f^{(-n)}(0)$ 为函数 $f(t)$ 的各重积分在 $t=0$ 时刻的值。

如果 $f^{(-1)}(0)=f^{(-2)}(0)=\cdots=f^{(-n)}(0)=0$，则

$$L\left[\int f(t)\mathrm{d}t\right]=\frac{1}{s}F(s)$$

$$L\left[\iint f(t)\mathrm{d}t^2\right]=\frac{1}{s^2}F(s)$$

$$\vdots$$

$$L\left[\int\cdots\int f(t)\mathrm{d}t^n\right]=\frac{1}{s^n}F(s) \tag{2-52}$$

4) 终值定理

若函数 $f(t)$ 的拉氏变换为 $F(s)$，且 $F(s)$ 在 s 平面的右半面及除原点外的虚轴上解析，则有终值

$$\lim_{t\to\infty}f(t)=\lim_{s\to 0}sF(s) \tag{2-53}$$

应用终值定理时，要留意上述条件是否满足。例如 $f(t)=\sin\omega t$ 时，$F(s)$ 在 $\mathrm{j}\omega$ 轴上有 $\pm\mathrm{j}\omega$ 两个极点且 $\lim\limits_{t\to\infty} f(t)$ 不存在，因此终值定理不能使用。

5）初值定理

如果函数 $f(t)$ 及其一阶导数是可以拉氏变换的，并且 $\lim\limits_{s\to 0} sF(s)$ 存在，则

$$\lim_{t\to 0} f(t)=\lim_{s\to\infty} sF(s) \tag{2-54}$$

利用终值定理和初值定理可以直接和方便地求出时域里系统响应的初值和终值，而不必求出其实际函数 $f(t)$。

6）迟延定理

设 $F(s)=L[f(t)]$，则有

$$L[f(t-\tau)]=\mathrm{e}^{-\tau s}F(s) \tag{2-55}$$

$$L[\mathrm{e}^{-at}f(t)]=F(s+a) \tag{2-56}$$

式(2-55)说明实函数 $f(t)$ 向右平移一个迟延时间 τ 后，相当于复域中 $F(s)$ 乘以 $\mathrm{e}^{-\tau s}$ 的因子。式(2-56)说明实域函数 $f(t)$ 乘以 e^{-at} 所得到的衰减函数 $\mathrm{e}^{-at}f(t)$，相当于复域向左平移的 $F(s+a)$。

7）时标变换

用模拟和对实际系统进行仿真时，常需要将时间 t 的标尺扩展或缩小为 t/a，以使所得曲线清晰或节省观察时间。这并不妨碍试验的真实性。这里 a 是一个正数。可证得

设 $F(s)=L[f(t)]$，则

$$L\left[f\left(\frac{t}{a}\right)\right]=aF(as) \tag{2-57}$$

2.2.2 拉普拉斯反变换

拉氏反变换已由式(2-47)给出，即

$$L^{-1}[F(s)]=f(t)=\frac{1}{2\pi\mathrm{j}}\int_{\sigma-\mathrm{j}\infty}^{\sigma+\mathrm{j}\infty}F(s)\mathrm{e}^{st}\,\mathrm{d}s$$

这是复变函数积分，一般很难直接计算，故由 $F(s)$ 求 $f(t)$ 常用部分分式法。该方法是将 $F(s)$ 分解成一些简单的有理分式函数之和，然后由拉氏变换表一一查出对应的反变换函数，即得所求的原函数 $f(t)$。

$F(s)$ 通常是复变量 s 的有理分式函数，即分母多项式的阶次高于或等于分子多项式的阶次。$F(s)$ 的一般形式为

$$F(s)=\frac{M(s)}{N(s)}=\frac{b_m s^m+b_{m-1}s^{m-1}+\cdots+b_1 s+b_0}{s^n+a_{n-1}s^{n-1}+\cdots+a_1 s+a_0} \tag{2-58}$$

式中，$a_0,a_1,\cdots,a_n$ 及 $b_0,b_1,\cdots,b_m$ 均为实数；m、n 为正整数且 $n\geqslant m$。

首先将 $F(s)$ 的分母多项式 $N(s)$ 进行因式分解，即写为

$$N(s)=(s-s_1)(s-s_2)\cdots(s-s_n)$$

式中，$s_1,s_2,\cdots,s_n$ 为 $N(s)=0$ 的根。

1. $A(s)=0$ 无重根

这时可将 $F(s)$ 换写为 n 个部分分式之和，每个分式的分母都是 $N(s)$ 的一个因式，即

$$F(s)=\frac{C_1}{s-s_1}+\frac{C_2}{s-s_2}+\cdots+\frac{C_n}{s-s_n}$$

或

$$F(s)=\sum_{i=1}^{n}\frac{C_i}{s-s_i} \tag{2-59}$$

如果确定了每个部分分式中的待定常数 C_i，则由拉氏变换表即可查得 $F(s)$ 的反变换为

$$L^{-1}F(s)=f(t)=L^{-1}\left(\sum_{i=1}^{n}\frac{C_i}{s-s_i}\right)=\sum_{i=1}^{n}C_i e^{s_i t} \tag{2-60}$$

各待定常数 C_i 可按下式求得，即

$$C_i=F(s)\cdot(s-s_i)\Big|_{s=s_i} \tag{2-61}$$

或

$$C_i=\frac{M(s)}{N(s)}\cdot(s-s_i)\Big|_{s=s_i} \tag{2-62}$$

【例 2-6】 求 $F(s)=\dfrac{s+2}{s^2+4s+3}$ 的拉氏反变换。

解：令

$$F(s)=\frac{s+2}{s^2+4s+3}=\frac{s+2}{(s+3)(s+1)}=\frac{C_1}{s+3}+\frac{C_2}{s+1}$$

由式(2-61)得

$$C_1=F(s)(s+3)\Big|_{s=-3}=\frac{s+2}{(s+3)(s+1)}\cdot(s+3)\Big|_{s=-3}=\frac{1}{2}$$

$$C_2=F(s)(s+1)\Big|_{s=-1}=\frac{s+2}{(s+3)(s+1)}\cdot(s+1)\Big|_{s=-1}=\frac{1}{2}$$

所以

$$F(s)=\frac{1/2}{s+3}+\frac{1/2}{s+1}$$

查拉氏变换表，得原函数

$$f(t)=\frac{1}{2}e^{-3t}+\frac{1}{2}e^{-t}$$

【例 2-7】 求 $F(s)$ 的原函数，有 $F(s)=\dfrac{s+3}{s^2+2s+2}$。

解：分母多项式方程的根为复数根：$s_1=-1+j1$，$s_2=-1-j1$。

于是

$$F(s)=\frac{s+3}{(s+1-j1)(s+1+j1)}=\frac{C_1}{s+1-j1}+\frac{C_2}{s+1+j1}$$

应用式(2-61)得

$$C_1=\frac{s+3}{(s+1-j1)(s+1+j1)}\cdot(s+1+j1)\Big|_{s=-1+j1}=\frac{2+j}{2j}$$

$$C_2=\frac{s+3}{(s+1-\mathrm{j}1)(s+1+\mathrm{j}1)}\cdot(s+1+\mathrm{j}1)\bigg|_{s=-1-\mathrm{j}1}=\frac{2-\mathrm{j}}{2\mathrm{j}}$$

故原函数为

$$f(t)=\frac{2+\mathrm{j}}{2\mathrm{j}}\mathrm{e}^{(-1+\mathrm{j})t}-\frac{2-\mathrm{j}}{2\mathrm{j}}\mathrm{e}^{(-1-\mathrm{j})t}=\frac{1}{2\mathrm{j}}\mathrm{e}^{-t}[(2+\mathrm{j})\mathrm{e}^{\mathrm{j}t}-(2-\mathrm{j})\mathrm{e}^{-\mathrm{j}t}]$$

$$=\frac{1}{2\mathrm{j}}\mathrm{e}^{-t}(2\cos t+4\sin t)\mathrm{j}$$

$$=\mathrm{e}^{-t}(\cos t+2\sin t)$$

本例对 $F(s)$ 进行配方，再用迟延定理，即

$$F(s)=\frac{s+3}{s^2+2s+2}=\frac{s+1+2}{(s+1)^2+1}=\frac{s+1}{(s+1)^2+1}+2\frac{1}{(s+1)^2+1}$$

将上式与 $\cos\omega t$、$\sin\omega t$ 的拉氏变换相比较，相当复域向左移1，所以

$$f(t)=L^{-1}[F(s)]=\cos\omega t\cdot\mathrm{e}^{-t}+2\sin\omega t\cdot\mathrm{e}^{-t}$$

$$=\mathrm{e}^{-t}(\cos t+2\sin t)$$

式中，$\omega=1$。

2. $N(s)=0$ 有重根

设 s_1 为 m 阶重根，$s_{m+1},s_{m+2},\cdots,s_n$ 为单根，则 $F(s)$ 可展开成以下部分分式之和，即

$$F(s)=\frac{C_m}{(s-s_1)^m}+\frac{C_{m-1}}{(s-s_1)^{m-1}}+\cdots+\frac{C_1}{s-s_1}+\frac{C_{m+1}}{s-s_{m+1}}+\cdots+\frac{C_n}{s-s_n}\quad(2\text{-}63)$$

式中，$C_{m+1},C_{m+2},\cdots,C_n$ 为单根部分分式待定常数，可按照式(2-61)计算，而重根待定系数 $C_1,C_2,\cdots,C_m$ 按下式计算，即

$$C_m=[F(s)\cdot(s-s_1)^m]\big|_{s=s_1}$$

$$C_{m-1}=\frac{\mathrm{d}}{\mathrm{d}s}[F(s)\cdot(s-s_1)^m]\big|_{s=s_1}$$

$$\vdots$$

$$C_1=\frac{1}{(m-1)!}\frac{\mathrm{d}^{m-1}}{\mathrm{d}s^{m-1}}[F(s)\cdot(s-s_1)^m]\big|_{s=s_1}$$

将待定常数确定后代入 $F(s)$，取拉氏反变换，可求得 $f(t)$，即

$$f(t)=L^{-1}[F(s)]$$

$$=L^{-1}\left[\frac{C_m}{(s-s_1)^m}+\frac{C_{m-1}}{(s-s_1)^{m-1}}+\cdots+\frac{C_1}{s-s_1}+\frac{C_{m+1}}{s-s_{m+1}}+\cdots+\frac{C_n}{s-s_n}\right]$$

$$=(C_mt^{m-1}+C_{m-1}t^{m-2}+\cdots+C_1)\mathrm{e}^{s_1t}+\sum_{i=m+1}^{n}C_i\mathrm{e}^{s_it}$$

【例2-8】 求 $F(s)$ 的原函数 $F(s)=\dfrac{s+2}{s(s+1)^2(s+3)}$。

解：将 $F(s)$ 表示为 $F(s)=\dfrac{C_2}{(s+1)^2}+\dfrac{C_1}{s+1}+\dfrac{C_3}{s}+\dfrac{C_4}{s+3}$。

根据式(2-63)可求得

$$C_2=\left[\frac{s+2}{s(s+1)^2\times(s+3)}\cdot(s+1)^2\right]_{s=-1}=-\frac{1}{2}$$

$$C_1=\frac{\mathrm{d}}{\mathrm{d}s}\left[\frac{s+2}{s(s+1)^2\times(s+3)}\cdot(s+1)^2\right]_{s=-1}=-\frac{3}{4}$$

$$C_3=\left[\frac{s+2}{s(s+1)^2(s+3)}\cdot s\right]_{s=0}=\frac{2}{3}$$

$$C_4=\left[\frac{s+2}{s(s+1)^2(s+3)}\cdot(s+3)\right]_{s=-3}=\frac{1}{12}$$

将各常数代入部分分式中，有

$$F(s)=-\frac{1}{2}\cdot\frac{1}{(s+1)^2}-\frac{3}{4}\cdot\frac{1}{s+1}+\frac{2}{3}\cdot\frac{1}{s}+\frac{1}{12}\cdot\frac{1}{s+3}$$

对照拉氏变换表，可求得

$$\begin{aligned}f(t)&=-\frac{1}{2}t\mathrm{e}^{-t}-\frac{1}{4}\mathrm{e}^{-t}+\frac{2}{3}+\frac{1}{12}\mathrm{e}^{-3t}\\&=\frac{2}{3}-\left(\frac{1}{2}t+\frac{1}{4}\right)\mathrm{e}^{-t}+\frac{1}{12}\mathrm{e}^{-3t}\end{aligned}$$

2.2.3 用拉氏变换求解微分方程

拉氏变换求解微分方程的步骤如下。

(1) 将微分方程进行拉氏变换，得到以 s 为变量的代数方程，又称变换方程。方程中的初始值应取系统 $t=0$ 时的对应值。

(2) 解变换方程，求输出变量的象函数表达式。

(3) 将输出象函数表达式展开成部分分式。

(4) 求待定常数，对部分分式进行拉氏反变换，即得微分方程的全解。

下面举例说明。

【例 2-9】 已知系统微分方程

$$\frac{\mathrm{d}^2x_c}{\mathrm{d}t^2}+2\frac{\mathrm{d}x_c}{\mathrm{d}t}+2x_c=x_r$$

式中，x_c 为系统的输出变量；x_r 为系统的输入变量。并设 $x_r=\delta(t)$，$x_c(0)=x'_c(0)=0$，求：系统的输出 $x_c(t)$。

解：对微分方程进行拉氏变换，并代入初始条件，得

$$s^2X_c(s)+2sX_c(s)+2X_c(s)=1$$

则输出的拉氏变换式为

$$X_c(s)=\frac{1}{s^2+2s+2}$$

将上式展开成部分分式，有

$$X_c(s)=\frac{C_1}{s+1+\mathrm{j}}+\frac{C_2}{s+1-\mathrm{j}}$$

并求得

$$C_1 = -\frac{1}{2\mathrm{j}}$$

$$C_2 = \frac{1}{2\mathrm{j}}$$

所以

$$X_c(s) = \frac{-1}{2\mathrm{j}} \frac{1}{s+1+\mathrm{j}} + \frac{1}{2\mathrm{j}} \frac{1}{s+1-\mathrm{j}}$$

进行拉氏反变换，得 $x_c(t) = -\frac{1}{2\mathrm{j}}\mathrm{e}^{(-1-\mathrm{j})t} + \frac{1}{2\mathrm{j}}\mathrm{e}^{(-1+\mathrm{j})t}$。

运用欧拉公式化简上式，得 $x_c(t) = \mathrm{e}^{-t}\sin t$。

2.3 系统的传递函数

微分方程是线性元件或系统最基本的数学模型。它是在时间域内描述控制系统动态性能的数学模型，可用拉普拉斯变换法将微分方程转化为代数方程，得到控制系统的一种关于复变量 s 的数学模型即传递函数。传递函数是经典控制理论中最基本、最重要的数学模型，它是在复数域中描述线性系统，不仅可以表征系统的动态性能，而且可以借其研究系统的结构或参数变化对系统性能的影响，为控制系统的设计与综合提供方便。

2.3.1 传递函数

1. 传递函数的定义

线性定常系统在零初始条件下，输出量的拉氏变换与输入量的拉氏变换之比，称为该系统的传递函数。

设描述系统或元件的微分方程一般表示形式为

$$a_n \frac{\mathrm{d}^n c(t)}{\mathrm{d}t^n} + a_{n-1} \frac{\mathrm{d}^{n-1} c(t)}{\mathrm{d}t^{n-1}} + \cdots + a_1 \frac{\mathrm{d}c(t)}{\mathrm{d}t} + a_0 c(t)$$
$$= b_m \frac{\mathrm{d}^m r(t)}{\mathrm{d}t^m} + b_{m-1} \frac{\mathrm{d}^{m-1} r(t)}{\mathrm{d}t^{m-1}} + \cdots + b_1 \frac{\mathrm{d}r(t)}{\mathrm{d}t} + b_0 r(t) \tag{2-64}$$

式中，$c(t)$ 为系统或元件的输出量；$r(t)$ 为系统或元件的输入量；$a_0, a_1, \cdots, a_n$ 及 b_0，$b_1, \cdots, b_m$ 为与系统结构、参数有关的常数。

设初始条件为零，对式(2-64)两边进行拉氏变换，得

$$(a_n s^n + a_{n-1} s^{n-1} + \cdots + a_1 s + a_0) C(s) = (b_m s^m + \cdots + b_0) R(s)$$

则该系统或元件的传递函数为

$$G(s) = \frac{C(s)}{R(s)} = \frac{b_m s^m + b_{m-1} s^{m-1} + \cdots + b_0}{a_n s^n + a_{n-1} s^{n-1} + \cdots + a_0} \tag{2-65}$$

传递函数是控制工程中非常重要的基本概念，它是分析线性定常系统的有力工具，具有以下特点。

(1) 传递函数的分母是系统的特征多项式，代表系统的固有特性；分子代表输入与系统的关系，而与输入量无关，因此传递函数表达了系统本身的固有特性。

(2) 传递函数不说明被描述系统的具体物理结构,不同的物理系统可能具有相同的传递函数。

(3) 传递函数比微分方程简单,通过拉普拉斯变换将时域内复杂的微积分运算转化为简单的代数运算。

(4) 当系统输入典型信号时,输出与输入有对应关系。特别地,当输入是单位脉冲信号时,传递函数就表示系统的输出函数。因此,也可以把传递函数看成单位脉冲响应的象函数。

(5) 如果将传递函数进行代换 $s=\mathrm{j}\omega$,可以直接得到系统的频率特性函数。

需要特别指出以下几点。

(1) 由于传递函数是经过拉普拉斯变换导出的,而拉普拉斯变换是一种线性积分运算,因此传递函数的概念仅适用于线性定常系统。

(2) 传递函数是在零初始条件下定义的,因此传递函数原则上不能反映系统在非零初始条件下的运动规律。

(3) 一个传递函数只能表示一个输入对一个输出的关系,因此只适用于单输入单输出系统的描述,而且传递函数也无法反映系统内部的中间变量的变化情况。

2. 零、极点表示法

下面介绍几个定义和术语。

(1) 特征方程。传递函数的分母就是系统的特征方程式。

(2) 阶数。传递函数分母中 s 的最高阶次表示系统的阶数。例如,分母中 s 的最高阶次为 n,则称为 n 阶系统。分子中 s 的最高阶次为 m,一般有 $n\geqslant m$。

(3) 极点。传递函数分母多项式的根称为系统的极点。

(4) 零点。传递函数分子多项式的根称为系统的零点。

式(2-65)是传递函数的最基本形式,它可以改写成以下形式,即

$$G(s)=\frac{C(s)}{R(s)}=\frac{b_m s^m+b_{m-1}s^{m-1}+\cdots+b_0}{a_n s^n+a_{n-1}s^{n-1}+\cdots+a_0}=\frac{K_0(s-z_1)(s-z_2)\cdots(s-z_m)}{(s-p_1)(s-p_2)\cdots(s-p_n)} \tag{2-66}$$

式中,$K_0=b_m/a_n$,称为根轨迹增益,简称根增益,也叫根比例系数;$z_1,z_2,\cdots,z_m$ 为分子多项式方程的根,同时使 $G(s)=0$,故称为传递函数的零点;$p_1,p_2,\cdots,p_n$ 为分母多项式方程的根,同时使 $G(s)=\infty$,故称为传递函数的极点或传递函数的特征根。z_i、p_j 可以是实数,也可以是复数,若为复数,必为共轭成对出现。

在复数平面上(s 平面)表示传递函数的零点和极点时,称为传递函数的零、极点分布图。在图中用“°”表示零点,用“×”表示极点。

传递函数的零、极点表示法在根轨迹法中使用。

2.3.2 典型环节及其传递函数

控制系统一般由若干元件以一定形式连接而成,从控制理论来看,物理本质和工作原理不同的元件可以有完全相同的数学模型。在控制工程中,一般将具有某种确定信息传递关系的元件、元件组或元件的一部分称为一个环节,经常遇到的环节称为典型环节。复杂控制系统常常由一些简单的典型环节组成。求出这些典型环节的传递函数,就可以求出系统的传递函数。这给研究复杂系统带来很大方便。

在工程控制系统中，常见的典型环节有比例环节、惯性环节、微分环节、积分环节、振荡环节和延时环节，下面将求出这些典型环节的传递函数。

1. 比例环节

如果一个环节的输出和输入成比例，则称此环节为比例环节。比例环节的微分方程可写为

$$x_o(t)=Kx_i(t) \tag{2-67}$$

显然，其传递函数为

$$G(s)=\frac{X_o(s)}{X_i(s)}=K \tag{2-68}$$

比例环节在传递信息过程中既不延时也不失真，只是增大(或缩小)K 倍。机械系统中略去弹性的杠杆、无侧隙的减速器和丝杠等机械传动装置，以及质量高的测速发电机和伺服放大器等都可以认为是比例环节。

用运算放大器构成有源放大器时，实际上是用运算放大器与电阻电路构成比例环节，如图 2-8 所示。其中，$u_i(t)$为输入电压，$u_o(t)$为输出电压，R_1 和 R_2 为电阻。

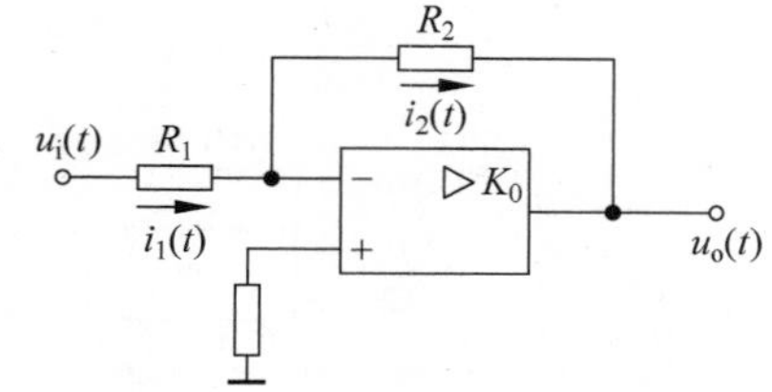

图 2-8 用运算放大器构成的比例环节

由于 $i_1(t)\approx i_2(t)$，所以

$$\frac{u_i(t)}{R_1}=-\frac{u_o(t)}{R_2}$$

对上式两边同时进行拉普拉斯变换，并设初始输入和输出电压均为零，得

$$\frac{U_i(s)}{R_1}=\frac{U_o(s)}{R_2}$$

则

$$G(s)=\frac{U_o(s)}{U_i(s)}=-\frac{R_2}{R_1}=K$$

由上式可见，当 $R_2>R_1$ 时，图 2-8 表示的电路为反相放大电路。在实际应用中，由于输出 $u_o(t)$不能大于运算放大器的电源电压，所以在设计此放大器电路时，注意 K 的取值范围。此外，还要考虑电阻 R_1、R_2 的功耗。

需要注意的是，在定义传递函数时，规定了零初始条件(初始输入输出及其各阶导数均为零)，所以，以后求传递函数时，总是规定系统具有零初始条件，而不再另外说明。

2. 惯性环节

如果一个环节的数学模型为一阶微分方程，常写成 $Tx_o'+x_o=Kx_i$，则此环节为惯性环节。将此式两边取拉普拉斯变换，可得其传递函数为

$$G(s)=\frac{K}{Ts+1} \tag{2-69}$$

式中，K 为惯性环节的增益，或称放大系数；T 为惯性环节的时间常数。

图 2-9 所示的质量-阻尼-弹簧系统，当其质量相对很小，可以忽略时，由达朗贝尔原理可知

$$(x_i-x_o)k-c\dot{x}_o=0$$

由此得其微分方程为

$$c\dot{x}_o + kx_o = kx_i$$

经拉普拉斯变换，求得其传递函数为

$$G(s)=\frac{X_o(s)}{X_i(s)}=\frac{k}{cs+k}=\frac{1}{Ts+1}$$

式中，时间常数为 $T=c/k$，放大系数 $K=1$。弹簧是储能元件，阻尼器是耗能元件。由于系统有储能元件和耗能元件，所以其输出总是落后于输入，说明系统具有惯性。时间常数 T 越大，系统的惯性也越大。显然，此时系统的惯性并不是由质量引起的，这与力学中的惯性概念不同。

另一个典型的惯性环节如图 2-10 所示的低通滤波电路。由图 2-10 可知

$$u_i(t)=Ri(t)+u_o(t),\quad u_o(t)=\frac{1}{C}\int i(t)\mathrm{d}t$$

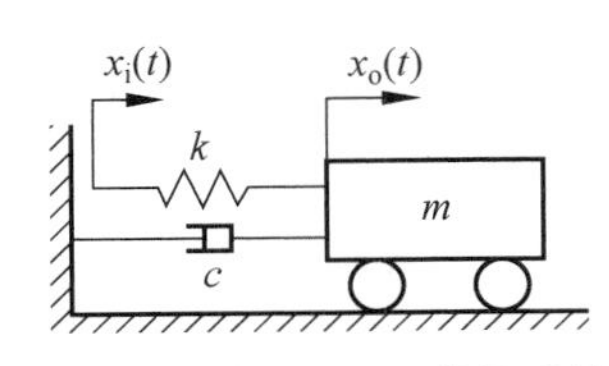

图 2-9　质量-阻尼-弹簧系统

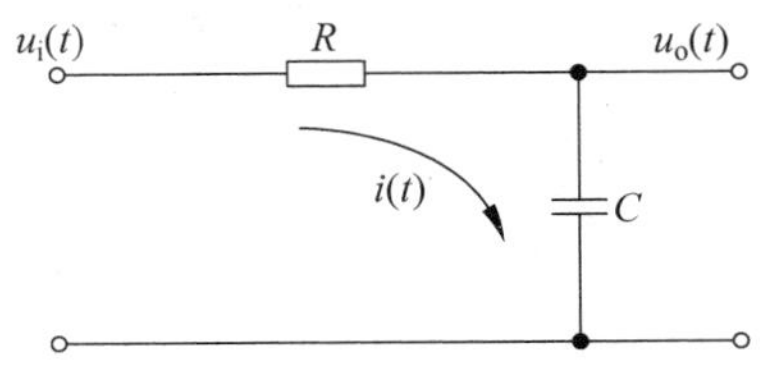

图 2-10　低通滤波电路

对上面两式分别进行拉普拉斯变换，得

$$U_i(s)=RI(s)+U_o(s),\quad U_o(s)=\frac{1}{Cs}I(s)$$

消去 $I(s)$，得

$$U_i(s)=(RCs+1)U_o(s)$$

所以，此电路的传递函数为

$$G(s)=\frac{X_o(s)}{X_i(s)}=\frac{1}{RCs+1}=\frac{1}{Ts+1}$$

其中，时间常数 $T=RC$，电阻为耗能元件，电容为储能元件，它们是此环节具有惯性的原因。以后在研究环节的频率特性时将讨论它的低通滤波作用。

3. 微分环节

理想的微分环节的输出正比于输入的微分，即

$$x_o(t)=T\dot{x}_i(t)$$

对此式取拉普拉斯变换，得此环节的传递函数为

$$G(s)=\frac{X_o(s)}{X_i(s)}=Ts \tag{2-70}$$

式中，T 为微分时间常数。

图 2-11 所示为一直流发电机，当励磁电压 u_g 等于常数时，取输入量为转子转角 θ，输出量为电枢电压 u_o。因为 u_g 不变，故磁通不变，所以 u_o 与转子转速成正比，即 $u_o=K\dot{\theta}$ 为一阶微分方程，所以此环节为微分环节，其传递函数为

$$G(s)=\frac{U_o(s)}{\Theta(s)}=Ks$$

如果输入为电动机转速，将直流发电机作为测速装置时，则构成比例环节。

4. 积分环节

图 2-12 表示齿轮-齿条传动机构。取齿轮的转速 $\omega(t)$(rad/s)为输入，齿条的位移 $x_o(t)$为输出，其微分方程为

$$x_o(t)=\int_0^t r\omega(t)\mathrm{d}t \tag{2-71}$$

式中，r 为齿轮节圆半径。

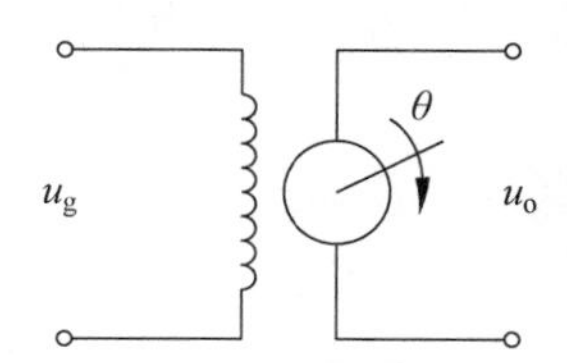

图 2-11 他励直流发电机原理

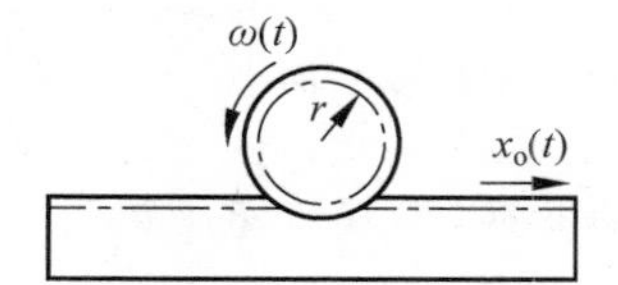

图 2-12 齿轮-齿条传动

如果一个环节的输出正比于输入对时间的积分，如方程式(2-71)，则称其为积分环节。对式(2-71)取拉普拉斯变换，得其传递函数为

$$G(s)=\frac{X(s)}{\Omega(s)}=\frac{r}{s}$$

积分环节传递函数的一般形式为

$$G(s)=\frac{K}{s} \tag{2-72}$$

图 2-13 表示用运算放大器构成的积分环节。其中，$u_i(t)$为输入电压，$u_o(t)$为输出电压，R 为电阻，C 为电容。

由于 $i_1(t)\approx i_2(t)$，所以

$$\frac{u_i(t)}{R}=-C\frac{\mathrm{d}u_o(t)}{\mathrm{d}t}$$

经拉普拉斯变换，得

$$U_i(s)=-RCsU_o(s)$$

其传递函数为

$$G(s)=\frac{U_o(s)}{U_i(s)}=\frac{-1/RC}{s}=\frac{K}{s}$$

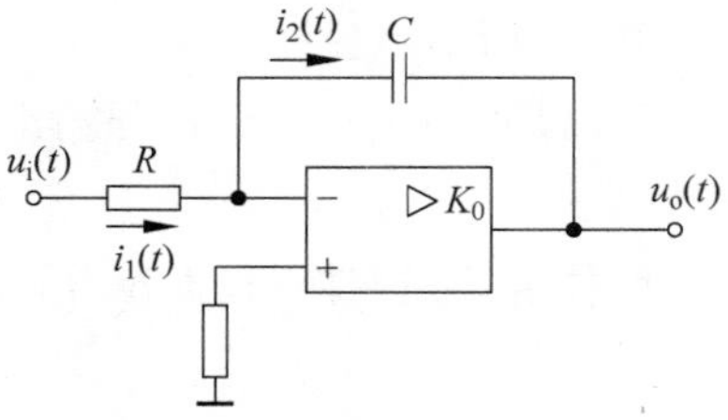

图 2-13 含运算放大器的积分环节

5. 振荡环节

由图 2-9 所示的质量-阻尼-弹簧系统，可得系统的微分方程为

$$m\ddot{x}_o+c\dot{x}_o+kx_o=kx_i$$

此为 2 阶线性常微分方程，是描述振荡性质的方程。因此把数学模型为 2 阶线性常微分方程的环节称为振荡环节。对上式取拉普拉斯变换，得振荡环节传递函数的一般表达式为

$$G(s)=\frac{\omega_{\mathrm{n}}^{2}}{s^{2}+2\xi\omega_{\mathrm{n}}s+\omega_{\mathrm{n}}^{2}} \tag{2-73}$$

式中，ω_{n} 为无阻尼固有频率；ξ 为阻尼比。无阻尼固有频率 ω_{n} 和阻尼比 ξ 分别为

$$\omega_{\mathrm{n}}=\sqrt{\frac{k}{m}},\quad \xi=\frac{c}{2\sqrt{mk}}$$

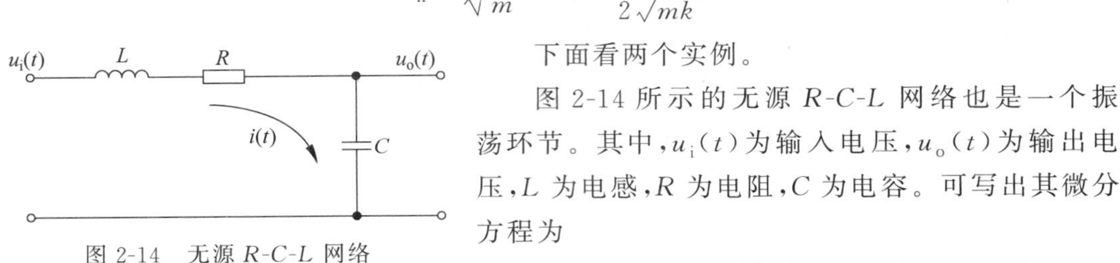

图 2-14　无源 R-C-L 网络

下面看两个实例。

图 2-14 所示的无源 R-C-L 网络也是一个振荡环节。其中，$u_{\mathrm{i}}(t)$ 为输入电压，$u_{\mathrm{o}}(t)$ 为输出电压，L 为电感，R 为电阻，C 为电容。可写出其微分方程为

$$LC\ddot{u}_{\mathrm{o}}(t)+RC\dot{u}_{\mathrm{o}}(t)+u_{\mathrm{o}}(t)=u_{\mathrm{i}}(t)$$

经拉普拉斯变换，得其传递函数为

$$G(s)=\frac{U_{\mathrm{o}}(s)}{U_{\mathrm{i}}(s)}=\frac{1}{LCs^{2}+RCs+1}$$

$$=\frac{1/(LC)}{s^{2}+(R/L)s+1/(LC)}=\frac{\omega_{\mathrm{n}}^{2}}{s^{2}+2\xi\omega_{\mathrm{n}}s+\omega_{\mathrm{n}}^{2}}$$

式中，$\omega_{\mathrm{n}}=\sqrt{\frac{1}{LC}}$；$\xi=\frac{R}{2}\sqrt{\frac{C}{L}}$。

可见，此网络为振荡环节。调节 R、C 和 L 可改变振荡的固有频率和阻尼比。

6. 延时环节

延时环节是输出滞后于输入时间 τ 后不失真地反映输入的环节。延时环节一般与其他环节共存，而不单独存在。

延时环节的输入 $x_{\mathrm{i}}(t)$ 与输出 $x_{\mathrm{o}}(t)$ 之间的关系为

$$x_{\mathrm{o}}(t)=x_{\mathrm{i}}(t-\tau)$$

取拉普拉斯变换，根据拉普拉斯变换的延迟性质，得传递函数为

$$G(s)=\frac{X_{\mathrm{o}}(s)}{X_{\mathrm{i}}(s)}=\mathrm{e}^{-\tau s} \tag{2-74}$$

2.4　系统动态结构图

控制系统的动态结构图（简称结构图）是将系统所有元件都用方框表示，在方框中标明其传递函数，按照信号传递方向把各方框依次连接起来的一种图形。结构图能清楚地表明系统的组成和信号的传递过程，还能表示出系统信号传递过程中的数学关系。所以，结构图是一种将系统图形化的数学模型，是分析和计算系统传递函数的有力工具。

2.4.1　系统方框图的组成

控制系统的结构图不论多么复杂或多么简单，它有且仅有 4 个基本要素。

（1）函数方框，也叫关系框、环节，表示对信号进行数学变换。方框中写入元件或系统的传递函数，如图2-15(a)所示。方框的输出变量等于方框的输入变量与传递函数的乘积，即

$$U_c(s)=G(s)U_r(s)$$

（2）信号线，带有箭头的有向线段。箭头表示信号的传递方向，线上标明信号的象函数，如图2-15(b)所示。

（3）分支点(测量点、引出点)，表示信号引出或测量位置。从同一位置引出的信号，在数值和性质方面完全相同，如图2-15(c)所示。

（4）综合点(相加点、比较点)，对两个以上信号进行加减运算。"＋"表示相加，"－"表示相减，通常"＋"号可以省略不写，如图2-15(d)所示。

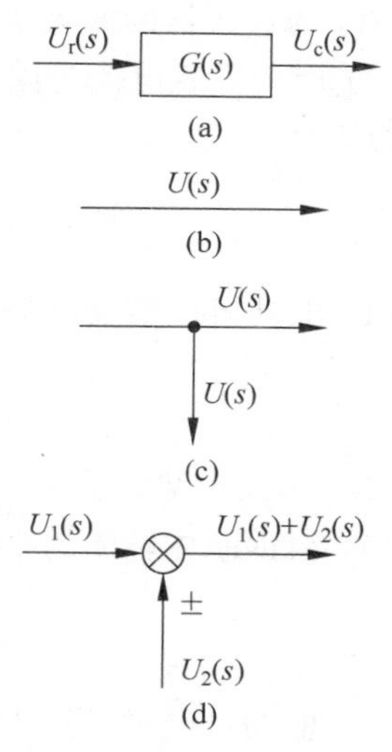

图2-15　结构图组成基本要素

2.4.2　系统动态结构图的建立

建立系统结构图的一般步骤如下。

（1）列写控制系统各元件的微分方程。

（2）对各元件的微分方程进行拉氏变换，求取传递函数，标明各元件的输入量与输出量。

（3）按照系统中各变量的传递顺序，依次将各元件的结构图连接起来，输入变量置于左端，输出变量置于右端，便得到系统的结构图。

【例2-10】　位置随动系统如图2-16所示，试建立系统的结构图。

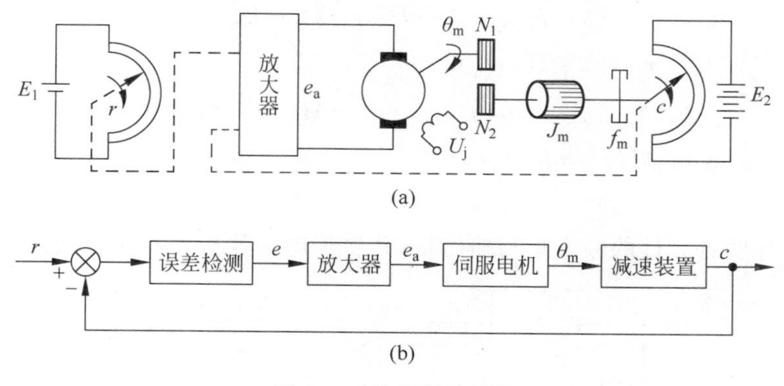

图2-16　位置随动系统

解：该位置随动系统应用直流伺服电动机作执行元件。

（1）误差检测器的输出电压正比于输入轴与输出轴的角偏差：

$$e=K_c(r-c) \tag{2-75}$$

式中，K_c为检测器的比例系数。

（2）放大器的输出电压正比于输入电压(忽略放大器时常数)，即

$$e_a=K_f e \tag{2-76}$$

式中，K_f 为放大器的放大倍数。

(3) 因为励磁电流为固定值，故励磁磁通为常量。由基尔霍夫定律，得到电枢回路的微分方程为

$$L_a \frac{di_a}{dt} + R_a i_a + E_b = u_a \tag{2-77}$$

(4) 电动机电枢反电势 E_b 与电枢角速度成正比，即

$$E_b = K_b \frac{d\theta_m}{dt} \tag{2-78}$$

式中，K_b 为反电势系数。

(5) 根据刚体转动的牛顿定律，得电枢力矩平衡微分方程式为

$$J_m \frac{d^2\theta_m}{dt^2} + f_m \frac{d\theta_m}{dt} = M \tag{2-79}$$

(6) 电动机电磁转矩 M 正比于电枢电流 i_a，即

$$M = K_a i_a \tag{2-80}$$

式中，K_a 为力矩常数。

(7) 减速器运动方程式为

$$c = \frac{N_1}{N_2}\theta_m = n\theta_m \tag{2-81}$$

式中，$n = N_1/N_2$，为齿轮减速器传动比的倒数。

微分方程在零初始条件下进行拉氏变换，得到以下方程，即

$$E(s) = K_c[R(s) - C(s)] \tag{2-82}$$

$$E_a(s) = K_f E(s) \tag{2-83}$$

$$E_a(s) = R_a I_a(s) + L_a s I_a(s) + E_b(s) \tag{2-84}$$

$$E_b(s) = K_b s\theta_m(s) \tag{2-85}$$

$$J_m s^2\theta_m(s) + f_m s\theta_m(s) = M(s) - M_L(s) \tag{2-86}$$

$$M(s) = K_a I_a(s) \tag{2-87}$$

$$C(s) = n\theta_m(s) \tag{2-88}$$

下一步是标明各元件的输入量与输出量，并将传动函数写入方框中，如图 2-17 所示。

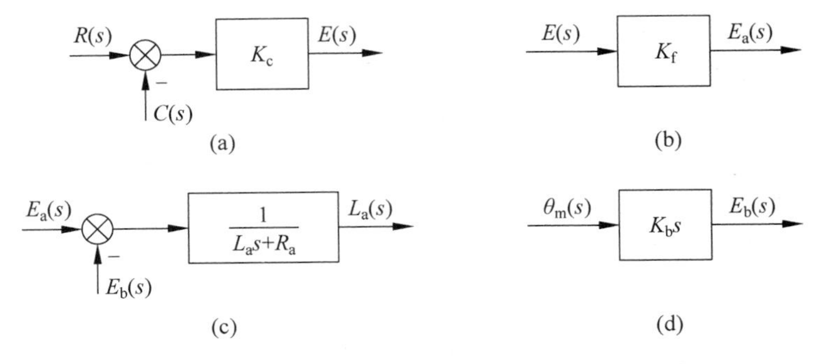

图 2-17　方程组各式方框图

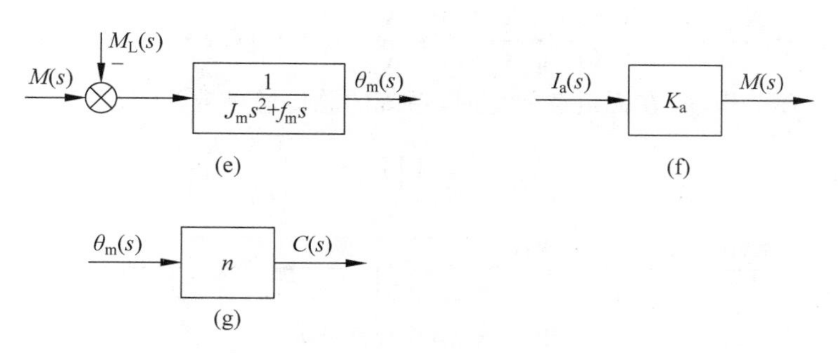

图 2-17(续)

框图连接起来,得到系统的动态结构图,如图 2-18 所示。

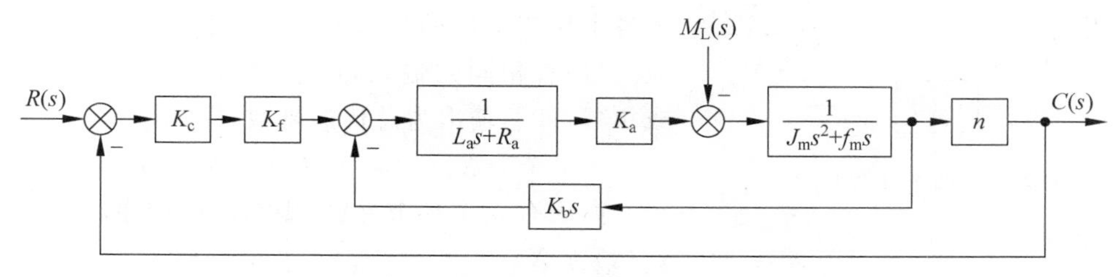

图 2-18 随动系统结构

2.5 系统的传递函数方框图及其简化

2.5.1 环节的基本连接方式

系统的传递函数可以采用先求出组成系统各个元件的传递函数,通过信号的流向画出系统总的方框图,然后对方框图进行化简,求出系统总的传递函数。建立系统方框图的步骤如下。

第一步:建立系统各元部件的微分方程。在建立方程时,应特别注意选择输入变量和输出变量。

第二步:对各元部件的微分方程进行拉普拉斯变换,求出它们各自的传递函数。

第三步:按照信号在系统中的传递关系和变换过程,排列各元部件的方框图并将它们连接起来。

方框图的基本组成形式为环节串联、环节并联和反馈连接 3 种。

1. 环节串联

环节串联是指方框和方框首尾相连,前一环节的输出为后一环节的输入,图 2-19 所示为 3 个环节串联的情况。其中,$G_1(s)$、$G_2(s)$和 $G_3(s)$为各环节的传递函数。由于前一个环节的输出是后一个环节的输入,所以

$$G_1(s)=\frac{X_1(s)}{X_i(s)},\quad G_2(s)=\frac{X_2(s)}{X_1(s)},\quad G_3(s)=\frac{X_o(s)}{X_2(s)}$$

此系统的总传递函数为

$$G(s)=\frac{X_o(s)}{X_i(s)}=\frac{X_1(s)}{X_i(s)}\cdot\frac{X_2(s)}{X_1(s)}\cdot\frac{X_o(s)}{X_2(s)}=G_1(s)\cdot G_2(s)\cdot G_3(s)$$

如果有 n 个环节串联，在无负载效应时，系统的总传递函数为

$$G(s)=\prod_{i=1}^{n}G_i(s) \tag{2-89}$$

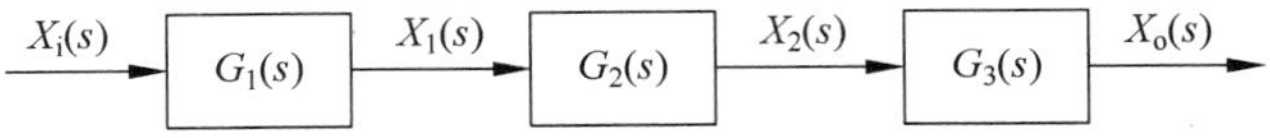

图 2-19　3 个环节串联

2. 环节并联

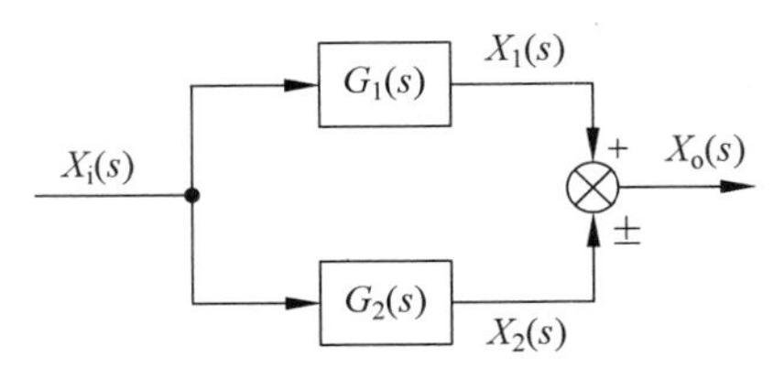

图 2-20　两个环节并联

环节并联是指多个方框具有同一个输入，而输出为各个环节输出的代数和。图 2-20 所示两个环节并联，它们有相同的输入，而总输出为各自的输出相加或相减，即总输出为总传递函数，即

$$X_o(s)=X_1(s)\pm X_2(s)$$

如果有 n 个环节并联，则系统的传递函数为

$$G(s)=\frac{X_o(s)}{X_i(s)}=\frac{X_1(s)\pm X_2(s)}{X_i(s)}=G_1(s)\pm G_2(s)$$

传递函数为

$$G(s)=\sum_{i=1}^{n}G_i(s) \tag{2-90}$$

3. 反馈连接

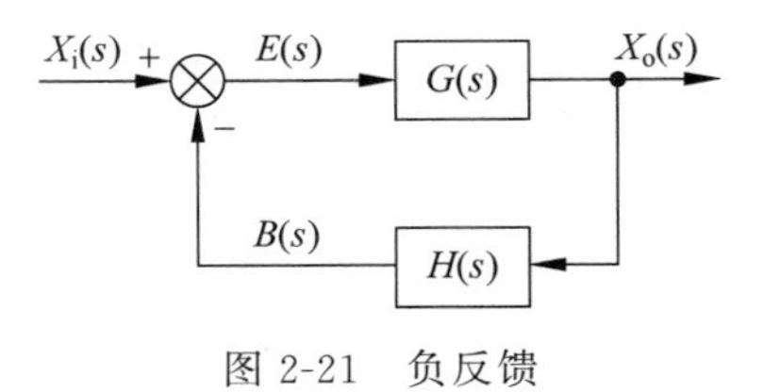

图 2-21　负反馈

图 2-21 所示为反馈连接的基本形式，为闭环系统。闭环系统传递函数是描述系统输出量 $X_o(s)$ 与输入量 $X_i(s)$ 之间关系的传递函数，用 $G(s)$ 表示。输出 $X_o(s)$ 经反馈传递函数 $H(s)$ 变为信号 $B(s)$。经比较环节输出的偏差为

$$E(s)=X_i(s)-B(s)$$

所以，输入可写为

$$X_i(s)=E(s)+B(s)$$

故闭环系统的传递函数可以写成

$$G_b(s)=\frac{X_o(s)}{X_i(s)}=\frac{X_o(s)}{E(s)+B(s)}$$

分子和分母均除以 $E(s)$，得

$$G_b(s)=\frac{\dfrac{X_o(s)}{E(s)}}{1+\dfrac{B(s)X_o(s)}{E(s)X_o(s)}}=\frac{G(s)}{1+H(s)G(s)} \tag{2-91}$$

式(2-91)为闭环系统传递函数的一般表达式。

把输出量作为反馈信号与系统输入进行比较，称为负反馈，也称主反馈。除了主反馈

外，有时在系统中也设置局部反馈，局部反馈有时为正反馈，即反馈信号与前面某一环节的输入信号相加作为这个环节的输入信号，如图2-22所示。

与负反馈类似，可求出正反馈闭环的传递函数为

$$G_b(s)=\frac{G(s)}{1-H(s)G(s)} \tag{2-92}$$

若反馈通道的传递函数 $H(s)=1$，系统称为单位反馈系统。图2-23所示为一单位负反馈系统方框图。

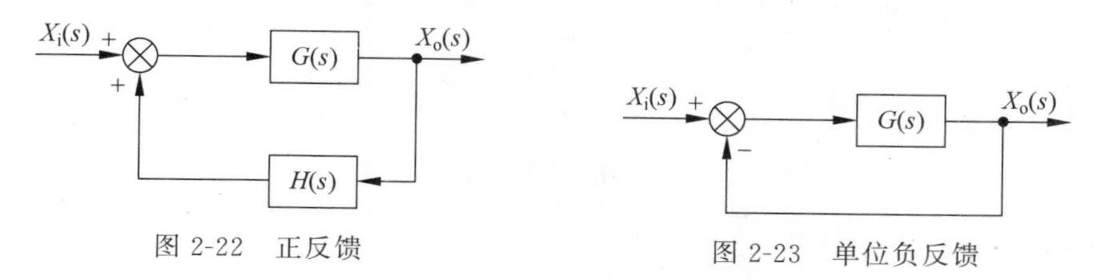

图2-22　正反馈　　　　图2-23　单位负反馈

对于图2-23所示的单位负反馈闭环系统，其传递函数为

$$G_b(s)=\frac{G(s)}{1+G(s)} \tag{2-93}$$

此外，给出闭环系统开环传递函数的描述，如图2-21所示，当反馈信号 $B(s)$ 断开，不接入系统时，开环传递函数可以用于描述系统偏差信号 $E(s)$ 与反馈信号 $B(s)$ 之间的关系，开环传递函数用 $G_k(s)$ 表示，即

$$G_k(s)=\frac{B(s)}{E(s)}=G(s)H(s) \tag{2-94}$$

2.5.2　方框图的变换与简化

为了分析系统的动态特性，需要对系统进行运算和变换，通过变换可以求出总的传递函数。这种运算和变换就是根据需要将方框图化成等效的方框图。方框图的变换应按等效原则进行。等效就是对方框图的任一部分进行变换时，变换前后输入输出之间总的数学关系应保持不变，即当不改变输入时，引出线的信号保持不变。

1. 方框图的等效变换规则

方框图变换的方法：在可能的情况下，利用环节串联、并联及反馈的公式。不能直接利用这些公式时，常需改变系统的分支点（信号由此点分开）和相加点（对信号求和）的位置，这些变动必须遵照变动前后的输入和输出不改变。图2-24说明了改变分支点和相加点位置的规则，具体说明如下。

（1）分支点移动。图2-24(a)所示为分支点前移，这时必须在分出的支路中串入一个方框，所串入的方框必须与分支点前移时所越过的方框具有相同的传递函数，以保证在输入信号保持不变的情况下，两个通道的输出保持不变。图2-24(b)所示为分支点后移，这时在支路中串入的方框中的传递函数是分支点后移时所越过的方框中传递函数的倒数。

（2）相加点移动。图2-24(c)所示为相加点后移，这时在后移支路中串入的方框必须具有与相加点后移时所越过的方框相同的传递函数。图2-24(d)所示为相加点前移，这时在前移支路中串入方框的传递函数是所越过方框传递函数的倒数。

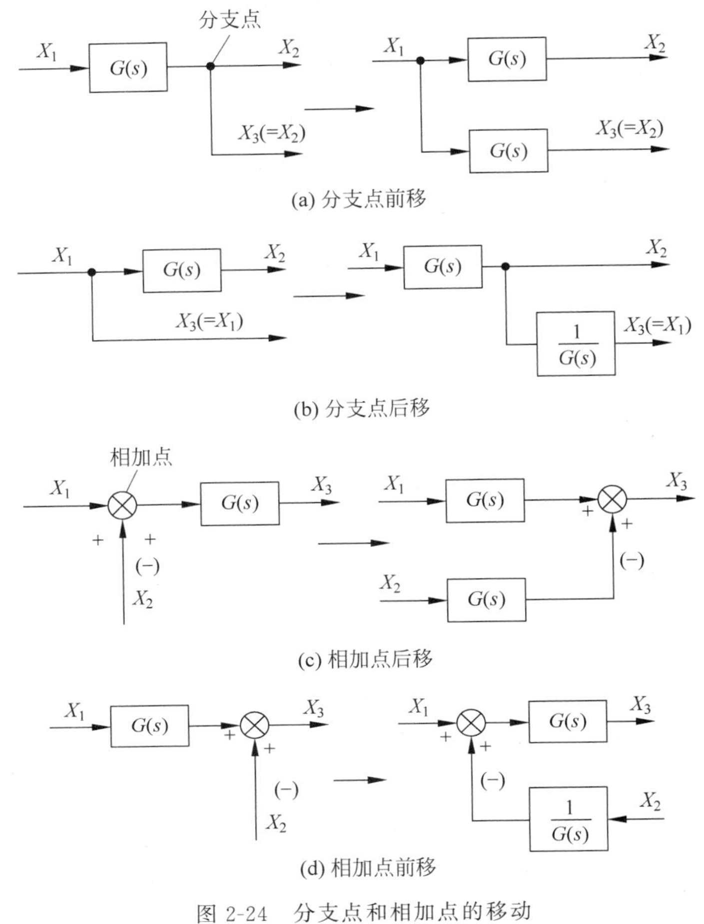

图 2-24 分支点和相加点的移动

2. 方框图的简化

方框图简化的基本运算法则为环节串联、并联和反馈计算。当系统中含有多回路，形成回路交错和嵌套，不能直接采用基本运算法则时，可以通过分支点和求和点的前后移动，将回路交错和嵌套变换为没有交错和嵌套的简单回路，再应用基本运算法则进行简化。

【例 2-11】 将图 2-25 所示的三环回路方框图简化。

解： 由图可见，回路Ⅰ和回路Ⅱ交错，不能直接应用基本计算公式。

将图 2-25(a)变换到图 2-25(b)是回路Ⅰ的相加点前移到 A 点，这时前移支路中传递函数由 H_2 变为 H_2/G_1，通过移动消除了回路的相交。接下来，可以应用基本计算公式进行简化。

图 2-25(b)变换到图 2-25(c)是利用环节串联及反馈计算公式将一个局部闭环回路化为一个传递函数。注意，此处为正反馈。

图 2-25(c)变换到图 2-25(d)也是利用环节串联及反馈计算公式将一个局部闭环回路化为一个传递函数。

图 2-25(d)是单位反馈的单环回路，也就是单一的闭环回路，由图 2-25(d)到图 2-25(e)是将一个闭环回路化为用一个方框图来表示的系统。由此可知，用一个方框表示的系统不

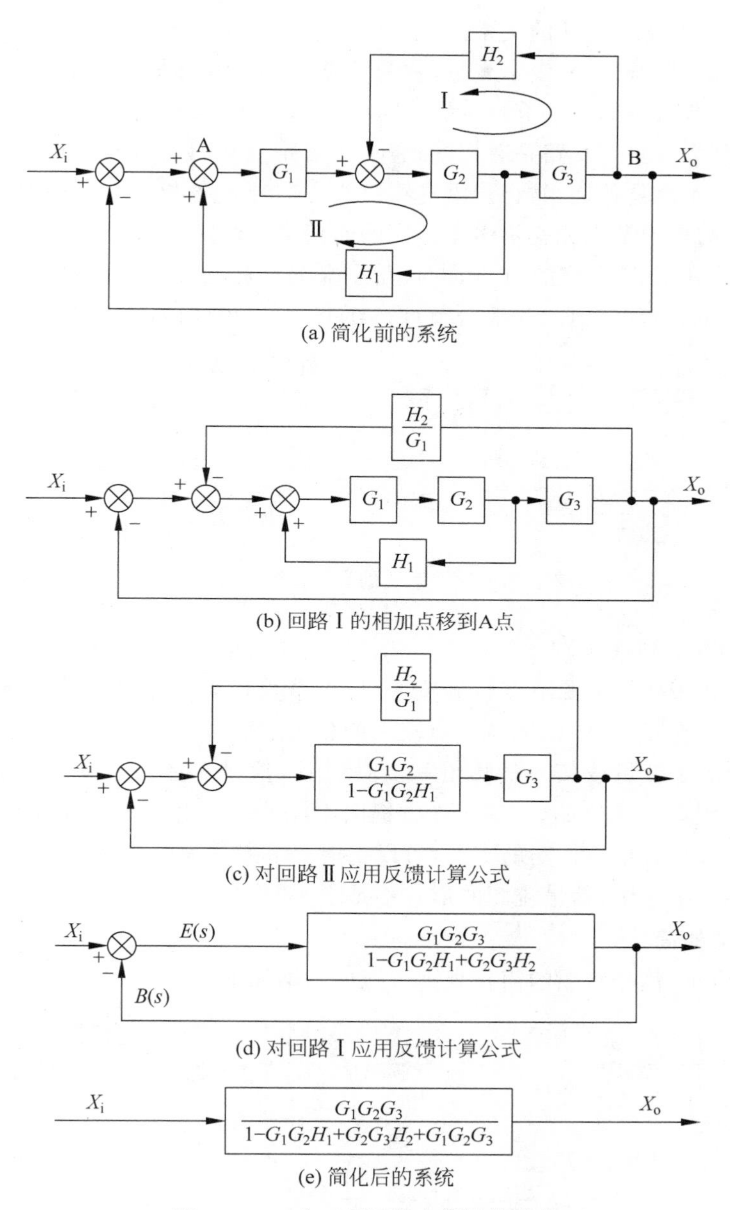

图 2-25　一个三环回路方框图的简化

一定是开环系统。

需要说明的是，对于本题，也可以将回路 II 的分支点后移到 B 点，以消除回路的相交。可以验证所得结果相同。

2.5.3　系统的信号流图及梅森公式

1. 信号流图的概念

方框图虽然对分析系统很有用处，但是遇到比较复杂的系统时，其变换和化简过程往往显得烦琐而费时。采用本小节介绍的信号流程图（简称信号流图），可以利用梅森公式直接求得系统中任意两个变量之间的关系。

在信号流图中，用符号“o”表示变量，称为节点。节点用来表示变量或信号，输入节点也称为源节点，输出节点也称为汇节点，混合节点是指既有输入又有输出的节点。节点之间用单向线段连接，称为支路。支路是有权的，通常在支路上标明前后两变量之间的关系，称为传输（在控制系统中就是传递函数）。沿支路箭头方向穿过各相连支路的路径称为通路，起点与终点重合且与任何节点相交不多于一次的通路称为回路。

图 2-26 所示为反馈系统的方框图和信号流图。在图 2-26(b)中，$X_i(s)$为源节点，$X_o(s)$为汇节点，$E(s)$和 $X_o(s)$为混合节点，1、$G(s)$、1 为前向通道。

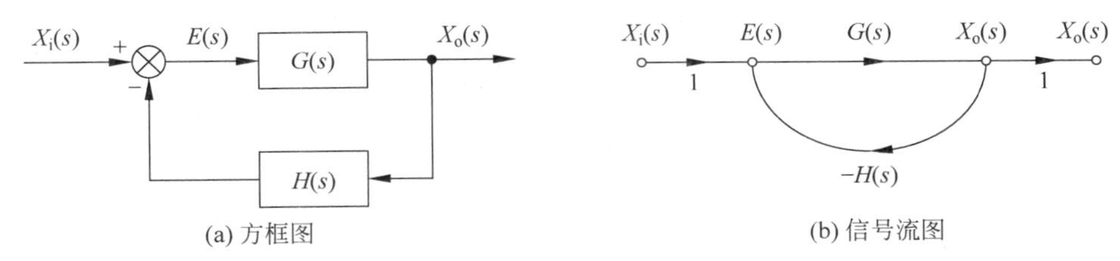

图 2-26　反馈系统的方框图和信号流图

信号流图具有下列性质。

(1) 以节点代表变量。源节点代表输入量，汇节点代表输出量。混合节点表示的变量是所有流入该点信号的代数和，而从节点流出的各支路信号均为该节点的信号。

(2) 以支路表示变量或信号的传输和变换过程，信号只能沿着支路的箭头方向传输。在信号流图中每经过一条支路，相当于在方框图中经过一个用方框表示的环节。

(3) 增加一个具有单位传输的支路，可以把混合节点化为汇节点。

(4) 对于同一个系统，信号流图的形式不是唯一的。

2. 信号流图的简化

如图 2-27 所示，信号流图的简化规则可扼要归纳如下。

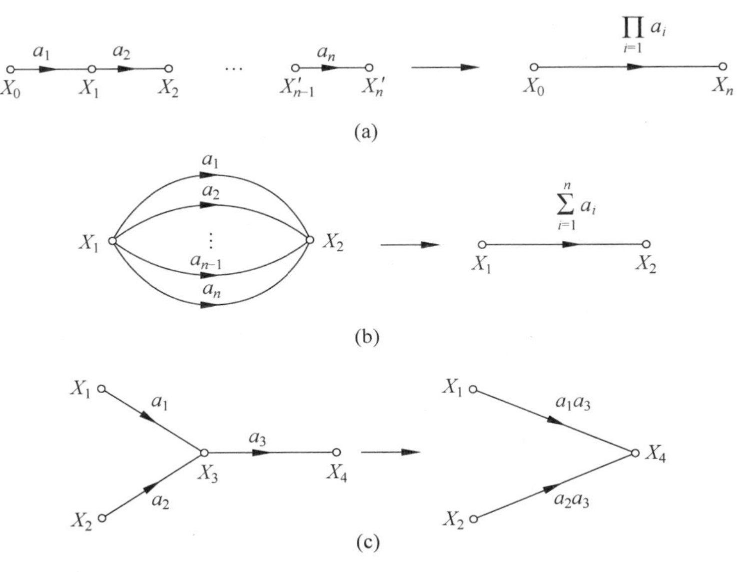

图 2-27　信号流图的简化规则

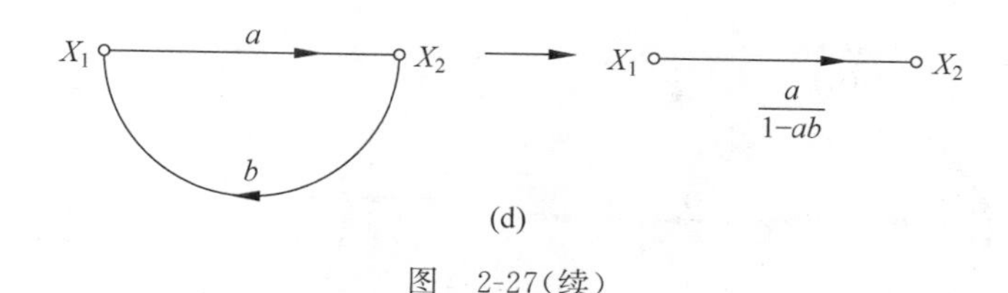

(d)

图 2-27(续)

(1) 串联支路的总传输等于各支路传输的乘积,如图 2-27(a)所示。

(2) 并联支路的总传输等于各支路传输的和,如图 2-27(b)所示。

(3) 混合节点可以通过移动支路的方法消去,如图 2-27(c)所示。

(4) 回环可以根据反馈连接的规则式化为等效支路,如图 2-27(d)所示。

【例 2-12】 将图 2-28(a)所示的系统方框图化为信号流图并简化之,求系统闭环传递函数 $X_o(s)/X_i(s)$。

解:图 2-28(a)所示的方框图可以化为图 2-28(b)所示的信号流图。这里应注意的是,在方框图比较环节处的正负号在信号流图中反映在支路传输的符号上。

图 2-28(b)所示信号流图的简化过程如图 2-29 所示。

最后,求得系统的闭环传递函数(总传输)为

$$\frac{X_o(s)}{X_i(s)}=\frac{G_1G_2G_3}{1-G_1G_2H_1+G_2G_3H_2+G_1G_2G_3}$$

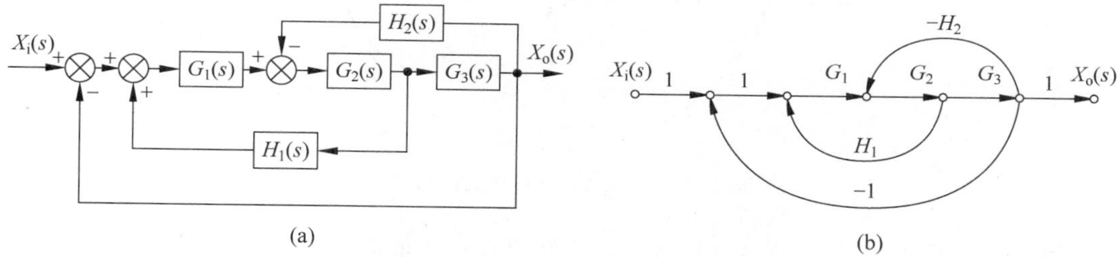

(a) (b)

图 2-28 例 2-12 中的系统图

3. 梅森公式及其应用

对于比较复杂的控制系统,方框图或信号流图的变换和简化方法都显得烦琐费时,这时可以根据梅森公式直接求系统的传递函数。梅森公式为

$$T=\frac{1}{\Delta}\sum_{k=1}^{n}P_k\Delta_k \tag{2-95}$$

式中,T 为系统的传递函数;P_k 为第 k 条前向通道的传递函数;n 为从输入节点到输出节点向前通道总数;Δ 为信号流图的特征式;Δ_k 为特征式的余子式,即从 Δ 中除去与第 k 条前向通道相接触的回路后,余下部分的特征式。

$$\Delta=1-\sum L_1+\sum L_2-\sum L_3+\cdots+(-1)^m\sum L_m \tag{2-96}$$

式中,$\sum L_1$ 为所有不同回路的传递函数之和;$\sum L_2$ 为任何两个互不接触回路传递函数的乘积之和;$\sum L_3$ 为任何 3 个互不接触回路传递函数的乘积之和;$\sum L_m$ 为任何 m 个互不接触回环传输的乘积之和。

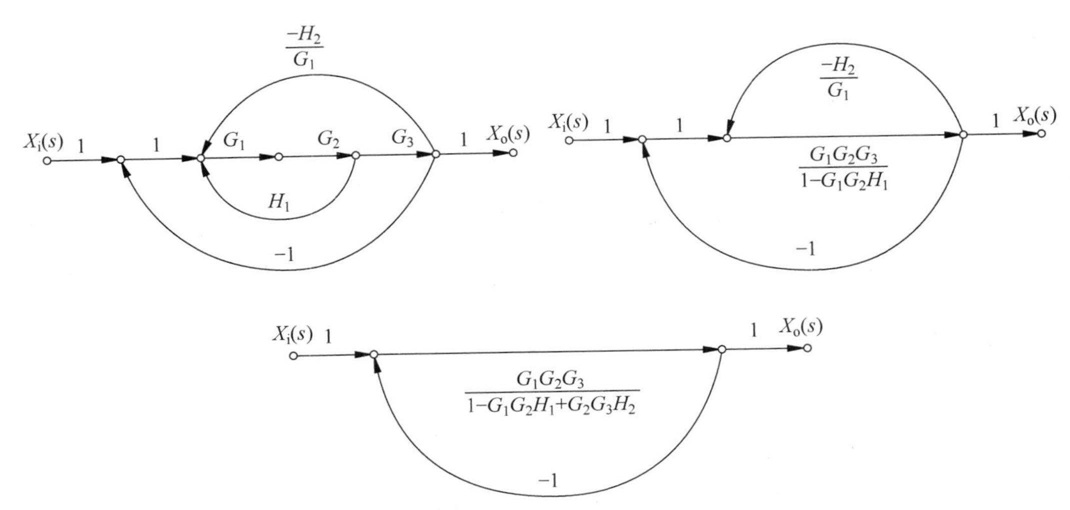

图 2-29　例 2-12 中系统信号流图的简化过程

【例 2-13】 用梅森公式求图 2-30 所示信号流图的总传递函数。

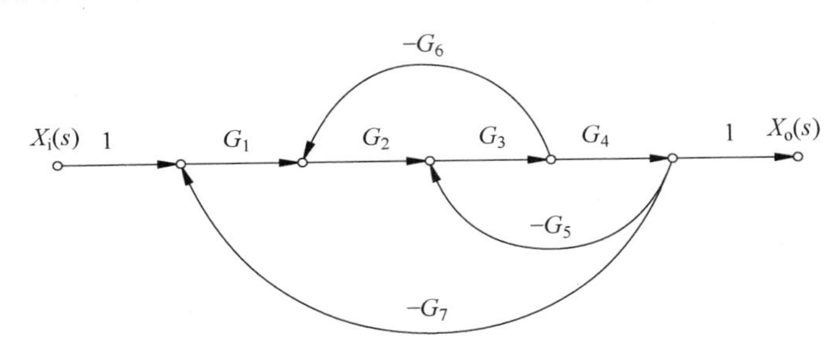

图 2-30　例 2-13 中系统的信号流图

解：由图可见，在节点 $X_i(s)$和 $X_o(s)$之间只有一条前向通道，其传输为

$$P_1=G_1G_2G_3G_4$$

此系统有 3 个回路，其传递函数之和为

$$\sum L_1=-G_2G_3G_6-G_3G_4G_5-G_1G_2G_3G_4G_7$$

这 3 个回路相互之间都有公共节点，故不存在互不接触的回路。于是特征式为

$$\Delta=1-\sum L_1=1+G_2G_3G_6+G_3G_4G_5+G_1G_2G_3G_4G_7$$

由于 3 个回路均与前向通道 P_1 接触，故其余子式为 $\Delta_1=1$。

根据梅森公式可以求得总传输为

$$\frac{X_o(s)}{X_i(s)}=T=\frac{P_1\Delta_1}{\Delta}=\frac{G_1G_2G_3G_4}{1+G_2G_3G_6+G_3G_4G_5+G_1G_2G_3G_4G_7}$$

【例 2-14】 求图 2-31 所示信号流图的传递函数。

解：由图可见，有 3 个不同的回环，即

$$\sum L_1=-\frac{1}{R_1C_1s}-\frac{1}{R_2C_1s}-\frac{1}{R_2C_2s}$$

有两个互不接触的回环，即

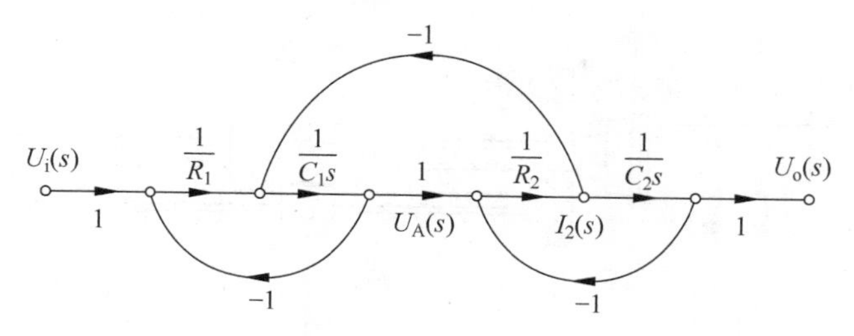

图 2-31 信号流图

$$\sum L_2=\frac{1}{R_1C_1s}\cdot\frac{1}{R_2C_2s}$$

从而

$$\Delta=1-\sum L_1+\sum L_2=1+\frac{1}{R_1C_1s}+\frac{1}{R_2C_1s}+\frac{1}{R_2C_2s}+\frac{1}{R_1C_1s}\cdot\frac{1}{R_2C_2s}$$

只有一个前向通道,即

$$P_1=\frac{1}{R_1}\cdot\frac{1}{C_1s}\cdot\frac{1}{R_2}\cdot\frac{1}{C_2s},\quad \Delta_1=1$$

则,根据梅森公式,有

$$\begin{aligned}\frac{U_o(s)}{U_i(s)}&=\frac{1}{\Delta}\sum_{k=1}^{n}P_k\Delta_k=\frac{1}{\Delta}P_1\Delta_1\\&=\frac{\frac{1}{R_1}\cdot\frac{1}{C_1s}\cdot\frac{1}{R_2}\cdot\frac{1}{C_2s}}{1+\frac{1}{R_1C_1s}+\frac{1}{R_2C_1s}+\frac{1}{R_2C_2s}+\frac{1}{R_1C_1s}\cdot\frac{1}{R_2C_2s}}\\&=\frac{1}{R_1R_2C_1C_2s^2+(R_1C_1+R_2C_2+R_1C_2)s+1}\end{aligned}$$

2.6 设计示例——工作台位置自动控制系统的传递函数

为了从理论上分析和综合一个自动控制系统,首先要建立该系统的数学模型。在分析了工作台位置自动控制系统的组成和工作原理后,本节将建立该系统的数学模型。

由于现在尚未学到控制器的设计,所以暂时不考虑其中的控制器,让由比例放大器的输出信号直接通过功率放大器后驱动伺服电动机转动,这相当于只有比例控制的情况,此时系统如图 2-32 所示。与图 2-32 相对应的系统方框图如图 2-33 所示。

将图 2-33 进一步简化,并将其中的方框名称用相应的传递函数代替,如图 2-34 所示。

(1) 指令电位器可看作一个比例环节,输入为期望的位置 $x_i(t)$,输出为 $u_a(t)$,它们之间的关系为

$$u_a(t)=K_px_i(t)$$

传递函数为

$$K_p=\frac{U_a(s)}{X_i(s)}$$

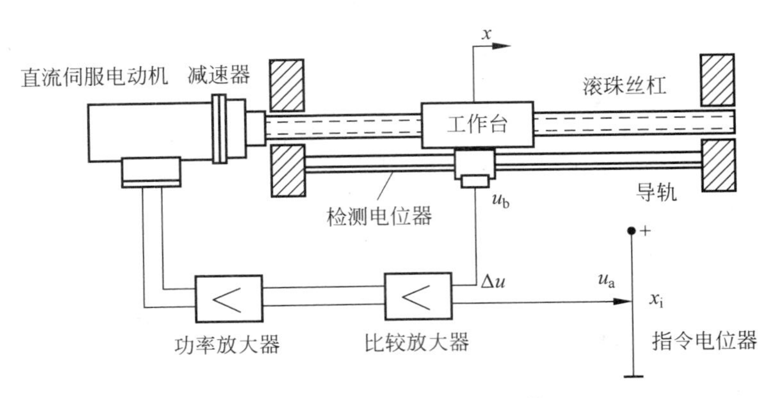

图 2-32 工作台位置控制系统

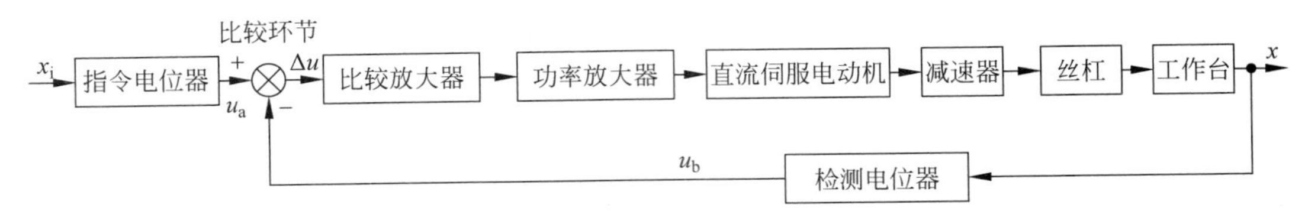

图 2-33 控制原理框图

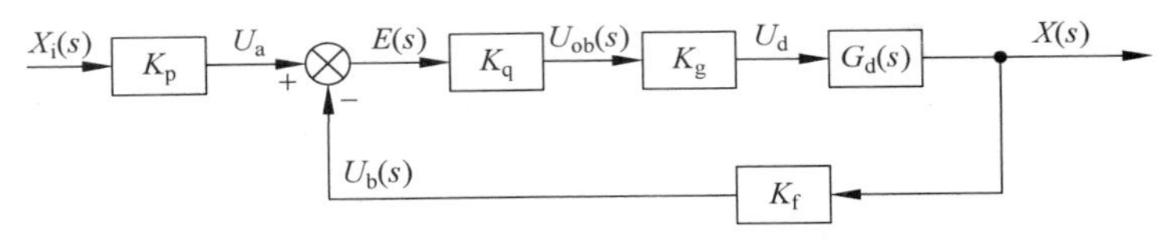

图 2-34 工作台位置控制系统框图

式中，K_p 常称为指令转换系数。

(2) 比较放大器为比例环节，其输入为电压信号 $\Delta u(t)$，输出为电压信号 $u_{ob}(t)$，它们之间的关系为

$$u_{ob}(t)=K_q\Delta u(t)$$

传递函数为

$$K_q=\frac{U_{ob}(s)}{E(s)}$$

(3) 功率放大器为比例环节，其输入为电压信号 $u_{ob}(t)$，输出为电压信号 $u_d(t)$，它们之间的关系为

$$u_d(t)=K_g u_{ob}(t)$$

传递函数为

$$K_q=\frac{U_{ob}(s)}{E(s)}$$

(4) 直流伺服电动机、减速机、滚珠丝杠和工作台。将直流伺服电动机的输入电压 u_d 作为输入，减速机、滚珠丝杠和工作台相当于电动机的负载。可以应用上述例题的结果得其微分方程为

$$R_a J\ddot{\theta}_0(t)+(R_a D+K_T K_e)\dot{\theta}_0(t)=K_T u_d(t) \tag{2-97}$$

这里需要注意的是，上面的微分方程是对电动机转轴所建立的，需将减速器、滚珠丝杠和工作台的惯量和黏性阻尼系数等效到电动机轴上。首先需要建立电动机转角至工作台位移的对应关系。

若减速器的减速比为 i_1，滚珠丝杠到工作台的减速比为 i_2，则从电动机转子到工作台的减速比为

$$i=\frac{\theta_0(t)}{x(t)}=i_1 i_2 \tag{2-98}$$

式中，$i_2=2\pi/L$，L 为滚珠丝杠螺距。

① 等效到电动机轴的转动惯量。电动机转子的转动惯量为 J_1；减速器的高速轴与电动机转子相连，而且通常产品样本所给出的减速器的转动惯量为在高速轴上的，减速器的转动惯量为 J_2；滚珠丝杠的转动惯量为 J_s（定义在丝杠轴上），滚珠丝杠的转动惯量等效到电动机转子上为 $J_3=J_s/i_1^2$；工作台的运动为平移，若工作台的质量为 m_t，其等效到转子的转动惯量为 $J_4=m_t/i^2$。从而，电动机、减速器、滚珠丝杠和工作台等效到电动机转子上的总转动惯量为

$$J=J_1+J_2+J_3+J_4=J_1+J_2+\frac{J_s}{i_1^2}+\frac{m_t}{i^2}$$

② 等效到电动机轴的黏性阻尼系数。在电动机、减速器、滚珠丝杠和工作台上分别有黏性阻力和库仑摩擦阻力，各运动件之间的相对运动会产生摩擦。同时，为了降低表面的干摩擦作用，通常会在运动件之间施加润滑，而润滑本身也会产生相应的流体黏性能量损耗，将这些因素完全考虑进来是一个非常复杂的问题。为简化起见，工程上可以通过黏性阻尼系数与部件的相对速度的乘积来表达摩擦阻力。根据等效前后阻尼耗散能量相等的原则，类似于转动惯量等效方法，等效到电动机轴的黏性阻尼系数为

$$D=D_d+D_i+\frac{D_s}{i_1^2}+\frac{D_t}{i_2}$$

式中，D_t 为工作台与导轨间的黏性阻尼系数；D_s 为滚珠丝杠转动黏性阻尼系数；D_i 为减速器的黏性阻尼系数；D_d 为电动机的黏性阻尼系数。

③ 输入为电动机电枢电压，输出为工作台位置时的微分方程。将式(2-98)代入式(2-97)即可得电动机至工作台的微分方程为

$$R_a J\ddot{x}(t)+(R_a D+KTK_e)\dot{x}(t)=\frac{KTu_d(t)}{i} \tag{2-99}$$

④ 输入为电动机电枢电压，输出为工作台位置时的传递函数。对式(2-99)两边取拉普拉斯变换得

$$G_d(s)=\frac{X(s)}{U_d(s)}=\frac{KT/i}{R_a D+K_e KT}\cdot\frac{1}{s\left(\frac{R_a J}{R_a D+K_e KT}s+1\right)}=\frac{K}{s(Ts+1)} \tag{2-100}$$

其中，

$$T=\frac{R_a J}{R_a D+K_e K_T},\quad K=\frac{K_T/i}{R_a D+K_e K_T}$$

（5）检测电位器将所得到的位置信号变换为电压信号，相当于比例环节，其输入为工作台的位移 $x(t)$，输出为电压 u_b，微分方程为

$$u_b(t)=K_f x(t)$$

反馈通道的传递函数为

$$K_f=\frac{U_b(s)}{X(s)}$$

根据系统方框图 2-34，系统的开环传递函数为

$$G_k(s)=\frac{U_b(s)}{X_i(s)}=K_pK_qK_gG_d(s)K_f=\frac{K_pK_qK_gK_fK}{s(Ts+1)} \tag{2-101}$$

系统闭环传递函数为

$$G_b(s)=\frac{K_pK_qK_gK}{Ts^2+s+K_qK_gK_fK} \tag{2-102}$$

常取 $K_p=K_f$，此时式(2-102)可简化为

$$G_b(s)=\frac{\omega_n^2}{s^2+2\xi\omega_n s+\omega_n^2} \tag{2-103}$$

其中，

$$\omega_n=\sqrt{\frac{K_qK_gK_fK}{T}},\quad \xi=\frac{1}{2\sqrt{K_qK_gK_fKT}} \tag{2-104}$$

可见，此时的工作台自动控制系统是 2 阶系统。2 阶系统的无阻尼固有频率 ω_n 和阻尼比 ξ 决定系统的动态特性。由式(2-103)可见有关参数对 ω_n 和 ξ 的影响关系。由于 T 和 K 由系统的结构参数（即机械结构惯量、电动机参数及减速比）所确定，要提高系统的动态特性需要设计适当的控制器。有关该系统的性能分析以及控制器的设计将在后续章节中讨论。

习　题

2-1　单项选择题

（1）若系统的开环传递函数为 $\frac{10}{s(5s+2)}$，则它的开环增益为（　　）。

A. 1　　B. 2　　C. 5　　D. 10

（2）适合应用传递函数描述的系统是（　　）。

A. 单输入单输出的线性定常系统　　B. 单输入单输出的线性时变系统

C. 单输入单输出的定常系统　　D. 非线性系统

（3）传递函数定义中，零初始条件是指（　　）。

A. 初始输入和输出均为零

B. 初始输入及其各阶导数均为零

C. 初始输出及其各阶导数均为零

D. 初始输入和输出及其各阶导数均为零

(4) 某典型环节的传递函数是 $G(s)=\frac{1}{5s+1}$,则该环节是(　　)。

A. 比例环节　　B. 积分环节　　C. 惯性环节　　D. 微分环节

(5) 引出点前移越过一个方框图单元时,应在引出线支路上(　　)。

A. 并联越过的方框图单元　　B. 并联越过的方框图单元的倒数

C. 串联越过的方框图单元　　D. 串联越过的方框图单元的倒数

2-2　什么是系统的数学模型?常用的数学模型有哪些?

2-3　传递函数的定义和性质是什么?

2-4　什么是线性系统?其最重要的特性是什么?

2-5　试求下列函数的拉氏反变换:

(1) $F(s)=\frac{4}{s(s+5)}$;　　(2) $F(s)=\frac{s+1}{(s+2)(s+3)}$;

(3) $F(s)=\frac{s}{(s+1)^2(s+2)}$;　　(4) $F(s)=\frac{s^2+5s+2}{(s+2)(s^2+2s+2)}$。

2-6　由转动惯量为 $J(\mathrm{kg\cdot m^2})$ 的飞轮和质量相对较小的轴及支撑轴承组成的机械回转系统,如题 2-6(a)图所示。给飞轮施加激励力矩 $T(t)(\mathrm{N\cdot m})$,它即产生回转运动。试建立以 $T(t)$ 为输入量、以飞轮回转运动角位移为输出量的运动微分方程。

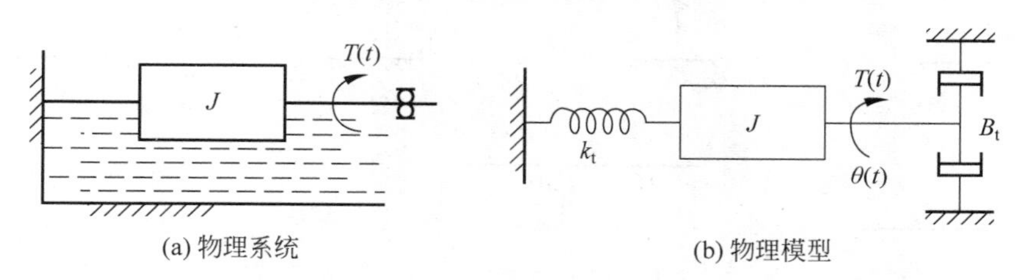

(a) 物理系统　　(b) 物理模型

题 2-6 图

2-7　列出题 2-7 图所示机械系统的运动微分方程,并求出传递函数。假设杆是刚性无质量杆,并且位移都很小。

2-8　如题 2-8(a)图所示为某机器的传动示意图,已知电机输出扭矩为 T_m,工作机负载扭矩为 T_L,两级齿轮传动的传动比分别为 i_1 和 i_2。假设各轴系的等效转动惯量分别为 J_1、J_2 和 J_3,各轴均为绝对刚性(扭转变形为零),各轴系回转运动所受阻尼作用的阻尼系数分别为 B_1、B_2 和 B_3。试建立以电机输出扭矩 T_m 为输入量,以电机轴角位移 θ_1 为输出量的系统运动微分方程。

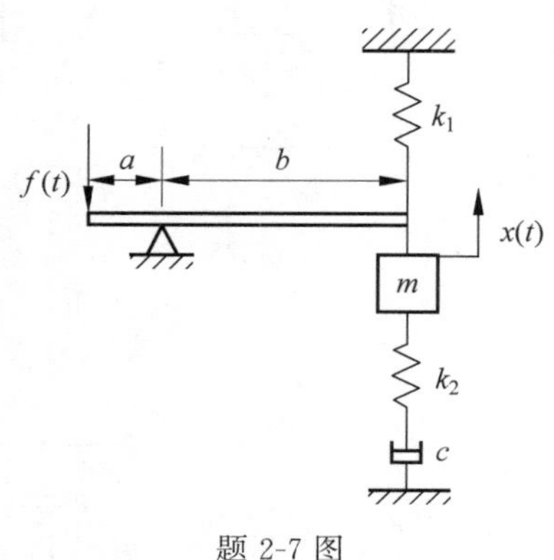

题 2-7 图

2-9　试求题 2-9 图所示的机械系统的微分方程和传递函数。

2-10　试求题 2-10 图所示无源网络的微分方程和传递函数。

2-11　试证明题 2-11(a)图所示的电网络与题 2-11(b)图所示的机械系统有相同的数学模型。

2-12　化简题 2-12 图所示的方框图,并确定其传递函数。

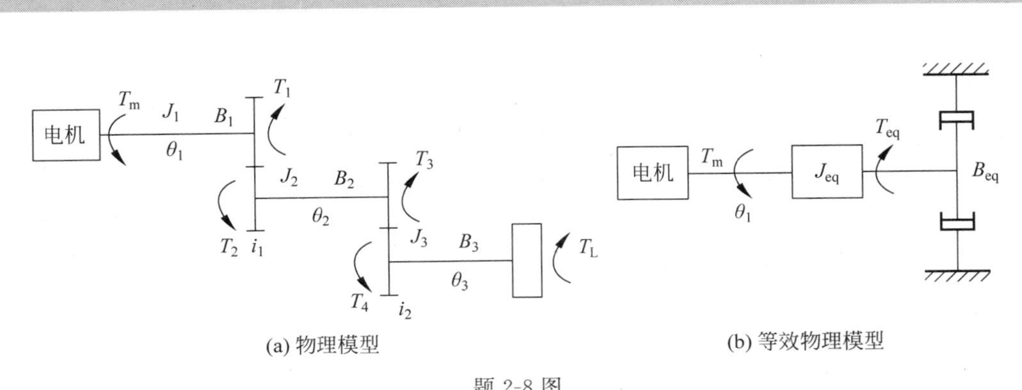

(a) 物理模型　　　　(b) 等效物理模型

题 2-8 图

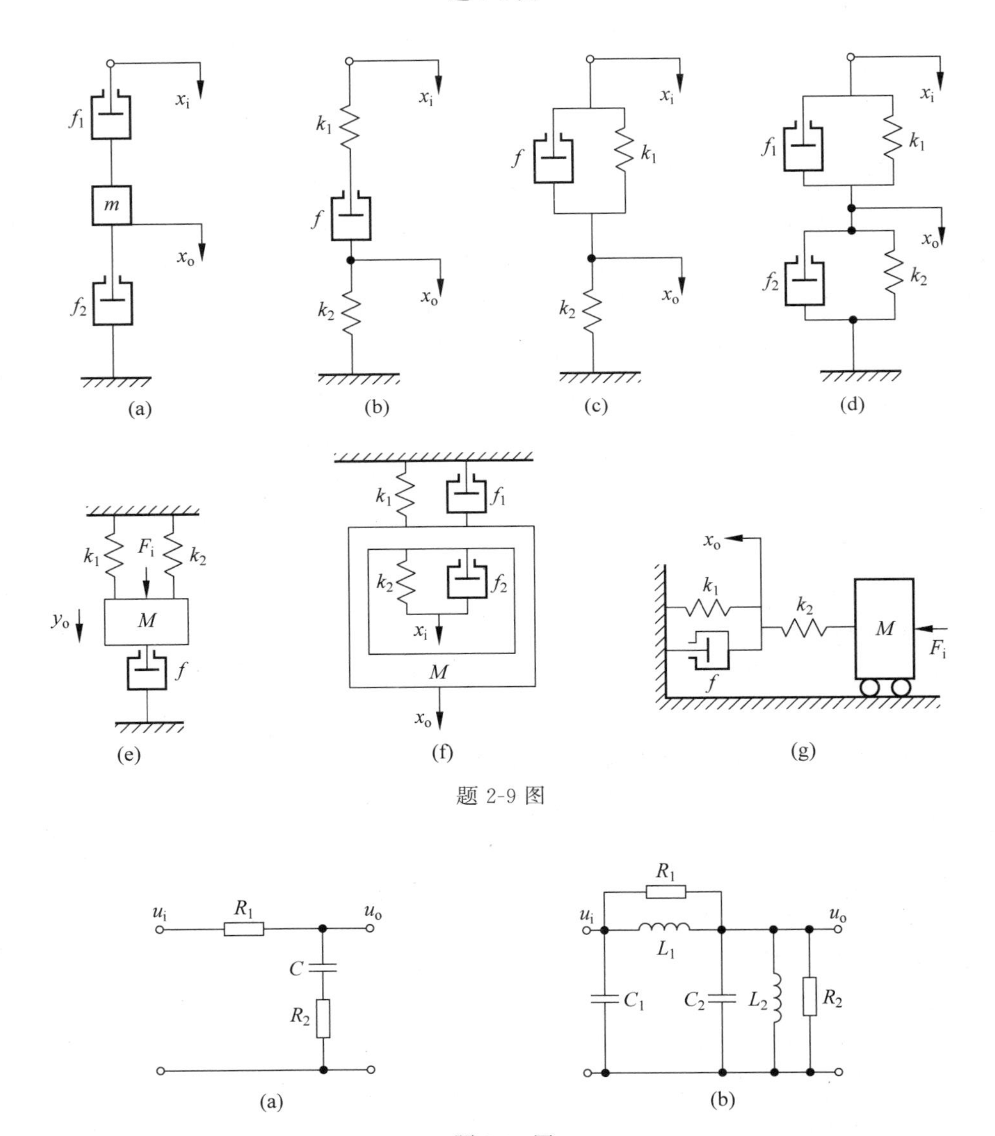

(a)　(b)　(c)　(d)

(e)　(f)　(g)

题 2-9 图

(a)　(b)

题 2-10 图

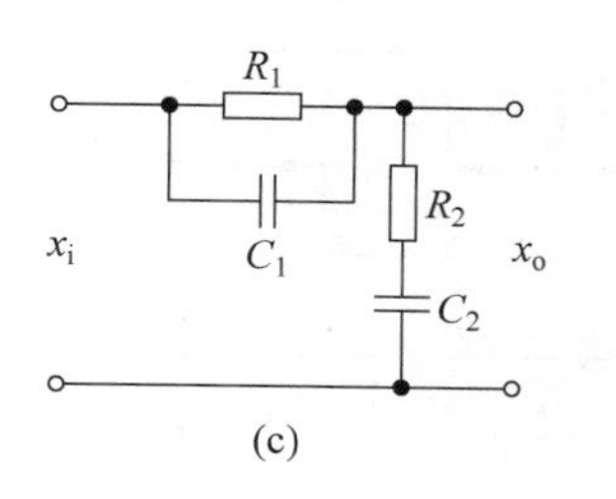

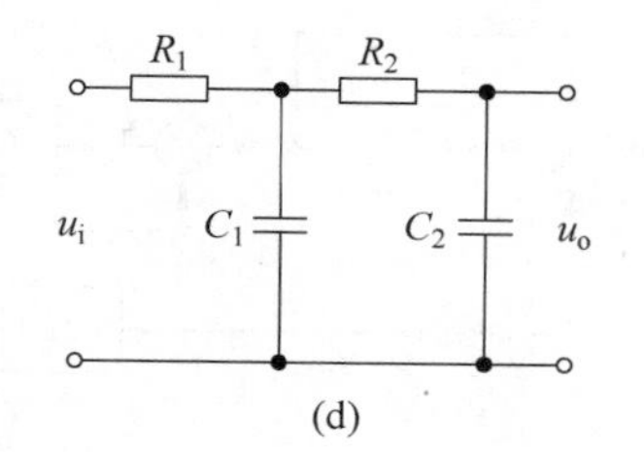

题 2-10 图 （续）

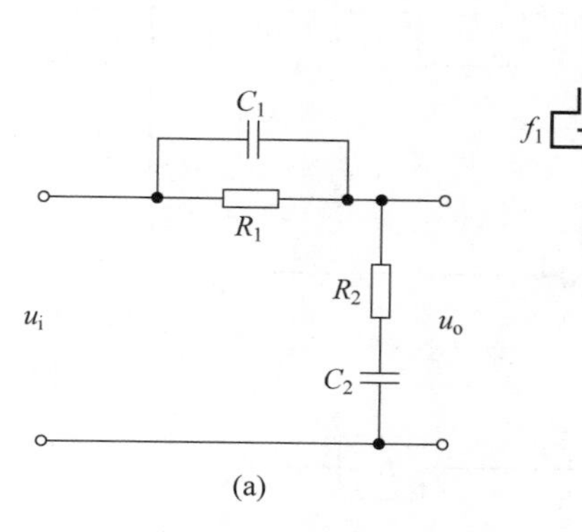

y_i
f_1
k_1
a
y_o
f_2
b
x
k_2
(b)

题 2-11 图

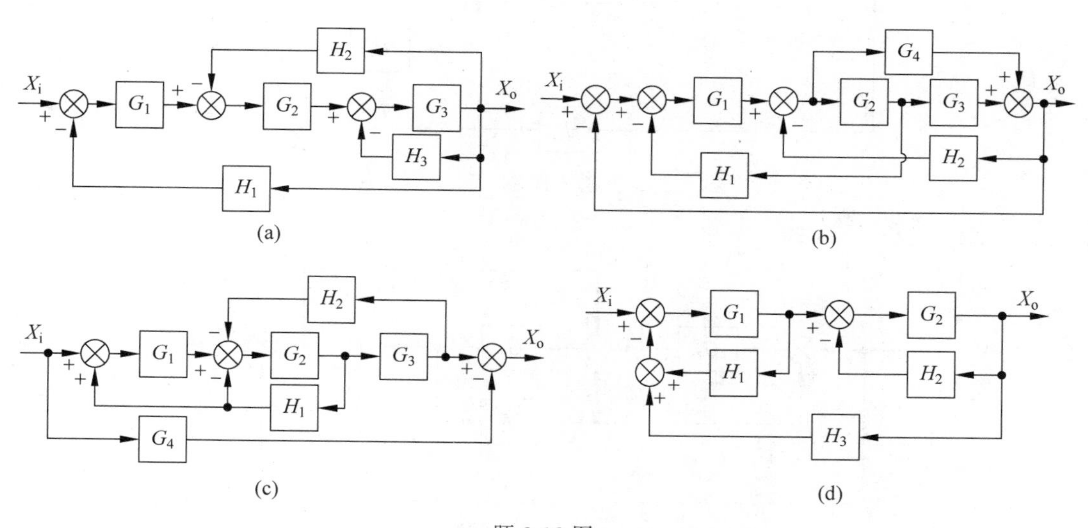

题 2-12 图

2-13　控制系统的结构如题 2-13 图所示，试化简系统的方框图并求出系统的传递函数。

2-14　化简题 2-14 图所示系统，求出系统的传递函数。

2-15　试化简题 2-15 图所示系统结构图，并求系统传递函数 X_o/X_i。

2-16　求题 2-16 图所示系统的传递函数 $G(s)/R(s)$，要求用 3 种不同的化简方法。

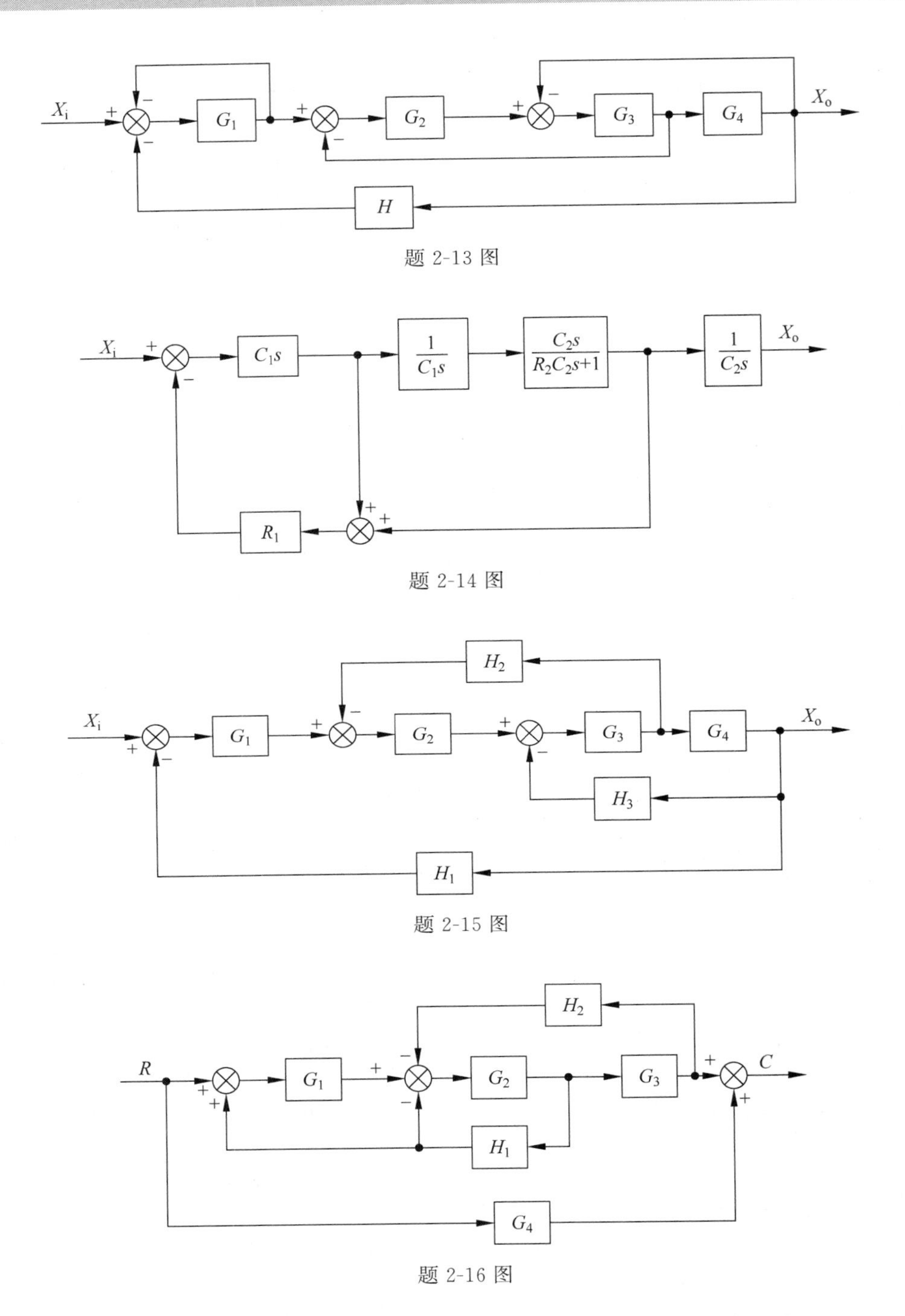

题 2-13 图

题 2-14 图

题 2-15 图

题 2-16 图

2-17　题 2-17(a)图所示为汽车悬挂系统原理图。当汽车在道路上行驶时，轮胎的垂直位移是一个运动激励，作用在汽车的悬挂系统上。该系统的运动由质心的平移运动和围绕质心的旋转运动组成。试建立车体在垂直方向上运动的简化微分方程，如题 2-17(b)图所示。设汽车轮胎的垂直运动 x_i 为系统的输入量，车体的垂直运动 x_o 为系统的输出量。

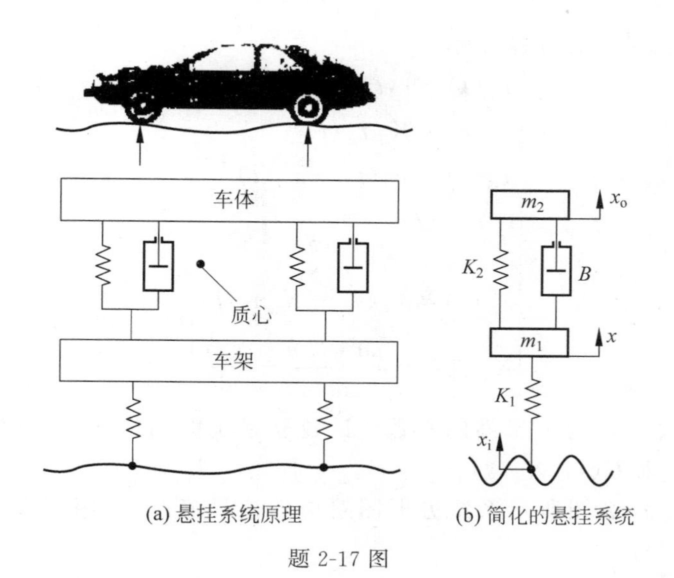

(a) 悬挂系统原理　　(b) 简化的悬挂系统

题 2-17 图

2-18　设齿轮系如题 2-18 图所示。其中 J_1 和 J_2 为齿轮和轴的转动惯量，f_1 和 f_2 为齿轮轴与轴承的黏性摩擦系数，θ_1 和 θ_2 为各齿轮轴的角位移，T 为电动机的输出转矩，T_1 和 T_2 分别为轴 1 传送到齿轮上的转矩和传送到轴 2 上的转矩，齿轮 1 和齿轮 2 的减速比为 $i=\theta_1/\theta_2$。如果不考虑齿轮啮合间隙和变形，试求输入量是 T 转矩、输出是转角 θ_2 的运动方程。

2-19　用框图等效变换求题 2-19 图所示系统的传递函数。

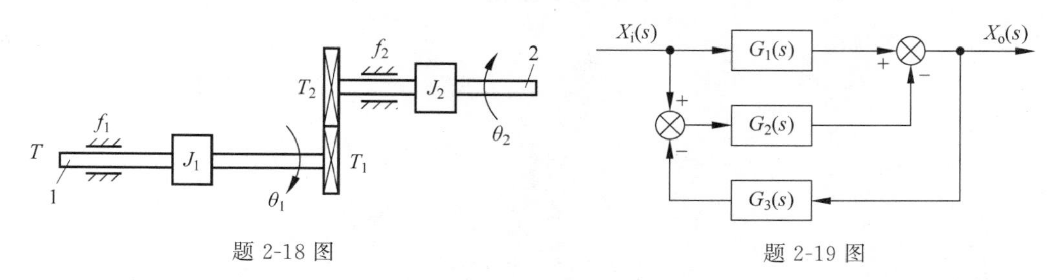

题 2-18 图　　题 2-19 图

2-20　控制系统的结构如题 2-20 图所示，请求出传递函数 $C(s)/R(s)$ 和 $C(s)/D(s)$。

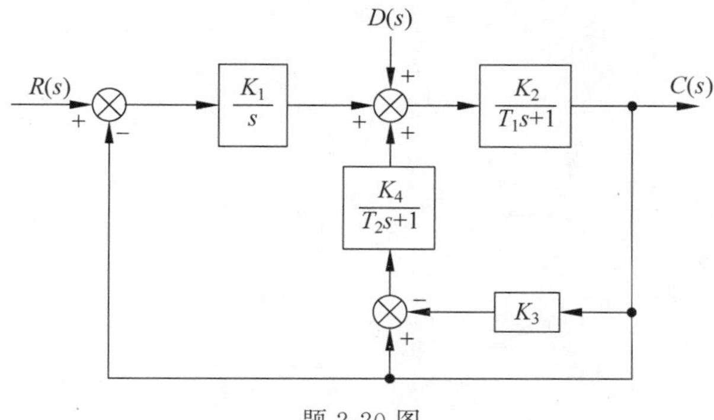

题 2-20 图

2-21 已知系统的微分方程组为

$$\begin{cases} x_1(t) = r(t) - c(t) + n_1(t) \\ x_2(t) = K_1 x_1(t) \\ x_3(t) = x_2(t) - x_5(t) \\ T\dfrac{\mathrm{d}x_4(t)}{\mathrm{d}t} = x_3(t) \\ x_5(t) = x_4(t) - K_2 n_2(t) \\ K_0 x_5(t) = \dfrac{\mathrm{d}^2 c(t)}{\mathrm{d}t^2} + \dfrac{\mathrm{d}c(t)}{\mathrm{d}t} \end{cases}$$

式中，K_0、K_1、K_2、T 均为大于零的常数。试建立系统的结构图，并求传递函数 $C(s)/R(s)$、$C(s)/N_1(s)$ 及 $C(s)/N_2(s)$。

2-22 画出题 2-22 图所示系统方框图对应的信号流图，并用梅森公式求传递函数 $C(s)/R(s)$ 和 $E(s)/R(s)$。

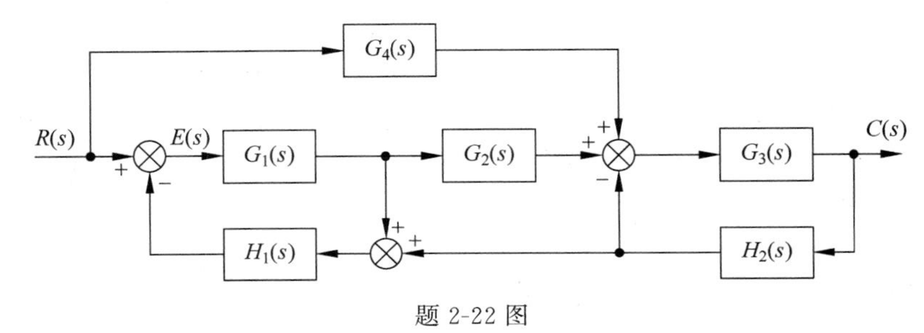

题 2-22 图

第3章

系统的时域特性分析

在经典控制理论中，常用的分析方法有时域分析法、根轨迹法和频率响应法。所谓时域分析，就是根据控制系统的时域响应来分析系统的稳定性、暂态性能和稳态精度。与其他分析方法比较，时域分析法是一种直接分析方法，具有直观和准确的优点，并能提供系统时间响应的全部信息。尤其适用于对2阶系统性能的分析与计算。对3阶以上的高阶系统则可采用频率响应法或根轨迹分析法。

分析系统，首先是建模；其次是规定典型信号；最后是求出系统输出，对系统进行研究分析。分析一个控制系统的运动，必须先判定该系统是否稳定。即使负反馈控制系统是稳定的，它的运动质量也有优劣之分。图3-1表示3个系统输出变化过程。系统1过慢，系统2超调量过大，系统3的动态性能比另两个系统好。动态性能的优劣及精度的高低在工程上也至关重要。

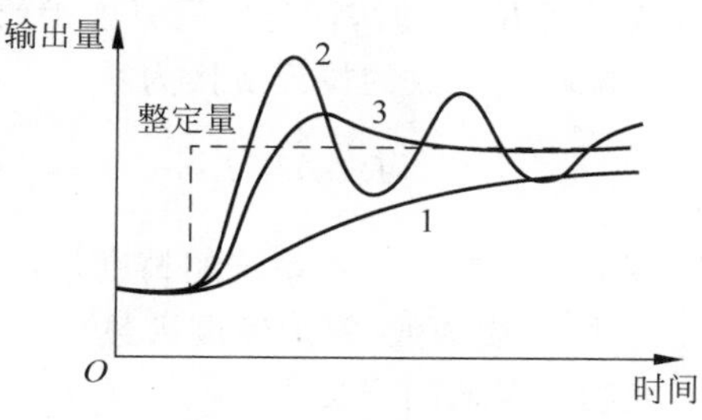

图3-1 随动系统的动态性能

3.1 典型输入信号

一个系统的时间响应$c(t)$不仅取决于系统本身的结构、参数，还同系统的初始状态和输入信号有关。

规定控制系统的初始状态均为零状态，即在$t=0$时刻，输出信号及其各阶导数均为零。也就是说，在输入作用加于系统之前，系统是相对静止的。

通常情况下，自动控制系统外加输入信号是时间的随机函数，或不能用简单的数学形式来表示。为了在分析、设计各种自动控制系统时，有一个对不同系统的性能进行比较的基础，必须规定一些典型的试验信号，即典型输入信号。试验信号应具有以下特点：一是典型试验信号能够反映系统的实际工作情况，或比系统可能遇到的情况更恶劣；二是这些信号可以用简单的数学形式来描述；三是这些信号易于通过试验产生，以便由试验来验证控制系统的设计结果。常用典型信号有以下5种。

1. 阶跃函数

阶跃函数的定义为

$$r(t)=\begin{cases}R & (t\geqslant 0)\\ 0 & (t<0)\end{cases} \tag{3-1}$$

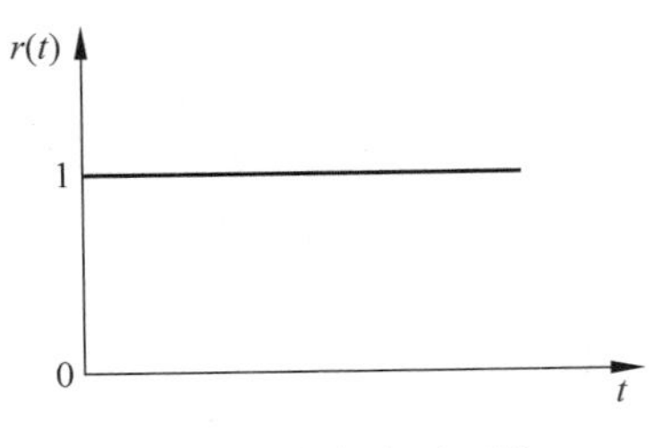

图 3-2　单位阶跃函数

式中，R 为常数，称为阶跃函数的阶跃值。$R=1$ 的阶跃函数称为单位阶跃函数，记为 $1(t)$，如图 3-2 所示，其拉氏变换为

$$R(s)=L[r(t)]=L[1(t)]=\frac{1}{s} \tag{3-2}$$

该信号主要在分析系统的动态性能指标和精度指标时用到。

2．斜坡函数（等速度函数）

斜坡函数的定义为

$$r(t)=\begin{cases}Rt & (t\geqslant 0)\\ 0 & (t<0)\end{cases} \tag{3-3}$$

它等于阶跃函数对时间的积分，斜坡函数的导数就是阶跃函数。当 $R=1$ 时，称为单位斜坡函数，如图 3-3 所示。

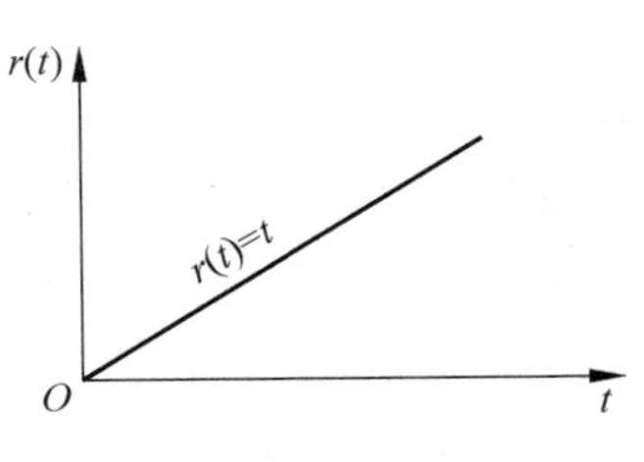

图 3-3　单位斜坡函数

单位斜坡函数的拉氏变换为

$$R(s)=L[r(t)]=\frac{1}{s^2} \tag{3-4}$$

该信号主要在分析系统的精度指标时用到。

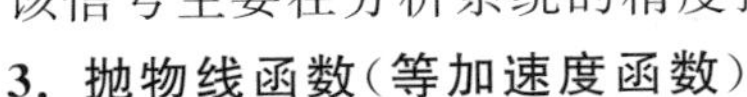

3．抛物线函数（等加速度函数）

抛物线函数的定义为

$$r(t)=\begin{cases}\frac{1}{2}Rt^2 & (t\geqslant 0)\\ 0 & (t<0)\end{cases} \tag{3-5}$$

当 $R=1$ 时，称为单位抛物线函数，如图 3-4 所示。单位抛物线函数的拉氏变换为

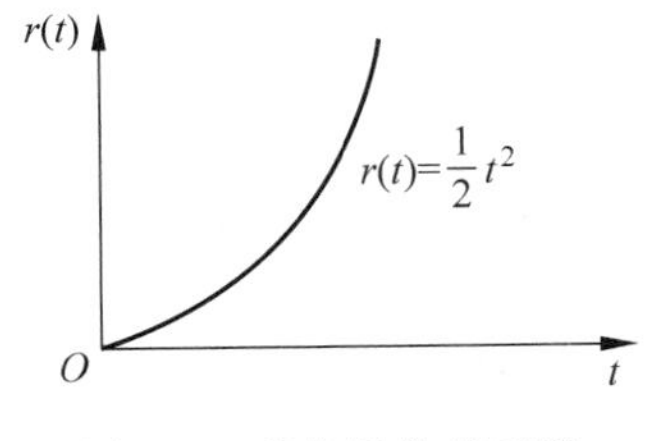

图 3-4　单位抛物线函数

$$R(s)=L[r(t)]=L\frac{t^2}{2}=\frac{1}{s^3} \tag{3-6}$$

该信号主要在分析系统的精度指标时用到。

4．单位脉冲函数

脉冲函数又称为冲激函数。单位脉冲函数记为 $\delta(t)$，其定义为

$$\begin{cases}r(t)=\delta(t)=\begin{cases}\infty & (t=0)\\ 0 & (t\neq 0)\end{cases}\\ \int_{-\infty}^{\infty}\delta(t)\mathrm{d}t=1\end{cases} \tag{3-7}$$

拉氏变换为

$$R(s)=L[\delta(t)]=1 \tag{3-8}$$

脉冲函数只是数学上的概念，在工程控制系统中是不可能发生的。但是引入单位脉冲函数后，对线性系统的分析、研究将十分方便。在实际的控制系统中，只要输入信号的强度足够，并且持续时间短到与系统的时间常数相比可以忽略不计时，则可认为输入信号为脉冲

函数。

该信号主要在分析系统稳定性时用到。

5. 正弦函数

典型正弦函数为

$$r(t)=A\sin\omega t \tag{3-9}$$

式中,A 为振幅;ω 为角频率。

以正弦函数作为输入信号,当输入频率发生变化时,就可以求得系统在不同频率的输入作用时的稳态响应,这种响应称为频率响应。有关频率响应的内容将在第 4 章中详细介绍。

3.2 系统的时域性能指标

系统的时域性能指标主要指稳定性、动态性能指标和稳态性能指标。稳定性本身就是一项重要的指标,系统只有在稳定的情况下,才有动态性能指标和稳态性能指标,并且用这两类性能指标来评价系统的优劣。

一个稳定的控制系统,其时间响应从时间顺序上可以划分为动态和稳态两个过程。动态过程又称为暂态过程或过渡过程,是指系统从初始状态到接近最终状态的响应过程;稳态过程是时间 t 趋于无穷时系统的输出状态。动态过程和稳态过程的特点反映了控制系统的性能。

1. 稳定性

若线性控制系统在初始扰动为单位脉冲函数 $\delta(t)$ 作用下,其动态过程随时间的推移逐渐衰减并趋于零,即 $\lim\limits_{t\to\infty}c(t)=0$,则称系统稳定;反之,若在初始作用影响下,系统的动态过程随时间的推移而发散,即 $\lim\limits_{t\to\infty}c(t)=\infty$,则称系统不稳定。

2. 动态性能指标

描述稳定的系统在单位阶跃函数作用下,动态过程随时间 t 的变化状况的指标,称为动态性能指标。初始条件为零时,控制系统单位阶跃响应曲线如图 3-5 所示。各动态性能指标的定义如下。

1) 上升时间 t_r

系统的阻尼系数不同,规定上升时间的范围也不同,如过阻尼系统的上升时间定义为响应由稳态值的 10%上升到稳态值的 90%所需要的时间。而欠阻尼系统的上升时间则定义为响应由零值上升到第一次到达稳态值所需的时间。

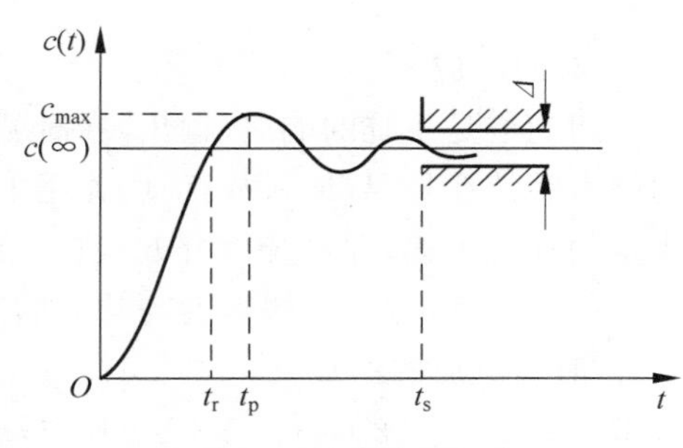

图 3-5 单位阶跃响应

2) 峰值时间 t_p

阶跃响应由零值上升到第一个峰值所需的时间,称为峰值时间。

3) 最大超调量 $\sigma\%$

最大超调量(简称超调量)的定义为

$$\sigma\% = \frac{c(t_p) - c(\infty)}{c(\infty)} \times 100\% \tag{3-10}$$

式中，$c(t_p)$为响应的最大瞬时值；$c(\infty)$为响应的稳态值。

4）调整时间 t_s

调整时间又称为过渡过程时间，是指当 $c(t)$和 $c(\infty)$之间误差达到规定的允许值，并且以后不再超过此值所需的最短时间。用数学形式表示为满足下列不等式所需的最短时间，即

$$|c(t) - c(\infty)| \leqslant \Delta \tag{3-11}$$

式中，Δ 为规定的误差允许值。通常取 Δ 为稳态值的 2%或 5%。

除上述指标外，还有延迟时间 t_g，指响应曲线第一次达到其终值一半所需的时间；振荡次数 N，指在调整时间内响应曲线上下振荡的次数。

以上各种动态性能指标中常用的动态性能指标多为上升时间、超调量和调整时间。上升时间 t_r、峰值时间 t_p 均表征系统响应初始阶段的快慢；超调量 $\sigma\%$是反映系统响应过程的平稳性，调整时间 t_s 表示系统过渡过程的持续时间，从总体上反映了系统的快速性和平稳性。

3. 稳态性能指标（精度指标）

系统的稳态性能指标用稳态误差 e_{ss}（也称为静态误差）来描述，通常在阶跃函数、斜坡函数或加速度函数的作用下进行测定或计算，分别称为位置误差、速度误差和加速度误差。当时间趋于无穷时，若系统的输出量不等于输入量，或输出量的期望值不等于输出量的实际值，则系统存在稳态误差。稳态误差反映了控制系统复现输入信号的控制精度或抗扰动能力的一种度量。

3.3 系统的稳定性

任何一个自动控制系统正常运行的首要条件是，它必须是稳定的。因此，判别系统的稳定性和使系统处于稳定的工作状态，是自动控制的基本问题之一。

3.3.1 时间响应及其组成

1. 时间响应

时间响应是系统的响应（输出）在时域上的表现形式，即系统微分方程在一定初始条件下的解。系统在外界（输入或扰动）作用下，从一定的初始状态出发，所经历的由其固有特性所决定的动态历程，即系统微分方程在一定初始条件下的解。研究时间响应的目的在于分析系统的稳定性、响应的快速性与响应的准确性等系统的动态性能。

2. 时间响应的组成

求 $y''+7y'+12y=6r'+12r$（其中，$r(t)$、$y(t)$分别为系统的输入和输出）在 $r(0_-)$、$y(0_-)$、$y'(0_-)$时的解。

解：在初始条件下，对微分方程两边分别进行拉普拉斯变换，得

$$[s^2Y(s) - sy(0_-) - y'(0_-)] + 7[sY(s) - y(0_-)] + 12Y(s)$$
$$= 6[sR(s) - r(0_-)] + 12R(s)$$

$$Y(s)=\frac{6(s+2)}{s^2+7s+12}R(s)+\frac{(s+7)y(0_-)+y'(0_-)-6r(0_-)}{s^2+7s+12}$$

$$y(t)=L^{-1}[Y(s)]=L^{-1}\left[\frac{6(s+2)}{s^2+7s+12}R(s)\right]+L^{-1}\left[\frac{(s+7)y(0_-)+y'(0_-)-6r(0_-)}{s^2+7s+12}\right]$$

$$=L^{-1}[G(s)R(s)]+L^{-1}\left[\frac{(s+7)y(0_-)+y'(0_-)-6r(0_-)}{s^2+7s+12}\right]$$

式中，$L^{-1}[G(s)R(s)]$为零状态响应（零初始状态下，完全由输入所引起）；$L^{-1}\left[\frac{(s+7)y(0_-)+y'(0_-)-6r(0_-)}{s^2+7s+12}\right]$为零输入响应(系统无输入，完全由初始状态所决定)。

$$y(t)=L^{-1}\left[\frac{6(s+2)}{s^2+7s+12}R(s)\right]+L^{-1}\left[\frac{(s+7)y(0_-)+y'(0_-)-6r(0_-)}{s^2+7s+12}\right]$$

若$r(t)=u(t)$、$r(0_-)=0$、$y(0_-)=1$、$y'(0_-)=1$，此时，$R(s)=1/s$，有

$$y(t)=L^{-1}\left[\frac{6(s+2)}{s^2+7s+12}\cdot\frac{1}{s}\right]+L^{-1}\left[\frac{(s+7)+1}{s^2+7s+12}\right]$$

$$=L^{-1}\left(\frac{1}{s}+\frac{2}{s+3}+\frac{-3}{s+4}\right)+L^{-1}\left(\frac{5}{s+3}+\frac{-4}{s+4}\right)$$

$$=1+2e^{-3t}-3e^{-4t}+5e^{-3t}-4e^{-4t}=u(t)+7e^{-3t}-7e^{-4t}$$

式中，$1+2e^{-3t}-3e^{-4t}+5e^{-3t}$为零状态响应；$5e^{-3t}-4e^{-4t}$为零输入响应；$u(t)$为强迫响应；$7e^{-3t}-7e^{-4t}$是自由响应；$-3$、$-4$是系统传递函数的极点(特征根)。

故对于一个n阶系统，其微分方程为

$$a_ny^{(n)}+a_{n-1}y^{(n-1)}+\cdots+a_1\dot{y}+a_0y=b_mx^{(m)}+b_{m-1}x^{(m-1)}+\cdots+b_1\dot{x}+b_0x$$

其中，零状态响应项为$B(t)+\sum_{i=1}^{2}A_{1i}e^{s_it}$；零输入响应项为$\sum_{i=1}^{2}A_{2i}e^{s_it}$。

自由响应项为$y(t)=\sum_{i=1}^{n}A_{1i}e^{s_it}+\sum_{i=1}^{n}A_{2i}e^{s_it}$；强迫响应项为$y(t)=B(t)$。

系统总体响应为$y(t)=B(t)+\sum_{i=1}^{2}A_{1t}e^{s_it}+\sum_{i=1}^{2}A_{2i}e^{s_it}$。$s$是系统传递函数的极点(特征根)。若无特殊说明，通常所述时间响应仅指零状态响应。

综上所述，若所有特征根实部均为负值，系统自由响应收敛，系统稳定；若存在特征根实部负值，系统自由响应发散，系统不稳定；若存在一对特征根实部为零，而其余特征根实部均为负值，系统自由响应最终为等幅振荡，系统临界稳定。特征根实部的大小决定自由响应的振荡频率。

3.3.2 稳定的基本概念

设系统处于某平衡状态，由于扰动的作用，系统偏离了原来的平衡状态，但当扰动消失后，经过足够长的时间，系统恢复到原来的起始平衡状态，则称这样的系统是稳定的，或具有稳定性；否则，系统是不稳定的。稳定性是系统去掉扰动以后，系统自身的一种恢复能力，是系统本身固有的特性。它仅取决于系统的结构参数，而与初始条件及输入信号无关。

从3.3.1小节稳定性的定义可以得到，如果系统所有的闭环特征根(闭环极点)都分布

在 s 平面左半部，则系统的暂态分量随时间的增加逐渐消失为零，这种系统是稳定的。如果有一个或一个以上的闭环特征根位于 s 平面右半部，则此系统是不稳定的。如果有部分根位于 s 平面虚轴上，而其余根位于左半 s 平面，则系统是临界稳定的。临界稳定也属于不稳定，它是不稳定的一种特殊情况。

综上所述，线性系统稳定的充分必要条件：系统闭环特征方程式所有的根均位于 s 平面左半部（不包括虚轴）。这个稳定性判据也称为极点稳定性判据。但是对于高阶系统，求解特征方程式的根是一件很困难的工作。因此，一般都采用间接方法来判别特征方程的根是否全部位于 s 的左半平面。

3.3.3 Routh 稳定判据

1. 系统稳定的必要条件

1）1 阶系统

1 阶系统的特征方程为

$$a_1 s + a_0 = 0$$

特征方程的根为

$$s = -\frac{a_0}{a_1}$$

特征方程的根为负的必要条件是 a_1、a_0 必须大于零。

2）2 阶系统

设 2 阶系统的特征方程为

$$a_2 s^2 + a_1 s + a_0 = 0$$

特征方程的根为

$$s_{1,2} = -\frac{a_1}{2a_2} \pm \sqrt{\left(\frac{a_1}{2a_2}\right)^2 - \frac{a_0}{a_2}}$$

使特征根全部位于 s 左半平面的条件：a_0、a_1、a_2 均为正值。

3）高阶系统

设高阶系统的特征方程式为

$$a_n s^n + a_{n-1} s^{n-1} + \cdots + a_1 s + a_0 = a_n (s - p_1)(s - p_2) \cdots (s - p_n) = 0 \tag{3-12}$$

式中，$p_1, p_2, \cdots, p_n$ 为特征根。由式(3-13)求得特征根与系数的关系为

$$\begin{cases} \dfrac{a_{n-1}}{a_n} = (-1)\sum\limits_{i=1}^{n} p_i \\ \dfrac{a_{n-2}}{a_n} = \sum\limits_{\substack{i=1 \\ j=1}}^{n} p_i p_j \quad (i \neq j) \\ \dfrac{a_{n-3}}{a_n} = \sum\limits_{\substack{i=1 \\ j=1 \\ k=1}}^{n} p_i p_j p_k \quad (i \neq j \neq k) \\ \vdots \\ \dfrac{a_0}{a_n} = (-1)^n \prod\limits_{i=1}^{n} p_i \end{cases} \tag{3-13}$$

由式(3-13)可知,式(3-12)的所有特征根均位于 s 左半平面的必要条件如下。

(1) 特征方程多项式的所有系数具有相同的符号。

(2) s 多项式所有的系数都不为零。

如果系统的特征方程式不满足上述条件,则可立即断定系统是不稳定的;如果满足上述条件,则断定系统不一定是稳定的,因为它只是必要条件。

2. 劳斯判据

1) 劳斯行列表

应用劳斯判据时,必须借助特征方程式的系数编制一个表格,此表格称为劳斯行列表,其编制方法如下。

设系统特征方程式为

$$a_n s^n + a_{n-1} s^{n-1} + \cdots + a_1 s + a_0 = 0$$

编制出的劳斯行列表为

$$\begin{array}{cccccc}
s^n & a_n & a_{n-2} & a_{n-4} & a_{n-6} & \cdots \\
s^{n-1} & a_{n-1} & a_{n-3} & a_{n-5} & a_{n-7} & \cdots \\
s^{n-2} & b_1 & b_2 & b_3 & b_4 & \cdots \\
s^{n-3} & c_1 & c_2 & c_3 & c_4 & \cdots \\
s^{n-4} & d_1 & d_2 & d_3 & d_4 & \cdots \\
\vdots & \vdots & \vdots & \vdots & & \\
s^2 & e_1 & e_2 & & & \\
s^1 & f_1 & & & & \\
s^0 & g_1 & & & &
\end{array}$$

表中各元素由下列公式计算,即

$$b_1 = -\frac{1}{a_{n-1}}\begin{vmatrix} a_n & a_{n-2} \\ a_{n-1} & a_{n-3} \end{vmatrix}, \quad b_2 = -\frac{1}{a_{n-1}}\begin{vmatrix} a_n & a_{n-4} \\ a_{n-1} & a_{n-5} \end{vmatrix}, \quad b_3 = \frac{1}{a_{n-1}}\begin{vmatrix} a_n & a_{n-6} \\ a_{n-1} & a_{n-7} \end{vmatrix}, \cdots$$

直到其余的 b 值均为零;

$$c_1 = -\frac{1}{b_1}\begin{vmatrix} a_{n-1} & a_{n-3} \\ b_1 & b_2 \end{vmatrix}, \quad c_2 = -\frac{1}{b_1}\begin{vmatrix} a_{n-1} & a_{n-5} \\ b_1 & b_3 \end{vmatrix}, \quad c_3 = -\frac{1}{b_1}\begin{vmatrix} a_{n-1} & a_{n-7} \\ b_1 & b_4 \end{vmatrix}, \cdots$$

$$d_1 = -\frac{1}{c_1}\begin{vmatrix} b_1 & b_2 \\ c_1 & c_2 \end{vmatrix}, \quad d_2 = -\frac{1}{c_1}\begin{vmatrix} b_1 & b_3 \\ c_1 & c_3 \end{vmatrix}, \quad d_3 = -\frac{1}{c_1}\begin{vmatrix} b_1 & b_4 \\ c_1 & c_4 \end{vmatrix}, \cdots$$

一直计算到第 n 行。下面几行元素较少,最后一行只有一个元素。

2) 劳斯判据

系统稳定的充要条件:劳斯行列表左边第一列所有元素均为正值或同号,即特征根均位于 s 左半平面;反之,如果第一列元素出现负值,系统是不稳定的,且元素符号改变的次数等于特征方程正实部根的个数。

3) 判断稳定性

应用劳斯判据判断系统的稳定性,不需求出特征根,这对高阶系统尤为方便。但是,劳斯判据不能说明为了避免系统不稳定，应该采取的校正途径。

【例 3-1】 系统的特征方程式为

$$s^4+3s^3+3s^2+2s+2=0$$

试用劳斯判据判定系统的稳定性。

解：采用编制劳斯行列表的方法，编制劳斯行列表如下：

$$\begin{array}{llll}
s^4 & 1 & 3 & 2 \\
s^3 & 3 & 2 & 0 \\
s^2 & -\dfrac{(1)\cdot(2)-(3)\cdot(3)}{3}=\dfrac{7}{3} & -\dfrac{(1)\cdot(0)-(3)\cdot(2)}{3}=2 & 0 \\
s^1 & -\dfrac{3}{7}\left[(3)\cdot(2)-\left(\dfrac{7}{3}\right)\cdot(2)\right]=-\dfrac{4}{7} & 0 & \\
s^0 & \dfrac{7}{4}\left[\left(\dfrac{7}{3}\right)\cdot(0)-\left(-\dfrac{7}{4}\right)\cdot(2)\right]=2 & &
\end{array}$$

由于劳斯行列表第一列元素符号改变次数为 2，即由 7/3 变为 −4/7，再由 −4/7 变为 2，所以系统是不稳定的，且有两个根位于 s 右半平面。

【例 3-2】 已知系统的结构如图 3-6 所示，试确定使系统稳定的 K 值范围。

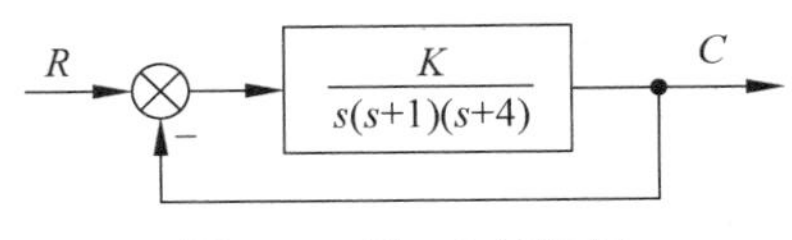

图 3-6 例 3-2 结构图

解：闭环系统的传递函数为

$$\Phi(s)=\frac{K}{s^3+5s^2+4s+K}$$

特征方程式为

$$s^3+5s^2+4s+K=0$$

劳斯行列表为

$$\begin{array}{lll}
s^3 & 1 & 4 \\
s^2 & 5 & K \\
s^1 & \dfrac{20-K}{5} & 0 \\
s^0 & K &
\end{array}$$

为使系统稳定，劳斯行列表第一列元素全部为正值，即

$$\begin{cases} K>0 \\ 20-K>0 \end{cases}$$

因此，K 的取值范围是 $0<K<20$。这是利用劳斯判据求解系统参数的稳定域。

【例 3-3】 设控制系统的特征方程式为

$$s^5+s^4+3s^3+3s^2+2s+2=0$$

试判断该系统的稳定性。

解：作劳斯行列表。

$$\begin{array}{llll}
s^5 & 1 & 3 & 2 \\
s^4 & 1 & 3 & 2 \\
s^3 & 0 & 0 & 0
\end{array}$$

劳斯行列表第三行的全部元素都为零。如果仅对系统的稳定性感兴趣，那么计算到第三行系数后就可不必往下计算了。因为第一列元素不完全是正的，系统肯定是不稳定的。如果还要了解某些根的性质，就必须完成行列表。

对于出现某一行元素全为零的情况，可用靠该行上面一行的元素作为系数构成一个辅助方程式，即

$$Q(s)=s^4+3s^2+2=0$$

并用对 s 求一次导数所得到的新方程式

$$4s^3+6s=0$$

的系数代替全为零的该行的系数，继续完成劳斯行列表。对该题继续完成行列表，即

$$\begin{array}{llll}
s^5 & 1 & 3 & 2 \\
s^4 & 1 & 3 & 2 \\
s^3 & 4 & 6 & \\
s^2 & \frac{3}{2} & 2 & \leftarrow \text{辅助方程导数的系数} \\
s^1 & \frac{2}{3} & & \\
s^0 & 2 & &
\end{array}$$

第一列元素符号并不改变，所以系统无 s 右半平面的根，但因为原来有一行元素为零，所以系统是不稳定的。说明特征方程有位于 s 平面虚轴上的根，这类根可由辅助方程式求得。由辅助方程式得

$$s_{1,2}^2=-1,-2$$

所以有

$$s_{1,2}=\pm \mathrm{j},\quad s_{3,4}=\pm \mathrm{j}\sqrt{2}$$

【例 3-4】 某系统特征方程式为

$$s^4+2s^3+s^2+2s+1=0$$

试用劳斯判据判断其稳定性。

解：在编制劳斯行列式时，如发现某一行中的第一列元素为零，而其他元素不为零，即可判定该系统不稳定。这时如需了解根的情况，可用一个很小的正数 ε 代替这个为零的元素，并继续完成劳斯行列表。本例属于这种情况，即

$$\begin{array}{llll}
s^4 & 1 & 1 & 1 \\
s^3 & 2 & 2 & 0 \\
s^2 & 0(\approx\varepsilon) & 1 & \\
s^1 & 2-\frac{2}{\varepsilon} & & \\
s^0 & 1 & &
\end{array}$$

由于 ε 是很小的正数，s 行第一列元素就是一个绝对值很大的负数。劳斯行列表第一列元素符号改变两次，说明系统有两个特征根位于 s 右半平面。若 ε 上、下行第一列元素符号相同，说明系统有特征根位于 s 平面虚轴上。

3. 劳斯稳定判据的应用

为了使稳定的控制系统具有良好的动态性能，即不仅要求系统的全部特征根在 s 左半平面，而且还希望能与虚轴有一定的距离 α。α 通常称为给定稳定度，简称稳定度。应用劳斯稳定判据可以确定稳定度 α，使系统特征根全部位于 $s=-\alpha$ 垂线之左的参数取值范围，还可以确定系统一个或两个可调参数对系统稳定性的影响，即确定一个或两个使系统稳定的参数取值范围。

【例 3-5】 设比例-积分(PI)控制系统如图 3-7 所示。其中，K_1 为与积分器时间常数有关的待定参数。已知参数 $\xi=0.2$ 及 $\omega_n=86.6$，试用劳斯判据确定使闭环系统稳定的 K_1 取值范围。如果要求闭环系统的极点全部位于 $s=-1$ 垂线之左，问此时 K_1 的取值范围应为多少？

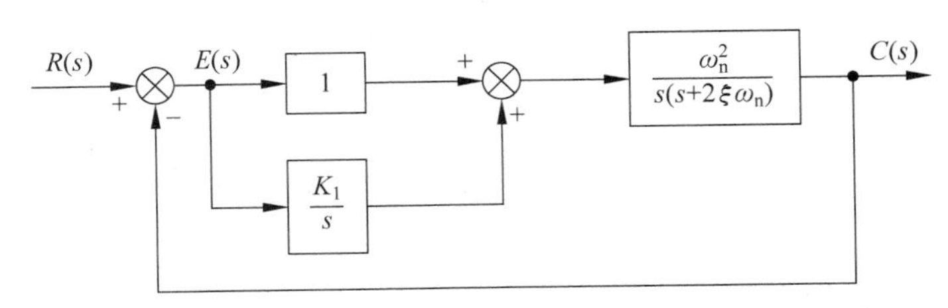

图 3-7　比例-积分控制系统

解： 根据图 3-7 可写出系统的闭环传递函数为

$$\Phi(s)=\frac{\omega_s^2(s+K_1)}{s^3+2\xi\omega_n s^2+\omega_n^2 s+K_1\omega_n^2}$$

系统的闭环特征方程为

$$D(s)=s^3+2\xi\omega_n s^2+\omega_n^2 s+K_1\omega_n^2=0$$

代入已知的 ξ 与 ω_n，得

$$D(s)=s^3+34.6s^2+7500s+7500K_1=0$$

此处相应的劳斯行列表为

$$\begin{array}{lcc}
s^3 & 1 & 7500 \\
s^2 & 34.6 & 7500K_1 \\
s^1 & \dfrac{34.6\times 7500-7500K_1}{34.6} & 0 \\
s^0 & 7500K_1 &
\end{array}$$

根据劳斯判据，令劳斯行列表中第一列元素为正，求得 K_1 的取值范围为

$$1<K_1<34.6$$

当要求闭环极点全部位于 $s=-1$ 垂线左边时，可令 $s=s_1-1$，代入原特征方程，得以下新特征方程，即

$$(s_1-1)^3+34.6(s_1-1)^2+7500(s_1-1)+7500K_1=0$$

整理得

$$s_1^3+31.6s_1^2+7433.8s_1+(7500K_1-7466.4)=0$$

相应的劳斯行列表为

$$
\begin{array}{lcc}
s_1^3 & 1 & 7433.8 \\
s_1^2 & 31.6 & 7500K_1-7466.4 \\
s_1^1 & \dfrac{31.6\times 7433.8-(7500K_1-7466.4)}{31.6} & 0 \\
s_1^0 & 7500K_1-7466.4 &
\end{array}
$$

令劳斯行列表中第一列各元素为正，得使全部闭环极点位于 $s=-1$ 垂线之左的 K_1 取值范围为

$$1<K_1<32.3$$

如果需要确定系统其他参数，如时间常数对系统稳定性的影响，方法类似。一般情况下，这种待定参数不能超过两个。

【例 3-6】 图 3-8 所示为由一个积分环节和两个惯性环节所组成的闭环系统，试分析系统中增益 K 及时间常数 T_1 和 T_2 的大小对系统稳定性的影响。

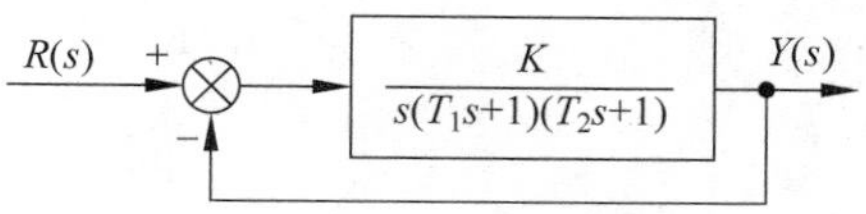

R(s) + − K / s(T₁s+1)(T₂s+1) Y(s)

图 3-8 3 阶闭环系统

解：系统的闭环传递函数为

$$G(s)=\frac{K}{s(T_1s+1)(T_2s+1)+K}$$

式中，K 为系统的开环增益。系统的特征方程为

$$D(s)=s(T_1s+1)(T_2s+1)+K=T_1T_2s^3+(T_1+T_2)s^2+s+K=0$$

列出相应的劳斯行列表为

$$
\begin{array}{lcc}
s^3 & T_1T_2 & 1 \\
s^2 & T_1+T_2 & K \\
s^1 & -\dfrac{T_1T_2K-(T_1+T_2)}{T_1+T_2} & \\
s^0 & K &
\end{array}
$$

系统稳定时应满足

$$T_1+T_2>KT_1T_2$$

即

$$K<\frac{1}{T_1}+\frac{1}{T_2}=K_c$$

所以，当 $K>K_c$ 时，系统不稳定；当 $K=K_c$ 时，系统为临界稳定。

由此可知，系统参数 K、T_1 和 T_2 对系统稳定性的影响如下。

(1) 当 $0<K<K_c$ 时，系统是稳定的。

(2) 增大时间常数 T_1 和(或)T_2，对系统的稳定性不利，将使系统增益 K 的取值范围变小。

(3) 减少时间常数的个数，对系统稳定性有利，如对于本例的 3 阶系统，若减少一个时间常数，则系统变成 2 阶系统，其允许增益 K 可为无穷大。

3.4 1阶系统时域分析

由 1 阶微分方程描述的系统，称为 1 阶系统。图 3-9 所示的自动控制系统就是 1 阶控制系统。它的传递函数为

$$\Phi(s)=\frac{C(s)}{R(s)}=\frac{1}{Ts+1} \tag{3-14}$$

式中，$T>0$，系统总是稳定的。

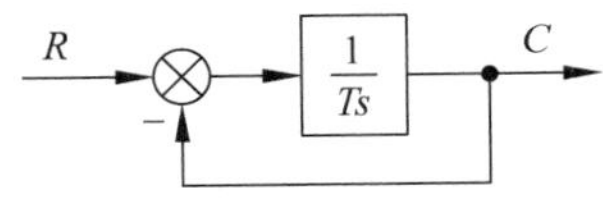

图 3-9　1 阶控制系统

1. 1 阶系统的单位阶跃响应

因为单位阶跃输入信号的拉氏变换为

$$R(s)=\frac{1}{s}$$

则输出信号的拉氏变换为

$$C(s)=\Phi(s)\cdot R(s)=\frac{1}{Ts+1}\frac{1}{s}$$

求 $C(s)$ 的拉氏变换，可得单位阶跃响应为

$$c(t)=L^{-1}\left[\frac{1}{Ts+1}\frac{1}{s}\right]=L^{-1}\left[\frac{1}{s}-\frac{1}{s+\frac{1}{T}}\right]=1-\mathrm{e}^{-\frac{t}{T}}\quad(t\geqslant 0) \tag{3-15}$$

或写成

$$c(t)=c_{ss}+c_{tt}$$

式中，$c_{ss}=1$，代表稳态分量；$c_{tt}=-\mathrm{e}^{-t/T}$，代表暂态分量；当 t 趋于无穷时，c_{tt} 衰减为零。单位阶跃响应曲线如图 3-10 所示。

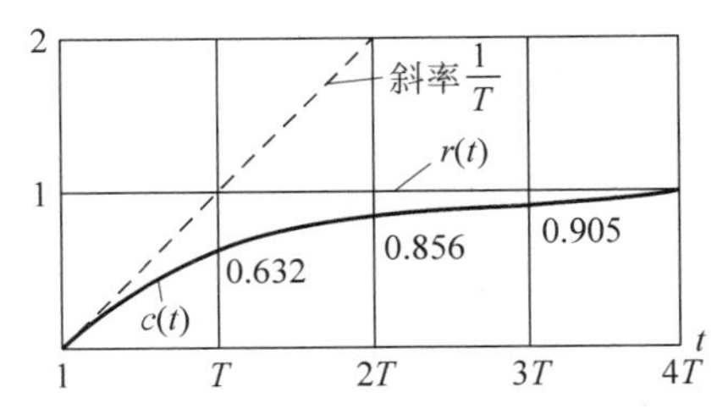

图 3-10　1 阶系统单位阶跃响应

响应曲线的初始斜率为

$$\left.\frac{\mathrm{d}n(t)}{\mathrm{d}t}\right|_{t=0}=\left.\frac{1}{T}\mathrm{e}^{-\frac{t}{T}}\right|_{t=0}=\frac{1}{T} \tag{3-16}$$

式(3-16)表明，1 阶系统的单位阶跃响应如果以初速度等速上升至稳态值 1，所需的时间恰好为 T。

时间常数 T 是表征响应特性的唯一参数。它与输出值有确定的对应关系，即

$$t=T,\quad c(T)=0.632$$
$$t=2T,\quad c(2T)=0.865$$
$$t=3T,\quad c(3T)=0.950$$
$$t=4T,\quad c(4T)=0.982$$

因 1 阶系统响应无超调量，所以主要的性能指标是调整时间 t_s，一般取 $t_s=3T(s)$(对应 5%误差范围)和 $t_s=4T(s)$(对应 2%误差范围)。

系统的时间常数 T 越小，调整时间 t_s 越小，响应过程的快速性越好。

由图 3-10 可知，图 3-9 所示 1 阶系统的单位阶跃响应是没有稳态误差的，即 $e_{ss}=0$。

2. 1 阶系统的单位斜坡响应

单位斜坡函数的拉氏变换为

$$R(s)=\frac{1}{s^2}$$

$$C(s)=\frac{1}{Ts+1}\frac{1}{s^2}=\frac{1}{s^2}-\frac{T}{s}+\frac{T^2}{Ts+1} \tag{3-17}$$

求式(3-17)的拉氏变换，得单位斜坡响应的表达式为

$$c(t)=t-T+T\mathrm{e}^{-t/T} \tag{3-18}$$

式中，响应的稳态分量 $c_{ss}=t-T$；暂态分量 $c_{tt}=T\mathrm{e}^{-t/T}$。当时间 t 趋于无穷时，暂态分量衰减为零。

显然，1 阶系统的单位斜坡响应存在稳态误差。输入信号即是输出量的期望值，稳态误差为

$$\begin{aligned}e_{ss}&=\lim_{t\to\infty}r(t)-c(t)\\&=\lim_{t\to\infty}[t-c(t)]\\&=\lim_{t\to\infty}[t-(t-T+T\mathrm{e}^{-\frac{t}{T}})]\\&=T\end{aligned}$$

即稳态误差等于时间常数 T，如图 3-11 所示。

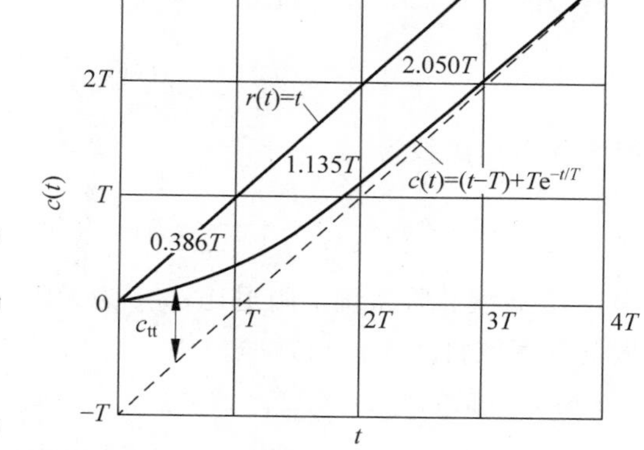

图 3-11 1 阶系统单位斜坡响应

3. 1 阶系统单位脉冲响应

若输入信号为单位脉冲函数，则

$$R(s)=L[\delta(t)]=1$$

$$C(s)=\frac{1}{Ts+1} \tag{3-19}$$

求式(3-19)的拉氏反变换，得单位脉冲响应表达式为

$$c(t)=\frac{1}{T}\mathrm{e}^{-t/T} \tag{3-20}$$

式中，$T>0$，暂态解中的指数因子将具有负的幂次，即 $\lim_{t\to\infty}c(t)=0$，系统总是稳定的。

单位脉冲响应曲线如图 3-12 所示。

单位脉冲函数、单位阶跃函数、单位斜坡函数有以下关系，即

$$\delta(t)=\frac{\mathrm{d}}{\mathrm{d}t}[1(t)]=\frac{\mathrm{d}^2}{\mathrm{d}t^2}(t) \tag{3-21}$$

1 阶系统对上述典型输入信号的响应归纳于表 3-1 中。由表可见，单位脉冲函数与单位阶跃函数的 1 阶导数及单位斜坡函数的 2 阶导数的等价关系，对应有单位脉冲响应与单

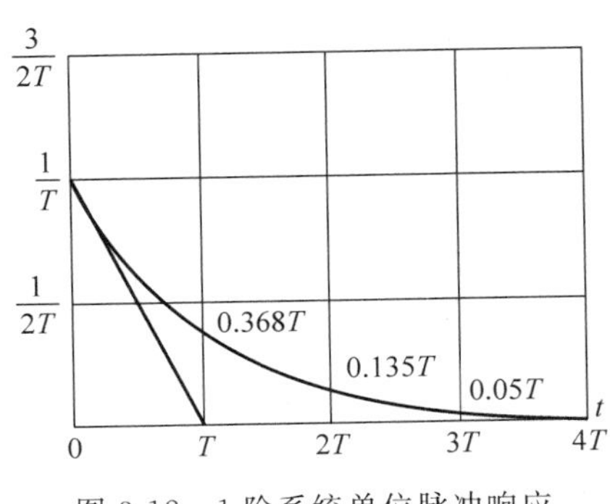

图 3-12　1 阶系统单位脉冲响应

位阶跃响应的 1 阶导数及单位斜坡响应的 2 阶导数的等价关系。这个等价对应关系表明，系统对输入信号导数的响应，就等于系统对该输入信号响应的导数；或者，系统对输入信号积分的响应，就等于系统对该输入信号响应的积分，而积分常数由零输出初始条件确定。这是线性定常系统的一个重要特性，适用于任何阶线性定常系统，但不适用于线性时变系统和非线性系统。因此，研究线性定常系统的时间响应时，不必对每种输入信号形式进行测定和计算，往往只取其中一种典型形式进行研究。

表 3-1　1 阶系统典型输入信号响应

输　入	输　出
$\delta(T)$	$\frac{1}{T}e^{-t/T}$
1	$1-e^{-t/T}$
t	$t-T+Te^{-t/T}$

3.5　2 阶系统时域分析

1. 典型 2 阶系统

典型的 2 阶系统结构如图 3-13 所示。系统开环传递函数为

$$G(s)=\frac{\omega_n^2}{s^2+2\xi\omega_n s} \tag{3-22}$$

系统闭环传递函数为

$$\Phi(s)=\frac{\omega_n^2}{s^2+2\xi\omega_n s+\omega_n^2} \tag{3-23}$$

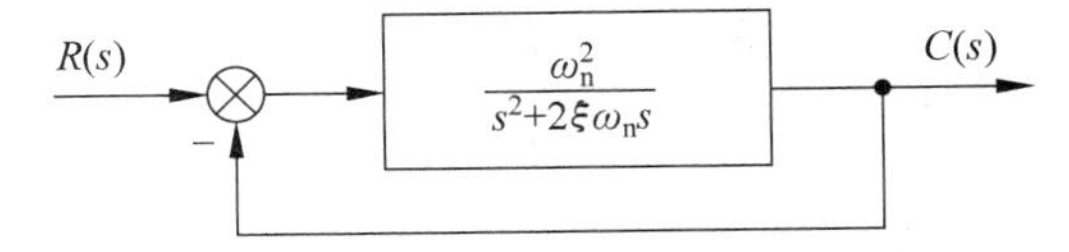

图 3-13　典型 2 阶系统结构框图

式中，ξ 为典型 2 阶系统的阻尼比；ω_n 为无阻尼振荡频率或自然振荡角频率。

2 阶系统的特征方程为

$$s^2+2\xi\omega_n s+\omega_n^2=0 \tag{3-24}$$

方程的特征根为

$$s_{1,2}=-\xi\omega_n\pm\omega_n\sqrt{\xi^2-1} \tag{3-25}$$

当 $0<\xi<1$ 时，称为欠阻尼状态，特征根为一对实部为负的共轭复数。

当 $\xi=1$ 时，称为临界阻尼状态，特征根为两个相等的负实数。

当 $\xi>1$ 时，称为过阻尼状态，特征根为两个不相等的负实数。

当 $\xi=0$ 时，称为无阻尼状态，特征根为一对纯虚数。

当 $\xi<0$ 时，称为负阻尼状态。

ξ 和 ω_n 是 2 阶系统的两个重要参数，系统的响应特性完全由这两个参数来描述。$\xi>$

0，表示系统稳定；$\xi=0$，表示系统临界稳定；$\xi<0$，表示系统不稳定。

2. 典型2阶系统的阶跃响应

2阶系统的时域分析主要研究2阶系统的单位阶跃响应。由于闭环特征根与阻尼比有密切关系，因此阻尼比不同，单位阶跃响应形式也不同。下面分几种情况来分析2阶系统的暂态特性。

1）欠阻尼2阶系统单位阶跃响应

在2阶系统中，欠阻尼2阶系统尤属多见。闭环传递函数为

$$\frac{C(s)}{R(s)}=\Phi(s)=\frac{\omega_n^2}{s^2+2\xi\omega_n s+\omega_n^2}$$

闭环特征根为

$$s_{1,2}=-\xi\omega_n\pm j\omega_n\sqrt{1-\xi^2} \tag{3-26}$$

当输入信号为单位阶跃函数时，有

$$\begin{aligned}C(s)&=\frac{\omega_n^2}{s^2+2\xi\omega_n s+\omega_n^2}\frac{1}{s}\\&=\frac{1}{s}-\frac{s+\xi\omega_n}{(s+\xi\omega_n)^2+(\omega_n\sqrt{1-\xi^2})^2}-\frac{\xi\omega_n}{(s+\xi\omega_n)^2+(\omega_n\sqrt{1-\xi^2})^2}\end{aligned}$$

求$C(s)$的拉氏变换，得欠阻尼系统的单位阶跃响应为

$$c(t)=1-e^{-\xi\omega_n t}\left(\cos\omega_n\sqrt{1-\xi^2}\,t+\frac{\xi}{1-\xi\omega}\sin\omega_n\sqrt{1-\xi^2}\,t\right) \tag{3-27}$$

通常将式(3-27)简化为

$$c(t)=1-\frac{e^{-\xi\omega_n t}}{\sqrt{1-\xi^2}}\sin(\sqrt{1-\xi^2}\,\omega_n t+\varphi) \tag{3-28}$$

其中，

$$\varphi=\arctan\frac{\sqrt{1-\xi^2}}{\xi}=\arccos\xi \tag{3-29}$$

响应曲线如图3-14所示。

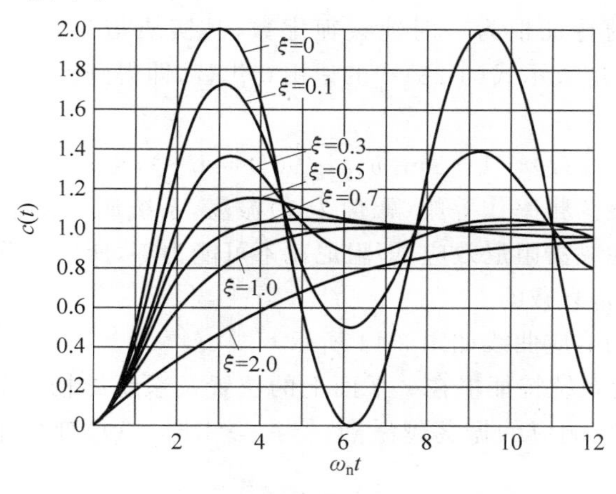

图3-14 典型2阶系统阶跃响应

2）临界阻尼状态的单位阶跃响应

$\xi=1$ 时，系统的传递函数为

$$\frac{C(s)}{R(s)}=\frac{\omega_n^2}{s+\omega_n} \tag{3-30}$$

在单位阶跃函数作用下，系统输出的拉氏变换为

$$C(s)=\frac{\omega_n^2}{(s+\omega_n)^2}\frac{1}{s}=\frac{1}{s}-\frac{\omega_n}{(s+\omega_n)^2}-\frac{1}{s+\omega_n} \tag{3-31}$$

求式(3-31)的拉氏反变换，得单位阶跃响应为

$$c(t)=1-(1+\omega_n t)e^{-\omega_n t} \tag{3-32}$$

由图 3-14 可知，临界阻尼状态的单位阶跃响应是单调上升的，不出现振荡现象。

3）过阻尼状态的单位阶跃响应

过阻尼 2 阶系统的特征根是两个不相等的负实数，即

$$s_{1,2}=-\xi\omega_n \pm \omega_n\sqrt{\xi^2-1} \quad (\xi>1)$$

当输入信号为单位阶跃函数时，输出量的拉氏变换为

$$C(s)=\frac{\omega_n^2}{(s-s_1)(s-s_2)}\frac{1}{s} \tag{3-33}$$

对式(3-30)进行部分分式展开，其拉氏反变换为

$$c(t)=1-\frac{\omega_n}{2\sqrt{\xi^2-1}}\left(\frac{e^{-s_2 t}}{s_2}-\frac{e^{-s_1 t}}{s_1}\right) \tag{3-34}$$

将 s_1 和 s_2 值代入式(3-34)，有

$$c(t)=1-\frac{1}{2\sqrt{\xi^2-1}}\left[\frac{e^{-(\xi-\sqrt{\xi^2-1})\omega_n t}}{\xi-\sqrt{\xi^2-1}}-\frac{e^{-(\xi+\sqrt{\xi^2-1})\omega_n t}}{\xi+\sqrt{\xi^2-1}}\right] \tag{3-35}$$

式(3-35)表明，系统响应不会超过稳态值 1，即过阻尼 2 阶系统的单位阶跃响应是非振荡的。响应曲线如图 3-14 所示。

4）无阻尼状态的单位阶跃响应

无阻尼 2 阶系统的特征根为一对纯共轭虚数，其实质与欠阻尼系统相似。将欠阻尼 2 阶系统的单位阶跃响应表示式(3-28)中的 ξ 用 0 代替，即得到无阻尼 2 阶系统的单位阶跃响应为

$$c(t)=1-\sin(\omega_n t+90°)=1-\cos(\omega_n t) \tag{3-36}$$

它以无阻尼自然振荡频率作等幅(幅值为 1)振荡，系统属不稳定系统。在工程控制系统中或大或小总是存在黏滞阻尼效应，即阻尼比不可能为零，所以振荡频率总是小于无阻尼自然振荡频率，振幅总是衰减的。

无阻尼 2 阶系统的响应曲线如图 3-14 所示。

表 3-2 给出了 2 阶系统特征根在 s 平面上的位置及系统结构参数 ξ、ω_n 与单位阶跃响应的关系。ξ 越小，系统响应的振荡越激烈。当 $\xi \geqslant 1$ 时，$c(t)$ 变成单调上升，变成非振荡过程。

表 3-2 典型 2 阶系统单位阶跃响应

阻尼系数	特征方程的根	根在复平面上位置	单位阶跃响应
$\xi=0$ (无阻尼)	$s_{1,2}=\pm \mathrm{j}\omega_{\mathrm{n}}$	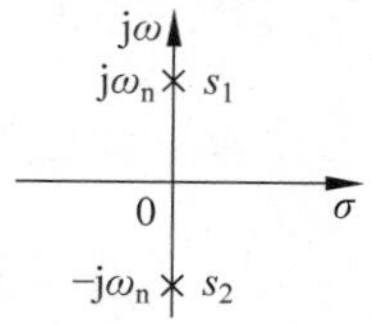	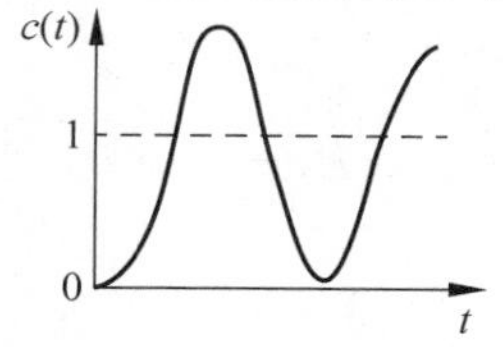
$0<\xi<1$ (欠阻尼)	$s_{1,2}=-\xi\omega_{\mathrm{n}}$ $\pm \mathrm{j}\omega_{\mathrm{n}}\sqrt{1-\xi^2}$	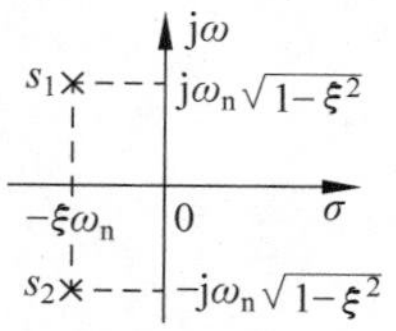	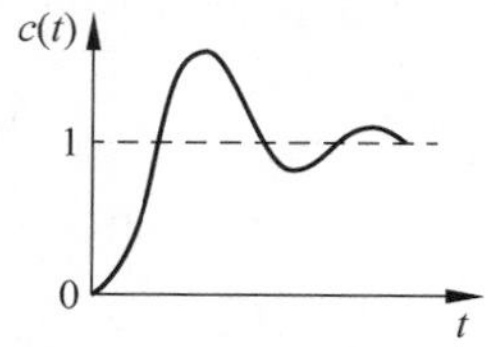
$\xi=1$ (临界阻尼)	$s_{1,2}=-\xi\omega_{\mathrm{n}}$	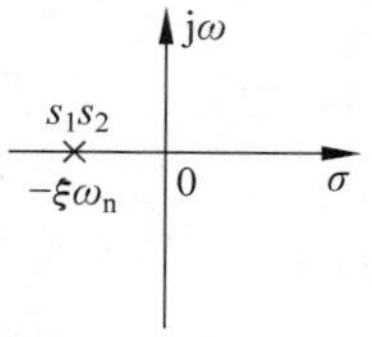	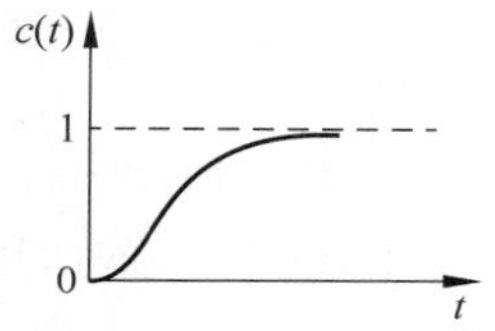
$\xi>0$ (过阻尼)	$s_{1,2}=-\xi\omega_{\mathrm{n}}\pm\omega_{\mathrm{n}}\sqrt{\xi^2-1}$	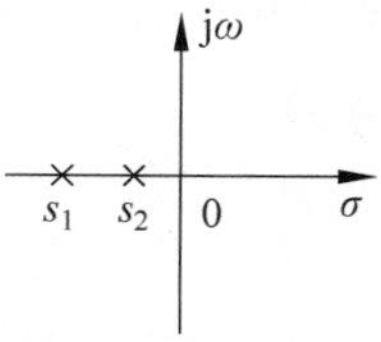	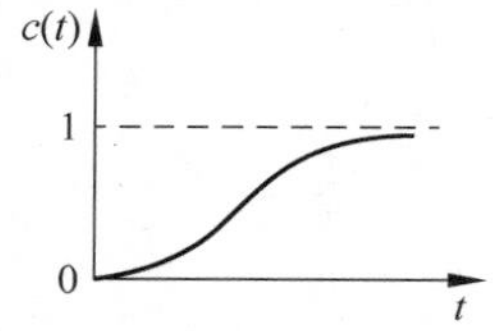

表 3-2 中前 3 种情况下,系统的稳态误差 $e_{\mathrm{xs}}=0$,第 4 种情况的系统临界稳定也属于不稳,故无精度可言。

3. 典型 2 阶系统的动态性能指标

下面主要讨论欠阻尼典型 2 阶系统的性能指标。在推导计算公式之前,必须说明欠阻尼 2 阶系统闭环特征根的位置与系统特征参量 σ、ξ、ω_{n}、ω_{d} 的关系。由图 3-15 知,衰减系数 $\sigma(\sigma=\xi\omega_{\mathrm{n}})$是闭环极点到虚轴的距离;振荡频率 ω_{d} $(\omega_{\mathrm{d}}=\omega_{\mathrm{n}}\sqrt{1-\xi})$是闭环极点到实轴之间的距离。无阻尼振荡频率 ω_{n} 是闭环极点到原点的距离;若直线 Os_1 与负实轴的夹角为 φ,则阻尼比 ξ 就等于 φ 角的余弦,即

$$\xi=\cos\varphi \tag{3-37}$$

而此 φ 角就是欠阻尼 2 阶系统单位阶跃响应的初相角。

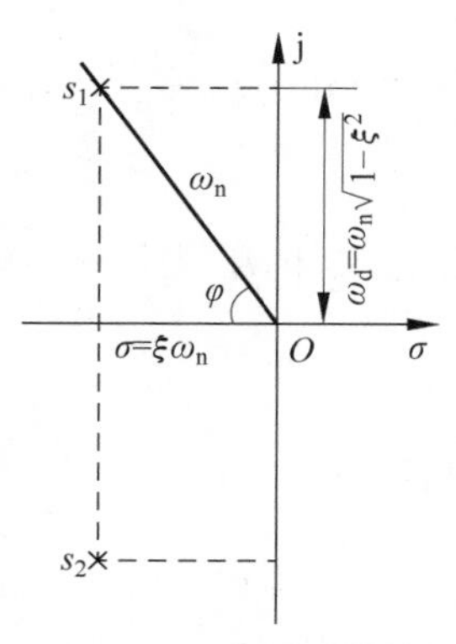

图 3-15 欠阻尼 2 阶系统特征根与特征量

1) 上升时间 t_{r}

根据定义,当 $t=t_{\mathrm{r}}$ 时,$c(t_{\mathrm{r}})=1$。由欠阻尼 2 阶系统的单位阶跃响应式(3-28)得

$$c(t_{\mathrm{r}})=1-\frac{\mathrm{e}^{-\xi\omega_{\mathrm{n}}t_{\mathrm{r}}}}{\sqrt{1-\xi^2}}\cdot\sin\left(\omega_{\mathrm{n}}\sqrt{1-\xi^2}\,t_{\mathrm{r}}+\varphi\right)=1$$

则

$$\frac{e^{-\xi\omega_n t_r}}{\sqrt{1-\xi^2}} \cdot \sin(\omega_n \sqrt{1-\xi^2}\, t_r + \varphi) = 0$$

因为$\frac{1}{1-\xi^2} \neq 0$，$e^{-\xi\omega_n t_r} \neq 0$，所以上式成立必须是$\sin(\omega_n \sqrt{1-\xi^2}\, t_r + \varphi) = 0$，即

$$\omega_n \sqrt{1-\xi^2}\, t_r + \varphi = \pi$$

上升时间为

$$t_r = \frac{\pi - \varphi}{\omega_n \sqrt{1-\xi^2}} \tag{3-38}$$

或

$$t_r = \frac{\pi - \varphi}{\omega_d} \tag{3-39}$$

增大自然频率ω_n或减小阻尼比ξ，均能减小t_r，从而加快系统的初始响应速度。

2）峰值时间t_p

把式(3-28)的两边对时间求导，并令其等于零，可得

$$\left.\frac{dc(t)}{dt}\right|_{t=t_p} = \frac{\xi\omega_n}{\sqrt{1-\xi^2}} e^{-\xi\omega_n t_p} \sin(\omega_n \sqrt{1-\xi^2}\, t_p + \varphi) - \omega_n e^{-\xi\omega_n t_p} \cos(\omega_n \sqrt{1-\xi^2}\, t_p + \varphi) = 0$$

移项得

$$\tan(\omega_n \sqrt{1-\xi^2}\, t_p + \varphi) = \frac{\sqrt{1-\xi^2}}{\xi}$$

因为$\tan\varphi = \frac{\sqrt{1-\xi^2}}{\xi}$，所以

$$\omega_n \sqrt{1-\xi^2}\, t_p = n\pi \quad (n = 1, 2, \cdots)$$

由定义知，t_p为第一个峰值所需时间，取$n=1$，得到

$$t_p = \frac{\pi}{\omega_n \sqrt{1-\xi^2}} \tag{3-40}$$

或

$$t_p = \frac{\pi}{\omega_d} \tag{3-41}$$

3）最大超调量

当$t=t_p$时，系统响应出现最大值，把式(3-40)代入式(3-28)，得

$$c(t_p) = 1 - \frac{1}{\sqrt{1-\xi^2}} e^{-\xi\pi/\sqrt{1-\xi^2}} \sin(\pi + \varphi)$$

因为$\sin(\pi+\varphi) = -\sin\varphi = -\sqrt{1-\xi^2}$，所以

$$c(t_p) = 1 + e^{-\xi\pi/\sqrt{1-\xi^2}}$$

$$\sigma\% = \frac{c(t_p) - c(\infty)}{c(\infty)} \times 100\% = e^{-\xi\pi/\sqrt{1-\xi^2}} \times 100\% \tag{3-42}$$

最大超调量仅由阻尼比 ξ 决定。ξ 越小，$\sigma\%$ 越大，$\sigma\%$ 与 ξ 的关系见图 3-16。

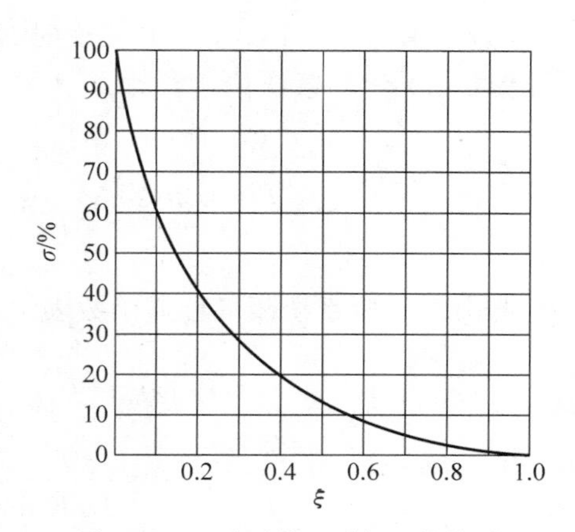

图 3-16　2 阶系统 $\sigma\%$ 与 ξ 的关系

4）调整时间 t_s

根据调整时间的定义，t_s 应由下式求得，即

$$\left|\frac{1}{\sqrt{1-\xi^2}}e^{-\xi\omega_n t_s}\sin(\omega_n\sqrt{1-\xi^2}\,t_s+\varphi)\right|\leqslant\Delta \tag{3-43}$$

但是，由式(3-43)求解 t_s 十分困难，用衰减正弦振荡的包络线近似地代替正弦衰减振荡，描述单位阶跃响应的包络线是 $1\pm\frac{1}{\sqrt{1-\xi^2}}e^{-\xi\omega_n t_s}$，如图 3-17 所示。响应曲线总是在上下包络线之间，故可将式(3-43)近似写为

$$\left|\frac{1}{\sqrt{1-\xi^2}}e^{-\xi\omega_n t_s}\right|\leqslant\Delta$$

即

$$t_s=-\frac{1}{\xi\omega_n}\ln(\Delta\sqrt{1-\xi^2}) \tag{3-44}$$

如果系统阻尼比较小 $\sqrt{1-\xi^2}\approx 1$，则 $t_s=-\frac{1}{\xi\omega_n}\ln\Delta$。

对于 $\Delta=0.05$，有

$$t_s=\frac{3}{\xi\omega_n} \tag{3-45}$$

对于 $\Delta=0.02$，有

$$t_s=\frac{4}{\xi\omega_n} \tag{3-46}$$

式(3-45)和式(3-46)表明，调整时间与闭环极点的实数值成反比，即极点距离虚轴越远，系统调整时间越短。

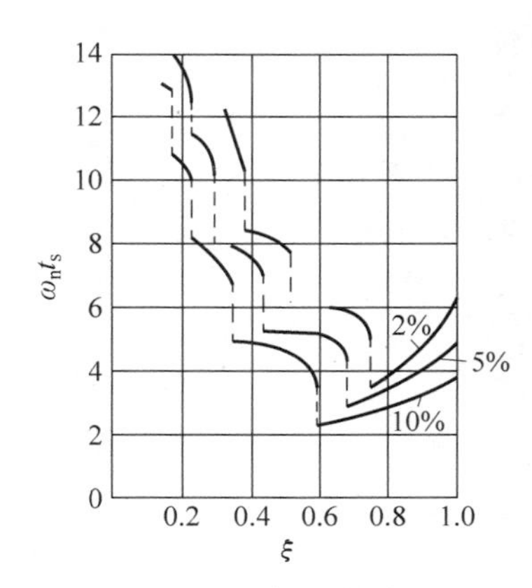

图 3-17　ξ 与 t_s 的关系

直接由式(3-43)确定调整时间相当困难，图 3-17 给出了无量纲调整时间 $\omega_n t_s$ 与阻尼比 ξ 之间的关系曲线。若 ω_n 一定，当 $\xi=0.707$ 时，调整时间最小。曲线的不连续性是由于 ξ 值的微小变化可能引起调整时间的显著变化造成的。

【例 3-7】 单位反馈控制系统开环传递函数为

$$G(s)=\frac{K}{s(Ts+1)}$$

若 $K=16\text{s}^{-1}$、$T=0.25\text{s}$，试求：

（1）典型 2 阶系统的参数 ξ、ω_n。

（2）暂态性能指标 $\sigma\%$、t_s。

(3) 欲使 $\sigma\%=16\%$，当 T 不变时 K 应取何值。

解：(1) 闭环系统传递函数为

$$\Phi(s)=\frac{K}{Ts^2+s+K}=\frac{\frac{K}{T}}{s^2+\frac{1}{T}s+\frac{K}{T}}$$

与典型 2 阶系统闭环传递函数表示式(3-23)相比较，得

$$\omega_n=\sqrt{\frac{K}{T}}=\sqrt{\frac{16}{0.25}}=8(\text{rad/s})$$

$$\xi=\frac{1}{2\sqrt{KT}}=\frac{1}{2\sqrt{16\times 0.25}}=0.25$$

(2) 暂态性能指标为

$$\sigma\%=\mathrm{e}^{-\frac{\pi\xi}{\sqrt{1-\xi^2}}}\times 100\%=\mathrm{e}^{-\frac{\pi\times 0.25}{\sqrt{1-0.25^2}}}\times 100\%=44.4\%$$

$$t_s=\frac{4}{\xi\omega_n}=\frac{4}{0.25\times 8}=2.0(\text{s})\quad (\text{取 } \Delta=0.02)$$

$$t_s\approx\frac{3}{\xi\omega_n}=\frac{3}{0.25\times 8}=1.5(\text{s})\quad (\text{取 } \Delta=0.05)$$

(3) 为使 $\sigma\%=16\%$，可计算出 $\xi=0.5$(也可查阅图 3-14)。

$$\xi=\frac{1}{2\sqrt{KT}}=0.5$$

$$K=\frac{1}{4\times T\times 0.5^2}=\frac{1}{4\times 0.25\times 0.25}=4(\text{s}^{-1})$$

即 K 值应减小 4 倍。

【例 3-8】 系统结构如图 3-18 所示。要求系统性能指标为 $\sigma\%=20\%$，$t_p=1\text{s}$。试确定系统的 K 值和 A 值，并计算 t_r 和 t_s 值。

解：由结构图求出系统的闭环传递函数为

$$\Phi(s)=\frac{C(s)}{R(s)}=\frac{K}{s^2+(1+KA)s+K}$$

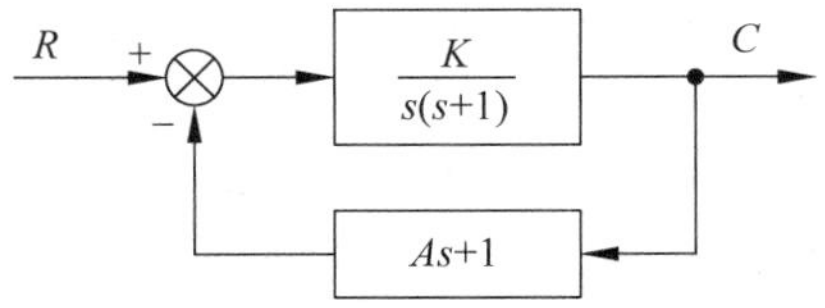

图 3-18 例 3-8 系统结构框图

与标准形式相比较，得

$$\omega_n=\sqrt{K}$$

$$2\xi\omega_n=1+KA$$

由给定的 $\sigma\%$ 求取相应的阻尼比 ξ，即

$$\frac{\pi\xi}{\sqrt{1-\xi^2}}=\ln\frac{1}{\sigma}=1.61$$

解得 $\xi=0.456$。

根据 t_p 值求取自然频率 ω_n，即

$$t_p=\frac{\pi}{\omega_n\sqrt{1-\xi^2}}=1(\text{s})$$

则

$$\omega_n=\frac{\pi}{t_p\sqrt{1-\xi^2}}=\frac{3.14}{\sqrt{1-0.456^2}}=3.53(\text{rad/s})$$

$$K=\omega_n^2=12.5$$

再由 $2\xi\omega_n=1+KA$，解得

$$A=\frac{2\xi\omega_n-1}{K}=\frac{2\times0.456\times3.53-1}{12.5}=0.178$$

最后，用公式计算 t_r、t_s 为

$$t_r=\frac{\pi-\varphi}{\omega_n\sqrt{1-\xi^2}}=0.65(\text{s})$$

$$t_s=\frac{4}{\xi\omega_n}=1.86(\text{s})\quad(\Delta=0.02)$$

$$t_s=\frac{3}{\xi\omega_n}=\frac{3}{8\times0.25}=1.5(\text{s})\quad(\Delta=0.05)$$

【例 3-9】 已知单位负反馈 2 阶系统的单位阶跃响应曲线如图 3-19 所示，试求出系统的开环传递函数。

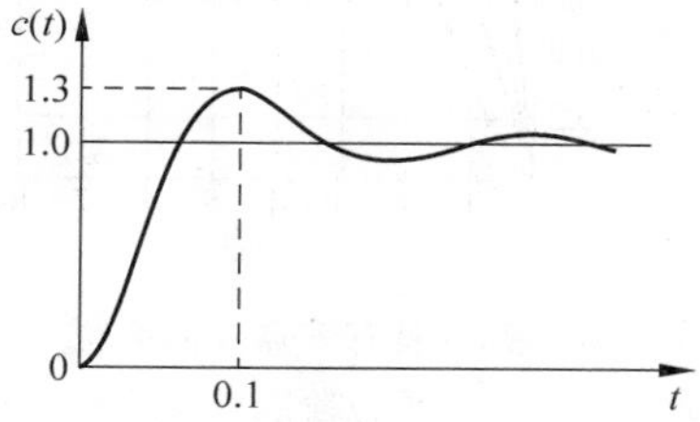

图 3-19 系统的单位阶跃响应曲线

解：由系统的单位阶跃响应曲线，直接求出超调量为

$$\sigma\%=30\%=0.3$$

峰值时间为

$$t_p=0.1\text{s}$$

由超调量和峰值时间的计算式，得

$$\mathrm{e}^{-\frac{\xi}{\sqrt{1-\xi^2}}\pi}\times100\%=0.3$$

$$\frac{\pi}{\omega_n\sqrt{1-\xi^2}}=0.1$$

求解上述两式，得到 $\xi=0.357$，$\omega_n=3.36\text{rad/s}$。

于是 2 阶系统的开环传递函数为

$$G(s)=\frac{\omega_n^2}{s(s+2\xi\omega_n)}=\frac{3.36^2}{s(s+2\times0.357\times3.36)}=\frac{11.3}{s(s+2.4)}$$

4. 具有零点的 2 阶系统分析

当 2 阶系统具有闭环零点时，它的阶跃响应与典型 2 阶系统不同。假定 2 阶系统的闭环传递函数为

$$\Phi(s)=\frac{\omega_n^2(\tau s+1)}{s^2+2\xi\omega_n s+\omega_n^2}\tag{3-47}$$

它是在典型 2 阶系统基础上增加一个零点 $-z=-1/\tau$ 而形成的，闭环传递函数也可写成以下形式，即

$$\Phi(s)=\frac{\omega_n^2(s+z)}{z(s^2+2\xi\omega_n s+\omega_n^2)}\tag{3-48}$$

如果系统为欠阻尼，输入信号为单位阶跃函数，则有

$$C(s)=\Phi(s)\cdot R(s)=\frac{\omega_n^2(\tau s+1)}{s(s^2+2\xi\omega_n s+\omega_n^2)}$$

$$=\frac{\omega_n^2}{s(s^2+2\xi\omega_n s+\omega_n^2)}+\frac{\omega_n^2\tau}{s^2+2s\xi\omega_n+\omega_n^2}$$

单位阶跃响应为

$$C(t)=1-\frac{e^{-\xi\omega_n t}}{\sqrt{1-\xi^2}}\sin(\omega_d t+\varphi)+\frac{\tau\omega_n}{\sqrt{1-\xi^2}}e^{-\xi\omega_n t}\sin\omega_d t\quad(t>0)\tag{3-49}$$

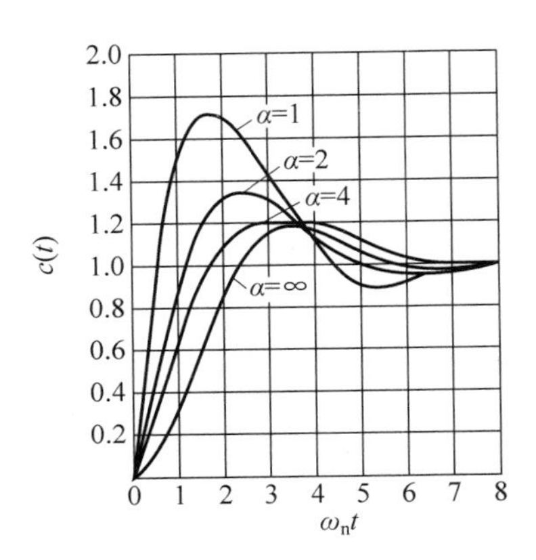

图 3-20　具有零点 2 阶系统单位阶跃响应

为了定量说明附加零点对 2 阶系统性能的影响，用参数 α 表示附加零点与典型 2 阶系统复数极点至虚轴距离之比，即

$$\alpha=\frac{z}{\xi\omega_n}\tag{3-50}$$

系统阶跃响应既与阻尼比 ξ、自然频率 ω_n 有关，还与零点或 α 有关。对于一定的 ξ 值，以 α 为参变量和以 $\omega_n t$ 为横坐标作出的单位阶跃响应曲线如图 3-20 所示。图中取 $\xi=0.5$。

观察图中各曲线，可得以下结论。

(1) 当其他条件不变时，附加闭环零点，将使 2 阶系统超调量增大，上升时间、峰值时间减小。

(2) 随着附加零点从极点左侧向极点越靠近，上述影响就越显著。

(3) 当零点距虚轴很远时(一般 $\alpha>5$)，零点的影响可以忽略。

5. 欠阻尼 2 阶系统的单位斜坡响应

当输入信号为单位斜坡函数时，有

$$R(s)=\frac{1}{s^2}$$

$$C(s)=\frac{\omega_n^2}{s^2+2\xi\omega_n s+\omega_n^2}\frac{1}{s^2}$$

将上式展开成部分分式，然后进行拉氏反变换，得

$$C(t)=t-\frac{2\xi}{\omega_n}+\frac{e^{-\xi\omega_n t}}{\omega_n\sqrt{1-\xi^2}}\sin(\omega_d t+\beta)\quad(t>0)\tag{3-51}$$

其中，

$$\beta=2\arctan\frac{\sqrt{1-\xi^2}}{\xi}=2\varphi$$

由式(3-51)可以看出，2 阶系统单位斜坡响应由两部分组成，一部分是稳态分量，即

$$c_{ss}=t-\frac{2\xi}{\omega_n}$$

另一部分是暂态分量，即

$$c_{tt}=\frac{e^{-\xi\omega_n t}}{\omega_n\sqrt{1-\xi^2}}\sin(\omega_d t+\beta)$$

系统响应曲线如图 3-21 所示。

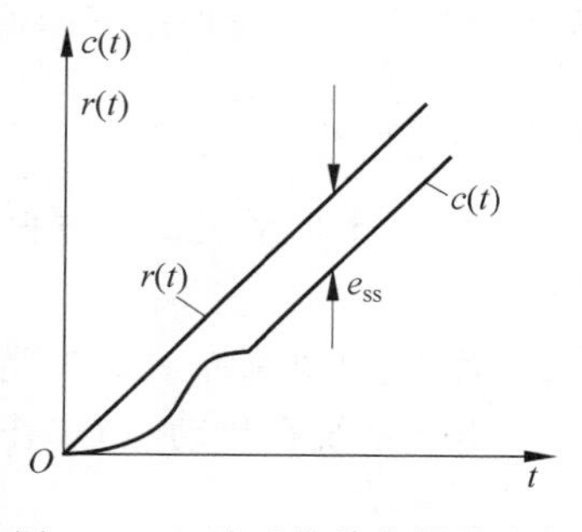

图 3-21　2 阶系统单位斜坡响应

由于系统的误差为

$$e(t)=r(t)-c(t)=t-t+\frac{2\xi}{\omega_n}-\frac{e^{\xi\omega_n t}}{\omega_n\sqrt{1-\xi^2}}\sin(\omega_d t+\beta)$$

当 t 趋于无穷大时，稳态误差为

$$e_{ss}=\lim_{t\to\infty}e(t)=\frac{2\xi}{\omega_n} \tag{3-52}$$

由响应曲线可看出，稳态输出是一个与输入等斜率的斜坡信号，但在位置上有一个常值误差，其值为 $2\xi/\omega_n$。此误差只能通过改变系统参数来减小，但是不能消除。

要减小斜坡响应的稳态误差，需要加大 2 阶系统的自然频率和减小阻尼比，显然这对系统响应的平稳性是不利的。因此，单靠改变系统参数无法解决上述矛盾。在系统设计时，必须采取其他措施，达到既可减小稳态误差又不影响其平稳性的目的，具体方法在以后的内容中介绍。

3.6 设计示例——工作台位置自动控制系统的时域分析

【例 3-10】 海底隧道钻机控制系统。

连接法国和英国的英吉利海峡海底隧道于 1987 年 12 月开工建设，1990 年 11 月，从两个国家分头开钻的隧道首次对接成功。隧道长 37.82km，位于海底面以下 61m。隧道于 1992 年完工，共耗资 14 亿美元，每天能通过 50 辆列车，从伦敦到巴黎的火车行车时间缩短为 3h。

钻机在推进过程中，为了保证必要的隧道对接精度，施工中使用了一个激光导引系统，以保持钻机的直线方向。钻机控制系统结构框图如图 3-22 所示。图中，$C(s)$为钻机向前的实际角度，$R(s)$为预期角度，$N(s)$为负载对机器的影响。

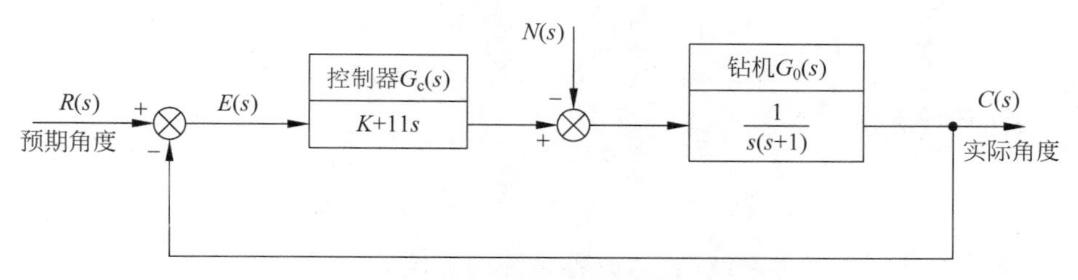

图 3-22　钻机控制系统结构框图

该系统设计目的是选择增益 K，使系统对输入角度的响应满足工程要求，并且使扰动引起的稳态误差较小。

解：该钻机控制系统采用了比例-微分(PD)控制。应用梅森增益公式，可得系统在

$R(s)$和$N(s)$同时作用下的输出为

$$C(s)=\frac{K+11s}{s^2+12s+K}R(s)-\frac{1}{s^2+12s+K}N(s)$$

显然,闭环系统特征方程为

$$s^2+12s+K=0$$

因此,只要选择$K>0$,闭环系统一定稳定。

由于系统在扰动$N(s)$作用下的闭环传递函数为

$$\Phi_n(s)=\frac{C_n(s)}{N(s)}=-\frac{1}{s^2+12s+K}$$

令$N(s)=1/s$,可得单位阶跃扰动作用下系统的稳态输出

$$c_n(\infty)=\lim_{s\to 0}s\Phi_n(s)N(s)=-\frac{1}{K}$$

若选$K>10$,则$|c_n(\infty)|<0.1$,可以减小扰动的影响。因此,从系统稳态性能考虑,以取$K>10$为宜。

为了选择适当的K值,需要分析比例-微分控制的作用。如果仅选用比例(P)控制,则系统的开环传递函数为

$$G_c(s)G_0(s)=\frac{K}{s(s+1)}$$

相应的闭环传递函数

$$\Phi(s)=\frac{K}{s^2+s+K}=\frac{\omega_n^2}{s^2+2\xi\omega_n s+\omega_n^2}$$

可得系统无阻尼自然频率与阻尼比分别为

$$\omega_n=\sqrt{K},\quad \xi=\frac{1}{2\sqrt{K}}$$

如果选用PD控制,系统的开环传递函数为

$$G_c(s)G_0(s)=\frac{K+11s}{s(s+1)}=\frac{K(T_d s+1)}{s[s/(2\xi_d\omega_n)+1]}$$

式中,$T_d=11/K$;$2\xi_d\omega_n=1$。相应的闭环传递函数为

$$\Phi(s)=\frac{K+11s}{s^2+12s+K}=\frac{\omega_n^2}{z}\cdot\frac{s+z}{s^2+2\xi_d\omega_n s+\omega_n^2}$$

式中,z为闭环零点,而

$$\omega_n=\sqrt{K},\quad \xi_d=\xi+\frac{\omega_n}{2z}=\frac{12}{2\sqrt{K}}$$

表面引入微分控制可以增大系统阻尼,改善系统动态性能。

(1) 取$K=100$,则$\omega_n=10$,$e_{ssn}(\infty)=-0.01$。

P控制时,有

$$\xi=\frac{1}{2\omega_n}=0.05$$

动态性能为

$$\sigma\% = 100\mathrm{e}^{-\pi\xi/\sqrt{1-\xi^2}}\% = 85.4\%$$

$$t_r = \frac{\pi - \beta}{\omega_d} = \frac{\pi - \arccos\xi}{\omega_n\sqrt{1-\xi^2}} = 0.162(\mathrm{s})$$

$$t_p = \frac{\pi}{\omega_d} = 0.314(\mathrm{s}), \quad t_s = \frac{4.4}{\xi\omega_n} = 8.8(\mathrm{s}) \quad (\Delta = 2\%)$$

PD 控制时,有

$$r = \frac{\sqrt{z^2 - 2\xi_d\omega_n z + \omega_n^2}}{z\sqrt{1-\xi_d^2}} = 1.18, \quad \beta_d = \arctan\left(\frac{\sqrt{1-\xi_d^2}}{\xi_d}\right) = 53.13°$$

$$\varphi = -\pi + \arctan\left(\frac{\omega_n\sqrt{1-\xi_d^2}}{z - \xi_d\omega_n}\right) + \arctan\left(\frac{\sqrt{1-\xi_d^2}}{\xi_d}\right) = -58°$$

动态性能为

$$t_r = \frac{0.9}{\omega_n} = 0.09(\mathrm{s}), \quad t_p = \frac{\beta_d - \varphi}{\omega_n\sqrt{1-\xi_d^2}} = 0.24(\mathrm{s})$$

$$t_s = \frac{4.0 + \ln r}{\xi_d\omega_n} = 0.52(\mathrm{s}) \quad (\Delta = 2\%)$$

$$\sigma\% = r\sqrt{1-\xi_d^2}\,\mathrm{e}^{-\xi_d\omega_n t_p} \times 100\% = 22.4\%$$

应用 MATLAB 仿真,可得 $\sigma\% = 22\%$,$t_s = 0.66\mathrm{s}$,系统时间响应曲线如图 3-23 所示。

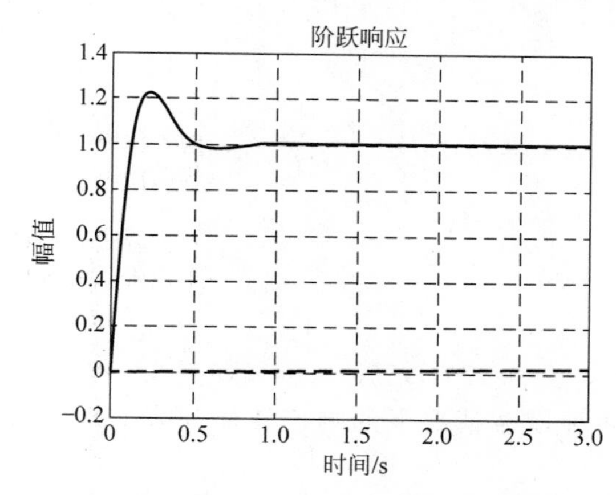

图 3-23 $K = 100$ 时系统的单位阶跃响应(实线)及单位阶跃扰动响应(虚线)

(2) 取 $K = 20$,则 $\omega_n = 4.47$,$e_{ssn}(\infty) = -0.05$。

P 控制时,有

$$\xi = \frac{1}{2\omega_n} = 0.11$$

动态性能为

$$\sigma\% = 70.6\%, \quad t_r = 0.38\mathrm{s}$$

$$t_p = 0.71\mathrm{s}, \quad t_s = 8.95\mathrm{s} \quad (\Delta = 2\%)$$

动态性能仍然很差。

PD 控制时，有

$$\xi_d = 1.34$$

且有 $z=1.82$，闭环传递函数为

$$\Phi(s)=\frac{11(s+1.82)}{(s+2)(s+10)}$$

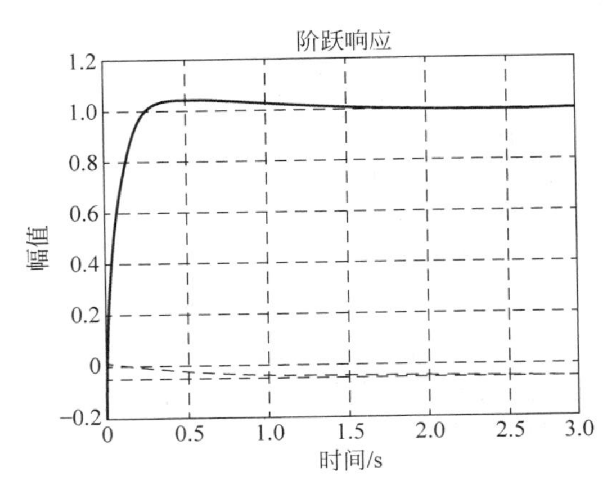

图 3-24　$K=20$ 时系统的单位阶跃响应(实线)及单位阶跃扰动响应(虚线)

系统此时为有零点的过阻尼 2 阶系统。令 $R(s)=1/s$，则系统输出为

$$C(s)=\Phi(s)R(s)=\frac{11(s+1.82)}{s(s+2)(s+10)}$$

$$=\frac{1}{s}+\frac{0.125}{s+2}-\frac{1.125}{s+10}$$

系统的单位阶跃响应为

$$c(t)=1+0.125e^{-2t}-1.125e^{-10t}$$

可以求得 $t_p=0.5s$，$\sigma\%=3.8\%$，$t_s=1.0s$ $(\Delta=2\%)$，其中超调量是由闭环零点引起的。

应用 MATLAB 软件包，可得 $K=20$ 时系统对单位阶跃输入和单位阶跃扰动的响应曲线，如图 3-24 所示。此时，系统响应的超调量较小，扰动影响不大，其动态性能可以满足工程要求。

MATLAB 文本如下：

```
K=[100 20];
For i=1：1：2
    sys tf([11 K(i)],[1 12 K(i)]);         %输入作用下系统闭环传递函数
    sysn=(f([-1][1 12 K(i)]);              %扰动作用下系统闭环传递函数
    figure(i); t=0: 0.002: 3;
    step(sys, t); hold on;                 %单位阶跃输入响应
    step(sysn, t); grid                    %单位阶跃扰动响应
end
```

从图 3-24 可以看出，$t_p=0.476s$，$\sigma\%=3.86\%$，$t_s=0.913s$。

钻机控制系统在两种增益情况下的响应性能如表 3-3 所示。由表 3-3 可见，应取 $K=20$。

表 3-3　钻机控制系统在两种增益情况下的响应性能

增益 K	单位阶跃输入下超调量/%	单位阶跃输入下调节时间($\Delta=2\%$)/s	单位阶跃输入下稳态误差	单位阶跃扰动稳态误差
100	22	0.666	0	−0.01
20	3.86	0.913	0	−0.05

【例 3-11】　火星漫游车转向控制。

1997 年 7 月 4 日，以太阳能作动力的“逗留者”号漫游车在火星上着陆，其外形如图 3-25(a)所示。漫游车重 10.4kg，可由地球上发出的路径控制信号 $r(t)$ 实施遥控。漫游

车的两组车轮以不同的速度运行,以便实现整个装置的转向。为了进一步探测火星上是否有水,2004年美国国家宇航局又发射了"勇气"号火星探测器。为了便于对比,图3-25(b)是"勇气"号外形。由图可见,"勇气"号与"逗留者"号有许多相似之处,但"勇气"号上的装备与技术更为先进。本例仅研究"逗留者"号漫游车的转向控制(图3-26(a)),其结构如图3-26(b)所示。

(a)"逗留者"号

(b)"勇气"号

图3-25 火星漫游车外形

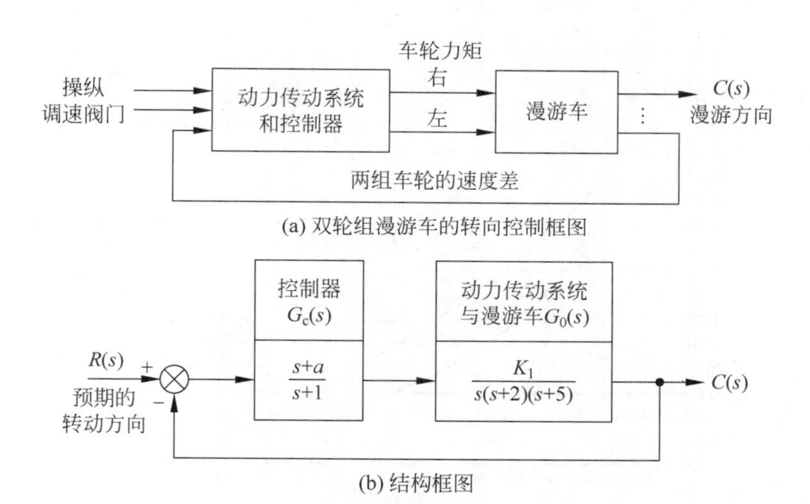

(a) 双轮组漫游车的转向控制框图

(b) 结构框图

图3-26 火星漫游车转向控制系统

设计目标是选择参数 K_1 与 a,确保系统稳定,并使系统对斜坡输入的稳态误差小于或等于输入指令幅度的24%。

解:由图3-26(b)可知,闭环特征方程为

$$1+G_c(s)G_0(s)=0$$

即

$$1+\frac{K_1(s+a)}{s(s+1)(s+2)(s+5)}=0$$

于是有

$$s^4+8s^3+17s^2+(10+K_1)s+aK_1=0$$

为了确定 K_1 和 a 的稳定区域,建立以下劳斯行列表,即

$$
\begin{array}{l|ccc}
s^4 & 1 & 17 & aK_1 \\
s^3 & 8 & 10+K_1 & \\
s^2 & \dfrac{126-K_1}{8} & aK_1 & \\
s^1 & \dfrac{1260+(116-64a)K_1-K_1^2}{126-K_1} & & \\
s^0 & aK_1 & &
\end{array}
$$

由劳斯判据知，使火星漫游车闭环稳定的充分必要条件为

$$K_1 < 126$$

$$aK_1 > 0$$

$$1260+(116-64a)K_1-K_1^2 > 0$$

当 $K>0$ 时，漫游车系统的稳定区域如图 3-27 所示。

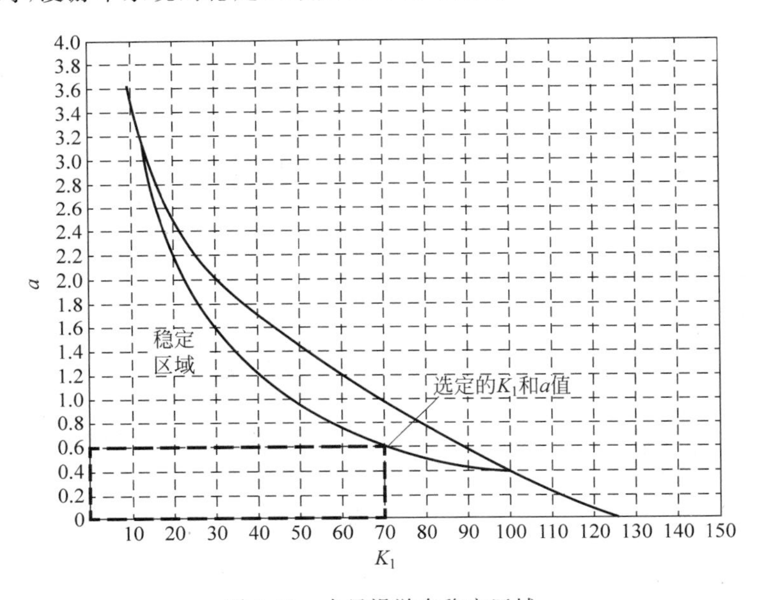

图 3-27　火星漫游车稳定区域

由于设计指标要求系统在斜坡输入时的稳态误差不大于输入指令幅度的 24%，故需要对 K_1 与 a 的取值关系加以约束。令 $r(t)=At$，其中 A 为指令斜率，系统的稳态误差为

$$e_{ss}(\infty)=\frac{A}{K_v}$$

式中，静态速度误差系数

$$K_v=\lim_{s\to 0} sG_c(s)G_0(s)=\frac{aK_1}{10}$$

于是

$$e_{ss}(\infty)=\frac{10A}{aK_1}$$

若取 $aK_1=42$，则 $e_{ss}(\infty)$ 等于 A 的 23.8%，正好满足指标要求。因此，在图 3-27 所示的稳定区域中，在 $K_1<126$ 的限制条件下，可任取满足 $aK_1=42$ 的 a 与 K_1 的值。例如，$K_1=70$、$a=0.6$ 或者 $K_1=50$、$a=0.84$ 等参数组合。待选参数取值范围：$K_1=15\sim100$，$a=0.42\sim2.8$。

【例 3-12】 时域分析是给自动控制系统一个典型的输入，如阶跃函数，通过系统对此输入的时间响应来分析系统的性能。在此给"工作台自动控制系统"输入一个单位阶跃函数。这相当于工作台的初始位置为零时，将给定电位器指针突然拨到位置 1.0。在此单位阶跃输入下，工作台开始按照一定的规律运动。下面通过在本章学过的知识求出工作台的运动规律，进而分析系统的时域特性。

在第 2 章建立了工作台位置自动控制系统的数学模型式(2-102)为

$$G_b(s)=\frac{K_pK_qK_gK}{Ts^2+s+K_qK_gK_fK}$$

其中，

$$T=\frac{R_aJ}{R_aD+K_eK_T},\quad K=\frac{K_T/i}{R_aD+K_eK_T}$$

与 2 阶系统的标准传递函数比较可知，其无阻尼固有频率和阻尼比分别为

$$\begin{cases}\omega_n=\sqrt{\dfrac{K_qK_gK_fK}{T}}\\ \xi=\dfrac{1}{2T\omega_n}\end{cases}\tag{3-53}$$

式中，J 为电动机、减速机、滚珠丝杠和工作台等效到电动机转子上的总转动惯量，设 $J=0.0125\text{kg}\cdot\text{m}^2$；$D$ 为折合到电动机转子上的总黏性阻尼系数，设 $D=0.005\text{N}\cdot\text{m}\cdot\text{s/rad}$；$R_a$ 为电动机转子线圈的电阻，设 $R_a=4Q$；K_T 为电动机的力矩常数，设 $K_T=0.2\text{N}\cdot\text{m/A}$；$K_e$ 为反电动势常数，设 $K_e=0.15\text{V}\cdot\text{s/rad}$；$i$ 为传动比，设 $i=4000$；K_g 为功率放大器的放大倍数，设 $K_g=10$；K_p 为给定转换系数，设 $K_p=10$；K_f 为反馈转换系数，设 $K_f=10$；K_q 为前置放大器的放大倍数，设 $K_q=10$。将这些参数代入上式得

$$T=\frac{R_aJ}{R_aD+K_eK_T}=\frac{4\times0.0125}{4\times0.005+0.15\times0.2}=1$$

$$K=\frac{K_T/i}{R_aD+K_eK_T}=\frac{0.2\times4000}{4\times0.005+0.15\times0.2}=0.001$$

将上述系数代入式(2-102)得

$$G_b(s)=\frac{1}{s^2+s+1}\tag{3-54}$$

求得，$\xi=0.5$，$\omega_n=1\text{Hz}$。

将 $\xi=0.5$ 和 $\omega_n=1$ 分别代入式(3-39)、式(3-40)、式(3-45)和式(3-46)，计算出其上升时间 $t_r=2.42\text{s}$，峰值时间 $t_p=3.63\text{s}$ 和最大超调量 $M_p=16.3\%$，误差限度系数为 $\Delta=0.05$ 时，调整时间为 $t_s=6.93\text{s}$。根据欠阻尼 2 阶系统在单位阶跃信号输入下的时间响应公式(3-28)，可以画出其响应曲线如图 3-28 曲线 1 所示。由图可见，在单位阶跃输入信号作用下工作台的位移响应曲线是减幅正弦振荡函数曲线，是一个振荡特性适度而持续时间又

较短的过渡过程。

当其他系数不变，等效到电动机转子上的总转动惯量减少时，系统的固有频率和阻尼比都将增加。例如，当 $J=0.00875\text{kg}\cdot\text{m}^2$ 时，$\xi=0.6$，$\omega_n=1.2\text{Hz}$，如图 3-28 曲线 2 所示，系统仍处于减幅振荡状态。比较曲线 1 和曲线 2 可知，超调量取决于阻尼比，阻尼比越小，超调量越大。快速性主要取决于系统固有频率，固有频率越大，响应速度越快。当 $J=0.0031\text{kg}\cdot\text{m}^2$ 时，$\xi=1$，$\omega_n=2\text{Hz}$，系统处于临界阻尼状态，不再呈现振荡特性，无超调现象，如图 3-28 曲线 3 所示；当 $J=0.0005\text{kg}\cdot\text{m}^2$ 时，$\xi=2.5$，$\omega_n=5\text{Hz}$，系统为过阻尼状态，如图 3-28 曲线 4 所示。由图可见，系统响应速度较慢。在无超调条件下，临界阻尼状态系统响应速度最快。

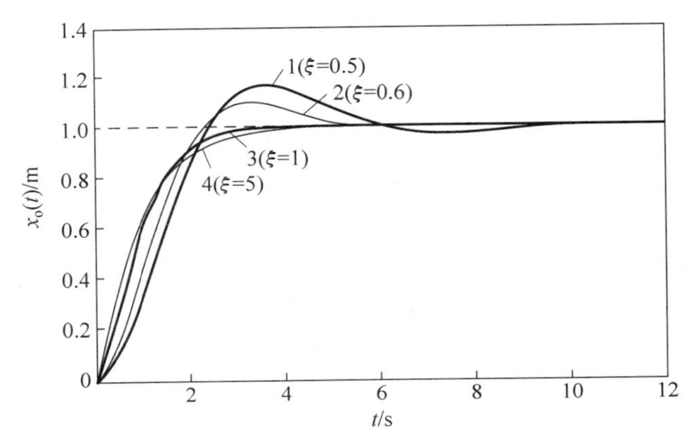

图 3-28　不同负载惯量条件下的工作台位移输出响应曲线

在实际自动控制系统中常常把前置放大器的放大倍数做成可调整的，在系统调试过程中调整此放大器的放大倍数，以获得希望的系统性能。由式(3-53)可知，若前置放大器的放大倍数 K_p 增大，则阻尼比 ξ 减小，当系统恰好处于临界阻尼状态时，增大前置放大器的放大倍数可将系统调整为欠阻尼状态。同理，也可以通过减小放大倍数把欠阻尼变成临界阻尼或者过阻尼，从而把有超调系统变成无超调系统。从这 3 条时域响应曲线还可以看出，该系统在阶跃函数输入时的稳态响应误差为零，在理论上这是正确的。这是由于把系统阻尼假设成黏性阻尼的原因。但是实际上系统存在库仑阻尼，所以在此情况下实际系统的稳态误差不可能精确为零，这一点通过试验已经得到了证明。

习　　题

3-1　单项选择题

(1) 2 阶系统的传递函数 $G(s)=\dfrac{5}{s^2+2s+5}$，则该系统是(　　)。

A. 临界阻尼系统　　B. 欠阻尼系统　　C. 过阻尼系统　　D. 零阻尼系统

(2) 若保持 2 阶系统的 ξ 不变，提高 ω_n，则可以(　　)。

A. 提高上升时间和峰值时间　　B. 减少上升时间和峰值时间

C. 提高上升时间和调整时间　　　D. 减少上升时间和超调量

(3) 设1阶系统的传递 $G(s)=\dfrac{7}{s+2}$,其阶跃响应曲线在 $t=0$ 处的切线斜率为(　　)。

A. 7　　B. 2　　C. 7/2　　D. 1/2

(4) 时域分析的性能指标中,(　　)是反映相对稳定性的。

A. 上升时间　　B. 峰值时间　　C. 调整时间　　D. 最大超调量

(5) 1阶系统的闭环极点越靠近坐标平面的 s 原点,其(　　)。

A. 响应速度越慢　　B. 响应速度越快　　C. 准确度越高　　D. 准确度越低

3-2　什么是时间响应?

3-3　时间响应由哪两部分组成?各部分的含义是什么?

3-4　设单位负反馈控制系统的开环传递函数为 $G(s)=\dfrac{1}{s(s+1)}$。试求该系统的上升时间、峰值时间、超调量和调整时间。

3-5　如题3-5图所示两个系统的框图,试求:①各系统的阻尼比 ξ 及无阻尼固有频率 ω_n;②系统的单位阶跃响应曲线及超调量、上升时间、峰值时间和调整时间并进行比较,说明系统结构情况是如何影响过渡性能指标的。

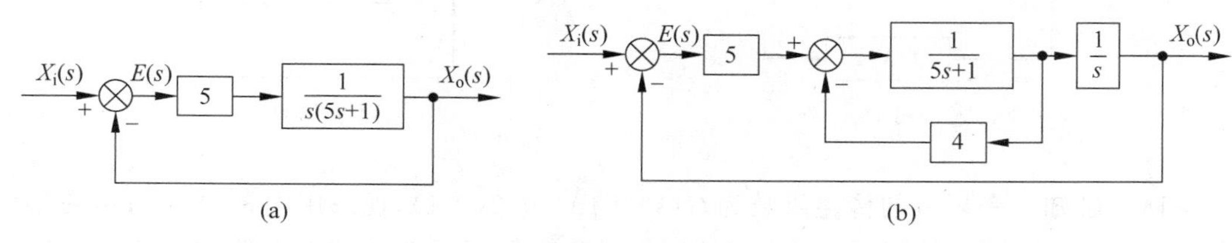

题3-5图

3-6　1阶、2阶系统的单位阶跃响应函数的稳态值 $x_o(\infty)$ 是否一定等于1?为什么?若不为1,则对2阶振荡系统响应的性能有无影响?为什么?

3-7　设有一系统,其传递函数为 $\dfrac{X_o(s)}{X_i(s)}=\dfrac{\omega_n^2}{s^2+2\xi\omega_n s+\omega_n^2}$,为使系统对阶跃响应有5%的超调量和2s的调整时间,试求 ξ 和 ω_n 各为多少?

3-8　系统结构如题3-8图所示。

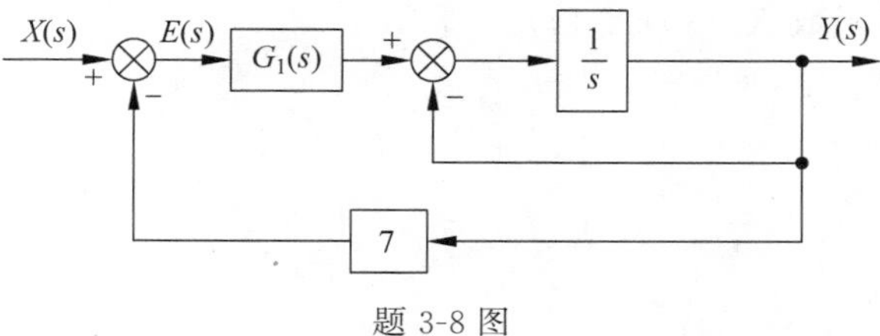

题3-8图

(1) 已知 $G_1(s)$ 的单位阶跃响应为 $1-e^{-2t}$,试求 $G_1(s)$(已知 $L[1(t)]=1/s$,$L[e^{-at}]=1/(s+a)$)。

(2) 当 $G_1(s)=\dfrac{1}{s+2}$ 且 $x(t)=10\cdot 1(t)$ 时,试求:①系统的稳态输出;②系统的峰值时

间 t_p、超调量 M_p、调整时间 t_s；③概略绘出系统输出响应 $y(t)$ 曲线。

3-9　已知单位反馈系统的开环传递函数为 $G(s)=\dfrac{K}{s(Ts+1)}$，其中，$K=3.2$、$T=0.2$。求：①系统的特征参量 ξ 和 ω_n；②系统的动态性能指标 M_p 和 t_s。

3-10　已知控制系统微分方程为 $2.5\dot{y}(t)+y(t)=20x(t)$，试用拉普拉斯变换法求系统的单位脉冲响应 $g(t)$ 和单位阶跃响应 $h(t)$，并讨论两者的关系。

3-11　设一单位反馈系统的开环传递函数为 $\dfrac{10}{s(s+1)}$，该系统的阻尼比为 0.157，无阻尼固有频率为 3.16rad/s，现将系统改变为题 3-11 图所示系统，为使阻尼比为 $\xi=0.5$，试确定 K_h 的值。

3-12　设系统的单位阶跃响应为 $x_o(t)=8(1-e^{-0.3t})$，求系统的调整时间。

3-13　设系统如题 3-13 图所示。当控制器 $G(s)=1$ 时，求单位阶跃输入时系统的响应，设初始条件为零，讨论 L 和 J 对时间响应的影响。

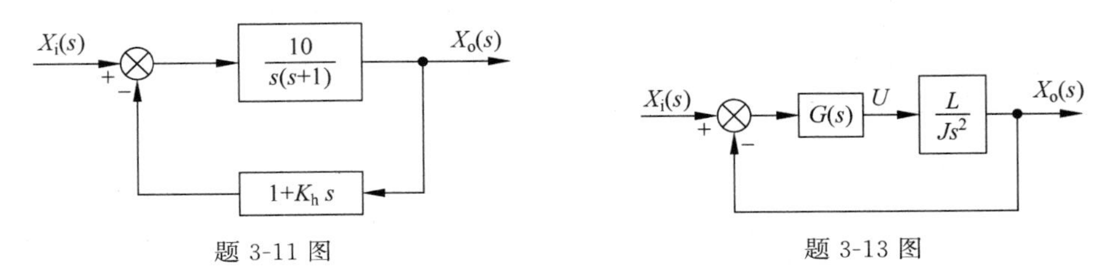

题 3-11 图　　　　题 3-13 图

3-14　已知一个环节的传递函数为 $G(s)=10/(0.2s+1)$，现采用题 3-14 图所示的负反馈结构，使系统的调整时间减少为原来的 0.1 倍，并保证系统总的放大倍数不变。求参数 K_h 和 K_0 的数值。

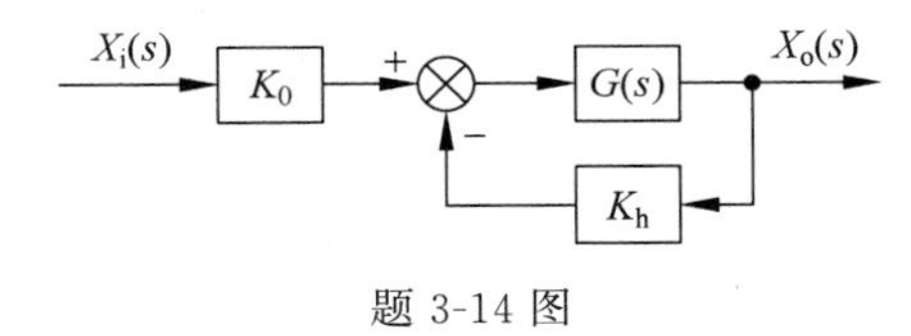

题 3-14 图

3-15　已知系统非零初始条件下的单位阶跃响应为 $x_o(t)=1+e^{-t}-e^{-2t}$，传递函数分子为常数，求系统传递函数 $X_o(s)/X_i(s)$。

第4章

系统的频率特性分析

时域分析法虽然直观，但在不借助计算机时，分析高阶系统非常困难。因此，工程中广泛采用频域分析法将传递函数从复数域引到具有明确物理概念的频率域进行分析。频率特性分析可建立起系统的时间响应与其频谱之间的直接关系，特别适合于机械工程系统动态特性的研究。

频率特性分析的重要性还在于以下两点。

(1) 采用该方法可将任何周期信号分解为叠加的谐波信号，即可将周期信号分解为叠加的频谱离散的谐波信号，将非周期信号分解为叠加的频谱连续的谐波信号。这样，就可以用关于系统对不同频率的谐波信号响应特性的研究取代关于系统对任何信号响应特性的研究，可以通过分析系统的频率特性来分析系统的稳定性和响应的快速性与准确性等重要特性。

(2) 对于那些无法用分析法求得传递函数或微分方程的系统，往往可以先通过试验求出系统的频率特性，进而求出该系统的传递函数。即使对于那些能用分析法求出传递函数的系统，往往也要通过试验求出频率特性来对传递函数加以检验和修正。在实际中，这些都是经常用到的重要方法。

本章将首先阐明频率特性的基本概念及其与传递函数的关系，这些概念与关系都是极为重要和极为关键的；然后分析掌握典型环节和系统的频率特性的图形表示法——极坐标图和对数坐标图，深入了解和切实掌握极坐标图和对数坐标图也是本章重点；最后在此基础上再讨论其他有关问题，如频域性能指标和最小相位系统等。

4.1 频率特性概述

4.1.1 频率特性的基本概念

对传递函数为 $G(s)$ 的线性系统，若对其输入一个正弦信号，即

$$x_i(t) = X_i \sin\omega t \tag{4-1}$$

其时间响应的稳态部分也是正弦信号，即

$$x_o(t) = X_o \sin(\omega t + \varphi) \tag{4-2}$$

其频率与输入信号的频率相同，而输出信号的相位一般滞后于输入信号的相位。当输入信号的幅值保持不变而频率发生变化时，输出信号的幅值和相位一般都随着输入信号频率的变化而变化。

系统对谐波输入的稳态响应随输入信号的频率而变化的特性，称为系统的频率响应。

显然,频率响应只是时间响应的一个特例,在这里,被考查的自变量不是时间 t,而是频率 ω。由于频率响应的幅值与相位均是输入频率 ω 的非线性函数,这恰好提供了有关系统本身特性的重要信息。把输出信号对输入信号的幅值比称为系统的幅频特性,记为 $A(\omega)$。它描述了在稳态情况下,当系统输入不同频率的谐波信号时,其幅值的衰减或增大的特性。显然,有

$$A(\omega)=\frac{X_o}{X_i} \tag{4-3}$$

同理,输出信号与输入信号的相位差 φ(或称相移)也是 ω 的非线性函数,称其为系统的相频特性,记为 $\varphi(\omega)$。它描述了在稳态情况下,当系统输入不同频率的谐波信号时,其相位产生超前($\varphi(\omega)>0$)或滞后($\varphi(\omega)<0$)的特性。规定 $\varphi(\omega)$ 按逆时针方向旋转为正值,按顺时针方向旋转为负值。对于常见的物理系统,相位一般是滞后的,即 $\varphi(\omega)$ 一般是负值。

幅频特性 $A(\omega)$ 和相频特性 $\varphi(\omega)$ 总称为系统的频率特性,记作 $A(\omega)\cdot\angle\varphi(\omega)$ 或 $A(\omega)\cdot e^{j\varphi(\omega)}$。也就是说,频率特性定义为 ω 的复变函数,其幅值为 $A(\omega)$,相位为 $\varphi(\omega)$。

4.1.2 频率特性的求法

本小节介绍频率特性的 3 种求法,具体如下。

(1) 利用关系式 $x_o(t)=L^{-1}[G(s)X_i(s)]$ 求取。

因为

$$X_i(s)=L(X_i\sin\omega t)=\frac{X_i\omega}{s^2+\omega^2}$$

又因为

$$X_o(s)=G(s)X_i(s)=G(s)\frac{X_i\omega}{s^2+\omega^2}$$

所以

$$x_o(t)=L^{-1}\left[G(s)\frac{X_i\omega}{s^2+\omega^2}\right]$$

从 $x_o(t)$ 的稳态项中求出谐波输出的幅值和相位,然后按幅频特性和相频特性的定义可以分别求得幅频特性和相频特性。

【例 4-1】 已知系统的传递函数为

$$G(s)=\frac{K}{Ts+1}$$

求其频率特性。

解:因为

$$x_i(t)=X_i\sin\omega t,\quad X_i(s)=L[x_i(t)]=\frac{X_i\omega}{s^2+\omega^2}$$

所以

$$X_o(s)=G(s)X_i(s)=\frac{K}{Ts+1}\cdot\frac{X_i\omega}{s^2+\omega^2}$$

再取拉普拉斯逆变换并整理,得

$$x_o(t)=\frac{X_iK}{\sqrt{1+T^2\omega^2}}\sin(\omega t-\arctan T\omega)+\frac{X_iKT\omega}{1+T^2\omega^2}e^{-t/T}$$

其中,第二项随着时间的增长而逐渐衰减为零,属于瞬态响应,第一项即为由输入引起的频率响应,由频率特性的定义可知,该系统的频率特性为

$$\begin{cases}A(\omega)=\dfrac{X_o}{X_i}=\dfrac{K}{\sqrt{1+T^2\omega^2}}\\ \varphi(\omega)=-\arctan T\omega\end{cases}$$

或表示为

$$\frac{K}{\sqrt{1+T^2\omega^2}}e^{-j\arctan T\omega}$$

(2) 将传递函数中的 s 换为 $j\omega(s=j\omega)$求取。

若描述线性系统微分方程的形式为

$$\begin{aligned}&a_nx_o^n(t)+a_{n-1}x_o^{n-1}(t)+\cdots+a_1\dot{x}_o(t)+a_ox_o(t)\\ &=b_mx_i^m(t)+b_{m-1}x_i^{m-1}(t)+\cdots+b_1\dot{x}_i(t)+b_ox_i(t)\quad(n\geqslant m)\end{aligned}\tag{4-4}$$

现输入一谐波信号,即

$$x_i(t)=X_ie^{j\omega t}$$

并假定系统是稳定的,则由微分方程解的理论可知,其稳态输出为

$$x_o(t)=X_oe^{j[\omega t+\varphi(\omega)]}$$

而

$$x_i^k(t)=(j\omega)^kX_ie^{j\omega t}\quad(k=1,2,\cdots,m)$$

$$x_o^k(t)=(j\omega)^kX_oe^{j[\omega t+\varphi(\omega)]}\quad(k=1,2,\cdots,n)$$

将 $x_i(t)$和 $x_o(t)$的各阶导数代入式(4-4),得

$$\begin{aligned}&[a_n(j\omega)^n+a_{n-1}(j\omega)^{n-1}+\cdots+a_1(j\omega)+a_0]X_oe^{j[\omega t+\varphi(\omega)]}\\ &=[b_m(j\omega)^m+b_{m-1}(j\omega)^{m-1}+\cdots+b_1(j\omega)+b_0]X_ie^{j\omega t}\end{aligned}$$

所以

$$\frac{X_oe^{j[\omega t+\varphi(\omega)]}}{X_ie^{j\omega t}}=\frac{b_m(j\omega)^m+b_{m-1}(j\omega)^{m-1}+\cdots+b_1(j\omega)+b_0}{a_n(j\omega)^n+a_{n-1}(j\omega)^{n-1}+\cdots+a_1(j\omega)+a_0}\tag{4-5}$$

式(4-5)右边是将 $G(s)$中 s 以 $j\omega$ 取代后的结果,而此式左边可化简,并记为 $G(j\omega)$,故

$$G(j\omega)=\frac{X_o}{X_i}e^{j\varphi(\omega)}$$

式中,$G(j\omega)$为 ω 的复变函数,其幅值和相位分别为 X_o/X_i 与 $\varphi(\omega)$,这恰是系统的幅频特性与相频特性,即

$$|G(j\omega)|=\frac{X_o}{X_i}=A(\omega)$$

$$\angle G(j\omega)=\varphi(\omega)$$

利用频率特性 $G(j\omega)$求出系统的频率响应,则有

$$x_o(t)=X_i\,|G(j\omega)|\,\sin[\omega t+\angle G(j\omega)]$$

由上可知，系统的频率特性就是其传递函数 $G(s)$ 复变量 $s=\sigma+\mathrm{j}\omega$ 在 $\sigma=0$ 时的特殊情况。由此得到一个极为重要的结论与方法，即将系统传递函数 $G(s)$ 中的自变量 s 换为 $\mathrm{j}\omega$ 就得到系统的频率特性 $G(\mathrm{j}\omega)$。因此，$G(\mathrm{j}\omega)$ 也称为谐波传递函数。显然，频率特性的量纲就是传递函数的量纲，也是输出信号与输入信号的量纲之比，这一点十分重要。

由于 $G(\mathrm{j}\omega)$ 是一个复变量，所以也可写成实部与虚部之和的形式，即

$$G(\mathrm{j}\omega)=\mathrm{Re}[G(\mathrm{j}\omega)]+\mathrm{Im}[G(\mathrm{j}\omega)]=U(\omega)+\mathrm{j}V(\omega)$$

式中，$U(\omega)$ 为频率特性的实部，称为实频特性；$V(\omega)$ 为频率特性的虚部，称为虚频特性。显然，$\angle G(\mathrm{j}\omega)=\arctan\dfrac{V(\omega)}{U(\omega)}$ 也等于 $G(\mathrm{j}\omega)$ 的表达式(4-5)中分子的相位与分母的相位之差。

【例 4-2】 求例 4-1 所述系统的频率特性和稳态输出。

解：系统的频率特性为

$$G(\mathrm{j}\omega)=G(s)\Big|_{s=\mathrm{j}\omega}=\frac{K}{1+\mathrm{j}T\omega}$$

又

$$A(\omega)=|G(\mathrm{j}\omega)|=\frac{K}{\sqrt{1+T^2\omega^2}}$$

$$\varphi(\omega)=\angle G(\mathrm{j}\omega)=-\arctan T\omega$$

因此

$$G(\mathrm{j}\omega)=\frac{K}{\sqrt{1+T^2\omega^2}}\mathrm{e}^{-\arctan T\omega}$$

系统的稳态输出为

$$x_{\mathrm{o}}(t)=X_{\mathrm{i}}\,|G(\mathrm{j}\omega)|\,\sin[\omega t+\angle G(\mathrm{j}\omega)]=\frac{KX_{\mathrm{i}}}{\sqrt{1+T^2\omega^2}}\sin(\omega t-\arctan T\omega)$$

此结果与例 4-1 的结果一致。

已知传递函数后，也可根据传递函数，用作图法作出幅频特性和相频特性。

(3) 用试验方法求取。

这是对实际系统求取频率特性的一种常用且又重要的方法。因为，如果不知道系统的传递函数或微分方程等数学模型，就无法用上面两种方法求取频率特性。在这种情况下，只有通过试验求得频率特性后，才能求出传递函数。这正是频率特性一个极为重要的作用。

根据频率特性定义，首先改变输入谐波信号 $X_{\mathrm{i}}\mathrm{e}^{\mathrm{j}\omega t}$ 的频率 ω，并测出与此相应的输出幅值 X_{o} 与相位 $\varphi(\omega)$。然后作出幅值比 $X_{\mathrm{o}}/X_{\mathrm{i}}$ 对频率 ω 的函数曲线，此即为幅频特性曲线；作出相位 $\varphi(\omega)$ 对频率 ω 的函数曲线，此即为相频特性曲线。

由上可知，一个系统既可以用微分方程或传递函数来描述，也可以用频率特性来描述。

4.1.3 频率特性的特点和作用

频率特性分析方法始于 20 世纪 40 年代，目前已广泛应用于机械、电气、液压和气动等各种控制系统的分析中，成为分析线性定常系统的基本方法之一，是经典控制理论的重要组成部分。

系统的频率特性有以下特点。

(1) 时间响应分析主要用于分析线性系统过渡过程,以获得系统的动态特性;而频率特性分析则通过分析不同的谐波输入时系统的稳态响应,以获得系统的动态特性。

(2) 在研究系统结构及参数变化对系统性能的影响时,许多情况下(如对于单输入单输出系统),在频域中分析比在时域中分析要容易些。根据频率特性可以较方便地判别系统的稳定性和稳定性储备,并可通过频率特性进行参数选择或对系统进行校正,使系统尽可能达到预期的性能指标。与此相应,根据频率特性,易于选择系统工作的频率范围;或者根据系统工作的频率范围,设计具有合适频率特性的系统。

(3) 若线性系统的阶次较高,特别是对于不能用分析方法得出微分方程的系统,在时域中分析系统的性能就比较困难。而对这类系统,采用频率特性分析可以较方便地解决此问题。例如,对于机械系统或液压系统,动柔度或动刚度这一动态性能是极为重要的,但当无法或不能较精确地求得系统的微分方程或传递函数时,这一动态性能也就无法求得。然而,此时可以在系统的输入端加上幅值和相位相同但频率不同的谐波力信号,记录系统相应位移(即系统的变形)的稳态输出的幅值和相位,则相对于不同频率可求出位移的稳态值与力的输入的幅值比 $A(\omega)$ 与相位 $\varphi(\omega)$,即得 $G(j\omega)=A(\omega)e^{j\varphi(\omega)}$,此 $G(j\omega)$ 就是系统的动柔度(其量纲为位移/力),其倒数就是系统的动刚度(其量纲为力/位移)。

(4) 若系统在输入信号的同时,在某些频带中有着严重的噪声干扰,则对系统采用频率特性分析法可设计出合适的通频带,以抑制噪声的影响。

可见,在经典控制理论中,频率特性分析比时间响应分析具有明显的优越性。

当然,频率特性分析法也有其缺点:由于实际系统往往存在非线性,在机械工程系统中尤其如此,因此即使能给出准确的输入谐波信号,系统的输出也常常不是一个严格的谐波信号,这使得建立在严格谐波信号基础上的频率特性分析与实际情况之间有一定的距离,也就是会使频率特性分析产生误差。另外,频率特性分析很难应用于时变系统和多输入多输出系统,对系统的在线识别也比较困难。

4.2 典型环节频率特性的奈奎斯特图

奈奎斯特图(Nyquist 图)又称为极坐标图,因奈奎斯特利用它研究闭环系统性能而得名。将频率特性画在复平面或极坐标平面上,则该图称为极坐标图。频率特性 $G(j\omega)$ 是一个复变函数,当 ω 取某一定值时,它代表复平面上的一个复矢量,模长为 $|G(j\omega)|$,而幅角为 $\angle G(j\omega)$。当 ω 从 $0\to\infty$ 时,该矢量的末端就形成一条曲线,这条曲线就称为频率特性的奈奎斯特图。本节将介绍、分析典型环节频率特性的奈奎斯特图及其特点,并介绍绘制系统频率特性奈奎斯特图的方法。

4.2.1 奈奎斯特图的概念

由于 $G(j\omega)$ 是 ω 的复变函数,所以可在[$G(\omega)$]的复平面上表示它。例如,对例 4-1 与例 4-2 中 $G(j\omega)=K/(1+jT\omega)$,当 $\omega=\omega_1$ 时,$G(j\omega)$ 可以用一个矢量或其端点(坐标)来表示,如图 4-1 所示。由图可知

$$G(j\omega_1)=U(\omega_1)+jV(\omega_1)$$

则

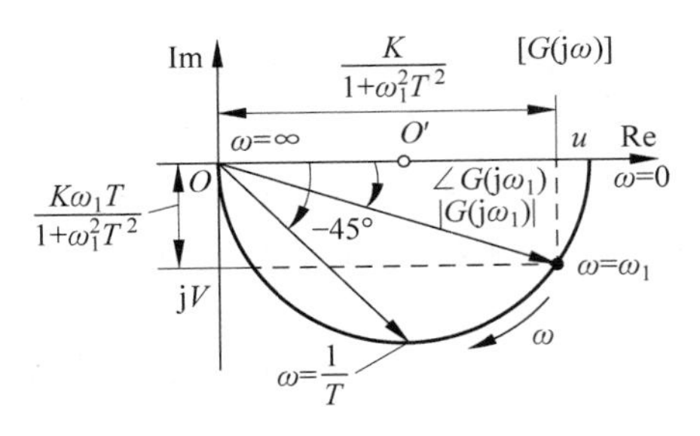

图 4-1　频率特性的奈奎斯特图

$$|G(\mathrm{j}\omega_1)|=\sqrt{U^2(\omega_1)+V^2(\omega_1)}$$

$$\angle G(\mathrm{j}\omega_1)=\arctan\frac{U(\omega_1)}{U(\omega_1)}$$

当 ω 从 $0\to\infty$ 时，$G(\mathrm{j}\omega)$ 端点的轨迹即频率特性的奈奎斯特图。它不仅表示了实频特性和虚频特性，而且也表示幅频特性和相频特性。图 4-1 中 ω 的箭头方向为 ω 从小到大的方向。

4.2.2　典型环节的奈奎斯特图

一般系统都是由典型环节组成的，所以，系统的频率特性也都是由典型环节的频率特性组成的。熟悉典型环节的频率特性，是分析系统频率特性的基础。

1. 比例环节

对于比例环节，有

$$G(s)=K \tag{4-6}$$

即

$$G(\mathrm{j}\omega)=K$$

显然，对于比例环节，实频特性恒为 K，虚频特性恒为 0，故幅频特性为

$$|G(\mathrm{j}\omega)|=K$$

相频特性为

$$\angle G(\mathrm{j}\omega)=0^\circ$$

这表明，当 ω 从 $0\to\infty$ 时，$G(\mathrm{j}\omega)$ 的幅值总是 K，相位总是 0°，$G(\mathrm{j}\omega)$ 在奈奎斯特图上为实轴上的一定点，其坐标为 $(K,\mathrm{j}0)$，如图 4-2 所示。

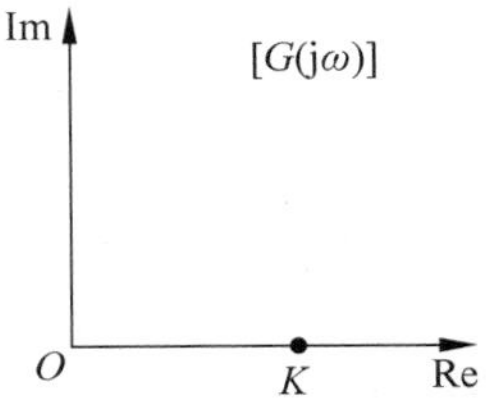

Im　[G(jω)]　O　K　Re

图 4-2　比例环节的奈奎斯特图

2. 积分环节

由于积分环节的传递函数为

$$G(s)=\frac{1}{s} \tag{4-7}$$

即

$$G(\mathrm{j}\omega)=\frac{1}{\mathrm{j}\omega}=-\frac{\mathrm{j}}{\omega}$$

显然，实频特性恒为 0，虚频特性为 $-1/\omega$，故幅频特性为

$$|G(\mathrm{j}\omega)|=\frac{1}{\omega}$$

相频特性

$$\angle G(\mathrm{j}\omega)=-90^\circ$$

由此，当 $\omega=0$ 时，有

$$|G(\mathrm{j}\omega)|=\infty,\quad \angle G(\mathrm{j}\omega)=-90^\circ$$

当 $\omega=\infty$ 时，有

$$|G(\mathrm{j}\omega)|=0,\quad \angle G(\mathrm{j}\omega)=-90^\circ$$

可见，当 σ 从 $0\to\infty$ 时，$G(\mathrm{j}\omega)$ 的幅值由 $\infty\to0$，相位总是 -90°，积分环节频率特性的奈

奎斯特图是虚轴的下半轴，由无穷远处指向原点，如图 4-3 所示。

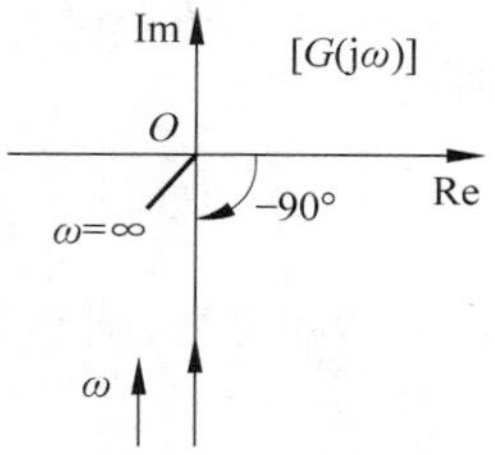

图 4-3 积分环节的奈奎斯特图

3. 微分环节

由于微分环节的传递函数为

$$G(s)=s \tag{4-8}$$

即

$$G(\mathrm{j}\omega)=\mathrm{j}\omega$$

显然，实频特性恒为 0，虚频特性为 ω，故幅频特性为

$$|G(\mathrm{j}\omega)|=\omega$$

相频特性为

$$\angle G(\mathrm{j}\omega)=90^\circ$$

由此，当 $\omega=0$ 时，有

$$|G(\mathrm{j}\omega)|=0,\quad \angle G(\mathrm{j}\omega)=90^\circ$$

当 $\omega=\infty$ 时，有

$$|G(\mathrm{j}\omega)|=\infty,\quad \angle G(\mathrm{j}\omega)=90^\circ$$

可见，当 ω 从 $0\to\infty$ 时，$G(\mathrm{j}\omega)$ 的幅值由 $0\to\infty$，其相位总是 90°，微分环节频率特性的奈奎斯特图是虚轴的上半轴，由原点指向无穷远，如图 4-4 所示。

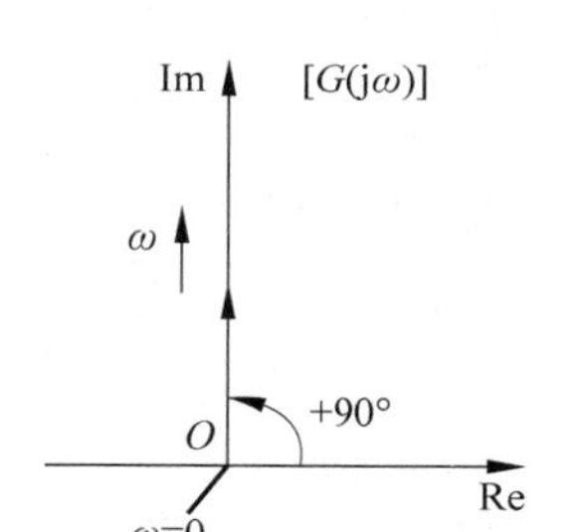

图 4-4 微分环节的奈奎斯特图

4. 惯性环节

由于惯性环节的传递函数为

$$G(s)=\frac{K}{Ts+1} \tag{4-9}$$

即

$$G(\mathrm{j}\omega)=\frac{K}{1+\mathrm{j}T\omega}=\frac{K(1-\mathrm{j}T\omega)}{1+T^2\omega^2}$$

显然，实频特性为 $K/(1+T^2\omega^2)$，虚频特性为 $-KT\omega/(1+T^2\omega^2)$，故幅频特性为

$$|G(\mathrm{j}\omega)|=\frac{K}{\sqrt{1+T^2\omega^2}}$$

相频特性为

$$\angle G(\mathrm{j}\omega)=-\arctan T\omega$$

由此，当 $\omega=0$ 时，有

$$|G(\mathrm{j}\omega)|=K,\quad \angle G(\mathrm{j}\omega)=0^\circ$$

当 $\omega=1/T$ 时，有

$$|G(\mathrm{j}\omega)|=0.707K,\quad \angle G(\mathrm{j}\omega)=-45^\circ$$

当 $\omega=\infty$ 时，有

$$|G(\mathrm{j}\omega)|=0,\quad \angle G(\mathrm{j}\omega)=-90^\circ$$

根据上述实频特性和虚频特性可分别求得不同 ω 值的 $U(\omega)$ 和 $V(\omega)$，从而作出其奈奎斯特图。此时，频率特性曲线为一半圆。证明如下。

因为

$$U(\omega)=K/(1+T^2\omega^2),\quad V(\omega)=-KT\omega/(1+T^2\omega^2)$$

所以

$$\left(U-\frac{K}{2}\right)^2+V^2=\frac{(K-KT^2\omega^2)^2}{4(1+T^2\omega^2)}+\frac{(-KT\omega)^2}{1+T^2\omega^2}=\left(\frac{K}{2}\right)^2$$

这是圆的方程，圆心为点$(K/2,\mathrm{j}0)$，半径为$K/2$。当$K=1$时，圆方程为

$$\left(U-\frac{1}{2}\right)^2+V^2=\left(\frac{1}{2}\right)^2$$

当$0<\omega<\infty$时，是下半圆，因为此时$\angle G(\mathrm{j}\omega)$与$V(\omega)$恒为负值，如图4-1所示。

5. 1阶微分环节（或称导前环节）

由于

$$G(s)=Ts+1 \tag{4-10}$$

即

$$G(\mathrm{j}\omega)=1+\mathrm{j}T\omega$$

显然，实频特性恒为1，虚频特性为$T\omega$，故幅频特性为

$$|G(\mathrm{j}\omega)|=\sqrt{1+T^2\omega^2}$$

相频特性为

$$\angle G(\mathrm{j}\omega)=\arctan T\omega$$

由此，当$\omega=0$时，有

$$|G(\mathrm{j}\omega)|=1,\quad \angle G(\mathrm{j}\omega)=0^\circ$$

当$\omega=1/T$时，有

$$|G(\mathrm{j}\omega)|=\sqrt{2},\quad \angle G(\mathrm{j}\omega)=45^\circ$$

当$\omega=\infty$时，有

$$|G(\mathrm{j}\omega)|=\infty,\quad \angle G(\mathrm{j}\omega)=90^\circ$$

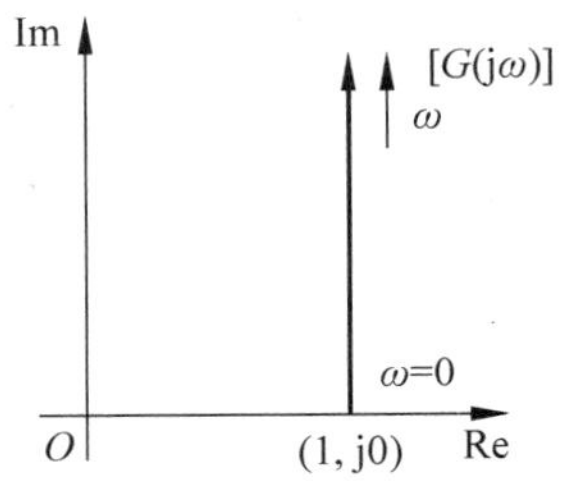

当ω从$0\to\infty$时，$G(\mathrm{j}\omega)$的幅值由$1\to\infty$，其相位从$0\to 90^\circ$，1阶微分环节频率特性的奈奎斯特图始于点$(1,\mathrm{j}0)$，平行于虚轴的上半轴，是在第一象限的一条垂线，如图4-5所示。它与惯性环节的奈奎斯特图截然不同。

图4-5　1阶微分环节的奈奎斯特图

6. 振荡环节

由于振荡环节的传递函数为

$$G(s)=\frac{\omega_n^2}{s^2+2\xi\omega_n s+\omega_n^2} \tag{4-11}$$

即

$$G(\mathrm{j}\omega)=\frac{\omega_n^2}{-\omega^2+\omega_n^2+\mathrm{j}2\xi\omega\omega_n}\quad(0<\xi<1)$$

对$G(\mathrm{j}\omega)$表达式的分子、分母同除以ω_n^2，并令$\omega/\omega_n=\lambda$，得

$$G(\mathrm{j}\omega)=\frac{1}{(1-\lambda^2)+\mathrm{j}2\xi\lambda}=\frac{1-\lambda^2}{(1-\lambda^2)^2+4\xi^2\lambda^2}-\mathrm{j}\frac{2\xi\lambda}{(1-\lambda^2)^2+4\xi^2\lambda^2}$$

显然，实频特性为$\dfrac{1-\lambda^2}{(1-\lambda^2)^2+4\xi^2\lambda^2}$，虚频特性为$\dfrac{-2\xi\lambda}{(1-\lambda^2)^2+4\xi^2\lambda^2}$，故幅频特性为

$$|G(j\omega)|=\frac{1}{\sqrt{(1-\lambda^2)^2+4\xi^2\lambda^2}}$$

相频特性为

$$\angle G(j\omega)=-\arctan\frac{2\xi\lambda}{1-\lambda^2}$$

由此，当$\lambda=0$时，即$\omega=0$时，有

$$|G(j\omega)|=1,\quad \angle G(j\omega)=0°$$

当$\lambda=1$时，即$\omega=\omega_n$时，有

$$|G(j\omega)|=\frac{1}{2\xi},\quad \angle G(j\omega)=-90°$$

当$\lambda=\infty$时，即$\omega=\infty$时，有

$$|G(j\omega)|=0,\quad \angle G(j\omega)=-180°$$

可见，当ω从$0\to\infty$时(即λ由$0\to\infty$)，$G(j\omega)$的幅值由$1\to0$，其相位由$0°\to-180°$，振荡环节频率特性的奈奎斯特图始于点(1,j0)，而终于点(0,j0)。曲线与虚轴交点的频率就是无阻尼固有频率ω_n，此时的幅值为$1/(2\xi)$，曲线在第三、四象限，如图4-6所示。

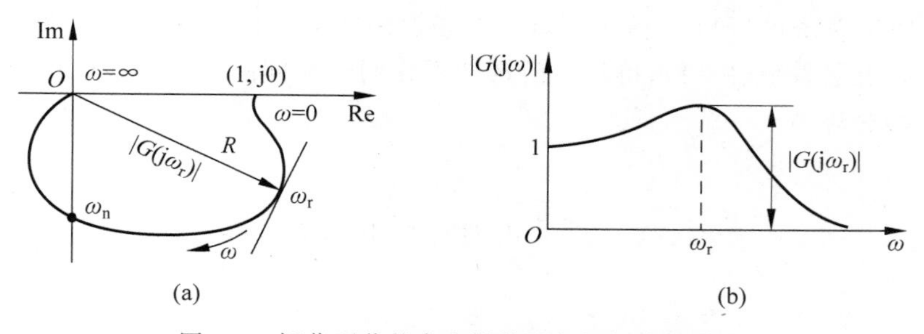

图4-6 振荡环节的奈奎斯特图与幅频特性曲线

图4-7所示为ξ取不同值时振荡环节的奈奎斯特图。由图可见，ξ取值不同，其奈奎斯特图的形状也不同。在阻尼比ξ较小时，幅频特性$|G(j\omega)|$在频率为ω(或频率比$\lambda_r=\omega_r/\omega_n$)处出现峰值，如图4-6(b)所示。此峰值称为谐振峰值M_r，ω_r称为谐振频率。ω_r可如下求出。

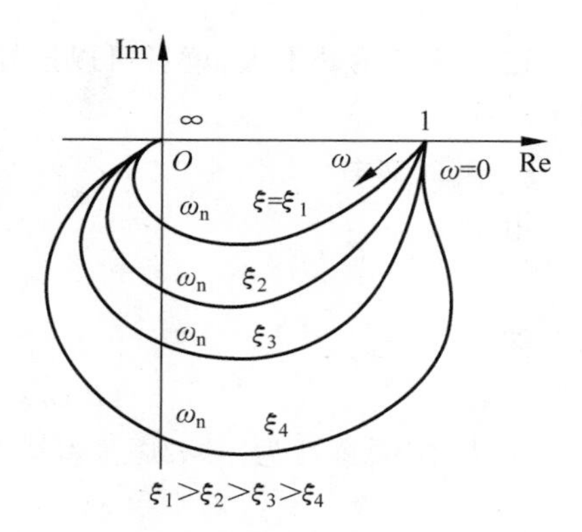

图4-7 ξ不同时振荡环节的奈奎斯特图

由

$$\left.\frac{\partial|G(j\omega)|}{\partial\lambda}\right|_{\lambda=\lambda_r}=0$$

求得

$$\lambda_r=\sqrt{1-2\xi^2}$$

又因为

$$\lambda_r = \frac{\omega_r}{\omega_n}$$

所以得

$$\omega_r = \omega_n \sqrt{1-2\xi^2} \tag{4-12}$$

从而可求得谐振峰值 M_r，即

$$M_r = |G(j\omega_r)| = \frac{1}{2\xi\sqrt{1-\xi^2}}$$

$$\angle G(j\omega_r) = -\arctan\frac{\sqrt{1-2\xi^2}}{\xi} \tag{4-13}$$

当$\frac{\sqrt{2}}{2} \leqslant \xi < 1$时，一般认为 ω_r 不再存在；ξ 越小，ω_r 就越大；$\xi=0$ 时，$\omega_r=\omega_n$。其实，在令$|G(j\omega)|$对 λ 的导数为零时，可求得另一 λ_r 值为零，即另一 ω_r 值为零，故也可认为当$\frac{\sqrt{2}}{2} \leqslant \xi < 1$时，有 $\lambda_r=0$ 或 $\omega_r=0$，$|G(j\omega)|=1$。

由于 $\omega_d=\omega_n\sqrt{1-\xi^2}$，对于欠阻尼系统（$0<\xi<1$），谐振频率 ω_r 总小于有阻尼固有频率 ω_d。

对于过阻尼系统（$\xi>1$），2 阶环节就不再是振荡环节，而是转化为两个惯性环节组合。

对于临界阻尼系统（$\xi=1$），可将 2 阶环节看作两个相同的惯性环节的组合。

7. 2 阶微分环节

由于

$$G(s) = T^2s^2 + 2\xi Ts + 1 \quad \left(T = \frac{1}{\omega_n}\right) \tag{4-14}$$

即

$$G(j\omega) = -\frac{\omega^2}{\omega_n^2} + j2\xi\frac{\omega}{\omega_n} + 1$$

这一环节用处不大，读者可以推导它的实频、虚频、幅频与相频特性，它的奈奎斯特图如图 4-8 所示。

8. 延时环节

由于

$$G(s) = e^{-\tau s} \tag{4-15}$$

即

$$G(j\omega) = e^{-j\tau s} = \cos\tau\omega - j\sin\tau\omega$$

显然，实频特性为 $\cos\tau\omega$，虚频特性为 $-j\sin\tau\omega$，故幅频特性为

$$|G(j\omega)| = 1$$

相频特性为

$$\angle G(j\omega) = -\tau\omega$$

可见，输出函数的幅值等于输入函数的幅值，只是相位发生了变化。输出函数的相位滞后于输入函数的相位，并正比于 ω。

显然，延时环节频率特性的奈奎斯特图是一单位圆。其幅值恒为 1，而相位$\angle G(\mathrm{j}\omega)$沿着顺时针方向成正比例变化，即端点在单位圆上无限循环，如图 4-9 所示。

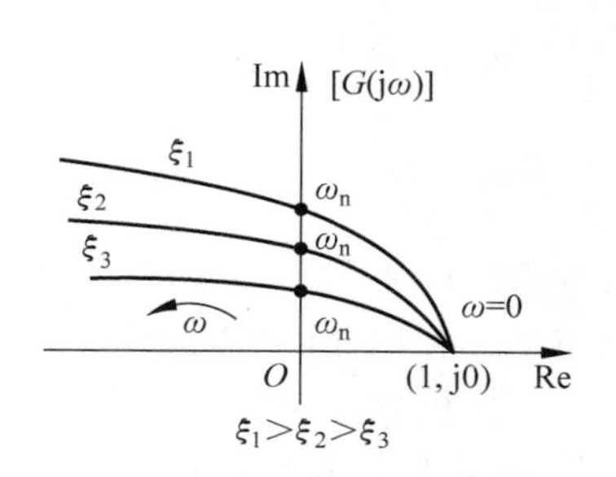

图 4-8　2 阶微分环节的奈奎斯特图

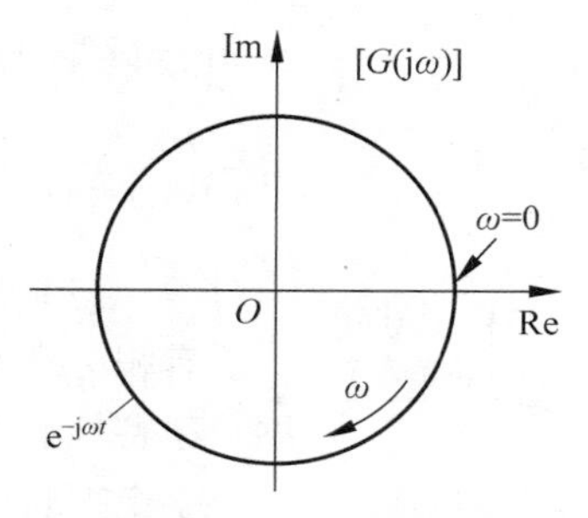

图 4-9　延时环节的奈奎斯特图

延时环节的特点是其输出能毫不失真地反映整个输入，只是输出比输入延迟了一段时间 τ，这种延时是纯滞后，与惯性环节的输出所表现的滞后不同。

4.2.3　系统奈奎斯特图的画法

绘制由几个典型环节串联组成的系统奈奎斯特图时，需将这些环节的频率特性中对应的矢量模相乘、幅角相加，然后再逐步作图。下面举例说明绘制一般系统奈奎斯特图的方法和步骤。

【例 4-3】　例 2-2 中的他励直流电动机，以励磁电压为输入、以电机转角为输出时的系统传递函数为

$$G(s)=\frac{K}{s(Ts+1)}$$

式中，$K=\dfrac{K_T}{R_aD+K_TK_e}$，$T=\dfrac{R_aJ}{R_aD+K_TK_e}$。试绘制其奈奎斯特图。

解：系统的频率特性为

$$G(\mathrm{j}\omega)=\frac{K}{\mathrm{j}\omega(1+\mathrm{j}T\omega)}=K\cdot\frac{1}{\mathrm{j}\omega}\cdot\frac{1}{1+\mathrm{j}T\omega}$$

由上式可知，系统是由比例环节、积分环节和惯性环节串联组成的，故幅频特性为

$$|G(\mathrm{j}\omega)|=\frac{K}{\omega\sqrt{1+T^2\omega^2}}$$

相频特性为

$$\angle G(\mathrm{j}\omega)=-90^\circ-\arctan T\omega$$

于是，当 $\omega=0$ 时，有

$$|G(\mathrm{j}\omega)|=\infty,\quad \angle G(\mathrm{j}\omega)=-90^\circ$$

当 $\omega=\infty$时，有

$$|G(\mathrm{j}\omega)|=0,\quad \angle G(\mathrm{j}\omega)=-180^\circ$$

又

$$G(\mathrm{j}\omega)=\frac{K}{\mathrm{j}\omega(1+\mathrm{j}T\omega)}=\frac{-KT}{1+T^2\omega^2}-\mathrm{j}\frac{K}{\omega(1+T^2\omega^2)}$$

因此，实频特性是$\dfrac{-KT}{1+T^2\omega^2}$，虚频特性是$\dfrac{-K}{\omega(1+T^2\omega^2)}$。而

$$\lim_{\omega\to 0}\mathrm{Re}[G(\mathrm{j}\omega)]=\lim_{\omega\to 0}\frac{-KT}{1+T^2\omega^2}=-KT$$

$$\lim_{\omega\to 0}\mathrm{Im}[G(\mathrm{j}\omega)]=\lim_{\omega\to 0}\frac{-K}{\omega(1+T^2\omega^2)}=-\infty$$

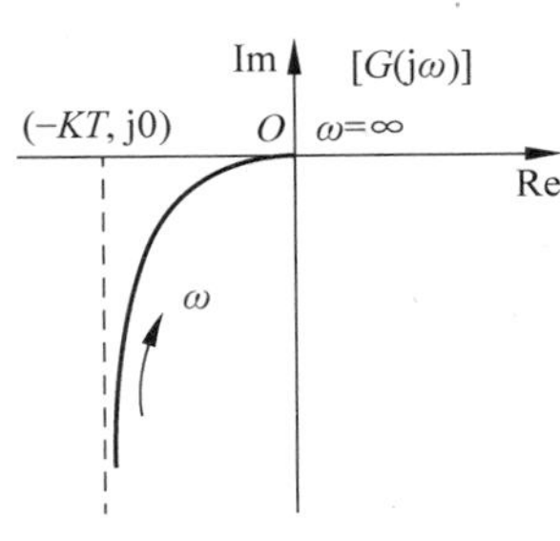

图 4-10　例 4-3 的极坐标图

该系统的奈奎斯特图如图 4-10 所示。由于其传递函数含有积分环节 $1/s$，因而与不含有积分环节的 2 阶环节相比，其频率特性有本质的不同。不含积分环节的 2 阶环节频率特性的奈奎斯特图在 $\omega=0$ 时，始于正实轴上的确定点；而含有积分环节的 2 阶环节频率特性的奈奎斯特图在低频段将沿一条渐近线趋于无穷远点。根据 ω 从 $0\to\infty$ 时实频特性和虚频特性的取值可知，这条渐近线过点$(-KT,\mathrm{j}0)$，且平行于虚轴直线。

【例 4-4】 已知系统的传递函数为

$$G(s)=\frac{K(T_1s+1)}{s(T_2s+1)}\quad (T_1>T_2)$$

试绘制其奈奎斯特图。

解：系统的频率特性为

$$G(\mathrm{j}\omega)=\frac{K(1+\mathrm{j}T_1\omega)}{\mathrm{j}\omega(1+\mathrm{j}T_2\omega)}$$

由此可知，系统是由比例环节、积分环节、导前环节与惯性环节串联组成的，故幅频特性为

$$|G(\mathrm{j}\omega)|=\frac{K\sqrt{1+T_1^2\omega^2}}{\omega\sqrt{1+T_2^2\omega^2}}$$

相频特性为

$$\angle G(\mathrm{j}\omega)=\arctan T_1\omega-90^\circ-\arctan T_2\omega$$

于是，当 $\omega=0$ 时，有

$$|G(\mathrm{j}\omega)|=\infty,\quad \angle G(\mathrm{j}\omega)=-90^\circ$$

当 $\omega=\infty$时，有

$$|G(\mathrm{j}\omega)|=0,\quad \angle G(\mathrm{j}\omega)=-90^\circ$$

又

$$G(\mathrm{j}\omega)=\frac{K(1+\mathrm{j}T_1\omega)}{\mathrm{j}\omega(1+\mathrm{j}T_2\omega)}=\frac{K(T_1-T_2)}{1+T_2^2\omega^2}-\mathrm{j}\frac{K(1+T_1T_2\omega^2)}{\omega(1+T_2^2\omega^2)}$$

并且 $T_1>T_2$，故 $\mathrm{Re}[G(\mathrm{j}\omega)]>0$，$\mathrm{Im}[G(\mathrm{j}\omega)]<0$。系统的奈奎斯特图如图 4-11 所示。由图可知，若传递函数有导前环节，则奈奎斯特曲线发生弯曲，即相位可能非单调变化。

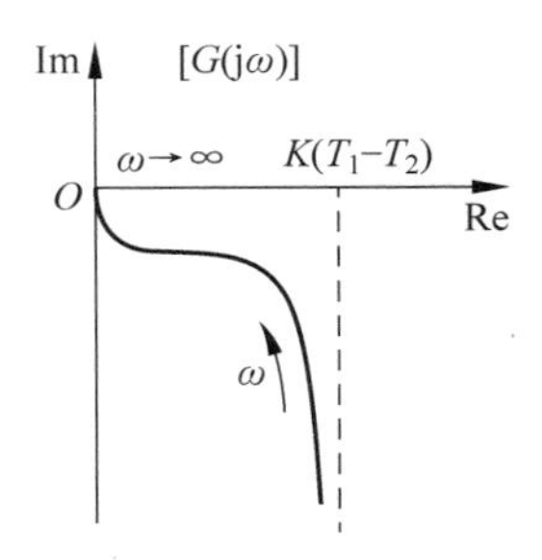

图 4-11　例 4-4 的极坐标图

由以上讨论大致可归纳系统奈奎斯特图的一般作图方法，具体如下。

(1) 写出系统幅频特性$|G(\mathrm{j}\omega)|$和相频特性$\angle G(\mathrm{j}\omega)$表达式。

(2) 分别求出$\omega=0$和$\omega=+\infty$时的$[G(\mathrm{j}\omega)]$和$\angle G(\mathrm{j}\omega)$。

(3) 求奈奎斯特图与实轴的交点,交点可利用$\mathrm{Im}[G(\mathrm{j}\omega)]=0$的关系式求出,也可以利用关系式$\angle G(\mathrm{j}\omega)=n\cdot180°$(其中$n$为奇数)求出。

(4) 求奈奎斯特图与虚轴的交点,交点可利用$\mathrm{Re}[G(\mathrm{j}\omega)]=0$的关系求出,也可利用关系式$\angle G(\mathrm{j}\omega)=n\cdot90°$(其中$n$为奇数)求出。

(5) 必要时画出奈奎斯特图中间几点。

(6) 勾画出大致曲线。

4.3 典型环节频率特性的伯德图

伯德图(Bode图)又称对数坐标图,本节将介绍和分析典型环节频率特性的伯德图,并介绍绘制对数坐标图的方法。

4.3.1 伯德图的概念

伯德图是将幅频特性和相频特性分别画在两张图上,并用半对数坐标纸绘制。频率坐标按对数分度,幅值和相位坐标则按线性分度。幅频特性图的纵坐标(线性分度)表示$G(\mathrm{j}\omega)$的幅值,单位是分贝(dB);横坐标(对数分度)表示ω值,单位是弧度/秒(rad/s)。相频特性图的纵坐标(线性分度)表示$G(\mathrm{j}\omega)$的相位,单位是度(°)或弧度(rad);横坐标(对数分度)表示ω值,单位是弧度/秒(rad/s)。这两张图分别叫作对数幅频特性图和对数相频特性图,合称为频率特性的伯德图。

使用伯德图的重要性在于能同等地看待一切频率,这可以用一个简单的例子来说明。例如,对于某个控制系统,人们感兴趣的频带可能是1~10Hz。然而,为了分析和设计的目的,可能需要考虑0.1~100Hz的频率范围。在线性刻度图中,最重要的频率段(1~10Hz)还占不了曲线图整个频率长的1/10。若把频率画成对数分度,这个频宽则可占到整个频率范围长的1/3,使人们感兴趣的频带范围内的幅值和相位的变化可以看得更清楚。

如图4-12所示伯德图的坐标。为了方便,其横坐标虽然是对数分度,但习惯上其刻度值不标$\lg\omega$值,而标真数ω值,对数幅频特性图纵坐标的单位是dB。

注意:当$|G(\mathrm{j}\omega)|=1$时,其分贝数为零,即0dB表示输出幅值等于输入幅值。

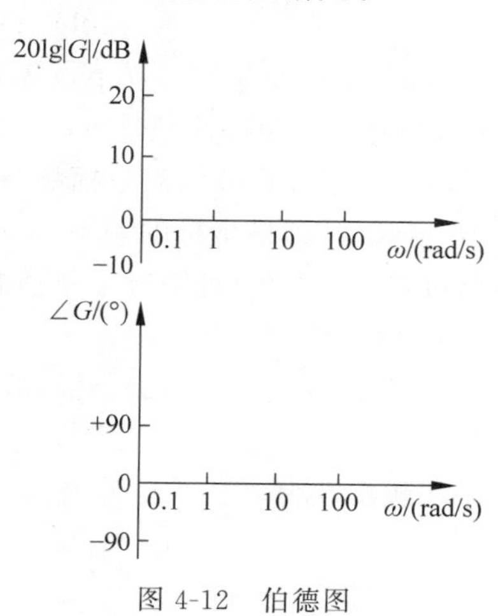

图4-12 伯德图

分贝的名称源于电信技术,表示信号功率的衰减程度。若两个功率N_1和N_2满足等式$\lg(N_2/N_1)=1$,则称N_2比N_1大1贝尔(Bell,简写B)(即N_2是N_1的10倍)。因为贝尔的单位太大,故常用分贝(dB),1B=10dB。即若N_1和N_2满足等式$10\lg(N_2/N_1)=1$,则称N_2比N_1大1dB(即N_2是N_1的1.26倍)。后来,其他技术领域也采用dB为单位,并将其原来的意义推广:当

两数值 p_1 和 p_2 满足等式 $20\lg(p_2/p_1)=1$（实质是 $10\lg(p_2^2/p_1^2)=1$，因为若 $p_i(i=1,2)$ 表示电流、电压等，则 p_1^2、p_2^2 与功率成正比），则称 p_2 比 p_1 大 1dB。

用伯德图表示频率特性有以下优点。

(1) 可将串联环节幅值的乘、除化为其对数的加、减，因而简化了计算与作图过程。

(2) 可用近似方法作图。先分段用直线作出对数幅频特性的渐近线，再用修正曲线对渐近线进行修正，就可得到较准确的对数幅频特性图。这给作图带来了很大方便。

(3) 可分别做出各个环节的伯德图，然后用叠加方法得出系统的伯德图，并由此可以看出各个环节对系统总特性的影响。

由于横坐标为对数坐标，所以 $\omega=0$ 的频率不可能在横坐标上表现出来。因此，横坐标的起点可根据实际所需的最低频率来决定。

4.3.2 典型环节的伯德图

由于系统开环频率特性往往表现为若干个典型环节频率特性的乘积形式，所以只要掌握了典型环节频率特性伯德图的画法，就可以很容易地画出系统开环频率特性的伯德图。下面介绍各典型环节频率特性伯德图的画法。

1. 比例环节

因 $G(s)=K$，即 $G(\mathrm{j}\omega)=K$，其实频特性恒为 K，而虚频特性恒为零，故幅频特性 $|G(\mathrm{j}\omega)|=K$，相频特性 $\angle G(\mathrm{j}\omega)=0°$。可见，幅频特性与相频特性均为常数，其值与 ω 无关。

对数幅频特性 $20\lg|G(\mathrm{j}\omega)|=20\lg K$，其曲线是一条水平线，分贝数为 $20\lg K$。如图 4-13 所示，$K=10$，故对数幅频特性的分贝数恒为 20dB，而相位恒为零，其对数相频特性曲线是与 0°线重合的一条直线。当 K 值改变时，仅对数幅频特性上、下移动，而对数相频特性不变。

2. 积分环节

因 $G(s)=1/s$，即 $G(\mathrm{j}\omega)=1/\mathrm{j}\omega$，故幅频特性 $|G(\mathrm{j}\omega)|=1/\omega$，相频特性 $\angle G(\mathrm{j}\omega)=-90°$。可见，幅值与 ω 成反比，而相位为常值，故对数幅频特性为

$$20\lg|G(\mathrm{j}\omega)|=20\lg(1/\omega)=-20\lg\omega$$

当 $\omega=1$ 时，$20\lg|G(\mathrm{j}\omega)|=0\mathrm{dB}$，对数幅频特性曲线经过点(1,0)；当 $\omega=10$ 时，$20\lg|G(\mathrm{j}\omega)|=-20\mathrm{dB}$，对数幅频特性经过点(10,−20)。可见，每当频率增加 10 倍时，对数幅频特性就下降 20dB，故积分环节的对数幅频特性是一条过点(1,0)的直线，其斜率−20dB/dec（dec 表示 10 倍频程，即横坐标的频率由 ω 增加到 10ω）。而积分环节的对数相频特性与 ω 无关，是一条过点(0,−90°)且平行于横轴的直线，如图 4-14 所示。

3. 微分环节

因 $G(s)=s$，即 $G(\mathrm{j}\omega)=\mathrm{j}\omega$，故幅频特性为

$$|G(\mathrm{j}\omega)|=\omega$$

相频特性为

$$\angle G(\mathrm{j}\omega)=90°$$

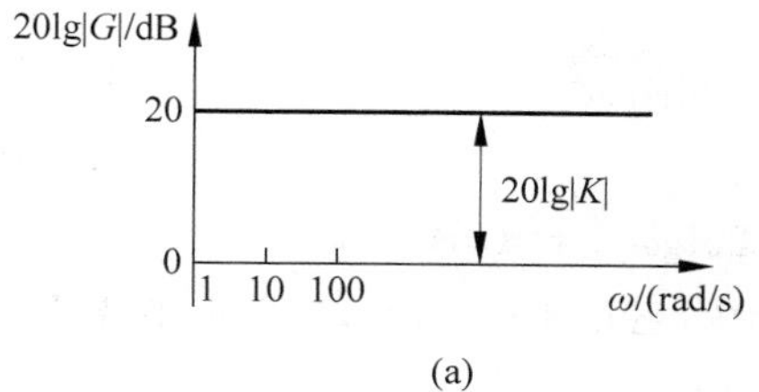

(a)

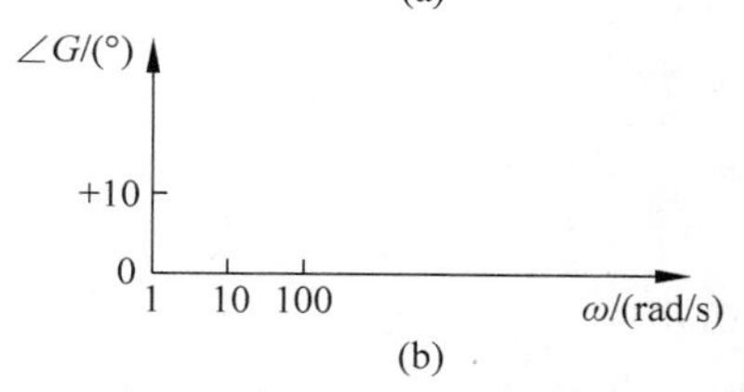

(b)

图 4-13 比例环节的伯德图

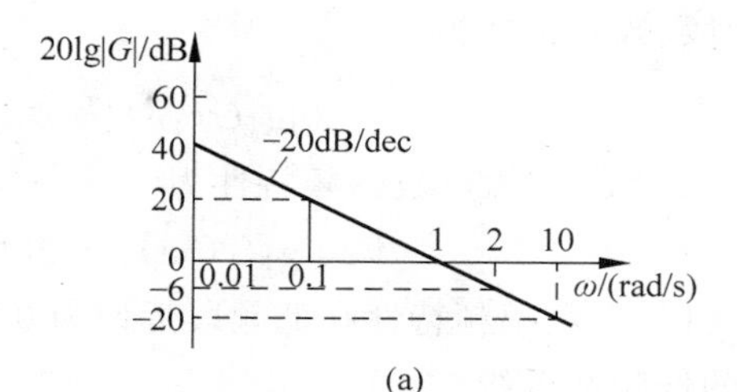

(a)

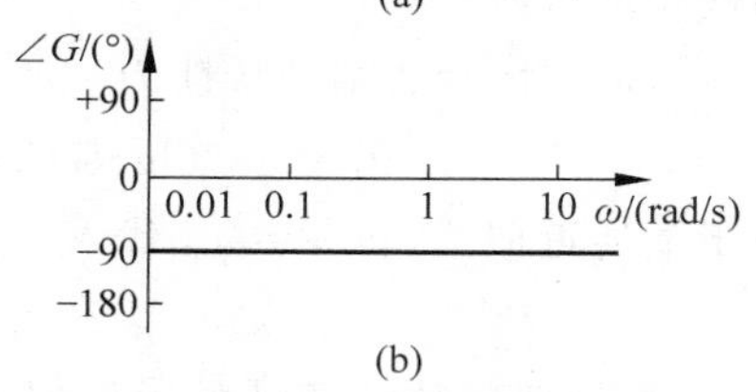

(b)

图 4-14 积分环节的伯德图

对数幅频特性为

$$20\lg|G(\mathrm{j}\omega)|=20\lg\omega$$

当 $\omega=1$ 时，有

$$20\lg|G(\mathrm{j}\omega)|=0(\mathrm{dB})$$

当 $\omega=10$ 时，有

$$20\lg|G(\mathrm{j}\omega)|=20(\mathrm{dB})$$

可见微分环节的对数幅频特性是一条过点(1,0)而斜率为20dB/dec的直线。其对数相频特性是过点(0,90°)且平行于横轴的直线。这说明，输出的相位总是超前于输入的相位，其超前量为90°。微分环节的伯德图如图4-15所示。

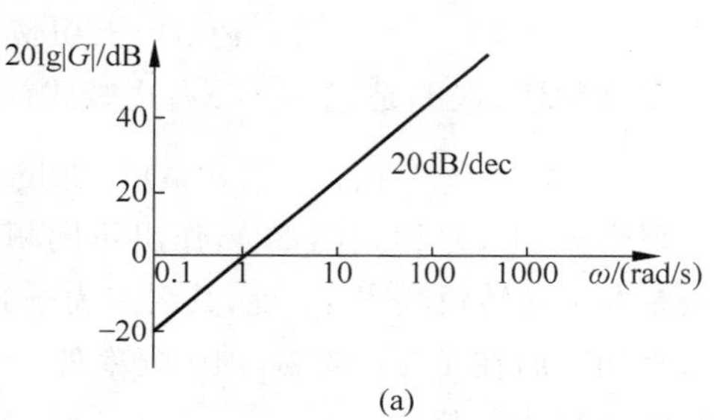

(a)

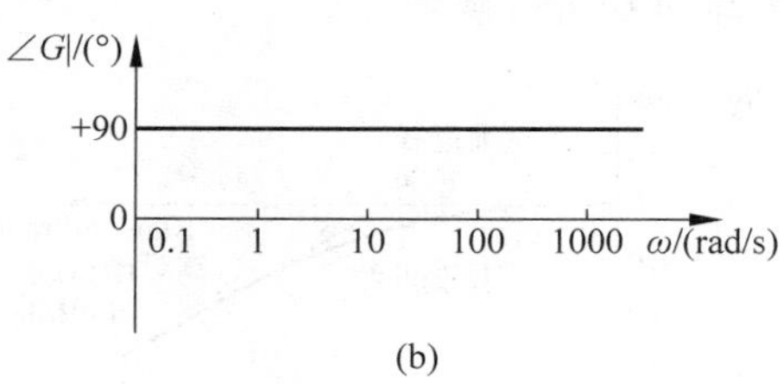

(b)

图 4-15 微分环节的伯德图

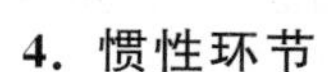

4. 惯性环节

因 $G(s)=\dfrac{1}{Ts+1}$，即 $G(\mathrm{j}\omega)=\dfrac{1}{1+\mathrm{j}T\omega}$，如令 $\omega_{\mathrm{T}}=\dfrac{1}{T}$，有

$$G(\mathrm{j}\omega)=\frac{1}{1+\mathrm{j}\dfrac{\omega}{\omega_{\mathrm{T}}}}=\frac{\omega_{\mathrm{T}}}{\omega_{\mathrm{T}}+\mathrm{j}\omega}$$

幅频特性为

$$|G(\mathrm{j}\omega)|=\frac{\omega_{\mathrm{T}}}{\sqrt{\omega_{\mathrm{T}}^{2}+\omega^{2}}}$$

相频特性为

$$\angle G(\mathrm{j}\omega)=-\arctan\frac{\omega}{\omega_{\mathrm{T}}}$$

对数幅频特性为

$$20\lg|G(\mathrm{j}\omega)|=20\lg\omega_{\mathrm{T}}-20\lg\sqrt{\omega_{\mathrm{T}}^{2}+\omega^{2}} \tag{4-16}$$

当 $\omega \ll \omega_{\mathrm{T}}$ 时，对数幅频特性为

$$20\lg|G(\mathrm{j}\omega)|\approx 20\lg\omega_{\mathrm{T}}-20\lg\omega_{\mathrm{T}}=0(\mathrm{dB}) \tag{4-17}$$

所以，对数幅频特性在低频段近似为 0dB 水平线，它止于$(\omega_{\mathrm{T}},0)$，0dB 水平线称为惯性环节的低频渐近线。

当 $\omega \gg \omega_{\mathrm{T}}$ 时，对数幅频特性为

$$20\lg|G(\mathrm{j}\omega)|\approx 20\lg\omega_{\mathrm{T}}-20\lg\omega \tag{4-18}$$

对于上述近似式，将 $\omega=\omega_{\mathrm{T}}$ 代入，得

$$20\lg|G(\mathrm{j}\omega)|=0(\mathrm{dB})$$

所以，对数幅频特性在高频段近似是一条斜线，它始于点$(\omega_{\mathrm{T}},0)$，斜率为-20dB/dec。此斜线称为惯性环节的高频渐近线。显然，ω_{T} 是低频渐近线与高频渐近线交点处的频率，称为转角频率。

惯性环节的伯德图如图 4-16 所示。由图 4-16 所示的对数幅频特性可知，惯性环节具有低通滤波器的特性。当输入频率 $\omega>\omega_{\mathrm{T}}$ 时，其输出很快衰减，即滤掉输入信号的高频部分；在低频段，输出能较准确地反映输入。

渐近线与精确的对数幅频特性曲线之间有误差 $e(\omega)$，在低频段，误差是式(4-16)的右边减去式(4-17)的右边所得的值，即

$$e(\omega)=20\lg\omega_{\mathrm{T}}-20\lg\sqrt{\omega_{\mathrm{T}}^{2}+\omega^{2}} \tag{4-19}$$

在高频段，误差是式(4-16)右边减式(4-15)的右边所得的值，即

$$e(\omega)=20\lg\omega-20\lg\sqrt{\omega_{\mathrm{T}}^{2}+\omega^{2}} \tag{4-20}$$

根据式(4-19)和式(4-20)，作出不同频率的误差修正曲线如图 4-17 所示。由图可知，最大误差发生在转角频率 ω_{T} 处，其误差为-3dB。在 $2\omega_{\mathrm{T}}$ 或 $\omega_{\mathrm{T}}/2$ 频率处，$e(\omega)$为-0.91dB，即约为-1dB，而在 $10\omega_{\mathrm{T}}$ 或 $\omega_{\mathrm{T}}/10$ 频率处，$e(\omega)$接近于 0dB。据此，可在 $0.1\omega_{\mathrm{T}}\sim10\omega_{\mathrm{T}}$ 范围内对渐近线进行修正。

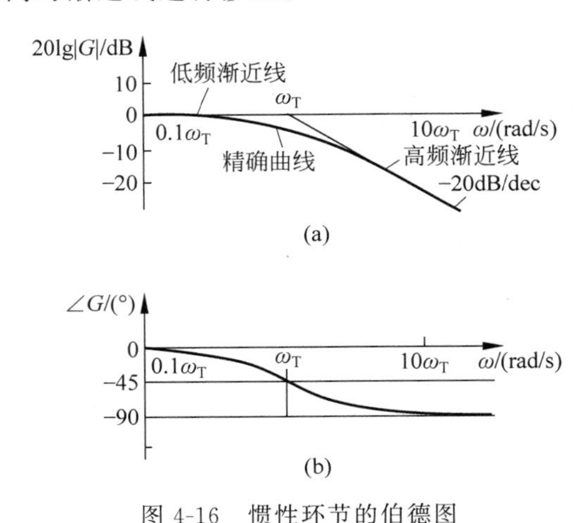

图 4-16　惯性环节的伯德图

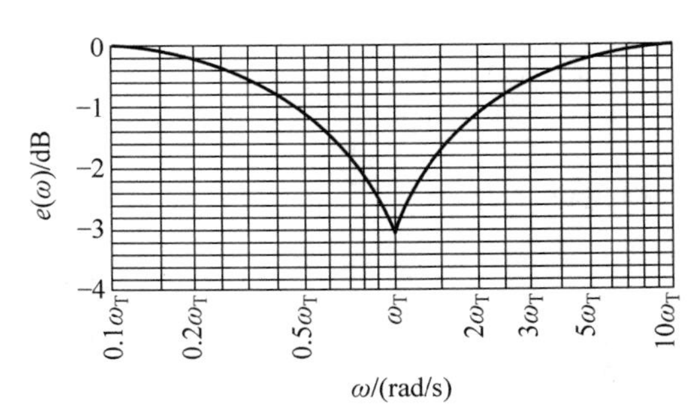

图 4-17　惯性环节伯德图的误差修正曲线

惯性环节的对数相频特性取值如下。

当 $\omega=0$ 时，$\angle G(\mathrm{j}\omega)=0°$。

当 $\omega=\omega_T$ 时，$\angle G(\mathrm{j}\omega)=-45°$。

当 $\omega=\infty$ 时，$\angle G(\mathrm{j}\omega)=-90°$。

由图 4-16 知，对数相频特性经过点$(\omega_T,-45°)$，而且在 $\omega\ll\omega_T$ 时，$\angle G(\mathrm{j}\omega_T)\to 0$，在 $\omega\gg\omega_T$ 时，$\angle G(\mathrm{j}\omega_T)\to-90°$。

5. 1 阶微分环节（导前环节）

因 $G(s)=Ts+1$，若令 $\omega_T=1/T$，则

幅频特性为

$$|G(\mathrm{j}\omega)|=\frac{\sqrt{\omega_T^2+\omega^2}}{\omega_T}$$

相频特性为

$$\angle G(\mathrm{j}\omega)=\arctan\frac{\omega}{\omega_T}$$

对数幅频特性为

$$20\lg|G(\mathrm{j}\omega)|=20\lg\sqrt{\omega_T^2+\omega^2}-20\lg\omega_T$$

当 $\omega\ll\omega_T$ 时，$20\lg|G(\mathrm{j}\omega)|\approx 20\lg\omega_T-20\lg\omega_T=0\mathrm{dB}$，即低频渐近线是 0dB 水平线。

当 $\omega\gg\omega_T$ 时，$20\lg|G(\mathrm{j}\omega)|\approx 20\lg\omega-20\lg\omega_T$，即高频渐近线为一直线，始于点$(\omega_T,0)$，斜率为 20dB/dec。显然，$\omega_T$ 是它与低频渐近线交点处的频率，也称为转角频率。

对数幅频特性的精确曲线与渐近线的误差修正曲线仍如图 4-17 所示，只是其分贝数取正值。

1 阶微分环节的对数相频特性取值如下。

当 $\omega=0$ 时，$\angle G(\mathrm{j}\omega)=0°$。

当 $\omega=\omega_T$ 时，$\angle G(\mathrm{j}\omega)=45°$。

当 $\omega_T=\infty$ 时，$\angle G(\mathrm{j}\omega)=90°$。

1 阶微分环节的伯德图如图 4-18 所示，其对数相频特性对称于点$(\omega_T,45°)$，且

当 $\omega\ll\omega_T$ 时，$\angle G(\mathrm{j}\omega)\to 0°$。

当 $\omega\gg\omega_T$ 时，$\angle G(\mathrm{j}\omega)\to 90°$。

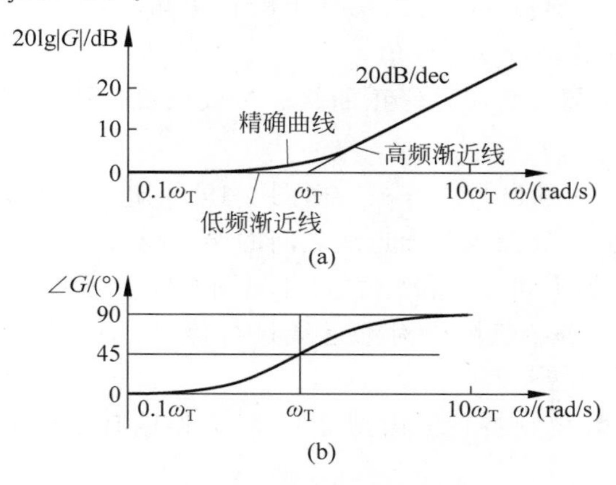

图 4-18 1 阶微分环节的伯德图

与图 4-16 对比可知，1 阶微分惯性环节的对数幅频特性和对数相频特性分别对称于 0dB 线和 0°线。

6. 振荡环节

因振荡环节的传递函数为

$$G(s)=\frac{\omega_n^2}{s^2+2\xi\omega_n s+\omega_n^2}$$

故

$$G(j\omega)=\frac{\omega_n^2}{-\omega^2+j2\xi\omega_n\omega+\omega_n^2}\quad (0\leqslant\xi<1)$$

若令 $\lambda=\dfrac{\omega}{\omega_n}$，得

$$G(j\omega)=\frac{1}{(1-\lambda^2)+j2\xi\lambda}$$

幅频特性为

$$|G(j\omega)|=\frac{1}{(1-\lambda^2)^2+4\xi^2\lambda^2}$$

相频特性为

$$\angle G(j\omega)=-\arctan\frac{2\xi\lambda}{1-\lambda^2}$$

振荡环节的对数幅频特性为

$$20\lg|G(j\omega)|=-20\lg\sqrt{(1-\lambda^2)^2+4\xi^2\lambda^2}\tag{4-21}$$

(1) 振荡环节的对数幅频特性渐近线。由图 4-19 所示的振荡环节对数幅频特性可知以下几点。

当 $\omega\ll\omega_n(\lambda\approx 0)$时，有

$$20\lg|G(j\omega)|=0\text{dB}\tag{4-22}$$

当 $\omega\gg\omega_n(\lambda\gg 1)$时，忽略 1 与 $4\xi^2\lambda^2$，得

$$20\lg|G(j\omega)|\approx-40\lg\lambda=-40\lg\omega+40\lg\omega_n\tag{4-23}$$

当 $\omega=\omega_n$ 时，$20\lg|G(j\omega)|=0$dB，可见，高频渐近线为一直线，始于点(1,0)，即在 $\omega=\omega_n$ 处斜率为-40dB/dec。显然，ω_n 是振荡环节的转角频率，如图 4-19 所示。值得说明的是，图中横坐标所标注的是 $\lambda(\omega/\omega_n)$的值。

(2) 振荡环节对数幅频特性误差修正曲线。由式(4-21)可知，振荡环节的对数幅频特性精确。

曲线不仅与 λ 有关，而且也与 ξ 有关。由图 4-19 可知，ξ 越小，ω_n 处(即 $\lambda=\omega/\omega_n=1$ 处)或其附近的峰值越高，精确曲线与渐近线之间的误差越大。由式(4-21)右边与式(4-22)、式(4-23)右边之差，并根据不同的 λ 和 ξ 值，可作出图 4-20 所示的误差修正曲线。根据此修正曲线，一般在 $0.1\omega_n\sim10\omega_n$ 范围内对渐近线进行修正，即可得到精确的对数幅频特性曲线。

(3) 振荡环节的对数相频特性。由图 4-19 所示振荡环节的对数相频特性可知以下几点。

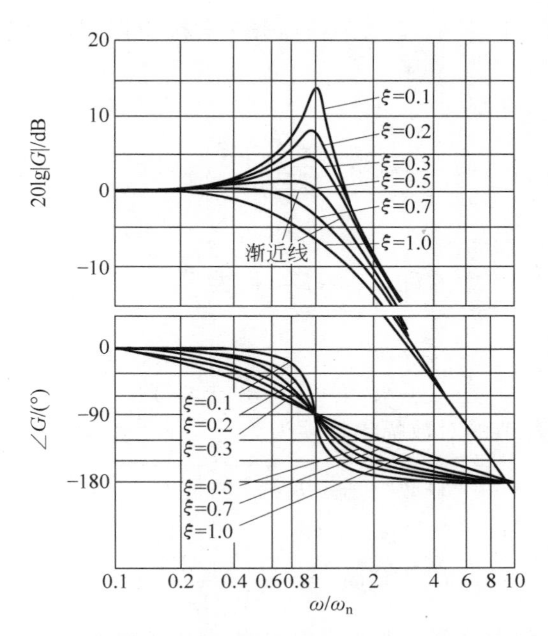

图 4-19 振荡环节的伯德图

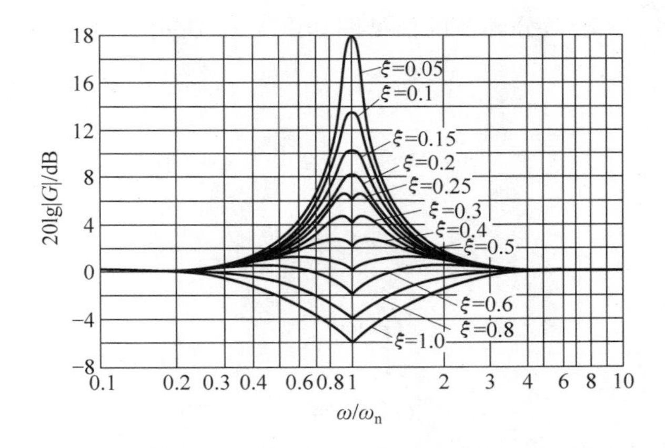

图 4-20 振荡环节对数幅频特性误差修正曲线

当 $\omega=0$ 时，即 $\lambda=0$ 时，$\angle G(\mathrm{j}\omega)=0°$。

当 $\omega=\omega_n$ 时，即 $\lambda=1$ 时，$\angle G(\mathrm{j}\omega)=-90°$。

当 $\omega=\infty$时，即 $\lambda=\infty$时，$\angle G(\mathrm{j}\omega)=-180°$。

由图 4-19 还可知，点(1，$-90°$)是相频特性的对称点。

(4) 振荡环节的谐振频率 ω_r 和谐振峰值 M_r 由前述可知，振荡环节的谐振频率为 $\omega_r=\omega_n\sqrt{1-2\xi^2}$，即只有当 $0\leqslant\xi<\sqrt{2}/2$ 时，才存在谐振频率 ω_r。由图 4-19 可知，ξ 越小，ω_r 越接近于 ω_n(即 ω_r/ω_n 接近于 1)；ξ 增大，ω_r 离 ω_n 的距离就越大。当 $\xi\geqslant\sqrt{2}/2$ 时，可认为 $\omega_r=0$。当 $\omega=\omega_r$ 时，记 $G(\mathrm{j}\omega)$的谐振峰值为

$$M_r=|G(\mathrm{j}\omega_r)|=\frac{1}{2\xi\sqrt{1-\xi^2}}$$

则由上式可知，当 $\xi<12/2$ 时，ξ 越小，M_r 越大；$\xi\to0$ 时，$M_r\to\infty$。

7. 2 阶微分环节

因为

$$G(s)=\frac{s^2}{\omega_n^2}+\frac{2\xi}{\omega_n}s+1$$

即

$$G(j\omega)=-\frac{\omega^2}{\omega_n^2}+j2\xi\frac{\omega}{\omega_n}+1$$

若令 $\lambda=\omega/\omega_n$，则有

$$G(j\omega)=1-\lambda^2+j2\xi\lambda$$

由此可得 2 阶微分环节的对数幅频特性为

$$20\lg|G(j\omega)|=20\lg\sqrt{(1-\lambda^2)^2+4\xi^2\lambda^2}$$

而相频特性为

$$\angle G(j\omega)=\arctan\frac{2\xi\lambda}{1-\lambda^2}$$

由上式可以看出，2 阶微分环节和振荡环节的对数频率特性的不同之处仅在于相差符号而已。因此，其伯德图也分别关于 0dB 线和 0°线对称。同样，其误差修正曲线也可通用，但注意相差一个符号。2 阶微分环节的伯德图如图 4-21 所示。

8. 延时环节

因为

$$G(s)=e^{-\tau s}$$

即

$$G(j\omega)=e^{-j\tau\omega}$$

幅频特性为

$$|G(j\omega)|=1$$

相频特性为

$$\angle G(j\omega)=-\tau\omega$$

对数幅频特性为

$$20\lg|G(j\omega)|=0\text{dB}$$

即对数幅频特性为 0dB 线。

相频特性随着 ω 的增加而线性增加，在线性坐标中，$\angle G(j\omega)$ 与 ω 的关系是一曲线，如图 4-22 所示。

综上所述，关于若干典型环节的对数幅频特性及其渐近线和对数相频特性的特点可归纳如下。

(1) 关于对数幅频特性（注意横坐标是 $\lg\omega$ 还是 $\lg(\omega/\omega_n)$）。

积分环节的对数幅频特性为过点(1,0)、斜率为 −20dB/dec 的直线。

微分环节的对数幅频特性为过点(1,0)、斜率为 20dB/dec 的直线。

惯性环节的低频渐近线为 0dB 线，高频渐近线为始于点(ω_T,0)、斜率为 −20dB/dec 的直线。

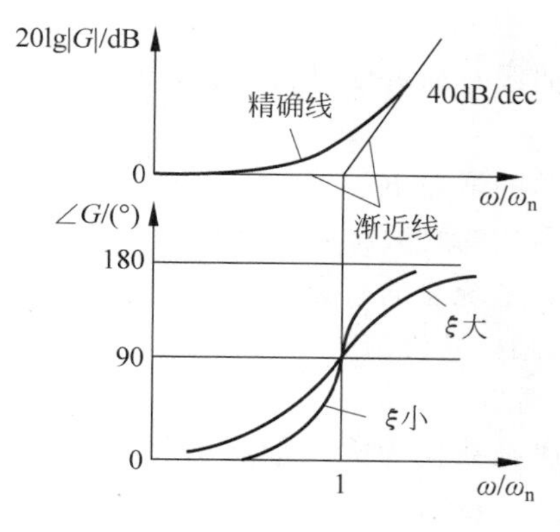

图 4-21　2 阶微分环节的伯德图

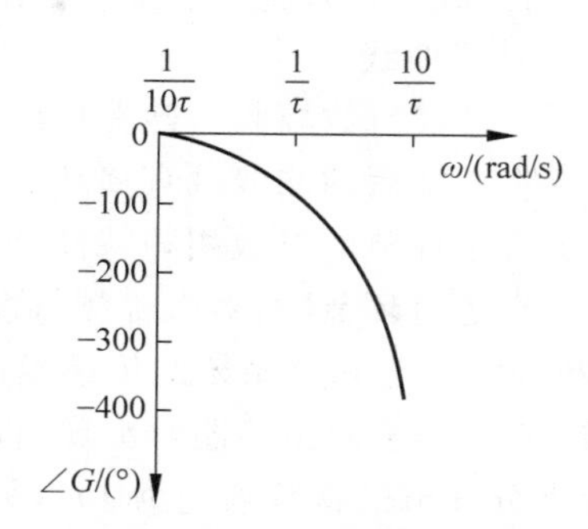

图 4-22　延时环节的对数相频特性

1 阶微分环节(导前环节)的低频渐近线为 0dB 线,高频渐近线为始于点(ω_T,0)、斜率为 20dB/dec 的直线。

振荡环节的低频渐近线为 0dB 线,高频渐近线为始于点(1,0)、斜率为−40dB/dec 的直线。

2 阶微分环节的低频渐近线为 0dB 线,高频渐近线为始于点(1,0)、斜率为 40dB/dec 的直线。

(2) 关于对数相频特性。

积分环节的对数相频特性为过−90°的水平线。

微分环节的对数相频特性为过 90°的水平线。

惯性环节的对数相频特性为在 0°～−90°范围内变化的对称于点(ω_T,−45°)的曲线。

导前环节的对数相频特性为在 0°～90°范围内变化的对称于点(ω_T,45°)的曲线。

振荡环节的对数相频特性为在 0°～−180°范围内变化的对称于点(1,−90°)的曲线。

2 阶微分环节的对数相频特性为在 0°～180°范围内变化的对称于点(1,90°)的曲线。

上面的 ω_T 为相应环节的转角频率。图 4-23 所示为各典型环节的对数幅频特性或其渐近线与对数相频特性。

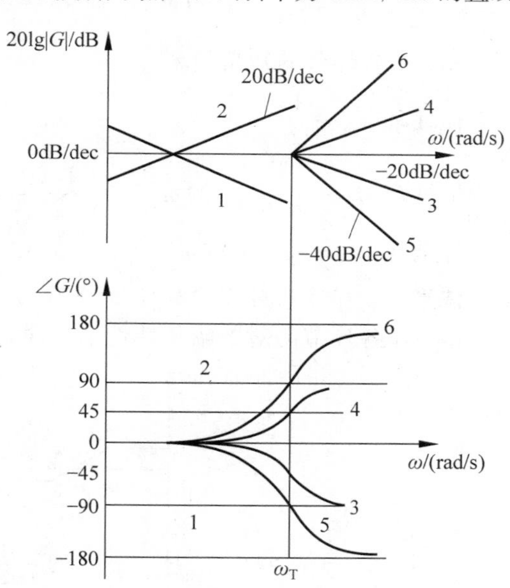

图 4-23　典型环节的伯德图

1—积分环节；2—微分环节；3—惯性环节；
4—导前环节；5—振荡环节；6—2 阶微分环节

4.3.3　绘制系统伯德图的步骤

伯德图是利用对数坐标和渐近线来绘制的,绘制的一般步骤如下。

(1) 由传递函数求出频率特性 $G(\mathrm{j}\omega)$。

(2) 将 $G(\mathrm{j}\omega)$转化为若干典型环节频率特性相乘的形式。

(3) 找出各典型环节的转角频率。

(4) 作出各环节对数幅频特性的渐近线。

(5) 若要求出精确曲线,则需根据误差修正曲线对渐近线进行修正,得出各环节对数幅频特性的精确曲线。

(6) 将环节对数幅频特性叠加(不包括系统总的增益 K)。

(7) 将叠加后的曲线垂直移动 $20\lg K$,得到系统的对数幅频特性。

(8) 作各环节的对数相频特性,然后叠加得到系统总的对数相频特性。

(9) 有延时环节时,对数幅频特性不变,对数相频特性应加上 $-\tau\omega$。

【例 4-5】 已知某系统的传递函数为画其伯德图。

解:(1) 为了避免绘图时出现错误,应把传递函数化为标准形式(惯性、1 阶微分、振荡和 2 阶微分环节的常数项均为 1),得

$$G(s)=\frac{3(0.5s+1)}{(2.5s+1)(0.025s+1)}$$

表明系统由一个比例环节($K=3$ 也为系统总增益)、一个导前环节和两个惯性环节串联组成。

(2) 系统的频率特性为

$$G(j\omega)=\frac{3(1+j0.5\omega)}{(1+j2.5\omega)(1+j0.025\omega)}$$

(3) 求各环节的转角频率 ω_T。

惯性环节 $\frac{1}{1+j2.5\omega}$ 的 $\omega_{T_1}=\frac{1}{2.5}=0.4$。

惯性环节 $\frac{1}{1+j0.025\omega}$ 的 $\omega_{T_2}=\frac{1}{0.025}=40$。

导前环节 $1+j0.5\omega$ 的 $\omega_{T_3}=1/0.5=2$。

注意:各环节的时间常数 T 的单位为 s,其倒数 $1/T=\omega_T$ 的单位为 s^{-1}。

(4) 作各环节的对数幅频特性渐近线,如图 4-24 所示。

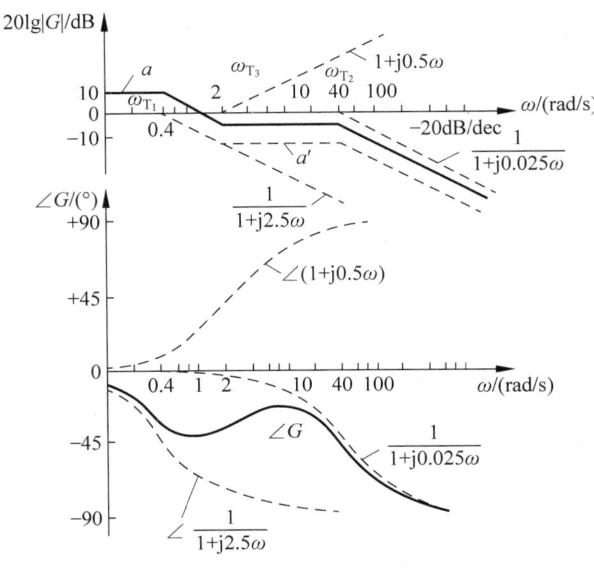

图 4-24 例 4-5 的伯德图

(5) 对渐近线用误差修正曲线修正(本题省略这一步)。

(6) 除比例环节外,将各环节的对数幅频特性叠加得折线 a'。

(7) 将 a' 上移 9.5dB(等于 20lg3,是系统总增益的分贝数),得系统对数幅频特性 a。

(8) 作各环节的对数相频特性曲线,叠加后得系统的对数相频特性,如图 4-24 所示。

4.4 设计示例——工作台位置自动控制系统的频域分析

本节利用本章所学的知识对"工作台自控系统"的特性进行频域分析。首先分别画出系统的奈奎斯特图和伯德图,然后进行系统频域分析。

在第 3 章建立了工作台位置自动控制系统的闭环传递函数式(3-54),即

$$G_b(s)=\frac{1}{s^2+s+1}$$

无阻尼固有频率 $\omega_n=1$,阻尼比 $\xi=0.5$。

对应的频率特性为

$$G(j\omega)=\frac{1}{-\omega^2+j\omega+1}=\frac{1}{(1-\omega^2)+j\omega} \tag{4-24}$$

由频率特性式(4-24),得幅频特性为

$$|G(j\omega)|=\frac{1}{\sqrt{(1-\omega^2)^2+\omega^2}} \tag{4-25}$$

相频特性为

$$\angle G(j\omega)=-\arctan\frac{\omega}{1-\omega^2} \tag{4-26}$$

1. 绘制系统的奈奎斯特图

由系统的幅频特性式(4-25)和相频特性式(4-26)知以下几点。

当 $\omega=0$ 时,$|G(j\omega)|=1$,$\angle G(j\omega)=0°$。

当 $\omega=1$ 时,$|G(j\omega)|=1$,$\angle G(j\omega)=-90°$。

当 $\omega=\infty$ 时,$|G(j\omega)|=0$,$\angle G(j\omega)=-180°$。

可见,当 ω 从 $0\to\infty$ 时,$G(j\omega)$ 的幅值由 $1\to0$,其相位由 $0°\to-180°$。振荡环节频率特性的奈奎斯特图始于点(1,j0),而终于点(0,j0)。在复平面上,根据式(4-24)画出系统的奈奎斯特曲线,如图 4-25 所示。

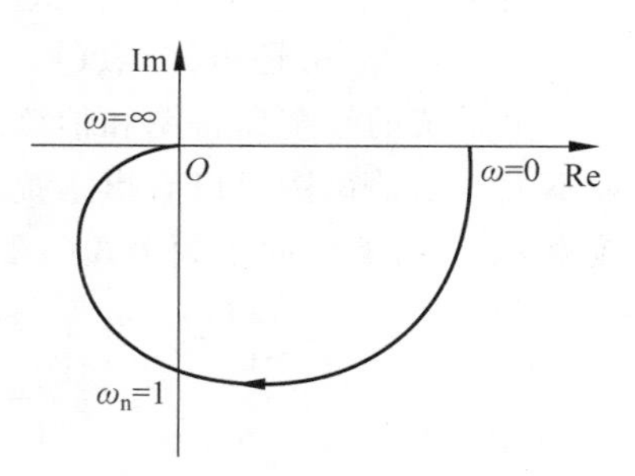

图 4-25 工作台奈奎斯特图

曲线与虚轴交点的频率就是无阻尼固有频率 ω_n,曲线在第三、四象限。

2. 绘制系统的伯德图

(1) 对数幅频特性图的绘制。

根据系统的幅频特性式(4-25),可求出系统的对数幅频特性,即

$$20\lg|G(j\omega)|=-20\lg\sqrt{(1-\omega^2)^2+\omega^2} \tag{4-27}$$

根据此式可绘制系统的对数幅频特性伯德图,如图 4-26(a)所示。

当 $\omega \ll 1$ 时，$20\lg|G(\mathrm{j}\omega)|=0\mathrm{dB}$。

当 $\omega \gg 1$ 时，得 $20\lg|G(\mathrm{j}\omega)| \approx -40\lg\omega$。

而当 $\omega=1$ 时，$20\lg|G(\mathrm{j}\omega)|=0\mathrm{dB}$，可见，高频渐近线为一射线，始于点(1,0)，(即在$\omega=\omega_{\mathrm{n}}=1$ 处)斜率为$-40\mathrm{dB/dec}$。

(2) 对数相频特性图的绘制。

根据式(4-26)可绘制系统的对数相频特性伯德图，如图 4-26(b)所示。

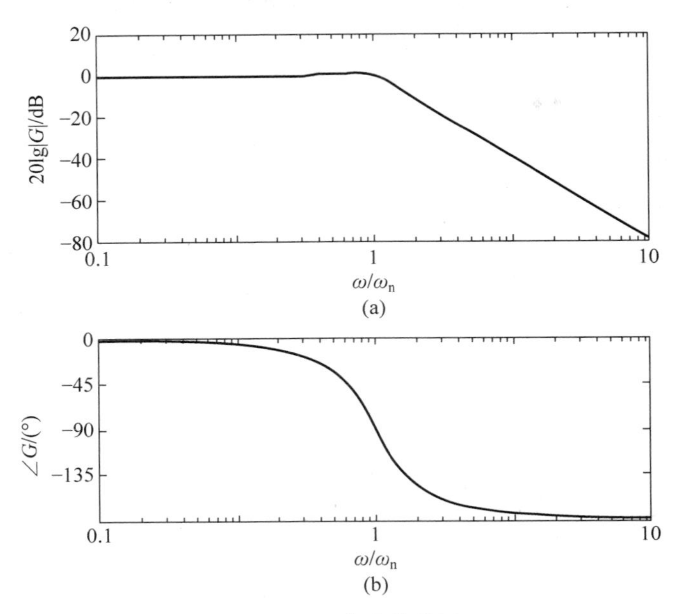

图 4-26 工作台伯德图

当 $\omega=0$ 时，$\angle G(\mathrm{j}\omega)=0°$。

当 $\omega=\omega_{\mathrm{n}}=1$ 时，$\angle G(\mathrm{j}\omega)=-90°$。

当 $\omega=\infty$时，$\angle G(\mathrm{j}\omega)=-180°$。

由图 4-26(b)还可知，点$(1,-90°)$是相频特性的对称点。

由系统的奈奎斯特图和伯德图都可以看到，工作台自动控制系统跟随性能较好，谐振峰值不大。由伯德图可以看出系统的带宽较小。由于此时系统的阻尼比 $\xi=0.5$，无阻尼固有频率 $\omega_{\mathrm{n}}=1$，采用截止频率式(4-28)中第 2 式，即

$$
\begin{cases}
\omega_{\mathrm{b}}=\omega_{\mathrm{n}} & (\xi>0.707) \\
\omega_{\mathrm{b}}=\omega_{\mathrm{n}}\sqrt{1-2\xi^2+\sqrt{4\xi^4-4\xi^2+2}} & (\xi \leqslant 0.707)
\end{cases}
\tag{4-28}
$$

计算系统的截止频率为

$$
\omega_{\mathrm{b}}=\omega_{\mathrm{n}}\sqrt{1-2\xi^2+\sqrt{4\xi^4-4\xi^2+2}}=1.27(\mathrm{Hz})
$$

这说明该系统对于变化较快的信号响应较差。可以认为该系统对大于 1.27Hz 的信号无响应。

习　题

4-1　单项选择题

(1) 已知系统的传递函数为$\frac{K}{s(Ts+1)}$,其幅频特性$|G(j\omega)|$为(　　)。

A. $\frac{K}{\omega(T\omega+1)}$　　B. $\frac{K}{T\omega+1}$　　C. $\frac{K}{\omega(T^2\omega^2+1)}$　　D. $\frac{K}{\omega\sqrt{T^2\omega^2+1}}$

(2) 1阶微分环节$G(s)=1+Ts$,当频率$\omega=1/T$时,则相频特性$\angle G(j\omega)$为(　　)。

A. 45°　　B. −45°　　C. 90°　　D. −90°

(3) 2阶振荡环节奈奎斯特图中与虚轴交点的频率为(　　)。

A. 谐振频率　　B. 截止频率　　C. 最大相位频率　　D. 固有频率

(4) 某校正环节传递函数$G_c(s)=\frac{100s+1}{10s+1}$,则其频率特性的奈奎斯特图终点坐标为(　　)。

A. (0,j0)　　B. (1,j0)　　C. (1,j1)　　D. (10,j0)

(5) 最小相位系统中,零、极点的分布情况为(　　)。

A. 零、极点在复平面的左半平面

B. 零、极点在复平面的右半平面

C. 零点在复平面的左半平面,极点在复平面的右半平面

D. 零点在复平面的右半平面,极点在复平面的左半平面

4-2　什么是频率响应?

4-3　分析频率特性时常采用的图解形式有哪两种?分别是什么含义?

4-4　最小相位系统和非最小相位系统的概念是什么?

4-5　设单位负反馈系统的开环传递函数为$G(s)=\frac{10}{s+1}$,试分别求下列输入信号作用下,闭环系统的稳态输出$c_{ss}(t)$:①$r_1(t)=\sin(t+30°)$;②$r_2(t)=2\cos(2t-45°)$;③$r_3(t)=\sin(t+30°)-2\cos(2t-45°)$。

4-6　控制系统的框图如题4-6图所示,试根据频率特性的物理意义,求下列输入信号作用时系统的稳态输出。①$x_i(t)=\sin 2t$;②$x_i(t)=2\cos(2t-45°)$;③$x_i(t)=\sin 2t+2\cos(2t-45°)$。

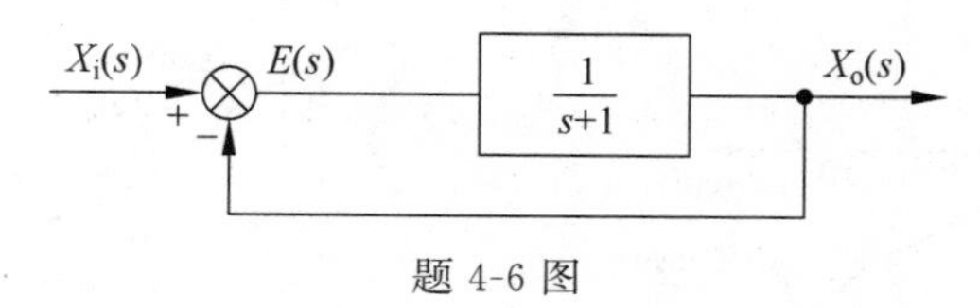

题4-6图

4-7　已知某机械系统在输入力作用下的变形传递函数为$\frac{2}{s+1}$mm/kg,求系统的动刚度和静刚度。

4-8　若系统输入为不同频率ω的正弦函数$A\sin\omega t$,其稳态输出响应为$B\sin(\omega t+\varphi)$,

求该系统的频率特性。

4-9 设系统的闭环传递函数为 $G(s)=\dfrac{K(T_2s+1)}{T_1s+1}$，当作用输入信号 $x_i(t)=R\sin\omega t$ 时，试求该系统的稳态输出。

4-10 某单位负反馈的 2 阶I型系统，在单位阶跃输入作用下，其最大超调量为 16.3%，峰值时间为 114.6ms，试求其开环传递函数，并求出闭环谐振峰值 M_r 和谐振频率 ω_r。

4-11 已知单位负反馈系统的开环传递函数为

$$G_k(s)=\frac{10}{s(0.05s+1)(0.1s+1)}$$

试计算系统的 M_r 和 ω_r。

4-12 试绘制具有下列传递函数的各系统的奈奎斯特图：

① $G(s)=\dfrac{1}{1+0.01s}$；② $G(s)=\dfrac{1}{s(1+0.1s)}$；③ $G(s)=\dfrac{1}{1+0.1s+0.01s^2}$；

④ $G(s)=\dfrac{1}{(1+0.5s)(1+2s)}$；⑤ $G(s)=\dfrac{1}{s(0.1s+1)(0.5s+1)}$；⑥ $G(s)=10e^{-0.1s}$。

4-13 试绘制出具有下列传递函数系统的伯德图：

① $G(s)=\dfrac{1}{0.2s+1}$；② $G(s)=\dfrac{2}{3}$；③ $G(s)=10s$；④ $G(s)=10s+2$；

⑤ $G(s)=\dfrac{1}{1-0.2s}$；⑥ $G(s)=\dfrac{2.5(s+10)}{s^2(0.2s+1)}$；⑦ $G(s)=\dfrac{10(0.02s+1)(s+1)}{s(s^2+4s+100)}$；

⑧ $G(s)=\dfrac{650s^2}{(0.04s+1)(0.4s+1)}$；⑨ $G(s)=\dfrac{20(s+5)(s+40)}{s(s+0.1)(s+20)^2}$；⑩ $G(s)=10e^{-0.1s}$。

4-14 如题 4-14 图所示均是最小相位系统的开环对数幅频特性曲线，试写出其传递函数。

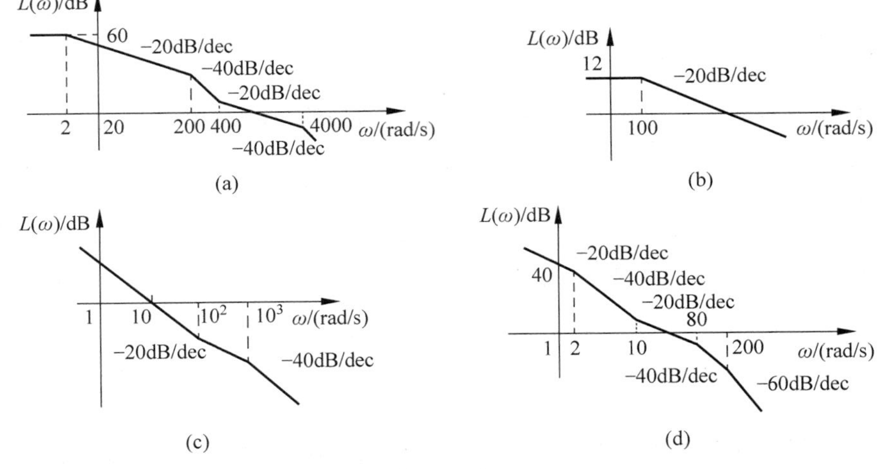

题 4-14 图

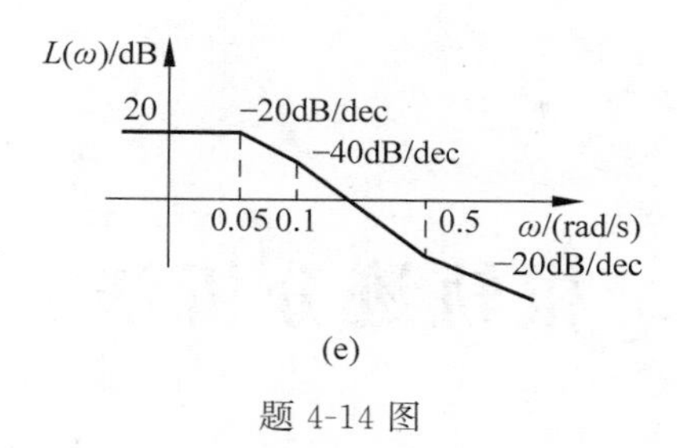

(e)

题 4-14 图

4-15　已知系统开环传递函数为

$$G(s)=\frac{40(s+0.5)}{s(s+0.2)(s^2+s+1)}$$

试绘制系统的近似对数频率特性曲线。

4-16　已知最小相位系统的对数幅频特性如题 4-16 图所示，试确定系统的传递函数。

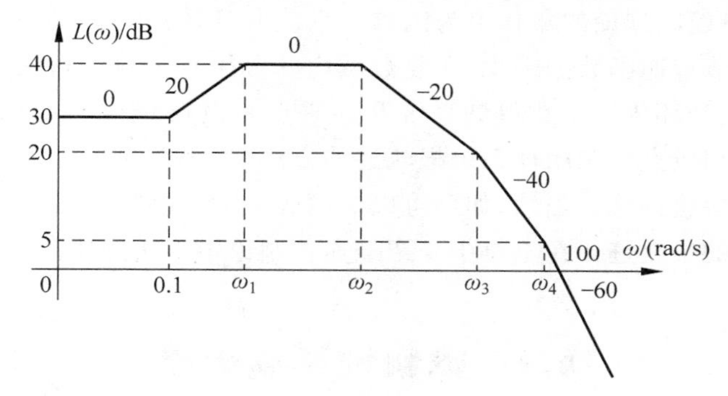

题 4-16 图

4-17　已知最小相位系统的对数幅频特性如题 4-17 图所示，试写出对应的传递函数并概略绘制幅相特性曲线。

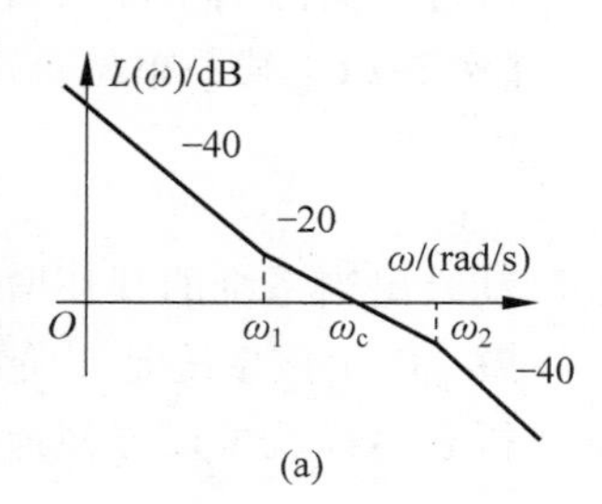

(a)

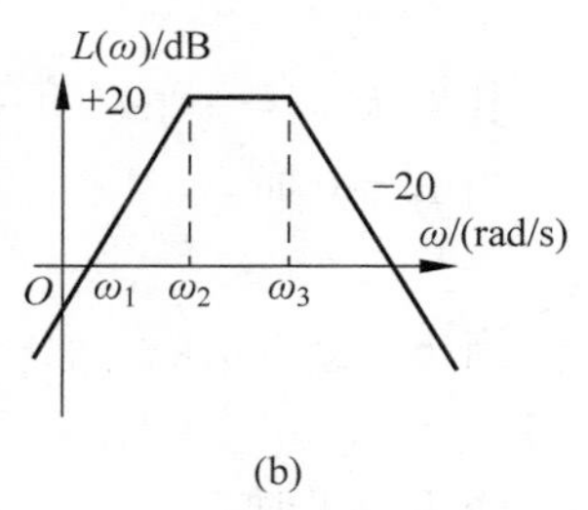

(b)

题 4-17 图

4-18　已知系统开环传递函数为

$$G(s)H(s)=\frac{2000s-4000}{s^2(s+1)(s^2+10s+400)}$$

试绘制系统开环对数幅频渐近特性曲线。

4-19　已知单位反馈系统的开环传递函数 $G(s)=\frac{K}{s(Ts+1)}$，当系统的输入 $r(t)=\sin 10t$ 时，闭环系统的稳态输出为 $c(t)=\sin(10t-90°)$，试计算参数 K 和 T 的数值。

4-20　已知系统开环传递函数为 $G(s)H(s)=\frac{K}{s^2(Ts+1)}$，绘制系统的奈奎斯特图和系统的伯德图。

第5章 根轨迹分析法

根轨迹就是闭环系统某一参数(如开环增益 K)由零至无穷大变化时,闭环系统特征根在[s]平面上移动的轨迹。系统特性主要取决于其特征根在复平面上的分布,所以可以通过根轨迹研究系统特性随参数(主要为开环增益)变化而变化的规律,这种方法称为根轨迹法。

高阶系统的特征方程为高次方程,为了画出其根轨迹而反复求解高次方程是很麻烦的事,特别在形成经典控制理论的年代更为困难。系统开环传递函数是组成系统前向通道和反馈通道各串联环节传递函数的乘积,在复数域内其分子和分母均可写为 s 的一次因式的积,可以直接从系统开环传递函数得到系统开环零点和极点,于是 W. R. Evans 在 1948 年提出根据开环零点和极点绘制闭环系统根轨迹的方法,为手工绘制根轨迹提供了方便,建立了经典控制理论的根轨迹法。当然,如今可以应用 Matlab 软件提供的根轨迹函数方便而准确地绘制出所需要的根轨迹。在本章中介绍经典控制论中根轨迹法的基本原理。

5.1 根轨迹基本概念

通过下面的例子说明如何根据系统根轨迹分析系统特性。

【例 5-1】 某一单位负反馈系统的开环传递函数为

$$G(s)=\frac{K}{s(0.5s+1)}$$

试绘出当系统的开环增益 $K=0\to\infty$ 的根轨迹,并根据根轨迹分析系统特性。

解:由于该系统是 2 阶系统,可以直接解出系统两个特征根的解析表达式,有了特征根的解析表达式就可以方便地画出系统的根轨迹。为此,首先写出系统特征方程为

$$1+G(s)=s^2+2s+2K=0$$

其根为 $s_1=-1+\sqrt{1-2K}$,$s_2=-1-\sqrt{1-2K}$。

当 $K=0$ 时,

$$s_1=0,\quad s_2=-2$$

当 $K=0.5$ 时,

$$s_1=-1,\quad s_2=-1$$

当 $K=1$ 时,

$$s_1=-1+\mathrm{j},\quad s_2=-1-\mathrm{j}$$

当 $K=\infty$ 时,

$$s_1=-1+\mathrm{j}\infty,\quad s_2=-1-\mathrm{j}\infty$$

显然，当系统的开环增益 $K=0\to\infty$ 变化时，系统的特征根在复平面上随之变化而形成根轨迹。此2阶系统的根轨迹如图5-1所示。

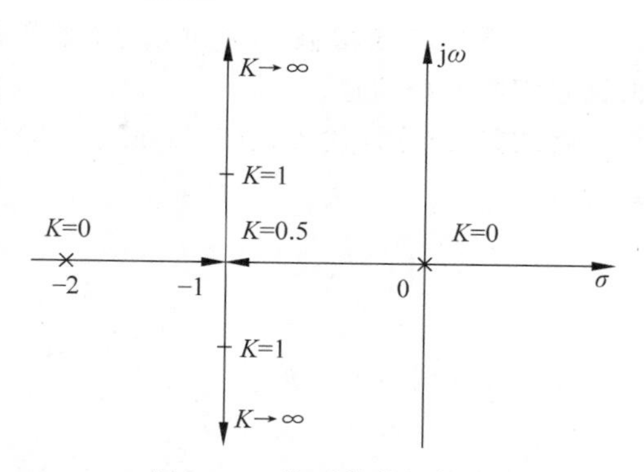

图5-1　2阶系统的根轨迹

有了根轨迹，就可以分析系统性能随开环增益变化的规律。

(1) 当开环增益 K 由 $0\to\infty$ 时，根轨迹均在 s 平面左半部，因此，对于任何 K 值，系统都是稳定的。

(2) 当 $0<K<0.5$ 时，闭环特征根为负实根，系统呈过阻尼状态，其阶跃响应为非周期衰减，响应速度慢，没有超调。

(3) 当 $K=0.5$ 时，系统处于临界阻尼状态，响应速度较过阻尼状态快，仍没有超调。

(4) 当 $K>0.5$ 时，其根为共轭复数，系统呈欠阻尼状态，其阶跃响应为振荡衰减。当 $K=1$ 时特征根为 $s_{1,2}=-1\pm\mathrm{j}$，系统具有最佳阻尼比 $\xi=0.707$。随着 K 值的增大系统响应速度变快，但超调增大，过大的 K 值对系统稳定性不利。

由此例可见，绘出系统的根轨迹后，就可以看出系统特征根随 K 值变化的情况，进而可知系统特性随 K 值变化的情况。也可以根据对系统特性的要求选择特征根的位置，从而确定 K 值的大小，为调试系统提供理论依据，这就是研究根轨迹法的意义。

5.2 根轨迹的幅值条件和相角条件

如何画出一个系统的根轨迹是根轨迹法的重要内容。为了可靠地绘制系统的根轨迹，首先应明确给出根轨迹上的点应满足的条件。根据定义，根轨迹上的任意一点都必须满足系统的特征方程，即

$$1+H(s)G(s)=0$$

由此方程得

$$H(s)G(s)=-1 \tag{5-1}$$

由式(5-1)两边幅值和相角分别相等，可得

$$|H(s)G(s)|=1 \tag{5-2}$$

$$\angle H(s)G(s)=\pm180^\circ(2k+1)\quad(k=0,1,2,\cdots) \tag{5-3}$$

称式(5-2)、式(5-3)分别为根轨迹的幅值条件和相角条件。在 s 平面上，凡是同时满足这两个条件的点就是系统特征根，就必定在根轨迹上，所以这两个条件是绘制根轨迹的重要依据。

由于系统开环传递函数是组成系统前向通道和反馈通道各串联环节传递函数的乘积，所以在复数域内其分子和分母均可写为 s 的一次因式积的形式，即

$$H(s)G(s)=\frac{K_{\mathrm{g}}\prod_{j=1}^{m}(s-z_j)}{\prod_{i=1}^{n}(s-p_i)} \tag{5-4}$$

式中，K_g 为根轨迹增益；z_j 和 p_i 分别为系统的开环零点和极点，在经典控制理论中主要根据它们绘制根轨迹。

将式(5-4)分别代入式(5-2)和式(5-3)中，得根轨迹的幅值条件和相角条件的具体表达式为

$$\frac{K_g\prod_{j}^{m}|s-z_j|}{\prod_{i}^{n}|s-p_i|}=1 \tag{5-5}$$

$$\sum_{j=1}^{m}\angle(s-z_j)-\sum_{i=1}^{n}\angle(s-p_i)=\pm 180°(2k+1)\quad (k=0,1,2,\cdots) \tag{5-6}$$

由于根轨迹增益 K_g 可以在 $0\to\infty$ 的范围内任意取值，所以在 s 平面内任意一点，只要满足式(5-6)表示的相角条件，就可以通过调节 K_g 的大小使其同时满足式(5-5)表示的幅值条件。因此，可以利用式(5-6)绘制根轨迹图，利用式(5-5)确定对应的根轨迹增益 K_g，这样就可以利用系统开环零点和开环极点绘制闭环根轨迹了，具体方法在5.3节介绍。

根轨迹增益与开环增益的确定方法为：在将开环传递函数写成典型环节的形式时，有

$$G(s)=\frac{K(\tau_1 s+1)(\tau_2^2 s^2+2\xi_2\tau_2 s+1)\cdots}{s(T_1 s+1)(T_2^2 s^2+2\xi_2 T_2 s+1)\cdots} \tag{5-7}$$

这种形式的特点是一次和二次因式的常数项为1，其中 K 称为开环增益。

但常用传递函数的零、极点表达式为式(5-4)所示形式，这种形式的特点是一次因式的 s 项的系数为1。可轻松将传递函数化成如式(5-4)和式(5-7)所示的形式，从而求得开环增益 K 和根轨迹增益 K_g 以及两者之间关系。

5.3 绘制根轨迹的基本规则

根据闭环系统特征根的特点和根轨迹的相角条件与幅值条件，总结出绘制根轨迹时应遵循的基本规则，参照这些规则绘制根轨迹将简化绘制过程、提高绘制精度及可靠性。

规则1 根轨迹的条数

n 阶系统的特征方程为 n 次方程，有 n 个根。当 K_g 在 $0\to\infty$ 范围内连续变化时，这 n 个根在复平面上也将连续变化，形成 n 条根轨迹，所以根轨迹的条数等于系统阶数。

规则2 根轨迹的对称性

系统特征根不是实数就是成对的共轭复数，而共轭复数对称于实轴，所以由特征根形成的根轨迹必定对称于实轴。

规则3 根轨迹的起点和终点

根据根轨迹的幅值条件式(5-5)可知，当 $K_g=0$ 时，只有当 $s=p_i(i=1,2,\cdots,n)$ 时，式(5-5)才能成立，所以根轨迹始于 p_i 点，而 p_i 为系统开环极点，可见系统的 n 条根轨迹始于系统的 n 个开环极点。

而当 $K_g\to\infty$ 时，只有当 $s=z_j(j=1,2,\cdots,m)$ 时，式(5-5)才能成立，所以根轨迹终止于 z_j 点，而 z_j 为系统开环零点，可见系统有 m 条根轨迹的终点为系统的 m 个开环零点。

规则4 实轴上的根轨迹

在实轴的某一段上存在根轨迹的条件为：在这一线段右侧的开环极点与开环零点的个数之和为奇数。

【例5-2】 设系统的开环传递函数为

$$G_k(s)=\frac{K(s+0.5)}{s^2(s+1)(s+5)(s+20)}$$

试求实轴上的根轨迹。

解：系统的开环零点为−0.5，开环极点为−1、−5、−20和原点（双重极点），如图5-2所示。

由图5-2可见，实轴右侧零、极点数之和为奇数的区间为[−20，−5]和[−1，−0.5]。

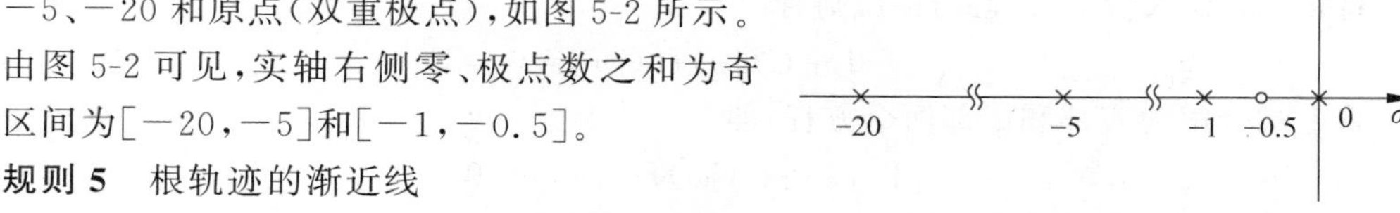

图5-2 系统开环零、极点分布

规则5 根轨迹的渐近线

如果开环零点个数 m 小于开环极点个数 n，则系统根轨迹增益 $K_g\to\infty$ 时，共有 $n-m$ 条根轨迹趋向无穷远处，它们的方位可由渐近线决定。

（1）根轨迹中 $n-m$ 条趋向无穷远处的分支的渐近线倾角为

$$\varphi=\pm\frac{180°(2k+1)}{n-m}\quad (k=0,1,2,\cdots,n-m-1) \tag{5-8}$$

（2）根轨迹中 $n-m$ 条趋向无穷远处的分支的渐近线与实轴的交点坐标为 $(\sigma_a,\mathrm{j}0)$，其中

$$\sigma_a=-\frac{\sum_{i=1}^{n}p_i-\sum_{j=1}^{m}z_j}{n-m} \tag{5-9}$$

【例5-3】 已知4阶系统的特征方程为

$$1+G(s)H(s)=1+\frac{K_g(s+1)}{s(s+2)(s+4)^2}=0$$

试大致绘制根轨迹。

解：先在复平面上表示出开环零、极点的位置，极点用"×"表示，零点用"°"表示，并根据实轴上根轨迹的确定方法绘制系统在实轴上的根轨迹，如图5-3(a)所示。

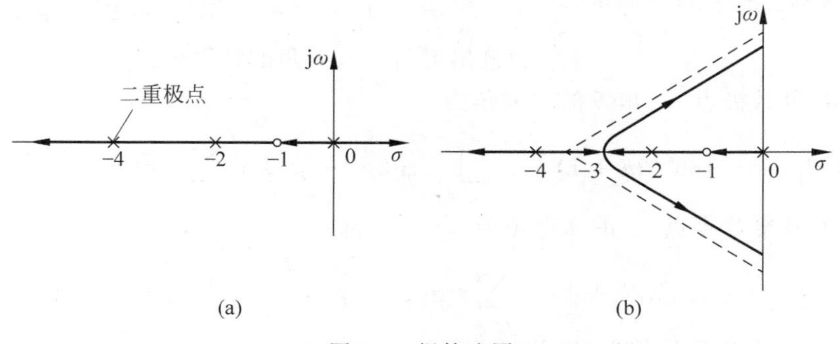

图5-3 根轨迹图

根据式(5-9)和题目给出的特征方程确定系统渐近线与实轴的交点和夹角分别为

$$\sigma=\frac{(-2)+2\times(-4)-(-1)}{4-1}=-3$$

$$\varphi_{a1}=60^\circ(k=0),\quad \varphi_{a2}=180^\circ(k=1),\quad \varphi_{a3}=300^\circ(k=2)$$

结合实轴上的根轨迹,绘制系统根轨迹如图 5-3(b)所示。

规则 6 确定根轨迹与虚轴的交点

根轨迹与虚轴相交,说明控制系统有位于虚轴上的闭环极点,即特征方程含有纯虚数的根。

将 $s=\mathrm{j}\omega$ 代入特征方程式(5-1)则有

$$1+G(\mathrm{j}\omega)H(\mathrm{j}\omega)=0$$

将上式分解为实部和虚部两个方程,即

$$\begin{aligned}&\mathrm{Re}[1+G(\mathrm{j}\omega)H(\mathrm{j}\omega)]=0\\&\mathrm{Im}[1+G(\mathrm{j}\omega)H(\mathrm{j}\omega)]=0\end{aligned}\tag{5-10}$$

解式(5-10),就可以求得根轨迹与虚轴的交点坐标 ω,以及此交点相对应的 K_g。

【例 5-4】 求例 5-3 中给出特征方程的系统根轨迹与虚轴的交点坐标。

解:将 $s=\mathrm{j}\omega$ 代入特征方程,得出的系统的特征方程

$$\omega^4-\mathrm{j}10\omega^3-32\omega^2+\mathrm{j}(32+K_g)\omega+K_g=0$$

写出实部和虚部方程,即

$$\omega^4-32\omega^2+K_g=0$$

$$10\omega^3+\mathrm{j}(32+K_g)\omega=0$$

由此求得根轨迹与虚轴的交点坐标为 $\omega_{1,2}=\pm4.834$,即$(0,\pm\mathrm{j}4.834)$,相应的 $K_g=201.68$。

规则 7 根轨迹的出射角和入射角

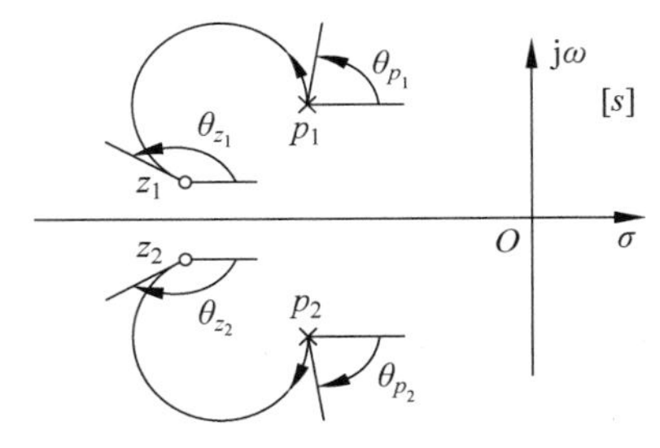

图 5-4 根轨迹出射角和入射角

所谓根轨迹的出射角(或入射角),指的是根轨迹离开开环复数极点处(或进入开环复数零点处)的切线方向与实轴正方向的夹角。图 5-4 所示的 θ_{p_1}、θ_{p_2} 为出射角,θ_{z_1}、θ_{z_2} 为入射角。

由于根轨迹的对称性,对应于同一对极点(或零点)的出射点(或入射点)互为相反数。因此,在图中有 $\theta_{p_1}=-\theta_{p_2}$,$\theta_{z_1}=-\theta_{z_2}$。由相角条件可以推出以下根轨迹出射角和入射角的计算公式。

根轨迹从复数极点 p_r 出发的出射角为

$$\theta_{p_r}=\pm180^\circ(2k+1)-\sum_{j=1,j\neq r}^{n}\arg(p_r-p_j)+\sum_{i=1}^{m}\arg(p_r-z_i)\tag{5-11}$$

根轨迹到达复数零点 z_r 的入射角为

$$\theta_{z_r}=\pm180^\circ(2k+1)+\sum_{j=1}^{n}\arg(z_r-p_j)-\sum_{i=1,i\neq r}^{m}\arg(z_r-z_i)\tag{5-12}$$

式中,arg(·)表示复数的相角(幅角)。

规则 8　根轨迹上的分离点坐标

根轨迹上的分离点：当有两条或两条以上的根轨迹分支在 s 平面上相遇又立即分开的点称为分离点。可见，分离点就是特征方程出现重根的点。分离点的坐标 d 可用下列方程之一解得。根据根轨迹的对称性法则，根轨迹的分离点一定在实轴上或以共轭形式成对出现在复平面上。

$$\frac{\mathrm{d}}{\mathrm{d}s}[G(s)H(s)]=0 \tag{5-13}$$

$$\frac{\mathrm{d}K_g}{\mathrm{d}s}=0 \tag{5-14}$$

式中，

$$K_g=-\frac{\prod_{j=1}^{n}(s-p_j)}{\prod_{i=1}^{m}(s-z_i)} \tag{5-15}$$

$$\sum_{j=1}^{m}\frac{1}{d-z_j}=\sum_{i=1}^{n}\frac{1}{d-p_i} \tag{5-16}$$

【例 5-5】　已知系统开环传递函数

$$G(s)H(s)=\frac{K_g(s+1)}{s^2+3s+3.25}$$

试求系统闭环根轨迹分离点坐标。

解：$G(s)H(s)=\dfrac{K_g(s+1)}{s^2+3s+3.25}=\dfrac{K_g(s+1)}{(s+1.5+\mathrm{j})(s+1.5-\mathrm{j})}$

方法 1：根据式(5-13)对上式求导，即 $\dfrac{\mathrm{d}}{\mathrm{d}s}[G(s)H(s)]=0$ 可得

$$d_1=-2.12,\quad d_2=0.12$$

方法 2：根据式(5-14)，求出闭环系统特征方程为

$$1+G(s)H(s)=1+\frac{K_g(s+1)}{s^2+3s+3.25}=0$$

由上式可得

$$K_g=-\frac{s^2+3s+3.25}{s+1}$$

对上式求导，即 $\dfrac{\mathrm{d}K_g}{\mathrm{d}s}=0$ 可得

$$d_1=-2.12,\quad d_2=0.12$$

方法 3：根据式(5-15)有

$$\frac{1}{d+1.5+\mathrm{j}}+\frac{1}{d+1.5-\mathrm{j}}=\frac{1}{d+1}$$

解此方程得

$$d_1=-2.12,\quad d_2=0.12$$

d_1 在根轨迹上，即为所求的分离点，d_2 不在根轨迹上，则舍弃。此系统根轨迹如图 5-5

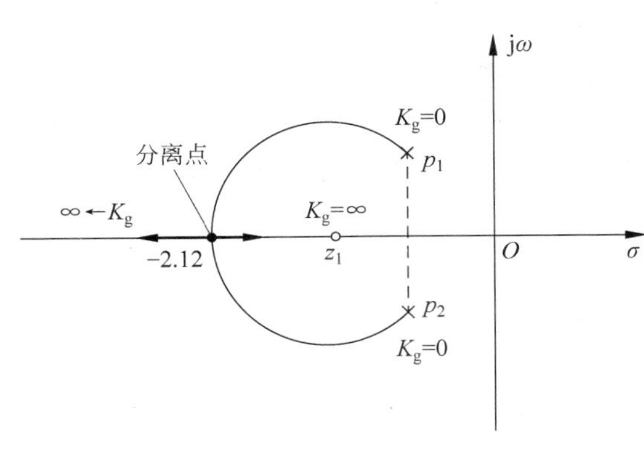

图 5-5 根轨迹图

所示。

以上介绍了 8 条绘制根轨迹的一般规则。为了熟练应用上述 8 条规则，并能绘制复杂系统根轨迹，下面再举一例说明如何绘制一个复杂系统的完整根轨迹图。

【例 5-6】 设系统的开环传递函数为

$$G(s)H(s)=\frac{K_1}{6s\left(\frac{1}{3}s+1\right)\left(\frac{1}{2}s^2+s+1\right)}$$

试绘制概略根轨迹图。

解：由题所示，系统的开环增益为 $K=K_1/6$。将开环传递函数化为式(5-4)的形式，即

$$G(s)H(s)=\frac{K_1}{s(s+3)(s^2+2s+2)}=\frac{K_1}{s(s+3)(s+1+\mathrm{j})(s+1-\mathrm{j})}$$

容易得出根轨迹增益为 $K_g=K_1$，则根轨迹增益和开环增益的关系为 $K=K_g/6$。

根轨迹绘制步骤如下。

(1) 根据上式求出系统的开环极点为 $p_1=0$，$p_2=-3$，$p_{3,4}=-1\pm\mathrm{j}$，开环极点数为 $n=4$，开环零点数为 $m=0$。这些开环零、极点如图 5-6 所示，分布于复平面[s]上。

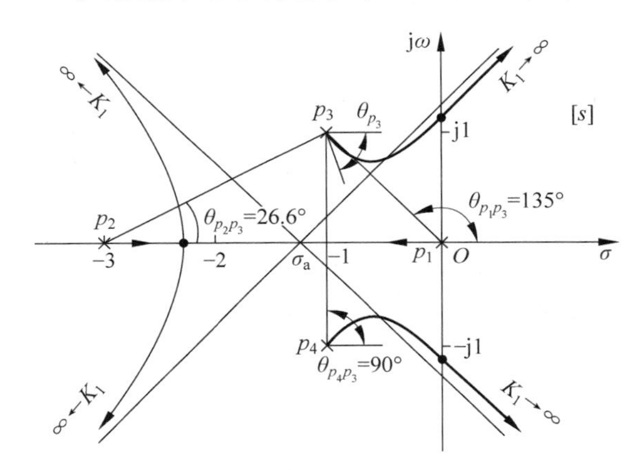

图 5-6 例 5-6 根轨迹图

由于开环极点数为 $n=4$，故根据规则 1，根轨迹有 4 条分支。当 $K_g=K=0$ 时，4 条根轨迹分支分别从 4 个开环极点出发，当 $K_g\to\infty$时，4 条根轨迹均趋于无穷远处（即无限开环零点处）。

(2) 根据规则 4，在实轴上取试验点，确定实轴上的根轨迹。在开环极点 $p_1=0$ 和 $p_2=-3$ 之间的那段实轴的右侧，零、极点数之和为奇数，则这段实轴上存在根轨迹，如图 5-6 所示。

(3) 根据规则 5，确定渐近线。

4 条根轨迹渐近线与实轴的交点坐标及交角分别为

$$\sigma_a=\frac{\sum_{i=1}^{4}p_i}{n-m}=\frac{-5}{4}=-1.25$$

$$\varphi_{aq}=\frac{(-2q-1)\pi}{n-m}\quad(q=1,2,3,4)$$

即 $\varphi_{a1}=\frac{\pi}{4},\varphi_{a2}=\frac{3\pi}{4},\varphi_{a3}=\frac{5\pi}{4},\varphi_{a4}=\frac{7\pi}{4}$。

(4) 根据规则8,确定根轨迹在实轴上分离的坐标。

$$\sum_{i=1}^{4}\frac{1}{s-p_i}=\frac{1}{s}+\frac{1}{s+3}\frac{1}{s+1+j}+\frac{1}{s+1-j}=0$$

解方程得 $s=-2.3, s=0.725\pm j0.365$。验证这些分离点是否存在,即看其是否在实轴上的根轨迹上。因为在开环极点 $p_1=0$ 和 $p_2=-3$ 之间存在根轨迹,所以分离点坐标应为 $s=-2.3$。

(5) 根据规则7,确定根轨迹的出射角。4条根轨迹的4个出射角分别为

$$\theta_{p_1}=180°+\left(0-\sum_{j=2}^{1}\theta_{p_jp_1}\right)=180°-(\theta_{p_2p_1}+\theta_{p_3p_1}+\theta_{p_4p_1})$$

$$=180°-\left[\arctan\frac{0-0}{0-(-3)}+\arctan\frac{0-1}{0-(-1)}+\arctan\frac{0-(-1)}{0-(-1)}\right]=180°$$

$$\theta_{p_2}=180°+\left(0-\sum_{\substack{j=2\\j\neq 2}}^{4}\theta_{p_jp_2}\right)=180°-(\theta_{p_1p_2}+\theta_{p_3p_2}+\theta_{p_4p_2})$$

$$=180°-\left[\arctan\frac{0-0}{-3-0}+\arctan\frac{0-1}{-3-(-1)}+\arctan\frac{0-(-1)}{-3-(-1)}\right]=0°$$

$$\theta_{p_3}=180°+\left(0-\sum_{\substack{j=2\\j\neq 3}}^{4}\theta_{p_jp_3}\right)=180°-(\theta_{p_1p_3}+\theta_{p_2p_3}+\theta_{p_4p_3})$$

$$=180°-\left[\arctan\frac{1-0}{-1-0}+\arctan\frac{1-0}{-1-(-3)}+\arctan\frac{1-(-1)}{-1-(-1)}\right]$$

$$=180°-(135°+26.6°+90°)=-71.6°$$

因为根轨迹存在于实轴,故 $\theta_{p_4}=+71.6°$。

以上方法为计算法。用作图法可量得 $\theta_{p_1p_3}=135°$、$\theta_{p_2p_3}=26.6°$、$\theta_{p_4p_3}=90°$。这和计算结果是一样的。

(6) 根据规则6,确定根轨迹与虚轴的交点。

将 $s=j\omega$ 代入闭环特征方程 $1+G(s)H(s)=0$,得

$$\omega^4-5j\omega^3-8\omega^2+6j\omega+K_1=0$$

则

$$\omega^4-8\omega^2+K_1=0$$

$$-5\omega^3+6\omega=0$$

求得与虚轴交点为 $s=\pm j1.1$,与之对应的根轨迹增益为 $K_g=204/25$。

(7) 对于根轨迹曲线部分的绘制,可在原点附近取试验点,如果其满足相角条件,则在

根轨迹上。

根据以上各项，可绘出概略根轨迹图如图 5-6 所示。

根轨迹具有系统动态性能和稳态性能的相关信息。绘制系统的根轨迹图，对其进行分析，容易确定系统的相关参数，并对系统进行校正。

1. 稳定性和稳定域

通过根轨迹法可轻松确定系统的稳定性，并计算出系统的稳定域。如果根轨迹位于[s]平面的左半部，说明系统是稳定的。如果根轨迹分支随根轨迹增益增大而穿过虚轴而进入[s]复平面的右半部，则可以通过规则 6 引入闭环极点的概念，计算确定系统的临界增益值，从而确定系统的稳定域。

2. 确定系统的型别和过渡过程形式

从根轨迹图上可根据判断坐标原点处的开环极点数确定系统的型别。而当系统所有极点均位于实轴上且无闭环零点时，系统阶跃响应为非周期单调过程；否则呈振荡趋势。

3. 对低阶系统瞬态响应的分析以及对高价系统瞬态响应的估计

以 2 阶系统为例，如果系统的极点为一对共轭复数，为欠阻尼系统，其单位阶跃响应瞬态分量幅值随时间以衰减振荡方式变化，衰减系数等于闭环极点到虚轴的距离，振荡频率等于闭环极点到实轴的距离；当系统极点为一对负实数重极点，为临界阻尼系统；当系统极点为一对不相等负实数，为过阻尼系统，单位阶跃响应两项瞬态分量幅值都以单调衰减方式变化。因此，可根据其根轨迹图，确定不同阻尼系统的开环增益的取值范围，且确定瞬态响应参数的变化情况。

对于高阶系统，其瞬态响应特性主要取决于靠近虚轴的少数几个闭环极点。当系统存在闭环主导极点时，瞬态响应就取决于该主导极点。可通过主导极点将高阶系统简化近似成低阶系统进行性能指标估算：当主导极点是实数时，可利用 1 阶性能指标计算公式估算；当主导极点是共轭复数时，可利用 2 阶性能指标计算公式估算。

4. 分析系统稳态特性

由于根轨迹非常直观地反映系统的型别和根轨迹增益 K_g，K_g 又与开环增益 K 间存在比例关系，而决定系统稳态性能的因素正是系统的型别和开环增益 K 的大小。所以，很容易根据系统根轨迹图分析系统的稳态性能。

5.4 设计示例——工作台位置自动控制系统的根轨迹分析

在前面几章中描述了工作台位置自动控制系统的基本结构和工作原理，建立了数学模型，分析了该系统的时域特性、频域特性和稳定性。学习根轨迹法后，在本节中用根轨迹法对该系统进行性能分析。为了方便用根轨迹法分析该系统的特性，暂时不考虑复杂的控制器，让比较放大器充当比例控制器来分析。

系统开环传递函数如式

$$G_k(s)=\frac{U_b(s)}{X_i(s)}=\frac{K_pK_qK_gK_fK}{s(Ts+1)}$$

式中，$T=\dfrac{R_aJ}{R_aD+K_eK_T}=\dfrac{4\times0.004}{4\times0.005+0.15\times0.2}=0.32$；$J$ 为电动机、减速器、滚珠丝杠和

工作台等效到电动机转子上总转动惯量，$J=0.004\text{kg}\cdot\text{m}^2$；$D$ 为折合到电动机转子上的总黏性阻尼系数，$D=0.005\text{N}\cdot\text{m}\cdot\text{s/rad}$；$R_a$ 为电动机转子线圈的电阻，$R_a=4\Omega$；K_T 为电动机的力矩常数，$K_T=0.2\text{N}\cdot\text{m/A}$；$K_e$ 为反电动势常数，$K_e=0.15\text{V}\cdot\text{s/rad}$；$K=\dfrac{K_T/i}{R_aD+K_eK_T}=\dfrac{0.2/4000}{4\times0.005+0.15\times0.2}=0.001$；$i$ 为传动比，$i=4000$；K_g 为功率放大器的放大倍数，$K_g=10$；K_p 为指令电位器的转换系数，$K_p=10$；K_f 为反馈电位器的转换系数，$K_f=10$；K_q 为前置放大系数，在实际控制系统中常制成可调的，以便在系统调试时调整。下面讨论 K_q 的变化对系统性能的影响。

系统的开环传递函数为

$$G_k(s)=\frac{K_pK_qK_gK_fK}{s(Ts+1)}=\frac{K_q}{s(0.32s+1)} \tag{5-17}$$

从传递函数表达式可以看出，系统的开环增益为 K_q。

1. 绘制系统的根轨迹图

(1) 因为系统有 $n=2$ 个开环极点和 $m=0$ 个开环零点，故根轨迹有两条，且均趋于无穷远处。两条渐近线与实轴的夹角及交点坐标分别为

$$\varphi_k=\frac{180^\circ(2k-1)}{n-m}=90^\circ \quad (k=1)$$

$$\varphi_k=\frac{180^\circ(2k-1)}{n-m}=270^\circ \quad (k=2)$$

$$\sigma_a=\frac{\sum_{i=1}^{n}p_i-\sum_{i=1}^{m}z_i}{n-m}=\frac{-3.125}{2}=-1.5625$$

据此可绘制出根轨迹的两条渐近线，如图 5-7 所示。

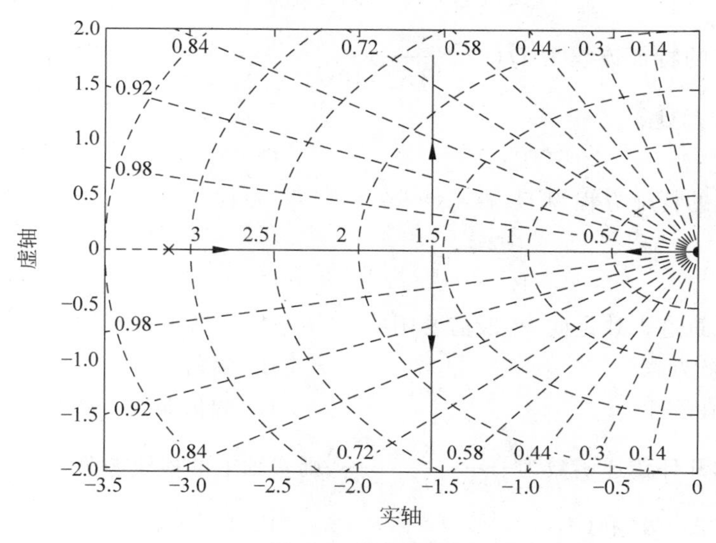

图 5-7 根轨迹图

(2) 系统的两个开环极点 $p_1=0$ 和 $p_2=-3.125$ 均位于实轴上，它们是系统根轨迹的

两个起始点。由此可以推断在实轴上，$p_1=0$ 和 $p_2=-3.125$ 之间存在根轨迹，如图 5-7 所示。

(3) 由于实轴上 $p_1=0$ 和 $p_2=-3.125$ 之间存在根轨迹，故分离点存在于该段。由

$$\sum_{i=1}^{2}\frac{1}{s-p_i}=\frac{1}{s}+\frac{1}{s+3.125}=0$$

该方程的解为 $s=-1.5625$。显然，分离点坐标为 $s=-1.5625$。

2. 系统的根轨迹法分析

根据前面对该系统根轨迹的绘制可知，当 $K_q=0$ 时，系统没有输出，总是处于静止状态，对应于该系统根轨迹的两个起始点，分别为实轴上的 0 和 −3.125。随着 K_q 的增大，系统的根在实轴上分别从 0 和 −3.125 向它们的中点 −1.5625 移动。在此期间，系统的特征根为负实数，系统是稳定的，由于特征根没有虚部，系统在阶跃输入时输出没有超调。当特征根到达 −1.5625 后，分别沿 90°和 270°的两条直线向远处移动，它们是共轭复数特征根 $s_{1,2}=-\xi\omega_n\pm j\omega_n\sqrt{1-\xi^2}$，该系统为 2 阶欠阻尼系统，即 2 阶振荡系统。由此式也可以看出，随着 K_q 值的不断增大，系统固有频率不断增高，阻尼比不断减小。当 K_q 大到一定程度时，系统产生振荡是必然的。

习 题

5-1 单项选择题

(1) 开环传递函数为 $G(s)H(s)=\dfrac{K}{s^3(s+3)}$，则存在根轨迹的实轴区域为(　　)。

A. $(-3,\infty)$　　B. $(0,\infty)$　　C. $(-\infty,-3)$　　D. $(-3,0)$

(2) 设系统的特征方程为 $D(s)=\dfrac{s+3}{3s^4+10s^3+5s^2+s+2}=0$，则此系统有(　　)条根轨迹趋向于无穷远处。

A. 1　　B. 2　　C. 3　　D. 4

(3) 设系统的特征方程为 $D(s)=s^4+8s^3+17s^2+16s+5=0$，则此系统有(　　)条根轨迹。

A. 1　　B. 2　　C. 3　　D. 4

(4) 确定根轨迹大致走向，一般需要用(　　)条件就够了。

A. 特征方程　　B. 幅角条件

C. 幅值条件　　D. 幅值条件＋幅角条件

(5) 系统的开环传递函数为 $\dfrac{K}{s(s+1)(s+2)}$，则实轴上的根轨迹为(　　)。

A. $(-2,-1)$和$(0,\infty)$　　B. $(-\infty,-2)$和$(-1,0)$

C. $(0,1)$和$(2,\infty)$　　D. $(-\infty,0)$和$(1,2)$

5-2 什么是根轨迹？

5-3 如何绘制多参数根轨迹？

5-4　什么是主导极点和偶极子？

5-5　如何从根轨迹图分析闭环控制系统的性能？

5-6　已知系统的开环传递函数为

$$G(s)H(s)=\frac{K}{s(s+1)(0.25s+1)}$$

(1) 绘制系统的根轨迹图。

(2) 为使系统的阶跃响应呈现衰减振荡形式，试确定 K 的取值范围。

5-7　设控制系统的结构图如题5-7图所示，试概略绘制其根轨迹图。

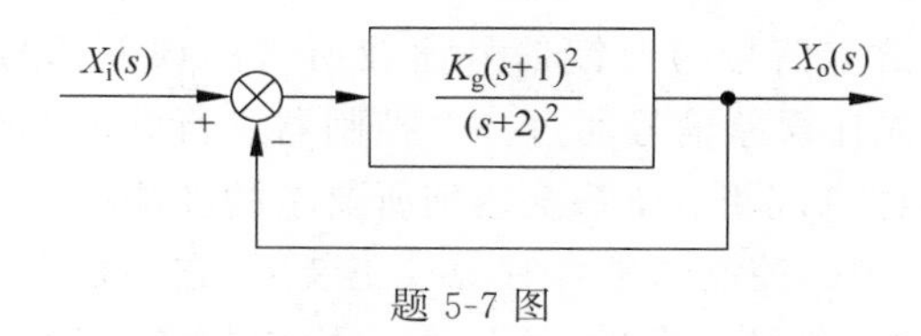

题5-7图

5-8　设单位负反馈系统的开环传递函数为

$$G(s)=\frac{K_g(s+2)}{s(s+1)}$$

试绘制其闭环系统根轨迹图，并从数学上证明；复数根轨迹部分是以(−2,j0)为圆心、以$\sqrt{2}$为半径的一个圆。

第6章

多模态控制器

在自动控制系统中，给定信号与反馈信号比较所得的误差信号是最基本的控制信号。为了提高系统性能，总是先让误差信号通过一个控制器进行某种控制运算，从控制器输出的控制信号就可以更有效地控制系统，使系统达到所要求的性能指标。

在实际模拟控制系统中的控制器常为有源校正装置，它们是由电阻、电容与运算放大器构成的网络。由于运算放大器是有源的，所以由它构成的校正装置常称为有源校正装置。在工业中常采用的控制器有比例控制器(P)、比例积分控制器(PD)、比例微分控制器(PD)和比例积分微分控制器(PID)，它们都属于有源校正装置。

6.1 比例控制器

比例控制器(P)的有源网络如图6-1所示。在前面已求出了该网络的传递函数，即

$$G_c(s)=\frac{U_o(s)}{U_i(s)}=K_p$$

式中，$K_p=-R_2/R_1$。

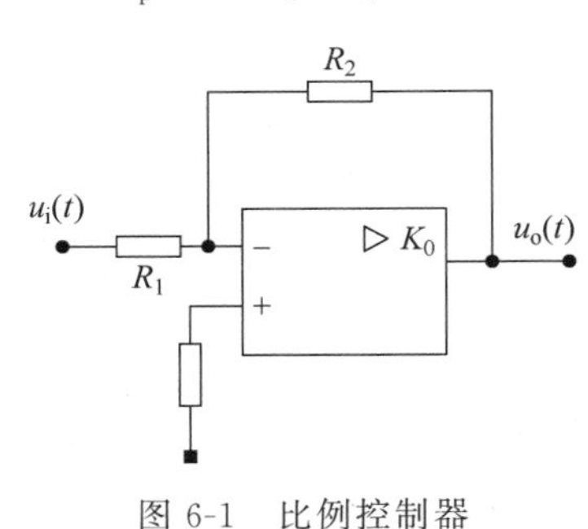

图6-1　比例控制器

图6-1所示的是比例控制器的输出与输入变号，此问题可以通过串联一个反向电路来解决。反向电路就是让图6-1中的两个电阻R_1、R_2的阻值相等的电路。所以，在控制电路中信号反向将不是问题。

比例控制器的作用是调节系统开环增益。在保证系统稳定性的情况下提高开环增益可以提高系统的稳态精度和快速性。加大比例系数能减少静态误差，却不能从根本上消除静差。过大的比例系数会使系统产生较大的超调，使振荡次数增多，使调节时间加长，也可能使系统稳定性变坏或使系统产生振荡。比例系数过小，又会使系统的动作迟缓。

在实际控制系统中，为了进一步提高系统性能，一般都不单独使用比例控制器，而是根据系统设计的需要，与积分或者微分配合使用，如以下3种控制器。

6.2 比例积分控制器

比例积分控制器(PI)的网络如图6-2所示。

其传递函数为

$$G_c(s)=K_p+\frac{1}{T_i s}=\frac{T_i K_p s+1}{T_i s} \quad (6\text{-}1)$$

式中，$K_p=-\frac{R_2}{R_1}$；$T_i=-R_1 C$。

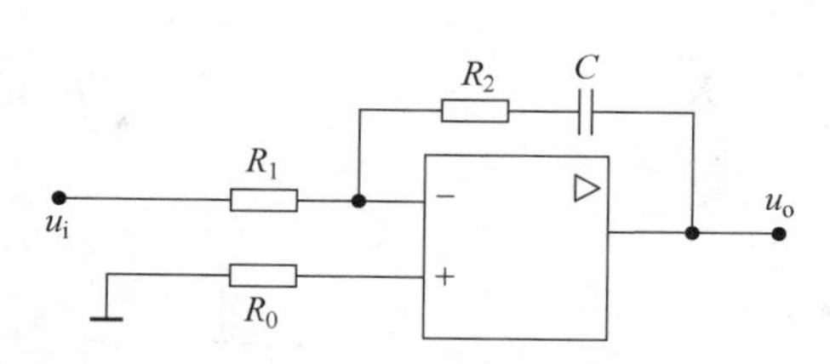

图 6-2　比例积分控制器

比例积分控制器中的积分控制可提高系统的稳态精度，而其中的比例控制可对由积分控制降低了的快速性有所补偿，可以较好地解决系统动、静态特性相互矛盾的问题。它相当于滞后校正。积分作用的强弱取决于积分时间常数 T。积分时间常数越大，积分作用越弱；反之，则越强。积分控制通常与比例控制或比例微分控制联合使用，构成 PI 或 PID 控制。增大积分时间常数(积分变弱)有利于减小超调，减小振荡，使系统更稳定，但同时要延长系统消除静差的时间。积分时间常数太小会降低系统的稳定性，增多系统的振荡次数。

6.3　比例微分控制器

比例微分控制器(PD)的网络如图 6-3 所示。

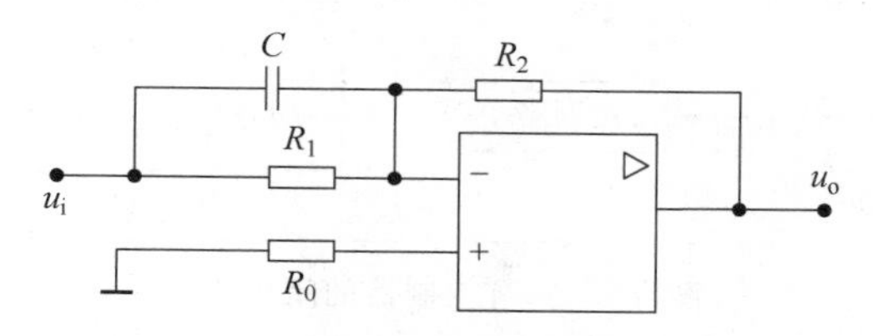

图 6-3　比例微分控制器

其传递函数为

$$G_c(s)=K_p+T_d s \quad (6\text{-}2)$$

式中，$K_p=-\frac{R_2}{R_1}$；$T_d=-R_2 C$。

比例微分控制器中的微分控制作用与误差的变化率成正比，它根据误差的变化趋势对误差起修正作用，这样可提高系统的稳定性和快速性，如减小超调量、缩短调节时间、允许加大比例控制、提高控制精度。它相当于超前校正。但应当注意，微分时间常数过大或过小时，会使系统的超调量变大、调节时间变长，只有选择合适的微分时间常数，才能获得比较满意的过渡过程。微分作用很容易放大高频噪声，因此常配以高频噪声滤波环节。

6.4　比例积分微分控制器

比例积分微分控制器(PID)的网络如图 6-4 所示。

其传递函数为

$$G_c(s)=K_p+\frac{1}{T_i s}+T_d s \quad (6\text{-}3)$$

式中，$K_p=-\dfrac{R_1C_1+R_2C_2}{R_1C_2}$；$T_i=-R_1C_2$；$T_d=-R_2C_1$。

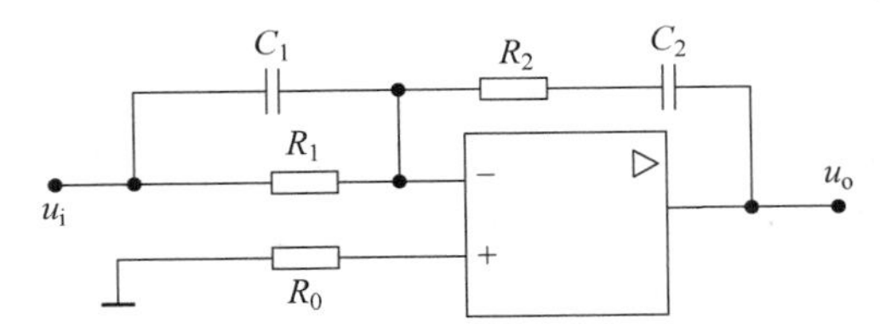

图 6-4　比例积分微分控制器

相比之下，比例积分微分控制器的功能是最好的。其积分控制可提高系统的稳态精度，其微分控制可改善系统的快速性。若配以高频噪声滤波环节，它相当于滞后-超前校正。工业中用集成运算放大器制成的 PID 控制器可方便地调整其参数 K_p、T_i、T_d，在调试系统时非常方便，因而得到广泛应用。

下面通过一个例子进一步说明比例、积分、微分环节的控制作用。

考虑一个 3 阶被控对象 $G(s)=\dfrac{1}{(s+1)^3}$，系统结构如图 6-5 所示。分别采用 P、PI、PID 控制策略，分析系统的阶跃响应。

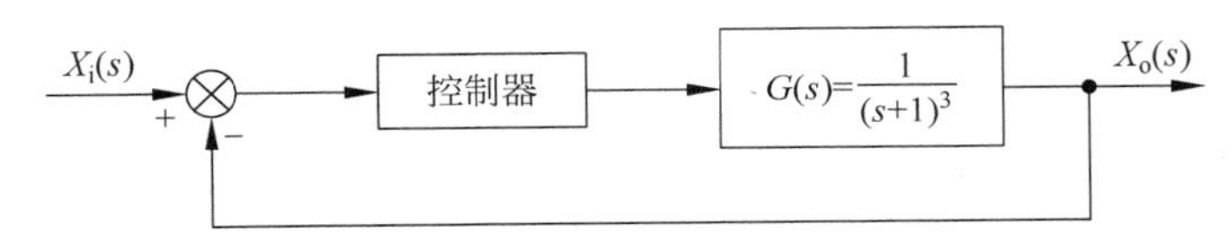

图 6-5　具有控制器的闭环系统

(1) 当只有比例控制时，K_p 取值 0.2～2.0，变化增量为 0.6，则闭环阶跃响应曲线如图 6-6 所示。由图 6-6 可见，当 K_p 值增大时，系统响应速度加快，超调量增大。当 K_p 达到一定值后，系统将会不稳定。

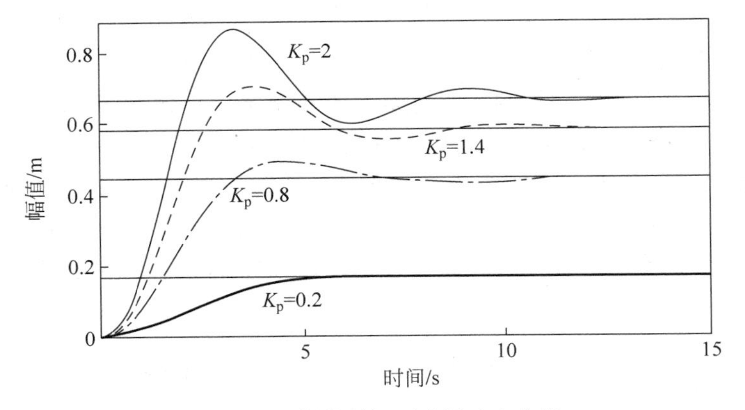

图 6-6　比例控制闭环阶跃响应曲线

(2) 采用 PI 控制时，令 $K_p=1$，T_i 取值 0.7～1.5，变化增量为 0.2，相应的闭环阶跃响应如图 6-7 所示。PI 的控制作用是可以消除静差。由图 6-7 可见，当 T_i 值增大时，系统超调变小，响应速度变慢；若 T_i 变小，则超调增大，响应速度加快。

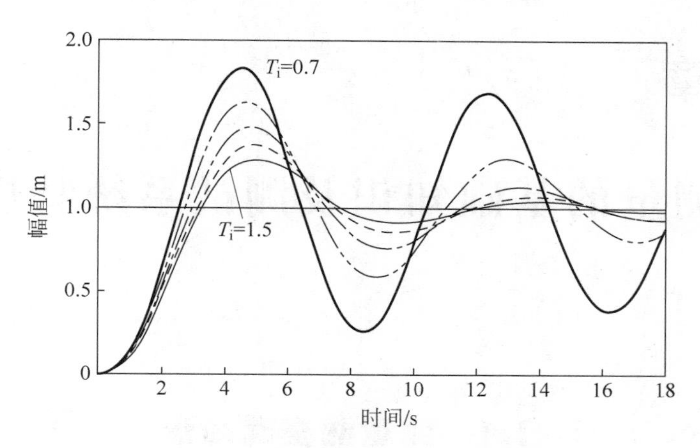

图 6-7 PI 控制闭环阶跃响应曲线

(3) 若采用 PID 控制,令 $K_p=T_i=1$,T_d 取值 0.1~2.1,变化增量为 0.4,闭环响应曲线如图 6-8 所示。由图 6-8 可以看出,当 T_d 增大时系统的调整时间缩短。

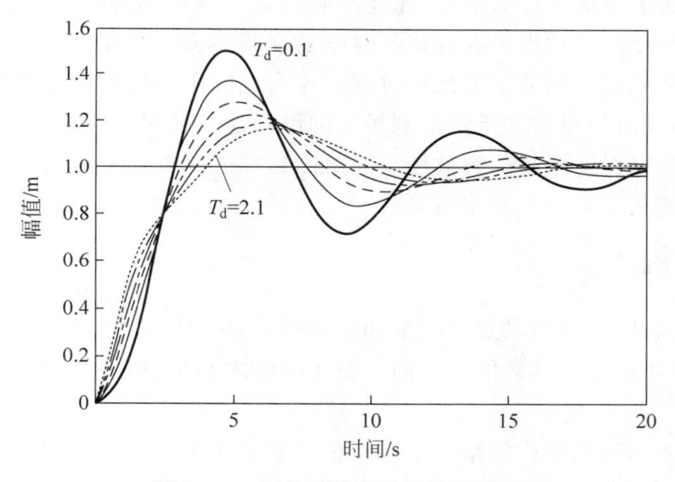

图 6-8 PID 控制闭环阶跃响应曲线

习 题

6-1 简述比例控制器的特点。

6-2 简述比例积分控制器的特点。

6-3 简述比例微分控制器的特点

6-4 简述比例积分微分控制器的特点。

第7章

测量的基础知识及测试系统特性

7.1 测量的基础知识

在机械(或机电)系统试验、控制和运行监测中,需要测量各种物理量(或其他工程参量)及其随时间变化的特性,这种测量需通过各种测量装置和测量过程来实现。于是,测量装置和测量过程在总体上需满足什么要求,才能准确测量到这些物理量及其随时间的变化是我们关心的问题。为使测量结果具有普遍的科学意义需具备一定的条件。首先,测量过程是被测量的量与标准或相对标准量的比较过程。作为比较用的标准量值必须是已知的且是合法的,才能确保测量值的可信度及保证测量值的溯源性。其次,进行比较的测量系统必须进行定期检查、标定,以保证测量的有效性、可靠性,这样的测量才有意义。

本节讨论与此相关的一些基本概念。

7.1.1 量与量纲

量是指现象、物体或物质可定性区别和定量确定的一种属性。不同类的量彼此可以定性区别,如长度与质量是不同类的量。同一类中的量之间是以量值大小来区别的。

1. 量值

量值是用数值和计量单位的乘积来表示的。它被用来定量地表达被测对象相应属性的大小,如3.4m、15kg、40℃等。其中,3.4、15、40是量值的数值。显然,量值的数值就是被测量与计量单位的比值。

2. 基本量和导出量

在科学技术领域中存在着许多量,它们彼此有关。为此专门约定选取某些量作为基本量,而其他量则作为基本量的导出量,量的这种特定组合称为量制。在量制中,约定地认为基本量是相互独立的量,而导出量则是由基本量按一定函数关系来定义的。

3. 量纲和量的单位

量纲代表一个实体(被测量)的确定特征,而量纲单位则是该实体的量化基础。例如,长度是一个量纲,而厘米则是长度的一个单位;时间是一个量纲,而秒则是时间的一个单位。一个量纲是唯一的,然而一种特定的量纲,如长度,则可用不同的单位来测量,如英尺、米、英寸或英里等。不同的单位制必须被建立和认同,即这些单位制必须被标准化。由于存在着不同的单位制,在不同单位制之间的转换基础方面也必须有协议。

在国际单位制(SI)中,基本量约定为长度、质量、时间、温度、电流、发光强度和物质的量

共7个量。它们的量纲分别用 L、M、T、θ、I、N 和 J 表示。导出量的量纲可用基本量量纲的幂的乘积来表示。例如，导出量——力的量纲是 LMT^{-2}，电阻的量纲是 $L^2MT^{-3}I^{-2}$。工程上会遇到无量纲量，其量纲中的幂都为零，实际上它是一个数，弧度(rad)就是这种量。

7.1.2 法定计量单位

法定计量单位是强制性的，各行业、各组织都必须遵照执行，以确保单位的一致性。我国的法定计量单位是以国际单位制(SI)为基础并选用少数其他单位制的计量单位组成的。

1. 基本单位

根据国际单位制(SI)，7个基本量的单位分别是长度——米(Metre)、质量——千克(Kilogram)、时间——秒(Second)、温度——开尔文(Kelvn)、电流——安培(Ampere)、发光强度——坎德拉(Candela)、物质的量——摩尔(Mol)。

它们的单位代号分别为米(m)、千克(kg)、秒(s)、开(K)、安(A)、坎(cd)、摩(mol)。

国际单位制(SI)的基本单位的定义如下。

(1) 米(m)是光在真空中，在1/299792458s的时间间隔内所经过路程的长度。

(2) 千克(kg)是质量单位，等于国际千克原器的质量。

(3) 秒(s)是铯-133原子基态的两个超精细能级间跃迁对应的辐射9192631770个周期的持续时间。

(4) 安培(A)是电流单位。在真空中，两根相距1m的无限长、截面积可以忽略的平行圆直导线内通过等量恒定电流时，若导线间相互作用力在每米长度上为 2×10^{-7}N，则每根导线中的电流为1A。

(5) 开尔文(K)是热力学温度单位，等于水的三相点热力学温度的1/273.16。

(6) 摩尔(mol)是一系统的物质的量，该系统中所包含的基本单元数与0.012kg碳-12的原子数目相等。使用摩尔时，基本单元可以是原子、分子、离子、电子及其他粒子，或是这些粒子的特定组合。

(7) 坎德拉(cd)是一光源在给定方向上的发光强度，该光源发出频率为 540×10^{12}Hz的单色辐射，且在此方向上的辐射强度为1/683W/sr。

2. 辅助单位

在国际单位制中，平面角的单位"弧度"和立体角的单位"球面度"未归入基本单位或导出单位，而称之为辅助单位。辅助单位既可以作为基本单位使用，又可以作为导出单位使用。它们的定义如下。

(1) 弧度(rad)是一个圆内两条半径在圆周上所截取的弧长与半径相等时，它们所夹的平面角的大小。

(2) 球面度(sr)是一个立体角，其顶点位于球心，而它在球面上所截取的面积等于以球半径为边长的正方形面积。

3. 导出单位

在选定了基本单位和辅助单位之后，按物理量之间的关系，由基本单位和辅助单位以相乘或相除的形式所构成的单位称为导出单位。

7.1.3 测量、计量、测试

测量、计量、测试是3个密切关联的术语。测量(measurement)是指以确定被测对象的量值为目的而进行的试验过程。如果测量涉及实现单位统一和量值准确可靠，则被称为计量。因此，研究测量、保证测量统一和准确的科学称为计量学(metrology)。具体地说，计量学研究可测的量、计量单位、计量基准、标准的建立、复现、保存及量值传递、测量原理与方法及其准确度、观察者的测量能力、物理常量及常数、标准物质、材料特性的准确确定以及计量的法制和管理。实际上，计量一词只用作某些专业术语的限定语，如计量单位、计量管理、计量标准等，其所组成的新术语都与单位统一和量值准确可靠有关。测量的意义则更为广泛、更为普遍。测试(measurement and test)是指具有试验性质的测量，或测量和试验的综合。

一个完整的测量过程必定涉及被测对象、计量单位、测量方法和测量误差。它们被称为测量四要素。

7.1.4 基准和标准

为了确保量值的统一和准确，除了对计量单位作出严格的定义外，还必须有保存、复现和传递单位的一整套制度和设备。

基准是用来保存、复现计量单位的计量器具。它是具有现代科学技术所能达到的最高准确度的计量器具。基准通常分为国家基准、副基准和工作基准3个等级。

(1) 国家基准是指在特定计量领域内，用来保存和复现该领域计量单位并具有最高的计量特性，经国家鉴定、批准作为全国统一量值最高依据的计量器具。

(2) 副基准是指通过与国家基准对比或校准来确定其量值，并经国家鉴定、批准的计量器具。在国家计量检定系统中，副基准的位置仅低于国家基准。

(3) 工作基准是指通过与国家基准或副基准对比或校准，用来检定计量标准的计量器具。它的设立是为了避免因频繁使用国家基准和副基准，使它们丧失其应有的计量特性。在国家计量检定系统中，工作基准的位置仅低于国家基准和副基准。

计量标准是指用于检定工作计量器具的计量器具。

工作计量器具是指用于现场测量而不用于检定工作的计量器具。一般测量工作中使用的绝大部分就是这一类计量器具。

7.1.5 量值的传递和计量器具检定

通过对计量器具实施检定或校准，将国家基准所复现的计量单位量值经过各级计量标准传递到工作计量器具，以保证被测对象量值的准确和一致，这个过程就是所谓的“量值传递”。在此过程中，按检定规程对计量器具实施检定对量值的准确性和一致性起着至关重要的保证作用，是量值传递的关键步骤。

所谓计量器具检定(verification of measuring instrument)，是指为评定计量器具的计量特性，确定其是否符合法定要求所进行的全部工作。检定规程是指检定计量器具时必须遵守的法定技术文件。计量器具检定规程的内容包括适用范围、计量器具的计量特性、检定项目、检定条件、检定方法、检定周期及检定结果的处理等。计量器具检定规程分为国家、部门和地方3种，它们分别由国家计量行政主管部门、有关部门和地方制定并批准颁布，作为检定所依据的法定技术文件，分别在全国、本部门、本地区施行。

所有的计量器具都必须实施相应的检定。其中社会公用的计量标准、部门和企事业单位使用的最高计量标准，用于贸易结算、医疗卫生、环境监测等方面的某些计量器具，则必须由政府计量行政主管部门所属的法定计量检定机构或授权的计量检定机构对它们实施定点、定期的强制检定。检定合格的计量器具被授予检定证书并在计量器具上加盖检定标记；不合格者或未经检定者，则应停止使用。

7.1.6 测量方法

测量的基本形式是比较，即将被测量与标准量进行比对。可根据测量的方法、手段、目的、性质等对测量进行分类。这里仅介绍常见的按测量值获得的方法进行分类，把测量分为直接测量、间接测量和组合测量。

1. 直接测量

直接测量是指无须经过函数关系的计算，直接通过测量仪器得到被测值的测量，如温度计测水温、卷尺测量靶距等。根据被测量与标准量的量纲是否一致，直接测量可分为直接比较和间接比较。直接把被测物理量和标准量作比较的测量方法称为直接比较，如卷尺测量靶距，利用惠斯通电桥比较两只电阻的大小等。直接比较的一个显著特点是待测物理量和标准量是同一物理量。间接比较则是利用仪器把原始形态的待测物理量的变化变换成与之保持已知函数关系的另一种物理量的变化，并以人的感官所能接受的形式在测量仪器上显示出来。例如，用水银温度计测量体温是根据水银热胀冷缩的物理规律，先确定水银柱的高度和温度之间的函数关系，然后根据水银柱高度间接得出被测温度的大小。

直接测量按测量条件不同又可分为等精度（等权）直接测量和不等精度（不等权）直接测量两种。对某被测量进行多次重复直接测量，如果每次测量的仪器、环境、方法和测量人员都保持一致或不变则称为等精度测量。若测量中每次测量条件不尽相同，则称为不等精度测量。

2. 间接测量

间接测量是指在直接测量值的基础上，根据已知函数关系，计算出被测量的量值的测量。如通过测定某段时间内火车运动的距离计算火车运动的平均速度就属于间接测量。

3. 组合测量

组合测量是指将直接测量值或间接测量值与被测量值之间按已知关系组合成一组方程（函数关系），通过解方程组得到被测值的方法。组合测量实质是间接测量的推广，其目的就是在不提高计量仪器准确度的情况下，提高被测量值的准确度。

7.1.7 测量装置

测量装置（测量系统）是指为了确定被测量值所必需的器具和辅助设备的总体。

讨论测量装置往往会涉及一些术语，正确理解它们对掌握本课程的内容有着重要作用。这些术语包括以下几个。

1. 传感器

传感器是直接作用于被测量，并能按一定规律将被测量转换成同种或别种量值输出的器件。

2. 测量变换器

测量变换器是指提供与输入量有给定关系的输出量的测量器件。显然，当测量变换器的输入量为被测量时，该测量变换器实际上就是传感器；反过来，传感器也就是第一级的测量变换器。当测量变换器的输出量为标准信号时，它就被称为变送器。在自动控制系统中，经常用到变送器。

3. 检测器

检测器是指用以指示某种特定量的存在而不必提供量值的器件或物质。在某些情况下，只有当量值达到规定的阈值时才有指示。化学试纸就是一种检测器。

4. 测量器具的示值

测量器具的示值是指由测量器具所指示的被测量值。示值用被测量的单位表示。

5. 准确度等级

准确度等级用来表示测量器具的等级或级别。每一等级的测量器具都有相应的计量要求，用来保持其误差在规定极限以内。

6. 标称范围

标称范围也称为示值范围，是测量器具标尺范围所对应的被测量示值的范围。例如，温度计的标尺范围的起点示值为－30℃，终点示值为＋20℃，其标称范围即为－30～＋20℃。

7. 量程

量程是指标称范围的上、下限之差的模。上例的量程就是50℃。

8. 测量范围

在测量器具的误差处于允许极限内的情况下，测量器具所能测量的被测量值的范围。

9. 漂移

漂移是指测量器具的计量特性随时间的慢变化。

7.1.8 测量误差

应当清楚地认识到，测量结果总是有误差的。误差自始至终存在于一切科学试验和测量过程中。

1. 测量误差定义

测量结果与被测量真值之差称为测量误差，即

$$测量误差 = 测量结果 - 真值$$

测量误差常简称为误差。此定义联系着3个量，显然只需已知其中的两个量，就能得到第三个量。但是，在现实中往往只知道测量结果，其余两个量却是未知的。这就带来许多问题，如测量结果究竟能不能代表被测量、有多大的可置信度、测量误差的规律是怎样的、如何评估它等。

（1）真值 x_0 是被测量在被观测时所具有的量值。从测量的角度来看，真值是不能确切获知的，是一个理想的概念。

在测量中，一方面无法获得真值，另一方面往往又需要运用真值。因此，引入了所谓的“约定真值”。约定真值是指对给定的目的而言，它被认为充分接近于真值，因此可以代替真值使用的量值。在实际测量中，被测量的实际值、已修正过的算术平均值均可作为约定真值。实际值是指高一等级的计量标准器具所复现的量值，或测量实际表明它满足规定准确度要求，可用来代替真值使用的量值。

（2）测量结果。由测量所得的被测量值。在测量结果的表述中，还应包括测量不确定度和有关影响量的值。

2. 误差分类

如果根据误差的统计特征来划分,可以将误差分为以下几种。

(1) 系统误差。在对同一被测量进行多次测量的过程中,出现某种保持恒定或按确定的方式变化着的误差,就是系统误差。在测量偏离了规定的测量条件时,或测量方法引入了会引起某种按确定规律变化的因素时就会出现此类误差。

通常按系统误差的正负号和绝对值是否已经确定,可将系统误差分为已定系统误差和未定系统误差。

在测量中,已定系统误差可以通过修正来消除。应当消除此类误差。

(2) 随机误差。当对同一量进行多次测量时,误差的正负号和绝对值以不可预知的方式变化着,则此类误差称为随机误差。测量过程中有着众多的、微弱的随机影响因素存在,它们是产生随机误差的原因。

随机误差就其个体而言是不确定的,但其总体却有一定的统计规律可循。

随机误差不可能被修正。但在了解其统计规律性之后,还是可以控制和减少它们对测量结果的影响。

(3) 粗大误差。这是一种明显超出规定条件下预期误差范围的误差,是由于某种不正常的原因造成的。在数据处理时,允许也应该剔除含有粗大误差的数据,但必须有充分的依据。

实际工作中常根据产生误差的原因把误差分为器具误差、方法误差、调整误差、观测误差和环境误差。

3. 误差表示方法

根据误差的定义,误差的量纲、单位应当和被测量一样,这是误差表述的根本出发点。然而习惯上常用与被测量量纲、单位不同的量来表述误差。严格地说,它们只是误差的某种特征的描述,而不是误差量值本身,学习时应注意它们的区别。

常用的误差表示方法有以下几种。

(1) 绝对误差。它是一个量纲、单位和被测量一样的量,用下式来表示。

$$\text{测量误差} = \text{测量结果} - \text{真值}$$

(2) 相对误差。

$$\text{相对误差} = \frac{\text{误差}}{\text{真值}}$$

当误差值较小时,可采用

$$\text{相对误差} \approx \text{误差} \div \text{测量结果}$$

显然,相对误差是无量纲量,其大小是描述误差和真值的比值的大小,而不是误差本身的绝对大小。在多数情况下,相对误差常用%、‰或百万分数(10^{-6})来表示。

【例7-1】 设真值 $x_0=2.00\text{mA}$,测量结果 $x_r=1.99\text{mA}$,则误差$=(1.99-2.00)\text{mA}=-0.01\text{mA}$;绝对误差$=-0.01\text{mA}$;相对误差$=-0.01/2.00=-0.005=-0.5\%$。

(3) 引用误差。这种表示方法只用于表示计量器具特性的情况中。计量器具的引用误差就是计量器具的绝对误差与引用值之比。而引用值一般是指计量器具的标称范围的最高值或量程。例如,温度计标称范围为-20~+50℃,其量程为70℃,引用值为50℃。

【例7-2】 用标称范围为0~150V的电压表测量时,当示值为100.0V时,电压实际值

为 99.4V。这时电压表的引用误差为

$$引用误差 = (100.0 - 99.4) \div 150 = 0.4\%$$

显然，在此例中，用测量器具的示值来代替测量结果，用实际值代替真值，引用值则采用量程。

(4) 分贝误差。分贝误差的定义为

$$分贝误差 = 20\lg(测量结果 + 真值)$$

分贝误差的单位为 dB。对于一部分的量(如广义功)，其分贝误差需改用下列公式，即

$$分贝误差 = 20\lg(测量结果 \div 真值)$$

单位仍为 dB。根据此定义，当测量结果等于真值，即误差为零时，分贝误差必定等于 0dB。

分贝误差本质上是无量纲量，是一种特殊形式的相对误差。在数值上分贝误差和相对误差有着一定的关系。

【例 7-3】 计算例 7-1 的分贝误差。

$$分贝误差 = 20\lg(1.99 \div 2.00) = -20 \times 0.00218 = -0.044(\text{dB})$$

最后，必须特别指出，初学者应注意区分误差和误差特征量这两个完全不同的概念，才能更好地理解某些问题。

7.1.9 测量精度和不确定度

测量精度泛指测量结果的可信程度。从计量学来看，描述测量结果可信程度更为规范的术语有精密度、正确度、准确度和不确定度等。

1. 测量精密度

测量精密度表示测量结果中随机误差大小的误差；也是指在一定条件下进行多次测量时所得结果彼此符合的程度。不能将精密度简称为精度。

2. 测量正确度

测量正确度表示测量结果中系统误差大小的程度。它反映了在规定条件下测量结果中所有系统误差的综合。

3. 测量准确度

测量准确度表示测量结果和被测量真值的一致程度。它反映了测量结果中系统误差和随机误差的综合，也可称为测量精确度。

4. 测量不确定度

测量不确定度表示对被测量真值所处量值范围的评定；或者说，对被测量真值不能肯定的误差范围的一种评定。不确定度是测量误差量值分散性的指标，它表示对测量值不能肯定的程度。测量结果应带有这样一个指标，只有知道测量结果的不确定度时，此测量结果才有意义。完整的测量结果不仅应包括被测量的量值，还应包括它的不确定度。用测量不确定度来表明测量结果的可信赖程度。不确定度越小，测量结果可信度越高，其使用价值越高。

测量不确定度的概念、符号和表达式长期存在着不同程度的分歧和混乱。根据国家技术监督局的有关规定，本书将以国际计量局(International Bureau of Weights and Measures，BIPM)于 1980 年提出的《实验不确定度的规定建议书 INC-1(1980)》为依据介绍测量不确定度的概念、符号和表达式。

不确定度一般包含多种分量,按其数值的评定方法可以将其归入两类,即A类分量和B类分量。

A类分量是用统计方法计算出来的,即根据测量结果的统计分布进行估计,并用试验标准偏差 s(即样本标准偏差)来表征。

B类分量是根据经验或其他信息来估计的,并可用近似的、假设的"标准偏差" u 来表征。

7.1.10 测量器具的误差

测量器具在完成测量任务的同时也给测量结果带来了误差。在研究测量器具的误差时,会涉及下面一些概念。

1. 测量仪器的示值误差

测量仪器的示值误差是指测量器具的示值与被测量真值(约定真值)之差。例如,电压表的示值 U_i 为30V,而电压实际值 U_t 为30.5V,则电压表的示值误差等于−0.5V。

2. 基本误差

基本误差是指测量仪器在标准条件下所具有的误差,也称为固有误差。

3. 允许误差

允许误差是指技术标准、检定规程等对测量仪器所规定的允许误差极限值。

4. 测量器具的准确度

测量器具的准确度是指测量器具给出接近于被测量真值的示值的能力。

5. 测量器具的重复性和重复性误差

测量器具的重复性是指在规定的使用条件下,测量器具重复接收相同的输入,给出非常相似输出的能力。测量器具的重复性误差就是测量器具造成的随机误差分量。

6. 回程误差

回程误差也称为滞后误差,是指在相同条件下,被测量值不变,测量器具行程方向不同时,示值之差的绝对值。

7. 误差曲线

误差曲线表示测量器具误差与被测量之间函数关系的曲线。

8. 校准曲线

校准曲线表示被测量的实际值与测量器具示值之间函数关系的曲线。

7.2 测试系统的基本特性

7.2.1 概述

为实现某种量的测量而选择或设计测量装置时,必须考虑测量装置能否准确获取被测量的量值及其变化,即实现准确测量,而是否能够实现准确测量,则取决于测量装置的特性。这些特性包括静态与动态特性、负载特性、抗干扰性等。这种划分只是为了研究上的方便,事实上测量装置的特性是统一的,各种特性之间是相互关联的。系统动态特性往往与某些静态特性有关。例如,若考虑静态特性中的非线性、迟滞、游隙等,则动态特性方程就成为非线性方程。显然,从难以求解的非线性方程很难得到系统动态特性的清晰描述。因此,在研究测量系统动态特性时,往往忽略上述非线性或参数的时变特性,只从线性系统的角度研究

测量系统最基本的动态特性。

7.2.2 测试装置的静态特性

1. 测试装置的静态特性

测量装置的静态特性是通过某种意义的静态标定过程确定的，因此对静态标定必须有一个明确的定义。静态标定是一个试验过程，这一过程是在只改变测量装置的一个输入量，而其他所有的可能输入严格保持不变的情况下，测量对应的输出量，由此得到测量装置输入与输出间的关系。通常以测量装置所要测量的量为输入，得到的输入与输出间的关系作为静态特性。为了研究测量装置的原理和结构细节，还要确定其他各种可能输入与输出间的关系，从而得到所有感兴趣的输入与输出的关系。除被测量外，其他所有输入与输出的关系可以用来估计环境条件的变化与干扰输入对测量过程的影响或估计由此产生的测量误差。这个过程如图 7-1 所示。

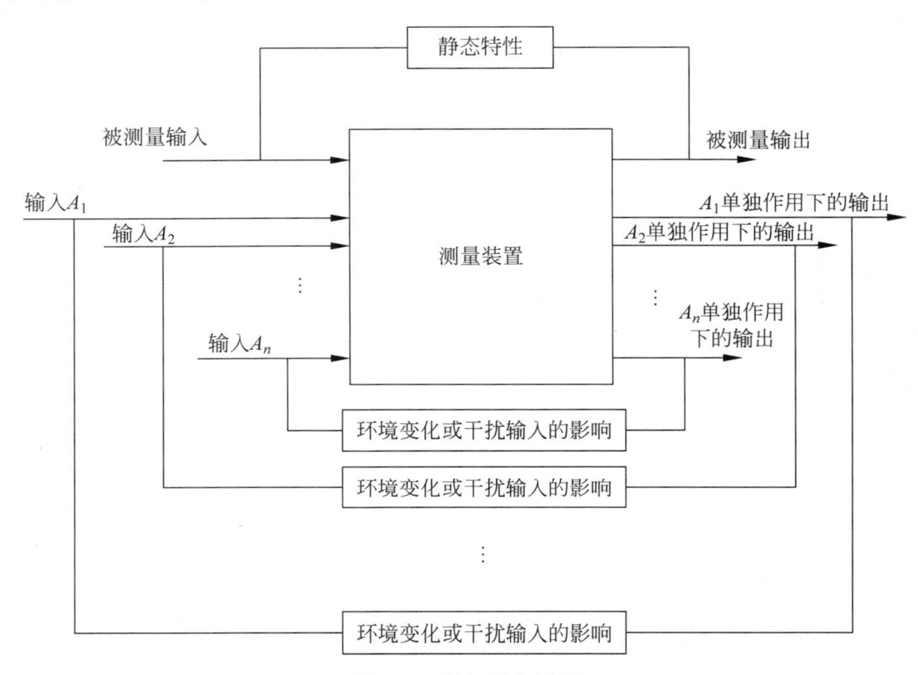

图 7-1 静态标定过程

在静态标定的过程中只改变一个被标定的量，其他量只能近似保持不变，严格保持不变实际上是不可能的。因此，实际标定过程中除用精密仪器测量输入量（被测量）和被标定测量装置的输出量外，还要用精密仪器测量若干环境变量或干扰变量的输入和输出，如图 7-2 所示。一个设计、制造良好的测量装置对环境变化与干扰的响应（输出）应该很小。

测量装置的静态测量误差与多种因素有关，包括测量装置本身和人为因素。本节只讨论测量装置本身的测量误差。

有一些测量装置对静态或低于一定频率的输入没有响应，如压电加速度计。这类测量装置也需要考虑诸如灵敏度等类似于静态特性的参数，此时则是以特定频率的正弦信号为输入研究其灵敏度。这种特性称为稳态特性，本书将其归入静态特性中加以讨论。

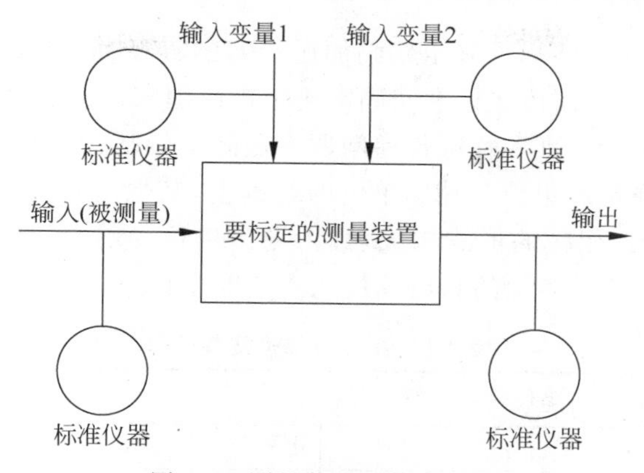

图 7-2　测量装置的静态标定

2. 标准和标准传递

如果要得到有意义的标定结果，输入和输出变量的测量必须是精确的。用来定量这些变量的仪器（或传感器）和技术统称为标准。一个变量的测量精度是指测量接近变量真值的程度，这种接近程度根据测量误差加以量化，即测量值与真值之差，所以存在着如何建立变量真值的问题。将一个变量的真值定义为用精度最高的最终标准得到的测量值。实际上可能无法使用最终标准来测量该变量，但是可以使用中间的传递标准，这就引入了逐级溯源的概念，即图 7-3 所示的标准传递和实例。测量所使用的传感器用实验室标准标定，实验室标准用传递标准标定，传递标准用最终标准标定。这里的实例用压力传感器标准传递和标定，

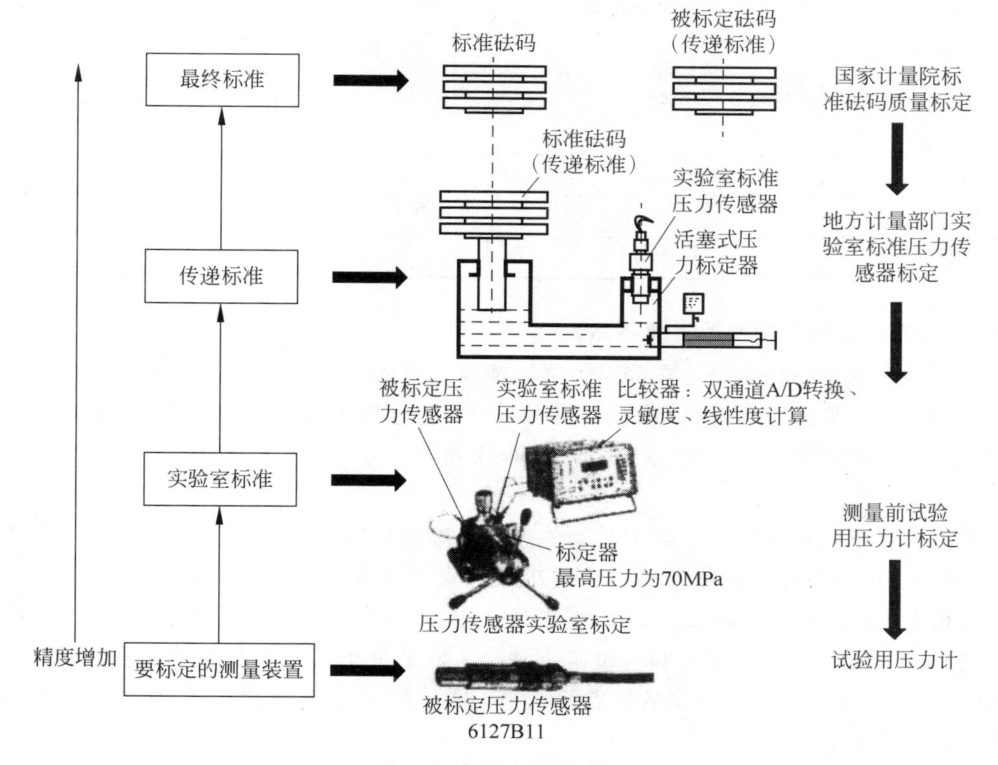

图 7-3　标准传递和实例

建立传递标准时，还需用最终标准确定砝码加压活塞的直径，同时要确定当地的海拔高度，以确定当地重力加速度 g，而传递标准砝码则要定期由国家计量院标定。

这里有必要深入讨论标准和标准传递问题。国际单位制(SI)如前所述包含7个基本单位和2个辅助单位。在基本单位和辅助单位的基础上，其他所有的单位可以由基本单位和辅助单位及其幂的相乘、相除的形式构成，称为导出单位。用专门符号表示的导出单位如表7-1所示。没有专门符号表示的导出单位如表7-2所示。

表7-1　SI导出单位及其符号

量	单位名称	导出单位	符　号	量	单位名称	导出单位	符　号
力	牛顿	$kg\cdot m/s^2$、J/m	N	电势	伏特	J·C、W/A	V
能量	焦耳	N·m、W·s	J	电荷	库仑	A·s	C
功率	瓦特	J/s	W	磁通量	韦伯	V·s	Wb
压力、应力	帕斯卡	N/m^2	Pa	磁通密度	特斯拉	Wb/m^2	T
电阻	欧姆	V/A	Ω	光通量	流明	cd·sr	lm
电导	西门子	A/V	S	照明度	勒克斯	Im/m^2	lx
电容	法拉第	C/V、A·s/V	F	放射性(辐射)	贝克	s^{-1}	Bq
电感	亨利	Wb/A、V·s/A	H	吸收剂量	灰度	J/lg	Gy
频率	赫兹	s^{-1}	Hz				

表7-2　没有专门符号的导出单位

量	导出单位	量	导出单位
加速度	m/s^2	热通量	W/m^2
角加速度	rad/s^2	力矩	N·m
角速度	rad/s	速度	m/s
面积	m^2	(绝对)黏度	Pa·s
密度(质量)	kg/m^3	体积	m^3
密度(能量)	J/m^3		

3. 测试装置静态特性的主要参数

测试装置的静态特性就是在静态量测量情况下描述实际测试装置与理想线性时不变系统的接近程度。静态量测量时，装置表现出的响应特性称为静态响应特性，常用来描述静态响应特性的参数主要有线性度、灵敏度和回程误差等。

1) 线性度

线性度是指测量装置输入输出之间的关系与理想比例关系(即理想直线关系)的偏离程度。实际上，由静态标定所得到的输入输出数据点并不在一条直线上，如图7-4所示，这些点与理想直线偏差的最大值 Δ_{max} 称为线性误差，也可以用百分数表示线性误差，如式(7-1)。

这里的“理想直线”通常有两种确定方法：一种是最小与最大数据值的连线，即端点连线，如图7-4(a)所示；另一种是数据点的最小二乘直线拟合得到的直线，如图7-4(b)所示。通常较常使用后者。

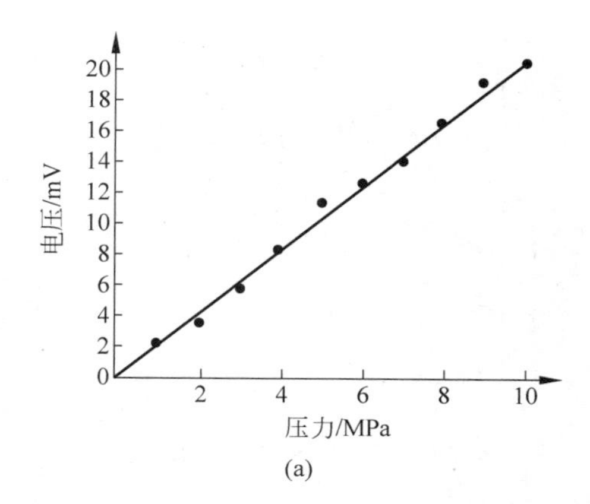

(a)

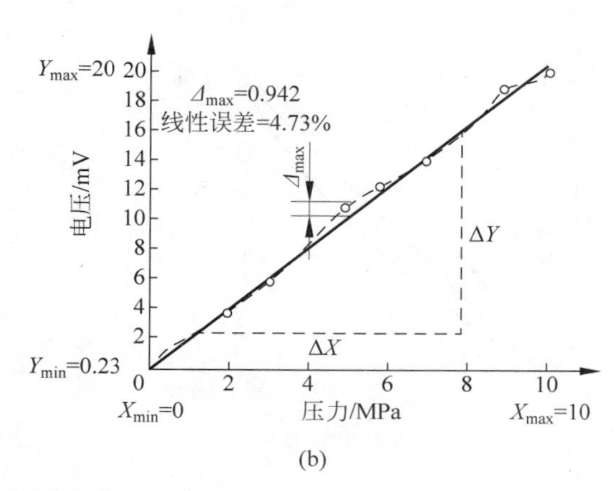

(b)

图 7-4 测量装置的线性误差

$$线性误差=\frac{Y_{max}-Y_{min}}{X_{max}-X_{min}}\times 100\% \tag{7-1}$$

式中，Y_{min} 和 Y_{max} 为输出的最小值和最大值；X_{min} 和 X_{max} 为输入的最小值和最大值；Δ_{max} 为最大的线性误差。

2）灵敏度

灵敏度是指单位输入变化所引起的输出变化，通常使用理想直线的斜率作为测量装置的灵敏度值，如图 7-4(b)所示，即

$$灵敏度=\frac{\Delta Y}{\Delta X} \tag{7-2}$$

灵敏度是有量纲的，其量纲为输出量的量纲与输入量的量纲之比。

3）回程误差

回程误差也称为迟滞，是描述测量装置同输入变化方向有关的输出特性。如图 7-5 中曲线所示，理想测量装置的输入输出有完全单调的一一对应直线关系，不管输入是由小增大，还是由大减小，对于一个给定的输入，输出总是相同的。但是实际测量装置在同样的测试条件下，当输入量由小增大或由大减小时，对于同一个输入量所得到的两个输出量却往往存在差值。在整个测量范围内，最大的差值 h 称为回程误差或迟滞误差。

磁性材料的磁化曲线和金属材料的受力-变形曲线常常可以看到这种回程误差。当测量装置存在死区时也可能出现这种现象。

4）分辨力

引起测量装置的输出值产生一个可察觉变化的最小输入量（被测量）变化值称为分辨力。分辨力通常表示为它与可能输入范围之比的百分数。

5）零点漂移和灵敏度漂移

零点漂移是测量装置的输出零点偏离原始零点的距离，如图 7-6 所示，它可以是随时间缓慢变化的量。灵敏度漂移则是由于材料性质的变化所引起的输入与输出关系（斜率）的变化。因此，总误差是零点漂移与灵敏度漂移之和，如图 7-6 所示。在一般情况下，灵敏度漂移数值很小，可以略去不计，只考虑零点漂移。如需长时间测量，则需做出 24h 或更长时间的零点漂移曲线。

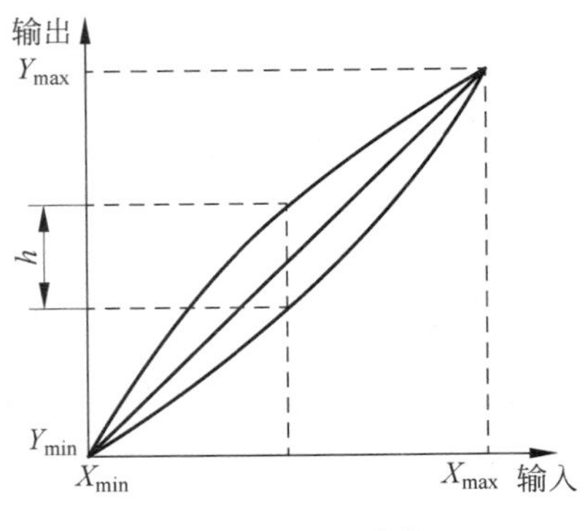

图 7-5　回程误差

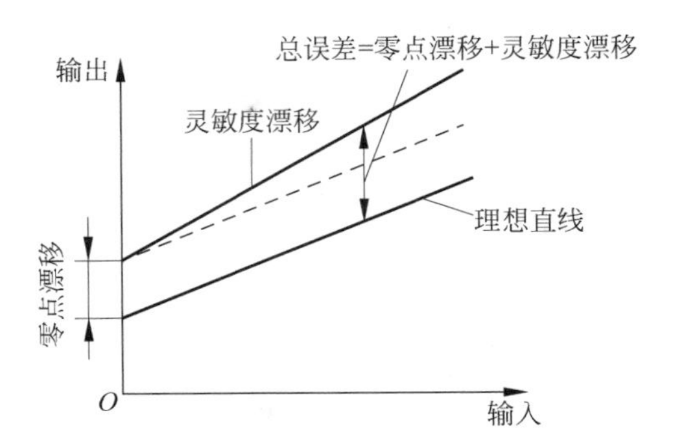

图 7-6　零点漂移和灵敏度漂移

7.2.3　测量装置的动态特性

测量装置的动态特性是指当被测量即输入量随时间快速变化时，测量输入与响应输出之间动态关系的数学描述。如前所述，在研究测量装置动态特性时，往往认为系统参数是不变的，并忽略如迟滞、死区等非线性因素，即用常系数线性微分方程描述测量装置输入与输出间的关系。测量装置的动态特性也可用微分方程的线性变换描述，采用初始条件为零的拉普拉斯变换可得传递函数，采用初始条件为零时傅里叶变换可得频响函数。此外，测量装置的动态特性也可用单位脉冲输入的响应来表示。

测量装置的微分方程为

$$a_n \frac{\mathrm{d}^n y}{\mathrm{d}t^n} + a_{n-1} \frac{\mathrm{d}^{n-1} y}{\mathrm{d}t^{n-1}} + \cdots + a_1 \frac{\mathrm{d}y}{\mathrm{d}t} + a_0 y = b_m \frac{\mathrm{d}^m x}{\mathrm{d}t^m} + b_{m-1} \frac{\mathrm{d}^{m-1} x}{\mathrm{d}t^{m-1}} + \cdots + b_1 \frac{\mathrm{d}x}{\mathrm{d}t} + b_0 x$$

传递函数

$$H(s) = \frac{Y(s)}{X(s)} = \frac{b_m s^m + b_{m-1} s^{m-1} + \cdots + b_1 s + b_0}{a_n s^n + a_{n-1} s^{n-1} + \cdots + a_1 s + a_0}$$

频响函数为

$$H(\mathrm{j}\omega) = \frac{Y(\mathrm{j}\omega)}{X(\mathrm{j}\omega)} = \frac{b_m (\mathrm{j}\omega)^m + b_{m-1} (\mathrm{j}\omega)^{m-1} + \cdots + b_1 (\mathrm{j}\omega) + b_0}{a_n (\mathrm{j}\omega)^n + a_{n-1} (\mathrm{j}\omega)^{n-1} + \cdots + a_1 (\mathrm{j}\omega) + a_0}$$

脉冲响应函数：测量装置对脉冲输入的响应，即

$$x(t) = \delta(t)$$

$$y(t) = h(t)$$

$h(t)$称为测量装置的单位脉冲响应或称为权函数，对于一般动态系统，存在以下关系，即

$$y(t) = h(t) = L^{-1}[H(s)]$$

即测量装置的单位脉冲响应等于其传递函数的拉普拉斯逆变换。

上述公式中，$x(t)$为测量装置的输入量，其单位为被测量的单位；$y(t)$为测量装置的输出量，其单位为测量装置输出量的单位；$a_n, a_{n-1}, \cdots, a_1, a_0$ 和 $b_m, b_{m-1}, \cdots, b_1, b_0$ 为常系数；t 为时间(s)；s 为拉普拉斯算子；j 为$\sqrt{-1}$，虚数；ω 为圆频率(rad/s)；$\delta(t)$为单位脉冲函数；$h(t)$测量装置的单位脉冲响应或权函数，若认为单位脉冲函数$\delta(t)$为无量纲量，则

$h(t)$即为测量装置输出量的量纲。

测量装置的动态特性可由物理原理的理论分析和参数的试验估计得到，也可由系统的试验方法得到。前者适用于简单的测量装置，后者则是普遍适用的方法。

在测量装置动态特性建模中，常常使用静态标定得到灵敏度等常数。然而，在某些情况下动态灵敏度并不等同于静态灵敏度，在要求较高的动态特性精度时，需要深入考虑这些问题。

确定测量装置动态特性的目的是了解其所能实现的不失真测量的频率范围；反之，在确定动态测量任务之后，则要选择满足测量要求的测量装置，必要时还要用试验方法准确确定此装置的动态特性，从而得到可靠的测量结果和估计测量误差。

7.2.4 测量装置的负载特性

测量装置或测量系统是由传感器、测量电路、前置放大、信号调理……直到数据存储或显示等环节组成。若是数字系统，则信号要通过 A/D 转换环节传输到数字环节或计算机，实现结果显示-存储或 D/A 转换等。当传感器安装到被测物体上或进入被测介质，会从物体与介质中吸收能量或产生干扰，使被测物理量偏离原有的量值，从而不可能实现理想的测量，这种现象称为负载效应。这种效应不仅发生在传感器与被测物体之间，而且存在于测量装置的上述各环节之间。对于电路间的级联来说，负载效应的程度取决于前级的输出阻抗和后级的输入阻抗。测量装置的负载特性是其固有特性，在进行测量或组成测量系统时，要考虑这种特性并将其影响降低到最小。

7.2.5 测量装置的抗干扰性

测量装置在测量过程中会受到各种干扰，包括电源干扰、环境干扰(电磁场、声、光、温度、振动等干扰)和信道干扰。这些干扰的影响程度取决于测量装置的抗干扰性能，并且与所采取的抗干扰措施有关。

对于多通道测量装置，理想的情况应该是各通道完全独立或完全隔离，即通道间不发生耦合与相互影响。实际上，通道间存在一定程度的相互影响，即存在通道间的干扰。因此，多通道测量装置应该考虑通道间的隔离性能。

习 题

7-1 说明线性系统的频率保持性在测量中的作用。

7-2 测试系统不失真测试的条件是什么？

7-3 在磁电指示机构中，为什么取 0.7 为最佳阻尼比？

7-4 对一个测量装置，已知正弦输入信号的频率，如何确定测量结果的幅值和相位的动态误差？

7-5 已知输入周期信号的各简谐成分的 3 个基本要素，如何根据系统的传递函数确定该系统相应的输出信号？

7-6 已知温度测量系统框图如题 7-6 图所示。当温度变化规律为 $x(t)=A\sin\omega t$，并且 ω 不超出系统的测量范围时，试说明如何确定测量的动态误差。

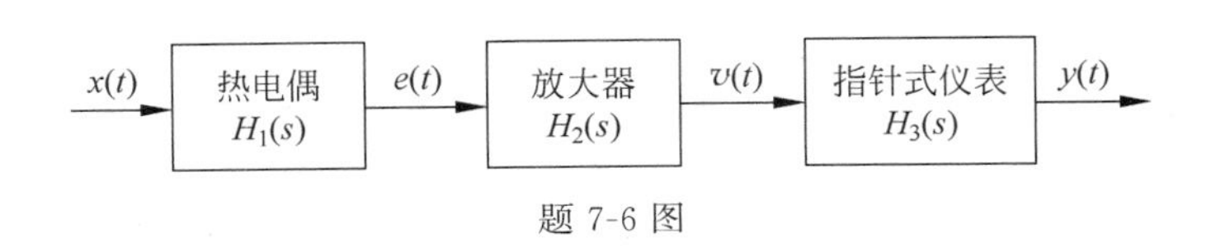

题 7-6 图

7-7　简述测量系统静态标定的基本步骤。

7-8　简述测量系统动态标定的基本方法。

7-9　在使用灵敏度为 80nC/MPa 的压电式压强传感器进行压强测量时，首先将它与增益为 5mV/nC 的电荷放大器相连，电荷放大器接到灵敏度为 25mm/V 的笔式记录仪上，试求该压强测试系统的灵敏度。当记录仪的输出变化为 30mm 时，压强变化为多少？

7-10　把灵敏度为 404×10^{-4}pC/Pa 的压电式力传感器与一台灵敏度调到 0.226mV/pC 的电荷放大器相接，求其总灵敏度。若要将总灵敏度调到 10×10^{-6}mV/Pa，电荷放大器的灵敏度应如何调整？

7-11　用一时间常数为 2s、灵敏度为 1 的温度计测量炉温时，当炉温在 200～400℃之间，以 150s 为周期，按正弦规律变化时，温度计输出的变化范围是多少？

7-12　已知一力传感器的固有频率为 $f_n=1200$Hz，阻尼比为 $\xi=0.7$，传递函数为 $H(s)=\dfrac{\omega_n^2}{s^2+2\xi\omega_n s+\omega_n^2}$。试写出系统的频率响应函数、幅频特性及相频特性表达式。用此系统测量 600Hz 正弦交变力，求幅值相对误差和相位误差。

7-13　某 1 阶测量装置的传递函数为 $1/(0.04s+1)$，若用它测量频率为 0.5Hz、1Hz、2Hz 的正弦信号，试求其幅值误差。

7-14　用传递函数为 $1/(0.0025s+1)$的 1 阶测量装置进行周期信号测量。若将幅度误差限制在 5%以下，试求所能测量的最高频率成分。此时的相位差是多少？

7-15　一个温度测量系统由线性元件组成，其总灵敏度为 1，动态特性取决于它的敏感元件。设敏感元件的质量 $m=5$g，表面积 $A=5\times10^{-4}\text{m}^2$，比热容 $c=0.2$J/(kg·℃)。用该系统测量水温，已知空气和水的表面传热系数分别为 $h_a=0.2$W/(m^2·℃)和 $h_w=1.0$W/(m^2·℃)。

(1) 设该测量系统输出的温度变化为 y，输入的被测环境的温度变化为 x，试建立系统的传递函数和幅频特性表达式。

(2) 把敏感元件突然从 20℃的空气中投到 80℃的水中 5s 后，测量系统的读数是多少？

第8章

常用传感器的原理及应用

工程测量中通常把直接作用于被测量,并能按一定方式将其转换成同种或别种量值输出的器件,称为传感器。

传感器是测试系统的一部分,其作用类似于人类的感觉器官。它把被测量,如力、位移、温度等物理量转换为易测信号或易传输信号,传送给测试系统的信号调理环节,因此也可以把传感器理解为能将被测量转换为与之对应的、易检测、易传输或易处理信号的装置。直接受被测量作用的元件称为传感器的敏感元件。

传感器也可认为是人类感官的延伸,因为借助传感器可以探测人们无法用或不便用感官直接感知的事物。例如,用热电偶可以测得炽热物体的温度;用超声波换能器可以测得海水深度及水下地貌形态;用红外遥感器可从高空探测地面形貌、河流状态及植被的分布等。因此,可以说传感器是人们认识自然界事物的有力工具,是测量仪器与被测事物之间的接口。

在工程上也把提供与输入量有特定关系的输出量的器件称为测量变换器。传感器就是输入量为被测量的测量变换器。

传感器处于测试装置的输入端,是测试系统的第一个环节,其性能直接影响整个测试系统,对测试精度至关重要。

随着测试、控制与信息技术的发展,传感器作为这些领域中的一个重要构成因素受到了普遍重视,成为20世纪90年代的关键技术之一。深入研究传感器类型、原理和应用,研制开发新型传感器,对于科学技术和生产工程中的自动控制和智能化发展,以及人类观测、研究自然界事物的深度和广度都有重要的实际意义。

8.1 常用传感器分类

工程中常用传感器的种类繁多,往往一种物理量可用多种类型的传感器来测量,而同一种传感器也可用于多种物理量的测量。

传感器有多种分类方法。按被测物理量的不同,可分为位移传感器、力传感器、温度传感器等;按传感器工作原理的不同,可分为机械式传感器、电气式传感器、光学式传感器、流体式传感器等;按信号变换特征也可概括分为物性型传感器与结构型传感器;根据敏感元件与被测对象之间的能量关系,也可分为能量转换型传感器与能量控制型传感器;按输出信号分类,可分为模拟式传感器和数字式传感器等。

物性型传感器是依靠敏感元件材料本身物理性质的变化来实现信号变换的。例如,水银温度计是利用了水银的热胀冷缩性质;压力测力计利用的是石英晶体的压电效应等。

结构型传感器是依靠传感器结构参数的变化而实现信号转变的。例如,电容式传感器依靠极板间距离变化引起电容量的变化;电感式传感器依靠衔铁位移引起自感或互感的变化。

能量转换型传感器也称无源传感器,是直接由被测对象输入能量使其工作的,如热电偶温度计、弹性压力计等。在这种情况下,由于被测对象与传感器之间的能量交换,必然导致被测对象状态的变化和测量误差。

能量控制型传感器也称有源传感器,是从外部供给能量使传感器工作的,并且由被测量来控制外部供给能量的变化。例如,电阻应变计中电阻接于电桥上,电桥工作能源由外部供给,而由被测量变化所引起电阻变化来控制电桥输出。电阻温度计、电容式测振仪等均属于此种类型。

另一种传感器是以外信号(由辅助能源产生)激励被测对象,传感器获取的信号是被测对象对激励信号的响应,它反映了被测对象的性质或状态,如超声波探伤仪、γ射线测厚仪、X射线衍射仪等。

需要指出的是,不同情况下,传感器可能只有一个,也可能有几个换能元件,还可能是一个小型装置。例如,电容式位移传感器是位移→电容变化的能量控制型传感器,可以直接测量位移。而电容式压力传感器,则经过压力→膜片弹性变形(位移)→电容变化的转换过程。此时膜片是一个由机械量→机械量的换能件,由它实现第一次变换;同时它又与另一极板构成电容器,用来完成第二次转换。再如,电容型伺服式加速度计(也称力反馈式加速度计),实际上是一个具有闭环回路的小型测量系统。

表8-1汇总了机械工程中常用传感器的基本类型及其名称。

表8-1　机械工程中常用的传感器

类　　别	作　　用	实　　例
传感器	传感器用于检测、测量、分析和处理在各种生产环境下发生的变化	• 光纤传感器 • 光电传感器 • 位移传感器/测长传感器 • 图像传感器 • 条码阅读器/OCR • 影像产品 • 接近传感器 • 微型光电传感器 • 旋转编码器 • 超声波传感器 • 压力传感器 • 振动传感器/漏液传感器 • 其他传感器
开关	开关分为检测类的微型开关和操作类的按压开关	• 液位设备 • 限位开关
安全产品	用于检测机械警备、危险区域,是机器设备安全的必备元件	• 安全传感器 • 安全光幕/单光束安全传感器 • 安全激光扫描器 • 安全门开关 • 安全限位开关 • 安全垫 • 安全触边

8.2 限位开关

8.2.1 限位开关的概念

限位开关指为保护内置微动开关免受外力、水、油、气体和尘埃等的损害，而组装在外壳内的开关，尤其适用于对机械强度和环境适应性有特殊要求的地方。

限位开关形状大致分为横向型、竖向型和复合型。图 8-1 表示典型的竖向型限位开关的构造。限位开关大致是由 5 个构成要素组成的。

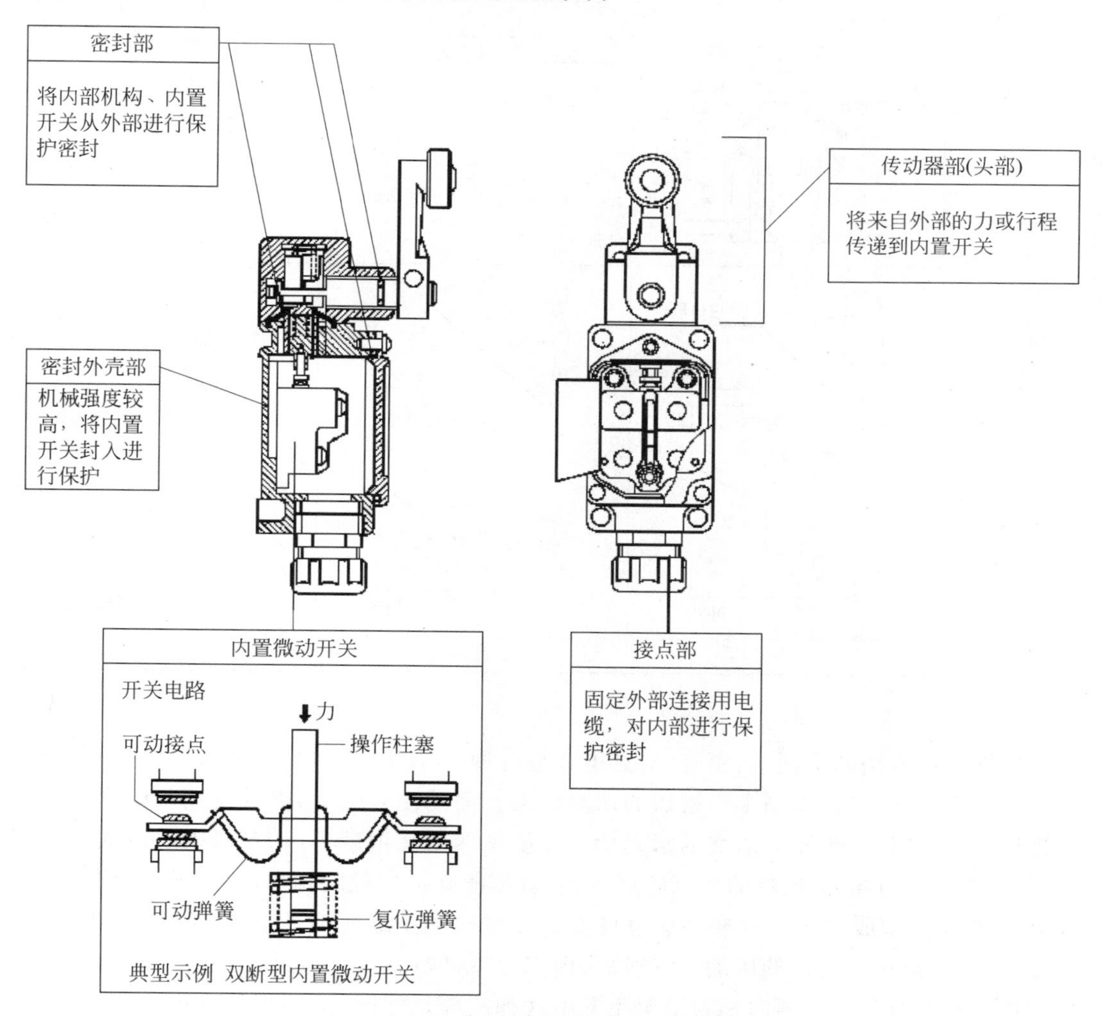

图 8-1　典型竖向型限位开关构造

8.2.2 内置微动开关驱动机构

对于限位开关来说，微动开关的驱动机构是与密封性能和动作特性直接相关的重要部分。其构造分为 3 类，如表 8-2 所示。

表 8-2　微动开关驱动机构构造

项　目	柱塞型	铰链摆杆型	旋转摆杆(滚珠摆杆)型
微动开关驱动构造	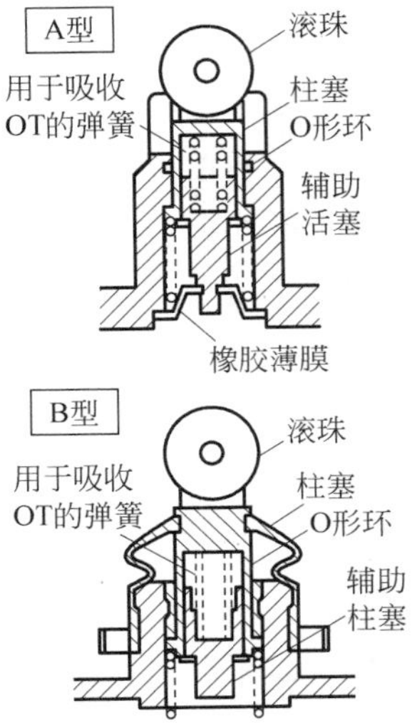 A型 滚珠 用于吸收OT的弹簧 柱塞 O形环 辅助活塞 橡胶薄膜 B型 滚珠 用于吸收OT的弹簧 柱塞 O形环 辅助柱塞	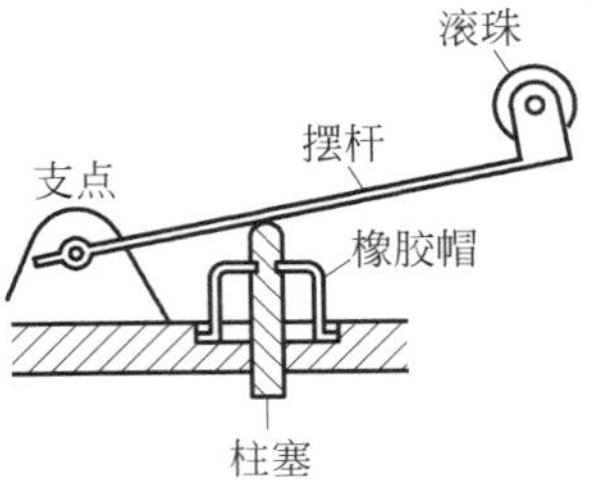 滚珠 摆杆 支点 橡胶帽 柱塞	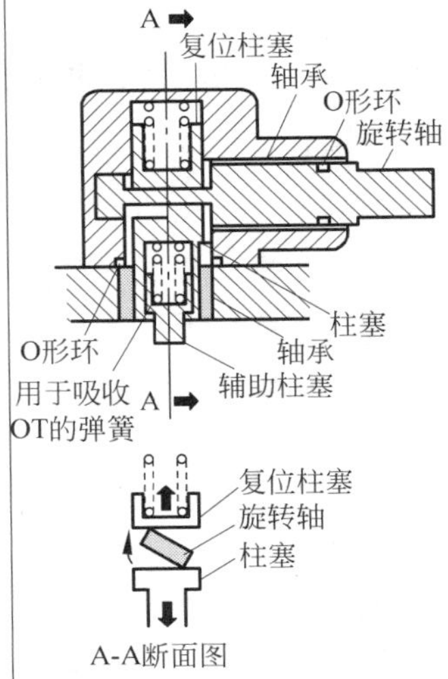 A 复位柱塞 轴承 O形环 旋转轴 柱塞 O形环 轴承 用于吸收OT的弹簧 A 辅助柱塞 复位柱塞 旋转轴 柱塞 A-A断面图
辅助柱塞的行程	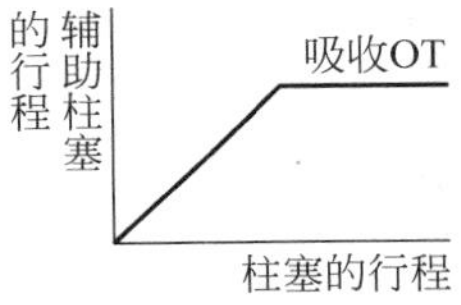 辅助柱塞的行程 吸收OT 柱塞的行程	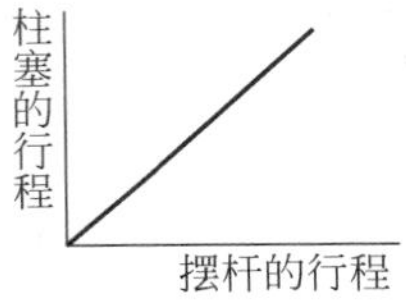 柱塞的行程 摆杆的行程	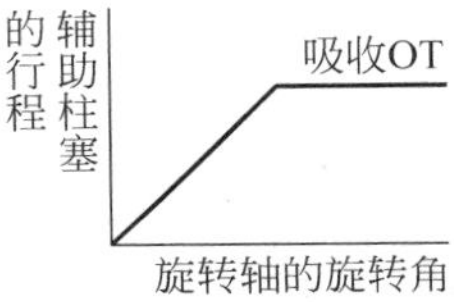 辅助柱塞的行程 吸收OT 旋转轴的旋转角
力、冲程的特性	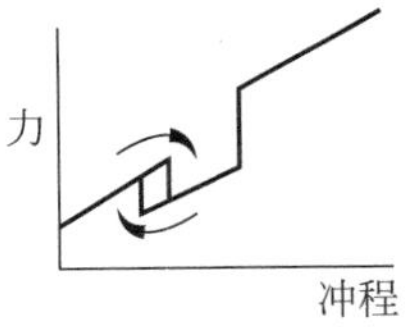 力 冲程	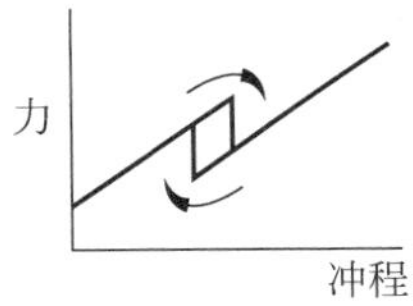 力 冲程	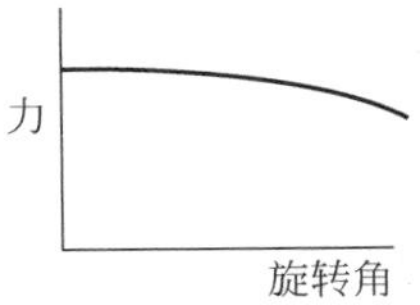 力 旋转角
精度	高	普通	低～普通

1．活塞型

根据密封方法的不同，活塞有 A 型和 B 型两种。A 型是用 O 形环或薄膜密封的，由于密封橡胶没有外露，在抵制工作机械的切割碎屑方面功能较强大，但其反面影响是，有可能会将砂子、切割粉末等压入活塞的滑动面。B 型虽然不会把砂子、切割粉末等压入，且密封性能优于 A 型，但由于炽热的切割碎屑飞溅，有可能会损坏橡胶帽。因此，要根据使用场所的不同选用 A 型或 B 型。柱塞型通过柱塞的往复运动压缩或吸进空气，因此，如果长时间将柱塞压入，限位开关内的压缩空气逸失，内部压力将与大气压相同，即使急于让柱塞复位，柱塞也会有迟缓复位的倾向。为了避免发生这种故障，设计时应根据柱塞的压入将空气的压缩量控制在限位开关内部全部空气量的 20％以内。另外，为了延长微动开关的寿命，在这一构造内部设置了一个 OT(过行程)吸收机构，该 OT 吸收机构采用 OT 吸收弹簧，用以吸收残余的柱塞行程。该机构相对于柱塞的运动，在中途停止按压微动开关辅助柱塞的行程。

2. 铰链摆杆型

在摆杆端部(滚珠),柱塞的行程量根据摆杆的比例扩大。因此,一般不使用OT吸收机构。

3. 旋转摆杆型

具体构造如表8-2所示。除此之外,还有两个类型,即将复位柱塞的功能赋予柱塞的类型;通过线圈弹簧获取复位力、用凸轮带动辅助柱塞的类型。

8.2.3 开关的构成材料

开关的主要部分由表8-3所示的材料构成。

表8-3 开关的构成材料

零件	材料	材料符号	特征
接点	金	Au	抗腐蚀性非常优越,用于微小负载。因为其质地较柔软(维氏硬度25～65HV),因此较易黏着(接点黏着),并且在接点接触力较大的情况下接点容易凹陷
	金、银合金	Au-Ag	90%金、10%银的合金抗腐蚀性非常优越,硬度为30～90HV,比金高,因此广泛用于微小负载用开关
	白金、金、银合金	PGS	69%金、25%银、6%白金的合金抗腐蚀性非常优越,硬度也与金银合金相同,广泛用于微小负载用开关。称为“1号合金”
	银、钯合金	Ag-Pd	抗腐蚀性较好,但较易吸附有机气体生成聚合物。50%银、50%钯的情况下,硬度为100HV
	银	Ag	电导率、热传导率在金属中是最大的。虽然表现出较低的接触电阻,但其缺点是,在硫化气体的环境中较易生成硫化膜,在微小负载区域较易产生接触不良。硬度为25～45HV。多用于一般负载用开关
	银、镍合金	Ag-Ni	90%银、10%镍的银、镍合金电导率与银接近,在抗电弧、抗熔化方面表现优良。硬度为65～115HV
	银、铟、锡合金	Ag-In-Sn	硬度、熔点较高,抗电弧性优越,不易熔化或转移
可动弹簧、可动片	弹簧用磷青铜	C5210	压延性、抗疲劳性及抗腐蚀性优良。
	用于弹簧用铍铜(时效硬化处理型)	C1700 C1720	压延加工后进行时效硬化处理,用于弹簧临界值必须为较高的微动开关
	弹簧用铍铜(mill-hardend材料)	C1700-□M C1720-□M	出厂时,材料厂商已进行过时效硬化处理(称为密尔哈敦材料),零件加工后(压延)无须进行时效硬化处理,广泛用于小型微动开关的可动弹簧
	弹簧用不锈钢(奥氏体系列)	SUS301-CSP SUS304-CSP	抗腐蚀性优良。临界值(Kb0.075)SUS301-CSP-H在50kgf/mm^{2}以上、SUS304-CSP-H在40kgf/mm^{2}以上
外壳、保护帽	苯酚树脂	PF	热硬化性树脂。广泛用于微动开关的外壳材料。UL温度指数为150℃,UL阻燃级别在94V-1以上,吸水率为0.1%～0.3%。微动开关多使用无氨材料

续表

零　件	材　　料	材料符号	特　　征
外壳、保护帽	PBT 树脂	PBTP	热可塑性树脂。玻璃纤维强化型多用于微动开关的外壳材料。UL 温度指数为 130℃，UL 阻燃级别在 94V-1 以上，吸水率为 0.07%～0.1%
	聚酰胺(尼龙)树脂	PA	热可塑性树脂。与 PBT 和 PET 相比，玻璃纤维强化型的耐热性较好。由于吸水率较高，因此应尽量选用吸水率较低的品种。UL 温度指数为 180℃，UL 阻燃级别在 94V-1 以上，吸水率为 0.2%～1.2%
	聚苯硫醚	PPS	热可塑性树脂。与 PA 相比，其耐热性更为优越。UL 温度指数为 200℃，UL 阻燃级别在 94V-1 以上，吸水率为 0.1%
开关盒	铝(铸件)	ADC	多用于限位开关的开关(箱)盒的材料。JIS H5302 中有标准
	锌(铸件)	ZDC	与铝铸件相比，适用于较薄的部位，抗腐蚀性也比铝铸件优越。JIS H5301 中有标准
密封橡胶	丁酯橡胶	NBR	耐油性优良，广泛应用于限位开关。根据结合腈的量将腈的等级分为 4 类，即极高(43%以上)、高(36%～42%)、中高(31%～35%)、低(24%以下)，耐油性、耐热性、耐寒性稍有不同。使用温度范围为－40～130℃
	硅胶	SIR	耐热性、耐寒性优良，使用温度范围为－70～280℃，但耐油性较差
	氟化胶	FRM	与腈丁二烯、硅胶相比，耐热性、耐寒性、耐油性优良，但在耐油性方面根据油的成分不同，有时会比腈丁二烯还差
	氯丁二烯橡胶	CR	耐臭氧性、耐气候性较好。广泛应用于对耐气候性有特殊要求的微动开关

8.2.4 限位开关用语说明

限位开关即为保护小型开关不受外力、水、油、尘埃等的侵害而将其装入金属外壳或者塑料外壳中的开关(以下称开关)。限位开关构造如图 8-2 所示，用语说明如下。

1. 额定值

一般指作为开关特性和性能的保证标准的量，如额定电流、额定电压等，以特定的条件为前提。

2. 有接点

有接点是指利用接点的机械开合来实现开关的功能。

3. 接触形式

接触形式是指根据各种用途构成接点的电气输入输出电路的方式。

4. 树脂固定(塑封端子)

用导线对端子部分完好配线,通过充填树脂使该部分固定,消除暴露在外的带电部分,是提高密封性的一种方法。

5. 机械寿命

将过行程(OT)设为规格值,在未通电状态下的开关寿命。

6. 电气寿命

将过行程(OT)设为规格值,在额定负载(阻性负载)下的开关寿命。

7. FP(自由位置)

没有施加外力时驱动杆的位置。

8. OP(动作位置)

向驱动杆施加外力,使可动接点刚从自由位置的状态开始反转时的位置。

9. TTP(总行程位置)

驱动杆到达驱动杆停止挡时的位置。

10. RP(返回位置)

减少对驱动杆的外力,使可动接点刚从动作位置反转到自由位置状态时驱动杆的位置。

11. OF(动作力)

为了从自由位置移动到工作位置所必须给驱动杆施加的力。

12. RF(回复力)

为了从总行程位置移动到回复位置,必须对驱动杆施加的力。

13. PT(预行程)

驱动杆从自由位置到动作位置的移动距离或移动角度。

14. OT(过行程)

驱动杆从动作位置到总行程位置的移动距离或移动角度。

15. MD(应差行程)

驱动杆从动作位置到返回位置的移动距离或移动角度。

16. TT(总行程)

驱动杆从自由位置到总行程位置的移动距离或移动角度。

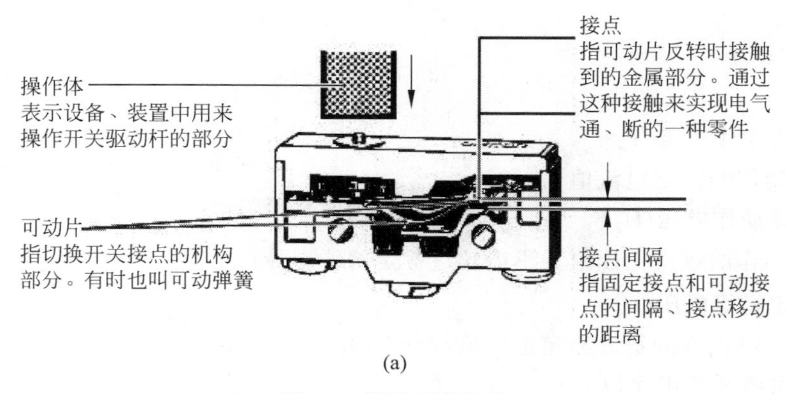

(a)

图 8-2　限位开关构造

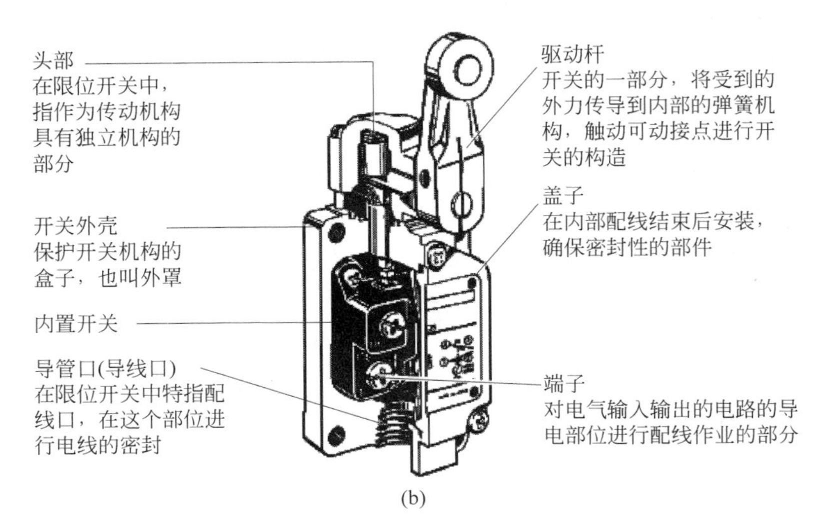

(b)

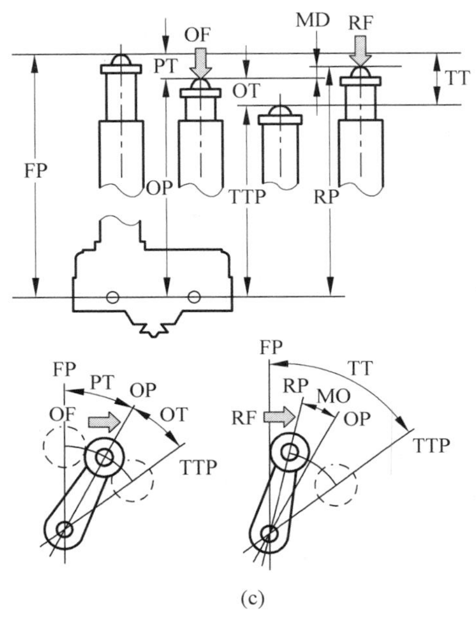

(c)

图 8-2(续)

17. 额定动作电流(I_e)

使开关动作的额定电流值。

18. 额定动作电压(U_e)

使开关动作的额定电压值。不能超过额定绝缘电压(U_i)。

19. 额定绝缘电压(U_i)

开关保持绝缘性的最大额定电压值,是耐压值和爬电距离的参数。

20. 额定密闭热电流(I_{the})

在开关带电部位为密封型的开关中,持续通电时也不会超过规格规定的临界温升值的电流值。材质为黄铜的端子部位的规格规定的临界温升值为 65℃。

21. 额定脉冲耐压(U_{imp})

开关在绝缘不被损坏的情况下可承受的脉冲电压的峰值。

22. 有条件的短路电流

开关在短路保护装置动作前可承受的电流值。

23. 短路保护装置(SCPD)

在短路时通过切断保护开关的装置(断路器、保险丝等)。开关按用途的分类如表8-4所示。

表8-4 开关按用途分类

电流类别	种 类	典型用途
AC	AC-15	超过72V·A的电磁负载的控制
	AC-14	72V·A以下的电磁负载的控制
DC	DC-12	阻性负载和半导体负载的控制

开关使用时造成的环境污染有4个等级,如表8-5所示,限位开关属于污染度3。防触电保护等级如表8-6所示。

表8-5 污染等级

等 级	内 容
污染度1	没有污染,或者只产生干燥的非导电性污染
污染度2	通常只产生非导电性污染,但由于结露可能导致一时的导电性
污染度3	产生导电性污染,或者非导电性污染由于结露而产生导电性污染
污染度4	由于尘埃或雨雪等原因产生持续的导电性的污染

表8-6 防触电保护等级

等 级	内 容
Class 0	仅用基本绝缘来防止触电
Class Ⅰ	除了基本绝缘外,还用接地来防止触电
Class Ⅱ	使用双重绝缘或加强绝缘来防止触电,不需要接地
Class Ⅲ	使用了超低压电路防止触电,因此不需要采取防触电措施

8.2.5 限位开关接点保护电路

为了延长接点寿命、防止噪声及减少因电弧而产生的碳化物或硝酸,应使用接点保护电路。但是如果使用不正确,可能会适得其反。

在湿度较高的环境中,在容易产生电弧负载(如开关感性负载时)的条件下,由电弧所生成的NO_x和水分化合物会产生硝酸(HNO_3),腐蚀内部金属,影响动作。如果在高频率且会产生电弧的电路中使用,应按照表8-7使用接点保护电路。

表 8-7　限位开关接点保护电路

电路例		适用		优点、其他	元件的选择方法
		交流	直流		
CR 方式	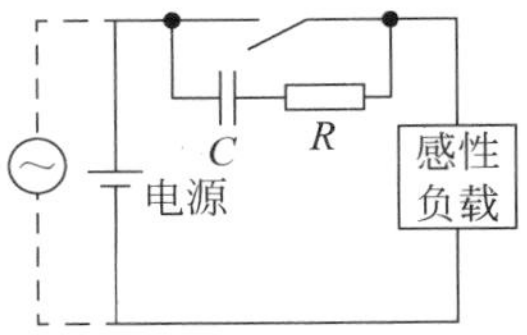 电路图：C、R、电源、感性负载	△	○	在交流电压下使用时，负载的阻抗应小于 C、R 的阻抗	C、R 的标准如下。 C：接点电流 1A 为 1～0.5μF R：接点电压 1V 为 0.5～1Ω 根据负载的性质有时会不一致。 C 有接点断开时抑制放电的效果，没有下次接通时限制电流的作用，应考虑上述情况通过试验来确认
	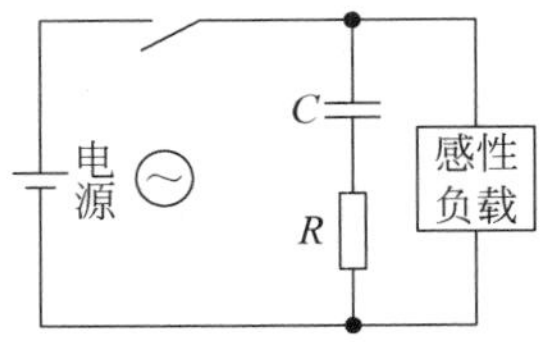 电路图：电源、C、R、感性负载	○	○	负载为继电器、螺线管等时，动作时间变慢。 电源电压为 24V、48V 时，并联在负载间有效，为 100～200V 时并联在接点间有效	
二极管方式	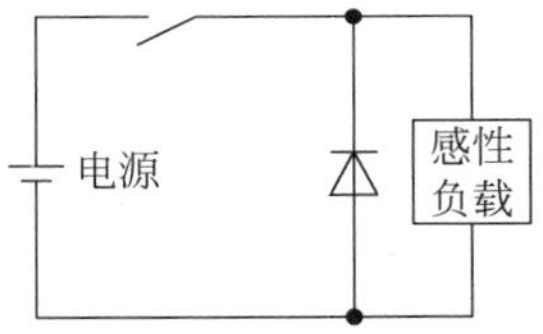 电路图：电源、感性负载	×	○	线圈中储存的能量通过并联二极管以电流的形式流向线圈，在感性负载的电阻部分作为热量消耗掉。该方式比 CR 方式的复位时间更慢	二极管的反向耐压应为电路电压的 10 倍以上，正向电流必须大于负载电流
二极管+齐纳二极管方式	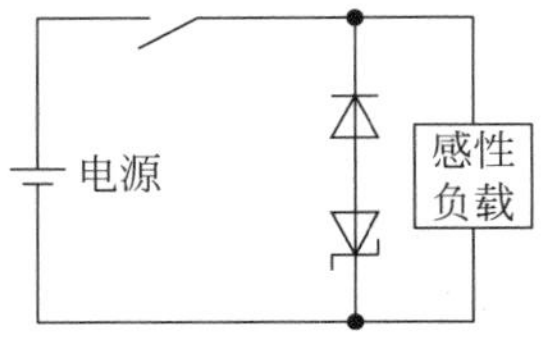 电路图：电源、感性负载	×	○	在二极管方式下复位时间太慢时使用有效	齐纳二极管的齐纳电压使用较低的电压。在不同环境下，负载也可能不动作，这时应使用相当于电源电压 1.2 倍的电源

注：○—适用；×—不适用；△—带条件适用。

8.2.6　限位开关接线注意事项

（1）不要在一个开关的接点上连接异极、异种的电源，如图 8-3 所示。

（2）在设计电路时不要在接点间加电压（加压可能导致混触熔化），如图 8-4 所示。

（3）即使在发生异常情况时，也不要出现短路的电路（短路可能导致导电部位的熔断），如图 8-5 所示。

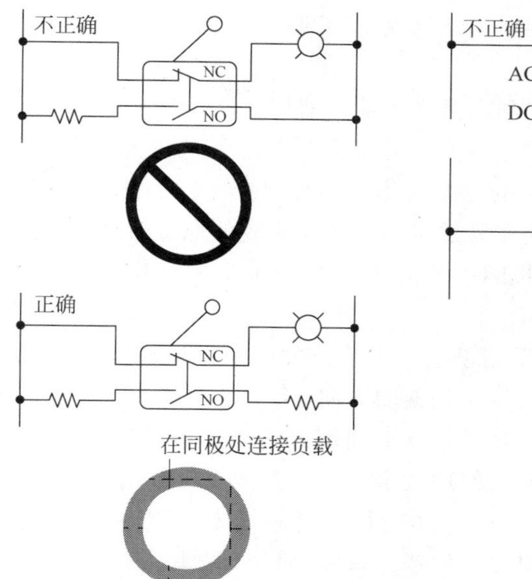

不正确的电源连接（异种电源的连接）
可能发生直流和交流混合

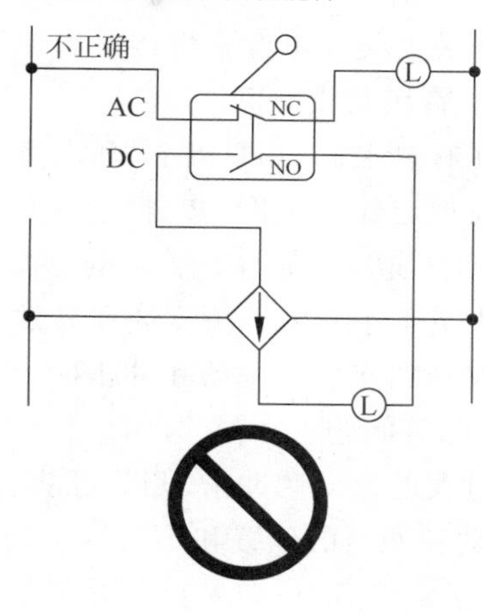

图 8-3　限位开关接线注意事项 1

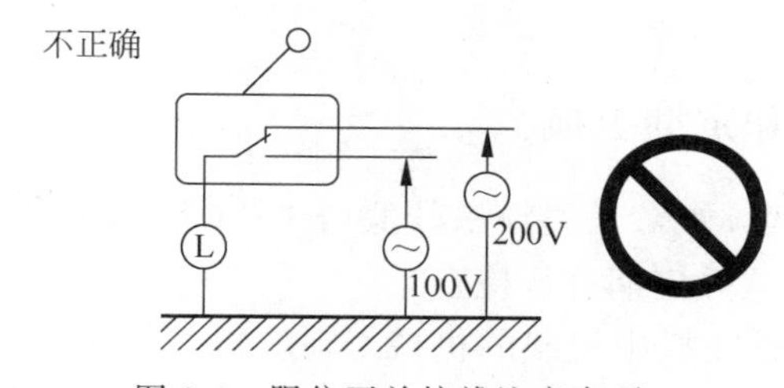

图 8-4　限位开关接线注意事项 2

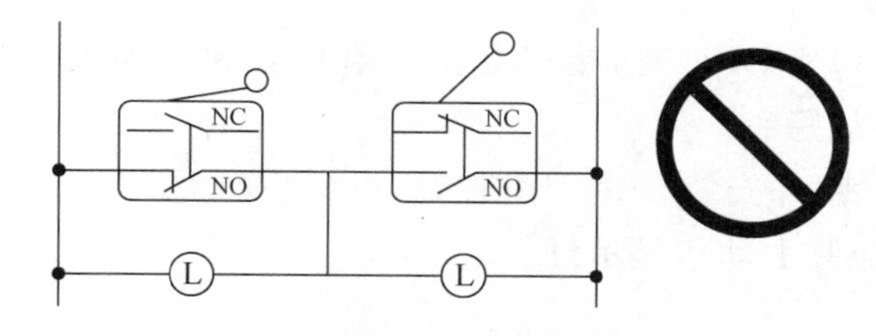

图 8-5　限位开关接线注意事项 3

8.2.7　使用环境

（1）不要在有引火性气体、爆炸性气体等环境中单独使用开关。随着开关引起的电弧发热，会造成失火或爆炸等危险。

（2）开关不是防水密封结构，因此在油或水喷溅、飞散或者有尘埃附着的地方，应用保护盖防止直接飞沫。

(3) 限位开关也会由于在室外或特殊的切削油的原因导致开关材质变质及劣化，因此选择机种时应咨询清楚。

(4) 应将开关安装在不会直接接触到切屑或尘埃的位置。必须保证驱动杆和开关本体上不会堆积切削屑和泥状物质。

(5) 不要在有热水(+60℃以上)和水蒸气的地方使用。

(6) 不要在规定外的温度、户外空气条件下使用开关。各机种允许的环境温度不同，(应确认本书中的规格)。如果有急剧的温度变化，热冲击会导致开关松动，造成故障。

(7) 操作人员不小心将开关安装在易发生误动作或事故的地方时，应加装外罩。

(8) 开关在受到连续的振动和冲击时，产生的磨损粉末可能导致接点接触不良和动作失常、耐久性下降等问题。

(9) 如有过大的振动和冲击，开关可能会发生接点的误动作和破损等，因此应将其安装在不会受到振动和冲击的位置和不会发生共振的方向上。

(10) 使用银系接点时，如果长期处于低频率使用或者微小负载使用状态，接点表面会生成硫化膜，导致接点接触不良，因此应使用镀金的接点和微小负载用的开关。

(11) 不要在硫化气体(H_2S、SO_2)、氨气(NH_3)、硝酸气体(HNO_3)、氯气(Cl_2)等恶性气体和高温、多湿环境中使用开关，以免发生接点接触不良和腐蚀引起的破损等功能障碍。

(12) 环境中如果存在硅气体，则电弧能量会使氧化硅堆积在接点上，导致接触不良。开关周围有硅油、硅填充剂、硅电线等硅制品时，应通过接点保护电路来抑制电弧并消除产生硅气体的源头。

8.2.8 关于定期检查和定期更换

(1) 在一直按下的状态，如果开关频率较低(1 次以下/日)，则可能会由于零件的劣化导致复位不良。应事先确认并定期进行检查。

(2) 开关的寿命除了性能栏中记载的机械寿命和电气寿命外，还与使用环境导致的各部位的劣化(尤其是橡胶类、树脂类的劣化和金属部位的腐蚀等)有关。因此，应定期进行检查和更换，防止事故的发生。

(3) 当长期不设置 ON/OFF 时，接点会由于氧化等原因而发生接触可靠性降低的情况。接通不良会造成事故隐患。

(4) 开关应牢固安装，并安装在易于检查且可以更换的干净场所。在难以进行检查和维护以及黑暗的地方，应装上动作显示灯。

8.2.9 关于操作

(1) 为避免开关的驱动杆急速返回或受到冲击，应考虑通过操作体(凸轮、挡块等)进行操作。以相对快的动作操作开关时，必须使用能对继电器和阀门进行充分励磁且保持行程较长的凸轮和挡块。

(2) 操作方式、凸轮和挡块的形状、频率、过行程等都会极大地影响寿命和精度。因此，应将凸轮和挡块设计成平滑的形状。

(3) 在旋转运动、直线运动时必须在开关的驱动杆上施加正常的载荷。如图 8-6 所示，当挡块触到摆杆时，动作位置将无法稳定。

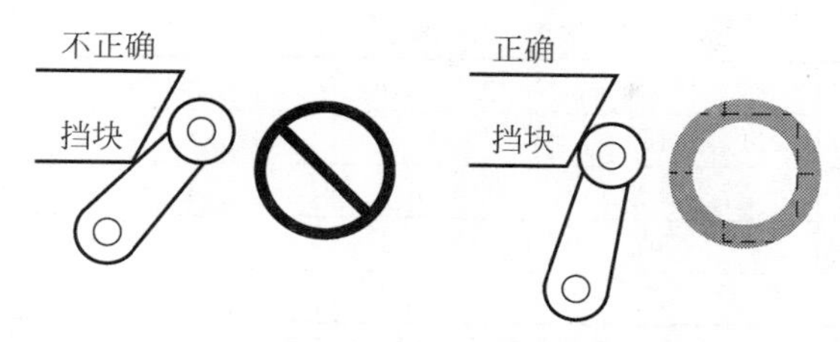

图 8-6　挡块位置设置

(4) 不要在开关的驱动杆上施加偏载荷，或者引起局部摩擦。

(5) 如果从斜面向开关的驱动杆（滚珠）施加载荷，可能会造成驱动杆和旋转轴的变形、折损，因此应保持挡块垂直。

(6) 设置驱动杆不要超过过行程（OT）。如果超过过行程（OT）限制，可能引起故障。安装时应充分考虑操作总行程后进行调整。

(7) 过行程过大时，可能会诱发早期的故障，因此，在安装时必须进行调整，应事先对操作体的工序进行充分讨论。

(8) 在针状按钮中，按钮的行程和操作体的行程必须在一条垂直线上。

(9) 应配合驱动杆的特性使用开关。应正确使用滚珠悬臂摆杆类型（见表 8-8 和表 8-9 中图示）。

(10) 关于斜面柱塞型，应使用操作体宽度大于柱塞宽度的产品。

8.2.10 挡块的设计

设计挡块时必须充分考虑挡块的速度和角度（ϕ）与驱动杆形状等的关系。一般的挡块角度在 30°～45°的范围内，挡块的操作速度（v）应该在 0.5m/s 以下。

1. 滚珠摆杆型驱动杆

(1) 挡块不会越过驱动杆的情况，如表 8-8 所示。

表 8-8　挡块不会越过驱动杆的情况

挡块速度在 0.5m/s 以下的情况（普通）			
v　ϕ　y（摆杆可以垂直设置）	ϕ	v_{max}/(m/s)	y
	30°	0.4	0.8（TT）取全行程的 80%
	45°	0.25	
	60°	0.1	
	60°～90°	0.05（低速）	
挡块速度在 0.5m/s≤v≤2m/s 的情况下（快速）			

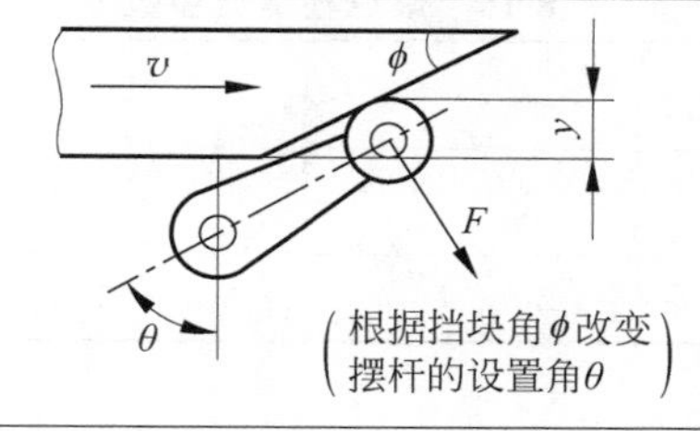

续表

θ	ϕ	v_{max}/(m/s)	y
45°	45°	0.5	
50°	40°	0.6	0.5～0.8(TT)
60°～55°	30°～35°	1.3	0.5～0.7(TT)
75°～65°	15°～25°	2	0.5～0.7(TT)

注：y 是相对于全行程(TT)的比率，表示挡块的按下量应达到 TT 的 50%～80%(50%～70%)。

(2) 挡块超过驱动杆的情况，如表 8-9 所示。

表 8-9 挡块超过驱动杆的情况

挡块的速度在 0.5m/s 以下

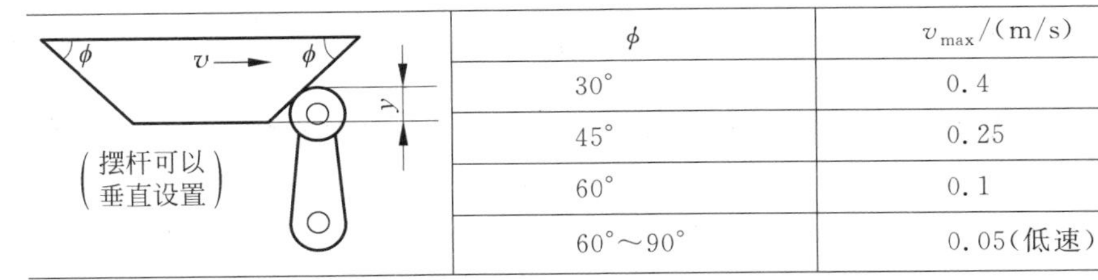

ϕ	v_{max}/(m/s)	y
30°	0.4	0.8(TT)取全行程的 80%
45°	0.25	
60°	0.1	
60°～90°	0.05(低速)	

挡块的速度在 0.5m/s 以上

挡块以较快的速度越过驱动杆时，挡块的后端应保持较平滑的角度(15°～30°)，或者用 2 次曲线连接减少摆杆的跳动

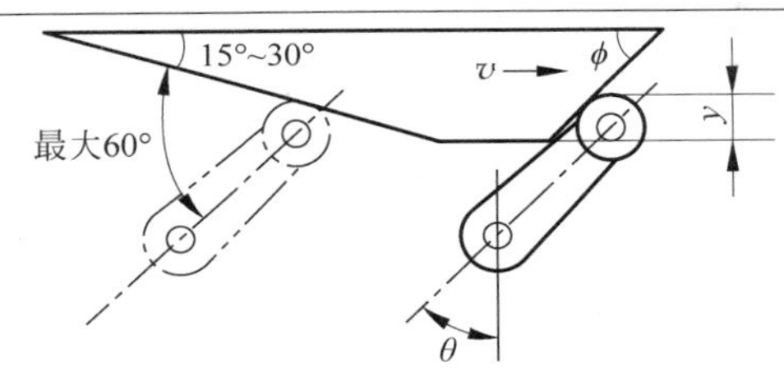

θ	ϕ	v_{max}(m/s)	y
45°	45°	0.5	0.5～0.8(TT)
50°	40°	0.6	0.5～0.8(TT)
60°～55°	30°～35°	1.3	0.5～0.7(TT)
75°～65°	15°～25°	2	0.5～0.7(TT)

注：y 为相对于全行程(TT)的比例，表示挡块正确的按下量应为 TT 的 50%～80%(50%～70%)。

2. 柱塞型驱动杆

在挡块越过驱动杆的情况下，前进方向和后退方向的形状可以相同，但必须避免驱动杆和挡块快速分离的形状，如表 8-10～表 8-12 所示。

表 8-10 滚珠柱塞型参数

ϕ	v_{max}/(m/s)	y
30°	0.25	0.6～0.8(TT)
20°	0.5	0.5～0.7(TT)

表 8-11 球式柱塞型参数

ϕ	v_{max}/(m/s)	y
30°	0.25	0.6～0.8(TT)
20°	0.5	0.5～0.7(TT)

表 8-12 斜面柱塞型参数

ϕ	v_{max}(m/s)	y
30°	0.25	0.6～0.8(TT)
20°	0.5	0.5～0.7(TT)

注：y 值表示全行程 TT 的 60%～80%(50%～70%)。

3. 叉杆锁定型驱动杆

叉杆锁定型驱动杆如图 8-7 所示。

注：挡块的形状应注意设计成驱动杆反转时不能碰到另一方的滚珠。

4. 根据挡块移动量设定行程

限位开关的合适行程(图 8-8)如下。

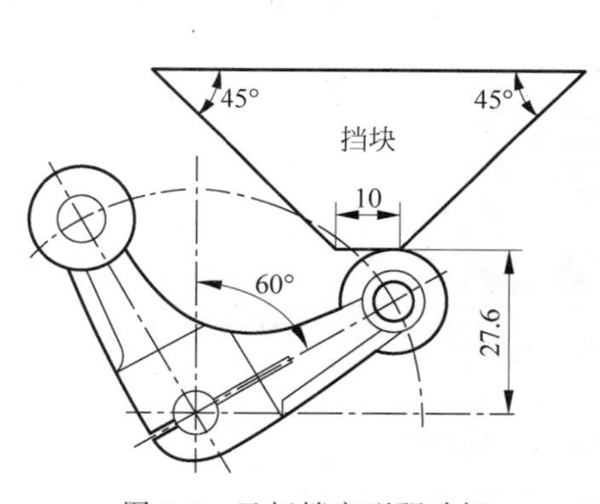

图 8-7 叉杆锁定型驱动杆

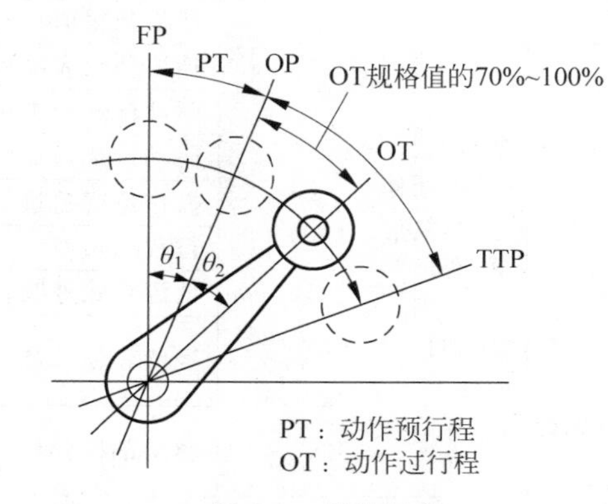

图 8-8 挡块行程

合适的行程：PT+[OT 规定值×(0.7～1.0)]。

用角度表示则为 $\theta_1+\theta_2$。

对应于合适的行程，挡块移动量(图 8-9)的表达式为

$$X=R\sin\theta+\frac{R(1-\cos\theta)}{\tan\phi}\ (\text{mm}) \tag{8-1}$$

式中，ϕ 为挡块角度；θ 为合适的行程角度；R 为驱动杆长度；X 为挡块移动量。

从对应于合适的行程安装基准位置到挡块下端面的尺寸(单位为 mm)，如图 8-10 所示。

$$Y=a+b+r$$

式中，a 为安装基准位置到驱动杆中心的尺寸；b 为 $R\cos\theta$；r 为滚珠的半径；Y 为安装基准位置到挡块下端面的尺寸。

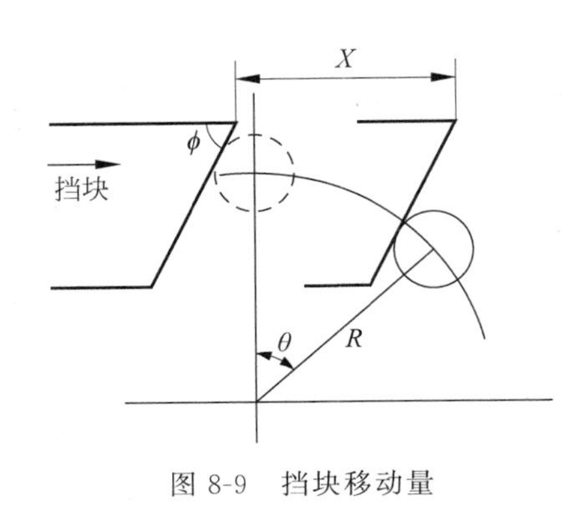

图 8-9　挡块移动量

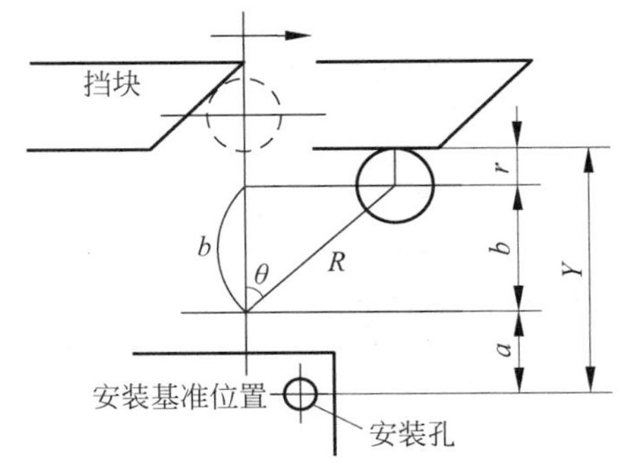

图 8-10　挡块安装尺寸

8.2.11　开关故障解决

开关故障解决方法如表 8-13 所示。

表 8-13　开关故障解决方法

<table>
<tr><th colspan="2">故　　障</th><th>故障的主要原因</th><th>对　　策</th></tr>
<tr><td rowspan="15">机械故障</td><td rowspan="9">驱动杆
① 不动作
② 不复位
③ 变形
④ 磨损
⑤ 破损</td><td>挡块凸轮形状不合适</td><td rowspan="2">重新研究挡块凸轮，打磨表面至平滑</td></tr>
<tr><td>挡块凸轮表面粗糙</td></tr>
<tr><td>驱动杆选择不正确</td><td rowspan="2">重新研究驱动杆是否合适（使驱动杆没有较大的反弹）</td></tr>
<tr><td>驱动杆选择加压方向不正确</td></tr>
<tr><td>操作速度超过了允许范围</td><td>—</td></tr>
<tr><td>行程过长</td><td>重新设定行程</td></tr>
<tr><td>低温导致橡胶材料和润滑脂硬化</td><td>采用防寒规格产品</td></tr>
<tr><td>泥状异物、切削屑、尘埃的堆积</td><td>换为防滴型、保护结构好的产品</td></tr>
<tr><td>驱动部橡胶材料的溶解、收缩和膨胀</td><td>保护外罩的设置、熔剂的更换、材料更换</td></tr>
<tr><td rowspan="3">动作位置偏差很大（误动作）</td><td>内部可动弹簧失去弹性、折损</td><td>定期进行预防保护</td></tr>
<tr><td>内部机构的磨损、劣化</td><td>使用开关性能高一级的产品</td></tr>
<tr><td>本体安装螺钉的松动、不稳定</td><td>拧紧，并注意加强板的规格</td></tr>
<tr><td rowspan="3">端子部位松动（模制品中出现了变形）</td><td>焊接作业的长时间加热</td><td>加快焊接作业</td></tr>
<tr><td>连接粗导线造成过大的拉力</td><td>使得导线规格符合通电电流和额定值</td></tr>
<tr><td>高温和热冲击</td><td>采用高温用开关，更换安装场所</td></tr>
<tr><td rowspan="3">化学、物理故障</td><td rowspan="3">有震颤</td><td>振动、冲击超过了规定值</td><td>安装防震装置</td></tr>
<tr><td>其他机构零件中产生冲击</td><td>对可能成为冲击源的螺线管等进行缓冲</td></tr>
<tr><td>操作速度太慢</td><td>加快操作速度（加速装置）</td></tr>
</table>

续表

<table>
<tr><th colspan="2">故　　障</th><th>故障的主要原因</th><th>对　　策</th></tr>
<tr><td rowspan="12">化学、物理故障</td><td rowspan="5">油、水的浸入</td><td>密封部密封不严</td><td>采用防滴型、水密型产品</td></tr>
<tr><td>连接器的选择不当或与电缆不一致</td><td rowspan="4">选择适当的连接器和电缆</td></tr>
<tr><td>开关选择不当</td></tr>
<tr><td>没有对端子部位进行塑封</td></tr>
<tr><td>尘埃、油的进入、碳化导致开关被烧坏</td></tr>
<tr><td rowspan="3">橡胶材料的劣化</td><td>熔剂、切削油引起膨胀溶解</td><td>使用耐油性橡胶材料和聚四氟乙烯波纹管等</td></tr>
<tr><td>直射阳光、臭氧造成的龟裂</td><td>安装耐候性橡胶材料和保护盖</td></tr>
<tr><td>高温的切削屑、尘埃的飞散造成的破损</td><td>更换为带金属波纹管保护盖的产品</td></tr>
<tr><td rowspan="4">腐蚀(生锈)
(自生裂纹)</td><td>腐蚀性液剂(包括切削油)造成的氧化</td><td rowspan="3">更换切削油,改变安装部位</td></tr>
<tr><td>在腐蚀性环境、海岸、船舶中使用</td></tr>
<tr><td>冷却水、切削油的电离造成的电蚀</td></tr>
<tr><td>温度循环过高(高湿)、铜合金的自生裂纹</td><td>换为耐自身裂纹的材料</td></tr>
<tr><td rowspan="5">电气故障</td><td rowspan="5">无法接通
无法切断
熔接</td><td>直流电路中电感部分过多</td><td>附加消除电路</td></tr>
<tr><td>由于频繁开合生成褐色粉末</td><td>使用特殊合金接点、气密型开关</td></tr>
<tr><td>接点迁移造成短路、熔接</td><td rowspan="2">修改电路设计</td></tr>
<tr><td>使用了异种电源造成熔接</td></tr>
<tr><td>接点部位浸入异物、油</td><td>设置保护盒</td></tr>
</table>

8.3 接近传感器

8.3.1 接近传感器的定义

接近传感器是代替限位开关等接触式检测方式,以无须接触检测对象进行检测的传感器的总称,能检测对象的移动信息和将信息转换为电气信号。在转换为电气信号的检测方式中,主要有利用电磁感应引起的检测对象的金属体中产生的涡电流的方式、捕测体的接近引起的电气信号的容量变化的方式、利石和引导开关的方式。在JIS(Japanese Industrial Standards)规格中,根据《低压开关设备和控制设备　第5-2部分:控制电路装置和开关元件　接近开关》(IEC 60947-5-2—2007)的非接触式位置检测用开关,制定了JIS规格。JIS定义,在传感器中能以非接触方式检测到物体的接近和附近有无检测对象的产品总称为接近开关,有感应型、静电容量型、超声波型、光电型、磁力型等几种类型。在本书中,将检测金属存在的感应型接近传感器、检测金属及非金属物体存在的静电容量型接近传感器、利用磁力产生的直流磁场的开关定义为接近传感器。

8.3.2 接近开关特点

(1) 由于能以非接触方式进行检测，所以不会磨损和损伤检测对象。

(2) 由于采用无接点输出方式，因此寿命延长(磁力式除外)，采用半导体输出，对接点的寿命无影响。

(3) 与光检测方式不同，适合在水和油等环境下使用。检测时几乎不受检测对象的污渍和油、水等的影响。此外，还包括氟树脂外壳型及耐药品良好的产品。

(4) 与接触式开关相比，可实现高速响应。

(5) 能对应广泛的温度范围。

(6) 不受检测物体颜色的影响，能对检测对象的物理性质变化进行检测。

(7) 与接触式不同，会受周围温度和环境的影响。周围物体、同类传感器的影响包括感应型、静电容量型在内，传感器之间相互影响。因此，对于传感器的设置，需要考虑相互干扰。此外，对于感应型，需要考虑周围金属的影响，对于静电容量型则需考虑周围物体的影响。

8.3.3 接近传感器原理

1. 感应型接近传感器的检测原理

感应型接近传感器有时也叫电感式接近开关，它是利用导电物体在接近这个能产生电磁场的接近开关时，使物体内部产生涡流，这个涡流反作用到接近开关，使开关内部电路参数发生变化，由此识别出有无导电物体移近，进而控制开关的通或断。这种接近开关能检测的物体必须是导电体。

2. 静电容量型接近传感器的动作原理

静电容量型接近传感器的测量通常是构成电容器的一个极板，而另一个极板是开关的外壳，这个外壳在测量过程中通常是接地或与设备的机壳相连接。当有物体移向接近开关时，不论它是否为导体，由于它的接近，总会使电容的介电常数发生变化，从而使电容量发生变化，使得和测量头相连的电路状态也随之发生变化，由此便可控制开关的接通或断开。这种接近开关检测的对象不限于导体，可以是绝缘的液体或粉状物等。

3. 磁力式接近传感器的动作原理

用磁石使开关的导片动作。通过将引导开关置于 ON 位置，使开关打开。

8.3.4 接近传感器分类

接近传感器分类如表 8-14 所示。

表 8-14 接近传感器分类

事　项	感应型(如 E2B 型)	静电容量型(如 E2K-X 型)	磁气式(如 GLS 型)
检测对象物	金属、铁、铝、黄铜、铜等	金属、树脂、液体、粉末等	磁石

续表

事　项	感应型(如 E2B 型)	静电容量型(如 E2K-X 型)	磁气式(如 GLS 型)
电气杂音	动力线与信号线的位置关系、线体有无接地等		几乎无影响
	CE 标签处理(符合 EC 指令)		
	传感器外形的材料(金属、树脂)		
	电缆过长则容易受干扰的影响		
电源规格	直流、交流、交流直流、直流无极性等		
	连接方法、电源电压		
消耗电流	参见 DC2 线式和 DC3 线式交流等电源规格		
	DC2 线式对抑制消耗电流有效		
检测距离	需要注意温度的影响、检测物体的影响、周围物体的影响、同类传感器的设置距离,再选择检测距离		
	应参考样本目录规格的设定距离再进行讨论		
	检测中如需高精度,应讨论使用放大器分离型		
周围环境	温度、湿度、水、油、药品等		
	需确认适合环境的保护构造		
物理性振动冲击	在经常发生振动、冲击等的环境中,选择时需要在传感器的检测距离上留有一些余度		
	此外,为防止振动引起的脱落,可参见用于安装的紧固转矩的样本目录值		
关于组装	紧固转矩、传感器的大小、布线工时、电缆长度、传感器与传感器的距离、来自周围物体的影响		
	设计时,应确认周围金属、周围物体的影响以及传感器相互干扰距离的规格		

8.3.5 接近传感器术语说明

1. 标准检测物体

标准检测物体作为测定基本性能的检测物体,对其材料、形状、尺寸等都有规定。

2. 检测距离

用指定的方法移动标准检测物体,由基准位置(基准面)测出的至动作(复位)为止的距离。

3. 设定距离

由于接近开关受到外部(电压、温度、环境)影响,检测距离会有所变化,为能对物体进行稳定的检测,务必要缩短检测物体与接近开关的距离,通常该距离设定为额定检测距离的70%以内。

4. 差动(差动的距离)

在标准检测物体与传感器的距离中,传感器动作时与复位时之间的距离差。

5. 响应时间

t_1:标准检测物体进入传感器的动作区域,传感器从处于动作状态到输出为 ON 的时间。

t_2：标准检测物体离开传感器的动作区域，传感器的输出至 OFF 的时间。

6. 响应频率

反复接近标准检测物体时，每秒钟检测随之产生的输出次数。

8.3.6 接近传感器型号、额定值及规格

以欧姆龙 E2B 磁性金属检测传感器为例进行说明。欧姆龙 E2B 型号传感器的说明如图 8-11 所示，其额定值及规格如表 8-15 所示，其外形尺寸如图 8-12 所示。

E2B-□□□□□-□-□□ □
1 2 3 4 5 6 7 8 9 10

示例：E2B-M12LS04-M1-B1　M12，黄铜，长螺纹型，屏蔽型，S_n=4mm，M12接插件型，PNP，NO
E2B-S08KN02-WP-C25 M　M8，不锈钢，标准型，非屏蔽型，S_n=2mm，导线引出型PVC电缆，NPN，NC，电缆长度为5m

1. 基本型号
   E2B
2. 外壳形状及材料
   M：圆柱形、公制螺纹、黄铜
   S：圆柱形、公制螺纹、不锈钢
3. 外壳尺寸
   08：8mm
   12：12mm
   18：18mm
   30：30mm
4. 螺纹长度
   K：标准型
   L：长螺纹型
5. 屏蔽
   S：屏蔽
   N：非屏蔽型
6. 检测距离
   数字与检测距离：
   01=1.5mm, 02=2mm, 04=4mm, 05=5mm,
   08=8mm, 10=10mm, 15=15mm, 16=16mm,
   20=20mm, 30=30mm
7. 连接类型
   WZ：导线引出型，PVC电缆，直径为4mm（见“注”）（导体截面积：0.3mm²　绝缘体直径：1.3mm）
   WP：导线引出型，PVC电缆，直径为4mm（导体截面积：0.141mm²　绝缘体直径：0.85mm）
   M1：M12接插件型
   MC：M8接插件型（3针）
8. 电源类型及输出类型
   B：PNP
   C：NPN
9. 动作模式
   1：NO（常开）
   2：NC（常闭）
10. 电缆长度
   空白：接插件型
   数字：电缆长度（有2M和5M两种）

注：仅M12、M18、M30尺寸。

图 8-11　欧姆龙 E2B 型号传感器说明

表 8-15　欧姆龙 E2B 型号传感器额定值及规格

项　　目	M8			
	单倍距离型		两倍距离型	
	屏蔽型	非屏蔽型	屏蔽型	非屏蔽型
	E2B-S08□S01	E2B-S08□N02	E2B-S08□S02	E2B-S08□N04
检测距离	1.5mm±10%	2mm±10%	2mm±10%	4mm±10%
设定距离	0～1.2mm	0～1.6mm	0～1.6mm	0～3.2mm
应差距离	10%的检测距离以内			
可检测物体	磁性金属(对于非磁性金属，检测距离会减小)			

续表

项目		M8			
		单倍距离型		两倍距离型	
		屏蔽型	非屏蔽型	屏蔽型	非屏蔽型
		E2B-S08□S01	E2B-S08□N02	E2B-S08□S02	E2B-S08□N04
标准检测物体(低碳钢 ST37)		8mm×8mm×1mm	8mm×8mm×1mm	8mm×8mm×1mm	12mm×12mm×1mm
应答频率①		2000Hz	1000Hz	1500Hz	1000Hz
电源电压		10～30VDC(包括10%的纹波(p-p))			
消耗电流		10mA以下			
输出类型		-B型：PNP集电极开路 -C型：NPN集电极开路			
控制输出	负载电流②	200mA以下(30VDC以下)			
	残留电压	2V以下(负载电流为200mA、电缆长2m时)			
指示灯		动作指示灯(黄色LED)			
动作模式(检测物体接近时)		-B1/-C1型：NO -B2/-C2型：NC			
保护回路		输出极性逆接保护、电源极性逆接保护、浪涌吸收、短路保护			
环境温度		工作和存放：－25～70℃(不结冰、无凝露)			
温度影响②		－10～55℃的温度范围内：23℃时，±10%的检测距离以内 －25～70℃的温度范围内：23℃时，±15%的检测距离以内			
环境湿度		工作和存放：35%～95%			
电压影响		24VDC±15%：±1%的检测距离以内			
绝缘电阻		直流500V的条件下，50MΩ以上(通电部与外壳间)			
绝缘强度		50/60Hz、交流1000V的条件下持续1min(通电部与外壳间)			
耐振动		10～55Hz，上下振幅1.5mm，X、Y、Z各方向2h			
耐冲击		500m/s^2，X、Y、Z各方向10次			
标准		IP67(IEC 60529)；EMC(EN60947-5-2)			
连接方式		导线引出型(标准型预接了直径4mm、长度2m/5m的PVC电缆)接插件型(M8-3针)			
重量(带包装)	导线引出型	标准型：约65g；长螺纹型：约65g			
	接插件型	标准型：约20g；长螺纹型：约20g			
材料	外壳	不锈钢(1.4305(W.-No.)、SUS 303(AISI)和2346(SS))			
	检测面	PBT			
	电缆	标准电缆采用直径为4mm的PVC电缆			
	紧固螺母	黄铜镀镍			
	带齿垫圈	镀锌铁			

注：① 此处的应答频率为平均值。测量条件：使用标准检测物体，检测物体的间距为标准检测物体的两倍且设定距离为检测距离的1/2。

② 当使用M8尺寸的任何型号时，若环境温度在－25～60℃之间时，应确保负载电流不超过200mA；若环境温度在60～70℃之间时，应确保负载电流不超过100mA。

M8
导线引出型（屏蔽）
标准型

导线引出型（非屏蔽）

E2B-S08KS01-WP-□□/E2B-S08KS02-WP-□□

E2B-S08KN02-WP-□□/E2B-S08KN04-WP-□□

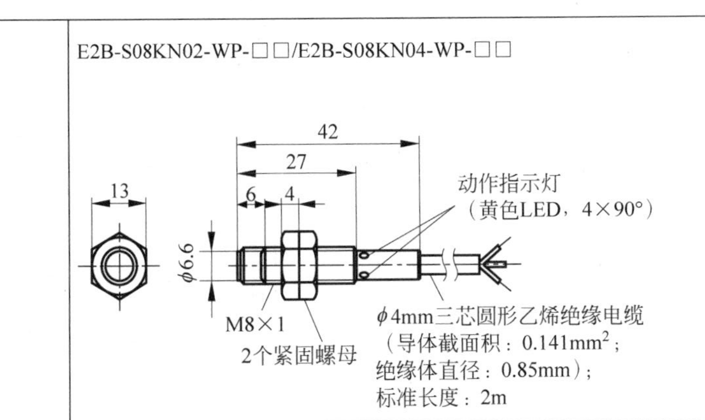

长螺纹型

E2B-S08LS01-WP-□□/E2B-S08LS02-WP-□□

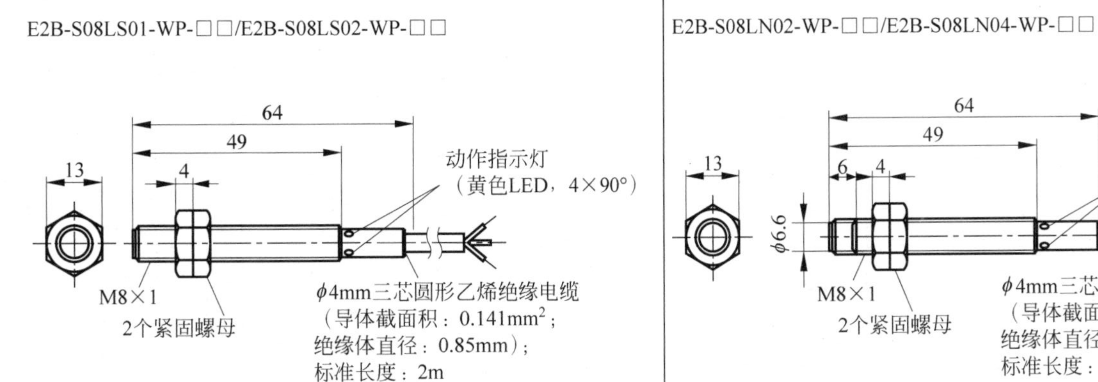

E2B-S08LN02-WP-□□/E2B-S08LN04-WP-□□

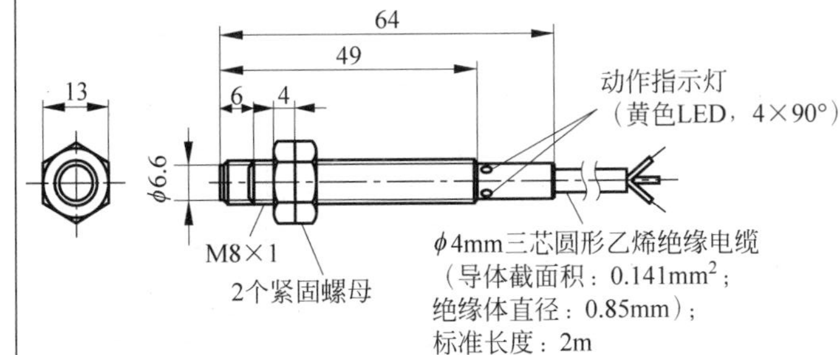

图 8-12　欧姆龙 E2B 型号传感器外形尺寸

8.3.7 接近传感器接线

以欧姆龙 E2B 型号传感器为例进行介绍,如图 8-13 所示。

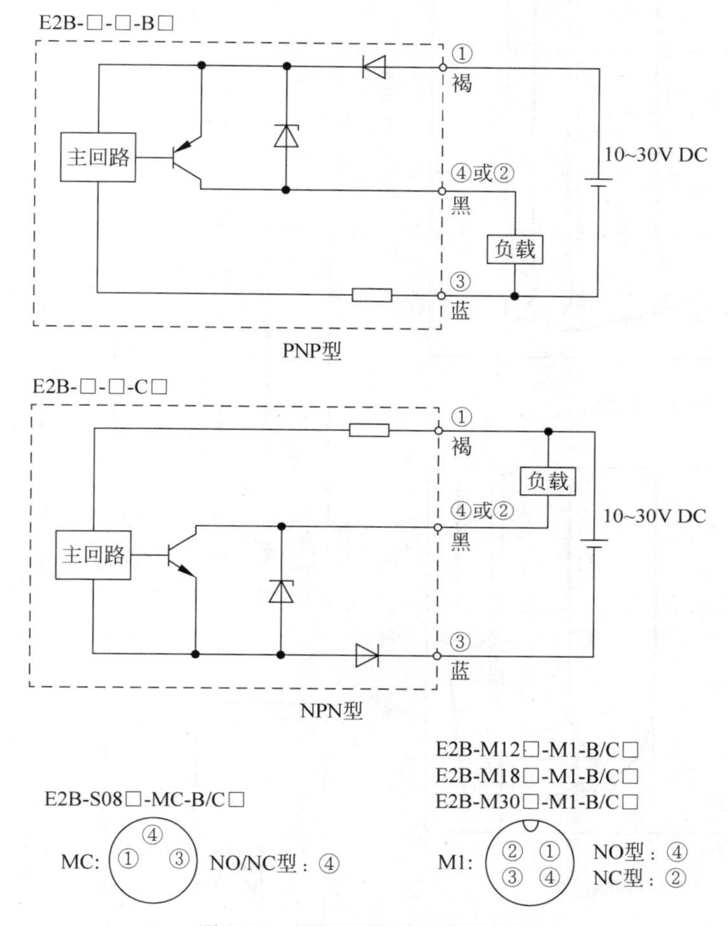

图 8-13　E2B 型输出回路和接线

8.3.8 外界环境对传感器的影响

1. 检测物体的材料

根据检测物体的材料不同,其检测距离有着显著的差别,可参见图 8-14 所示的特性数据,给予充裕的设定距离。

一般检测物体为非磁性金属(如铝等)时,检测距离会变小。

2. 检测物体的大小

一般来说,当检测物体的尺寸小于标准检测物体时,检测距离会变小。应按图 8-14 所示进行大于标准检测物体的设计。小于标准检测物体时,应在设定距离上留有充分的余度。

3. 检测物体的厚度

磁性金属(铁、镍等)的厚度应大于 1mm。

厚度小于 0.01mm 的箔,可以得到与磁性体同等的检测距离。

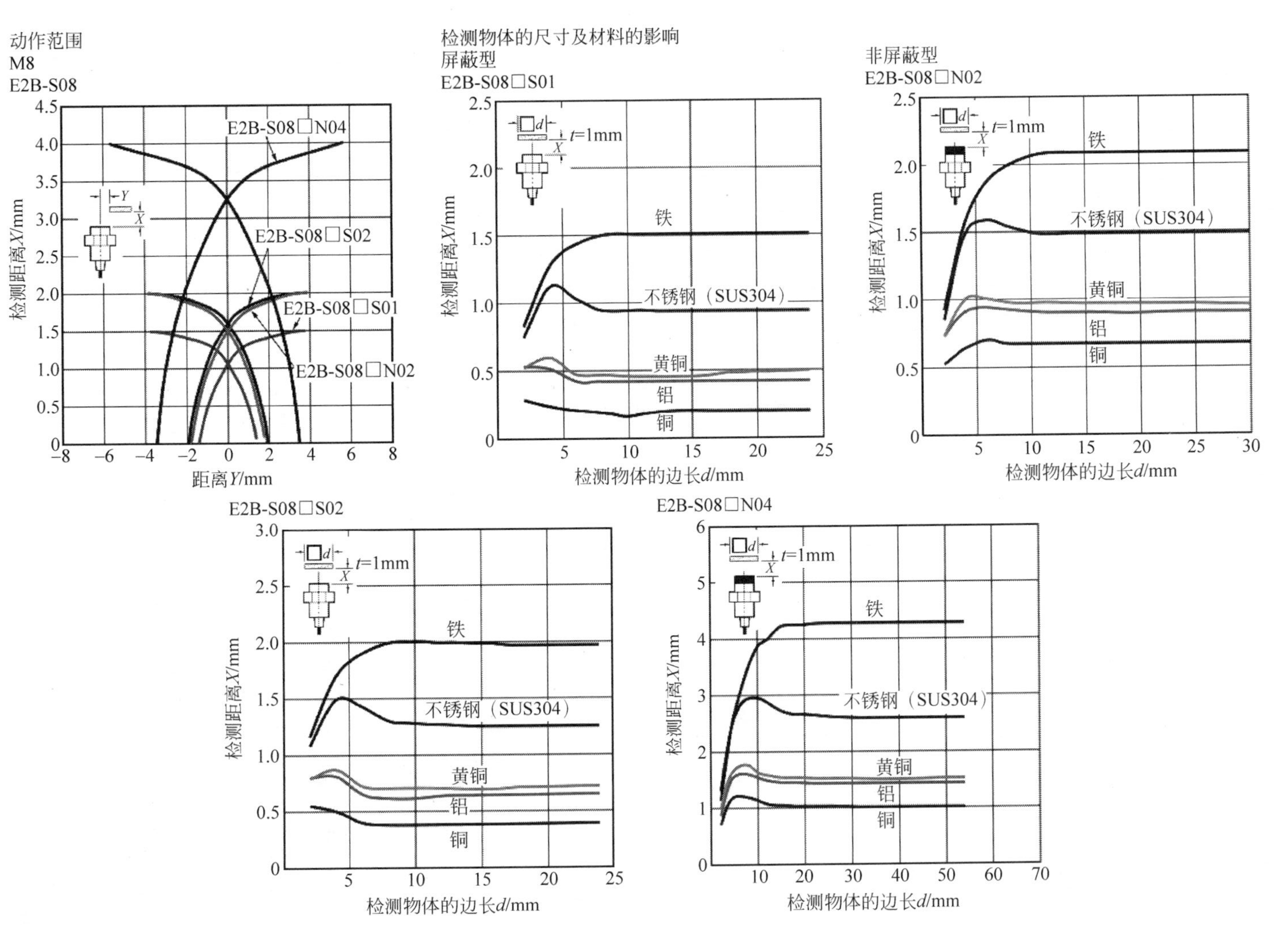

图 8-14　欧姆龙 E2B 型传感器工程参数

此外，对蒸膜等极薄材料及无导电性物体无法进行检测。

4. 电镀的影响

当检测物体电镀后，检测距离会发生变化，参见表8-16。

表8-16 电镀的影响(参考例)

电镀种类的基本材料和厚度	铁/%	黄铜/%
无电镀	100	100
Zn(5～15μm)	90～120	95～105
Cd(5～15μm)	100～110	95～105
Ag(5～15μm)	60～90	85～100
Cu(10～20μm)	70～95	95～105
Cu(5～15μm)	—	95～105
Cu(5～10μm)＋Ni(10～20μm)	70～95	—
Cu(5～10μm)＋Ni(10μm)＋Cr(0.3μm)	75～95	—

参考值：相对于无电镀的检测距离的百分比。

8.4 光电传感器

8.4.1 光电传感器的定义

光电传感器是利用光的各种性质，检测物体的有无和表面状态的变化等的传感器。光电传感器主要由发光的投光部和接受光线的受光部构成。如果投射的光线因检测物体不同而被遮掩或反射，到达受光部的量将会发生变化，受光部检测出这种变化，并转换为电气信号进行输出。大多传感器使用可视光(主要为红色，也用绿色、蓝色)和红外光判断颜色。

以欧姆龙公司为例，光电传感器分类如表8-17所示。

表8-17 光电传感器分类

检测方式	形状	连接方式	检测距离	型号	
				NPN输出	PNP输出
对射型(投光器＋受光器)		导线引出型(2m)	15m(红外光)	E3Z-T61 2M[*3*4] 投光器 E3Z-T61-L 2M 受光器 E3Z-T61-D 2M	E3Z-T81 2M[*3*4] 投光器 E3Z-T81-L 2M 受光器 E3Z-T81-D 2M
		接插件型(M8)		E3Z-T66 投光器 E3Z-T66-L 受光器 E3Z-T66-D	E3Z-T86 投光器 E3Z-T86-L 受光器 E3Z-T86-D

续表

检测方式	形状	连接方式	检测距离	型号	
				NPN 输出	PNP 输出
对射型(投光器+受光器)		导线引出型(2m)	10m(红色光)	E3Z-T61A 2M*3 投光器 E3Z-T61A-L 2M 受光器 E3Z-T61A-D 2M	E3Z-T81A 2M*3 投光器 E3Z-T81A-L 2M 受光器 E3Z-T81A-D 2M
		接插件型(M8)		E3Z-T66A 投光器 E3Z-T66A-L 受光器 E3Z-T66A-D	E3Z-T86A 投光器 E3Z-T86A-L 受光器 E3Z-T86A-D
		导线引出型(2m)	30m(红色光)	E3Z-T62 2M*3 投光器 E3Z-T62-L 2M 受光器 E3Z-T62-D 2M	E3Z-T82 2M 投光器 E3Z-T82-L 2M 受光器 E3Z-T82-D 2M
		接插件型(M8)		E3Z-T67 投光器 E3Z-T67-L 受光器 E3Z-T67-D	E3Z-T87 投光器 E3Z-T87-L 受光器 E3Z-T87-D
回归反射型(带M. S. R.功能)		导线引出型(2m)	4m〔100mm〕(红色光)*4	E3Z-R61 2M*1*2	E3Z-R81 2M*1*2
		接插件型(M8)		E3Z-R66	E3Z-R86
扩散反射型		导线引出型(2m)	5～100mm(广视野)(红色光)	E3Z-D61 2M*3	E3Z-D81 2M*3*4
		接插件型(M8)		E3Z-D66	E3Z-D86
		导线引出型(2m)	1m(红色光)	E3Z-D62 2M*3*4	E3Z-D82 2M*3*4
		接插件型(M8)		E3Z-D67	E3Z-D87
		导线引出型(2m)	(90±30)mm(细光束)(红色光)	E3Z-L61 2M*3*4	E3Z-L81 2M*3*4
		接插件型(M8)		E3Z-L66	E3Z-L86

续表

<table>
<tr><th rowspan="2">检测方式</th><th rowspan="2" colspan="2">形　　状</th><th rowspan="2">连接方式</th><th rowspan="2">检测距离</th><th colspan="2">型　　号</th></tr>
<tr><th>NPN 输出</th><th>PNP 输出</th></tr>
<tr><td rowspan="4">距离设定型 E3Z-LS</td><td rowspan="4" colspan="2"></td><td>导线引出型(2m)</td><td rowspan="2">20～40mm (BGS min 设定)(赤色光)
20～200mm (BGS max 设定)(赤色光)
40～受光量受光量阈值 (FGS min 设定)(红色光)
200～受光量受光量阈值 (FGS max 设定)(红色光)</td><td>E3Z-LS61 2M*3</td><td>E3Z-LS81 2M*3</td></tr>
<tr><td>接插件型(M8)</td><td>E3Z-LS66</td><td>E3Z-LS86</td></tr>
<tr><td>导线引出型(2m)</td><td rowspan="2">2～20mm (BGS min 设定)(红色光)
2～80mm (BGS max 设定)(红色光)</td><td>E3Z-LS63 2M</td><td>E3Z-LS83 2M*4</td></tr>
<tr><td>接插件型(M8)</td><td>E3Z-LS68</td><td>E3Z-LS88</td></tr>
<tr><td rowspan="4">凹槽型对射型 E3Z-G</td><td rowspan="4"></td><td>1 光轴</td><td rowspan="2">导线引出型(2m)</td><td rowspan="4">25mm (红色光)</td><td>E3Z-G61 2M*3*4</td><td>E3Z-G81 2M*3*4</td></tr>
<tr><td>2 光轴</td><td>E3Z-G62 2M*3</td><td>E3Z-G82 2M*3</td></tr>
<tr><td>1 光轴</td><td rowspan="2">接插件中继型(M8)</td><td>E3Z-G61-M3J</td><td>E3Z-G81-M3J</td></tr>
<tr><td>2 光轴</td><td>E3Z-G62-M3J</td><td>E3Z-G82-M3J</td></tr>
<tr><td rowspan="2">仅限透明玻璃板型反射型</td><td rowspan="2" colspan="2"></td><td>导线引出型(2m)</td><td rowspan="2">(30±20)mm (红色光)</td><td>E3Z-L63 2M</td><td>E3Z-L83 2M</td></tr>
<tr><td>接插件型(M8)</td><td>E3Z-L68</td><td>E3Z-L88</td></tr>
</table>

续表

检测方式	形状	连接方式	检测距离	型号	
				NPN 输出	PNP 输出
透明瓶体型回归反射型（无M. S. R功能）		导线引出型（2m）	500mm〔80mm〕（红色光）[*2]	E3Z-B61 2M	E3Z-B81 2M[*3]
		接插件型（M8）		E3Z-B66	E3Z-B86
		导线引出型（2m）	2m〔500mm〕（红色光）[*2]	E3Z-B62 2M[*3]	E3Z-B82 2M[*3]
		接插件型（M8）		E3Z-B67	E3Z-B87

注：*1. 不附带反射板。应根据不同用途另行购买反射板。

*2. 检测距离为使用 E39-R1S 时的距离，并且应将传感器与反射板间的距离设定为大于〔 〕内的数值。

*3. 备有 M12 标准接插件中继型(0.3m)，指定时应在型号的末尾加上“-M1J 0.3M”。(如 E3Z-T61-M1TJ 0.3M)适合的传感器 I/O 连接器为 XS2 系列。

*4. 备有 M12 SmartClick 接插件中继型(0.3m)，指定时应在型号的末尾加上“-M1J 0.3M”。(如 E3Z-T61-M1TJ 0.3M)适合的传感器 I/O 连接器为 XS5 系列。

8.4.2 光电传感器的特点

1. 检测距离长

检测距离可以非常长。因为检测方式为非接触式，检测时不需要和物体接触，也不受其影响。

2. 检测对象的限制少

可依检测对象的表面反射、光的遮光等进行检测，如为非金属的物体（玻璃、塑胶、木材、液体等物）也可进行检测。

3. 响应速度快

光本身为高速，并且传感器的电路都由电子零件构成，所以不包含机械性工作时间，响应时间非常短。

4. 分辨率高

能通过高级设计技术使投光光束集中在小光点，或通过构成特殊的受光光学系统，来实现高分辨率；也可进行微小物体的检测和高精度的位置检测。

5. 可实现非接触的检测

无须机械性地接触检测物体而实现检测，因此不会对检测物体和传感器造成损伤。传感器能长期使用。

6. 可实现颜色判别

根据被投光的光线波长和检测物体的颜色组合有所差异，可对检测物体的颜色进行检测。

7. 便于调整

在投射可视光的类型中，投光光束是眼睛可见的，便于对检测物体的位置进行调整。

8. 对抗油或尘埃对镜头的污染性弱

镜头上沾染油污，会使光线散乱、遮光。在油、水蒸气或尘埃较多的环境使用时，必须做适当的保护装置。

9. 易受周围强光的影响

一般的照明光不会影响其检测动作，但像太阳光的强光直射受光部，会引起误动作，并产生损害。

8.4.3 光电传感器原理及外观尺寸

光电传感器在一般情况下由三部分构成，它们分为发送器、接收器和检测电路。

发送器对准目标发射光束，发射的光束一般来源于半导体光源，如发光二极管(LED)、激光二极管及红外发射二极管。光束不间断地发射，或者改变脉冲宽度。接收器由光电二极管、光电三极管、光电池组成。在接收器的前面，装有光学元件如透镜和光圈等。在其后面是检测电路，它能滤出有效信号并应用该信号。此外，光电传感器的结构元件中还有发射板和光导纤维。

1. 对射型光电传感器

为了使投光器发出的光能进入受光器，对向设置投光器与受光器。如果检测物体进入投光器和受光器之间遮蔽了光线，进入受光器的光量将减少，利用这种现象便可进行检测。

以欧姆龙公司为例，对射型(导线引出型)光电传感器 E3Z-T61 如图 8-15 所示。

2. 回归反射型光电传感器

在投光器、受光器一体型光电传感器中，通常投光部发出的光线将反射到对应设置的反射板上，回到受光部。如果检测物体遮蔽光线，进入受光部的光量将减少。利用这种现象便可进行检测。

欧姆龙公司生产的回归反射型光电传感器 E3Z-R61 如图 8-16 所示。

3. 扩散反射型光电传感器

在投光器、受光器一体型光电传感器中，通常光线不会返回受光部。如果投光部发出的光线碰到检测物体，检测物体反射的光线将进入受光部，受光量将增加。利用这种现象便可进行检测。

欧姆龙公司生产的扩散反射型光电传感器 E3Z-D61 如图 8-16 所示。

8.4.4 光电传感器额定规格及性能

以欧姆龙公司产品为例，光电传感器规格及性能如表 8-18 所示。

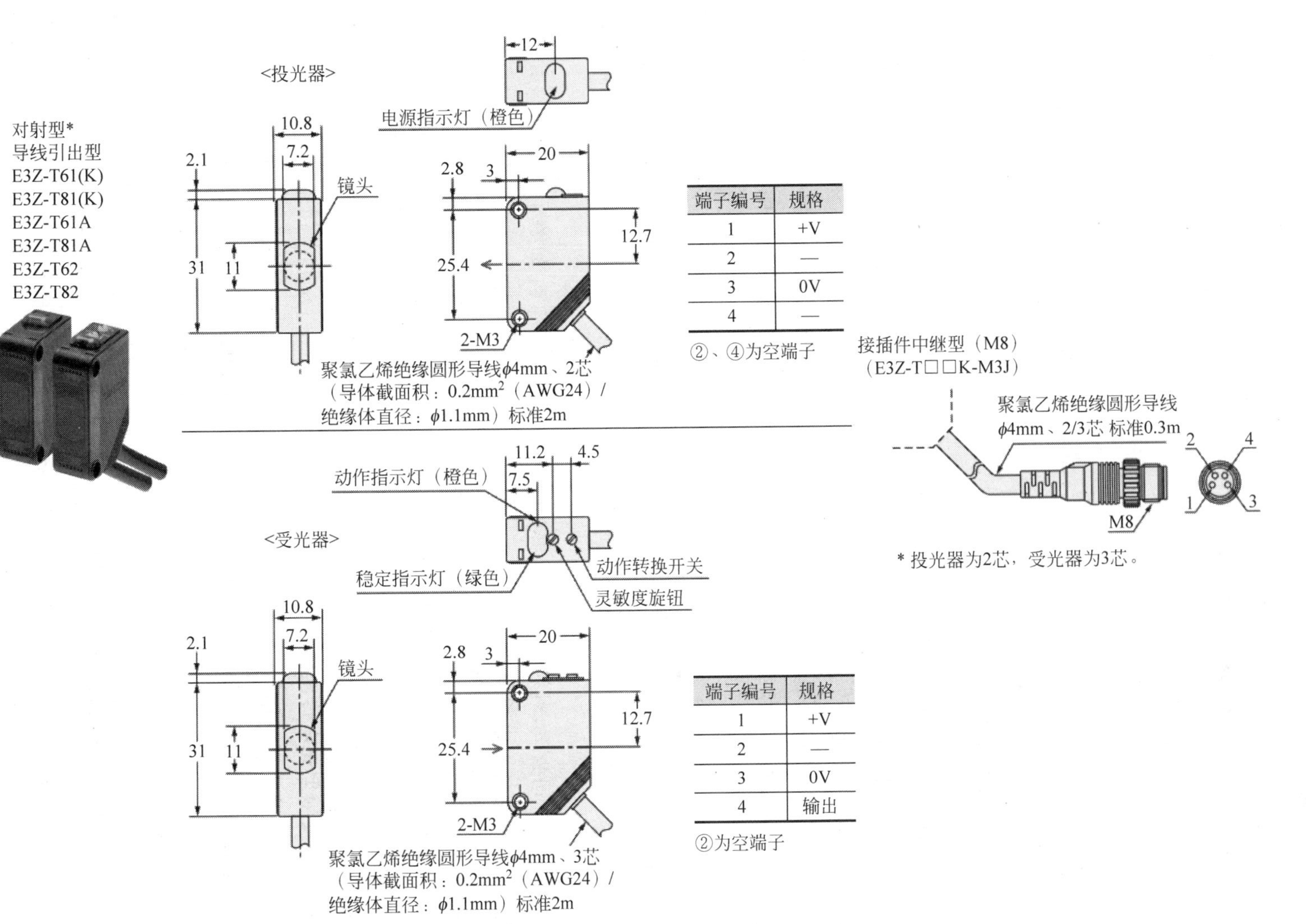

端子编号	规格
1	+V
2	—
3	0V
4	—

端子编号	规格
1	+V
2	—
3	0V
4	输出

图 8-15　对射型（导线引出型）光电传感器外观尺寸

反射型
导线引出型

E3Z-R61(K)	E3Z-B61
E3Z-R81(K)	E3Z-B81
E3Z-D61(K)	E3Z-B62
E3Z-D81(K)	E3Z-B82
E3Z-D62(K)	E3Z-L63
E3Z-D82(K)	E3Z-L83
E3Z-L61	
E3Z-L81	

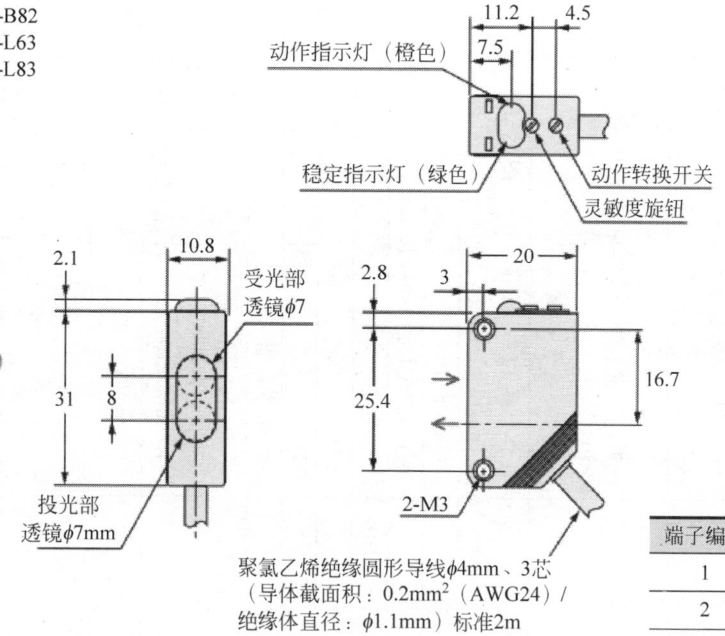

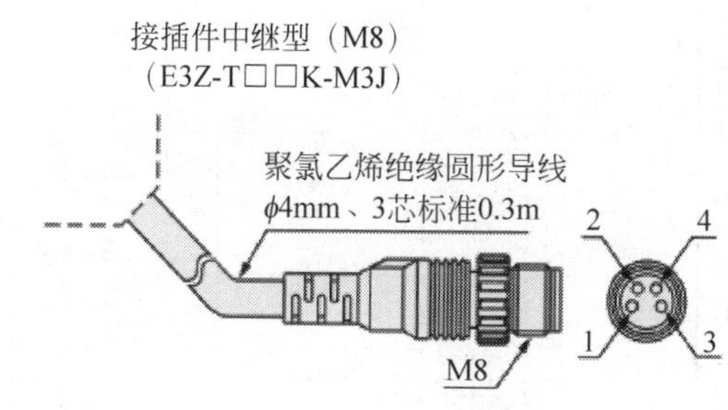

端子编号	规格
1	+V
2	—
3	0V
4	输出

图 8-16　反射型光电传感器外观尺寸

表 8-18　光电传感器规格及性能

检测方式		对　射　型			回归反射型
型号	NPN输出 导线引出	E3Z-T61	E3Z-T62	E3Z-T61A	E3Z-R61
	NPN输出 接插件(M8)	E3Z-T66	E3Z-T67	E3Z-T66A	E3Z-R66
	PNP输出 导线引出	E3Z-T81	E3Z-T82	E3Z-T81A	E3Z-R81
	PNP输出 接插件(M8)	E3Z-T86	E3Z-T87	E3Z-T86A	E3Z-R86
检测距离		15m	30m	10m	4m〔100mm〕* (使用 E39-R1S 时) 3m〔100mm〕* (使用 E39-R1 时)
光束直径(参考值)		—			
标准检测物体		ϕ12mm 以上的不透明物体			ϕ75mm 以上的不透明物体
最小检测物体(参考值)		—			
应差		—			
指向角		投/受光器：各 3°～15°		2°～10°	
光源(发光波长)		红外发光二极管(870nm)		红色发光二极管(660nm)	
消耗电流		35mA 以下(投光器 15mA 以下、受光器 20mA 以下)			30mA 以下
保护回路		电源逆连接保护、输出短路保护、输出逆连接保护			电源逆接保护、输出短路保护、防止相互干扰功能、输出逆连接保护
响应时间		动作、复位：各 1ms 以下	动作、复位：各 2ms 以下	动作、复位：各 1ms 以下	
保护结构		IEC 标准 IP67			
连接方式		导线引出型(标准导线长 2m/500mm)/M8 接插件型			
质量(包装后)	导线引出型 2m	约 120g			约 65g
	接插件型	约 30g			约 20g
材质	外壳	PBT			
	透镜部	变性聚芳香酯			异丁烯树脂
检测距离		100mm (白色画纸 100mm×100mm)	1m (白色画纸 300mm×300mm)		(90±30)mm (白色画纸 100mm×100mm)
光束直径(参考值)		—			ϕ2.5mm(检测距离 90mm 时)
标准检测物体		—			
最小检测物体(参考值)		—			ϕ0.1mm(铜丝)
应差		检测距离的 20%以下			可参见样本上的“特性数据”
指向角		—			

续表

检测方式			对射型			回归反射型
型号	NPN输出	导线引出	E3Z-T61	E3Z-T62	E3Z-T61A	E3Z-R61
		接插件(M8)	E3Z-T66	E3Z-T67	E3Z-T66A	E3Z-R66
	PNP输出	导线引出	E3Z-T81	E3Z-T82	E3Z-T81A	E3Z-R81
		接插件(M8)	E3Z-T86	E3Z-T87	E3Z-T86A	E3Z-R86
光源(发光波长)			红外发光二极管(860nm)			红色发光二极管(650nm)
消耗电流			30mA以下			
保护回路			电源逆接保护、输出短路保护、防止相互干扰功能、输出逆连接保护			
响应时间			动作、复位：各1ms以下			
保护结构			IEC标准 IP67			
连接方式			导线引出型(标准导线长2m/500mm)/M8接插件型			
质量(包装后)	导线引出型2m		约65g			
	接插件型		约20g			
材质	外壳		PBT			
	透镜部		变性聚芳香酯			

注：* 不附带反射板。可根据不同用途另行购买反射板。

8.4.5 光电传感器接线

以欧姆龙E3Z型号传感器为例，如图8-17所示。

8.4.6 光电传感器正确使用方法

1. 不得使用的环境

(1) 日光直射的场所。

(2) 湿度较高或易结露的场所。

(3) 含腐蚀性气体的场所。

(4) 振动或冲击可以直接传送到传感器的场所。

2. 连接和安装

(1) 传感器最大允许电源电压是直流26.4V。通电前应确认供电电源电压小于最大允许电源电压。

(2) 传感器导线和动力线或电力线装在同一配管中时会受到干扰，有误动作甚至被损坏的可能。原则上传感器导线必须单独放置或者被屏蔽。

(3) 延长导线必须使用截面积在0.3mm^{2}以上、长度在100m以下的导线。

(4) 导线不得用力拉扯。

(5) 安装传感器时，不得使传感器受到剧烈的外力冲击(如用锤击打等)，从而避免破坏传感器的耐水保护性能。安装时应使用M3螺栓固定。

(6) 连接头的插拔必须在传感器电源切断的情况下进行。

(7) 插拔连接头时应握住传感器的外壳部位。

(8) 一定要用手作为固定工具，如果用钳子拧会破坏产品。

(9) 合适的扭矩为0.3～0.4N·m。如果扭矩不够会失去耐水保护功能，且在有振动的情况下容易松动。

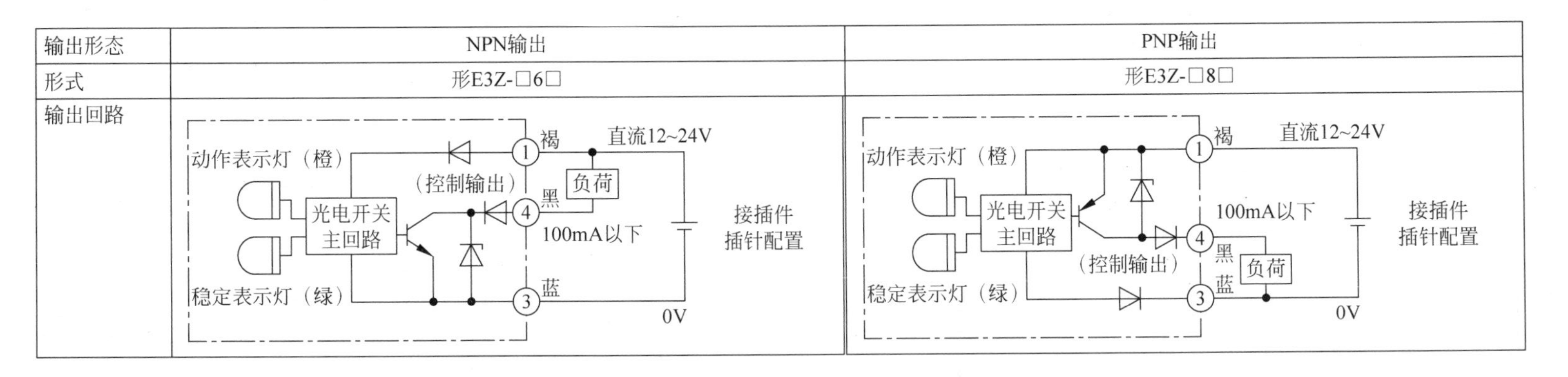

透过型的投光器

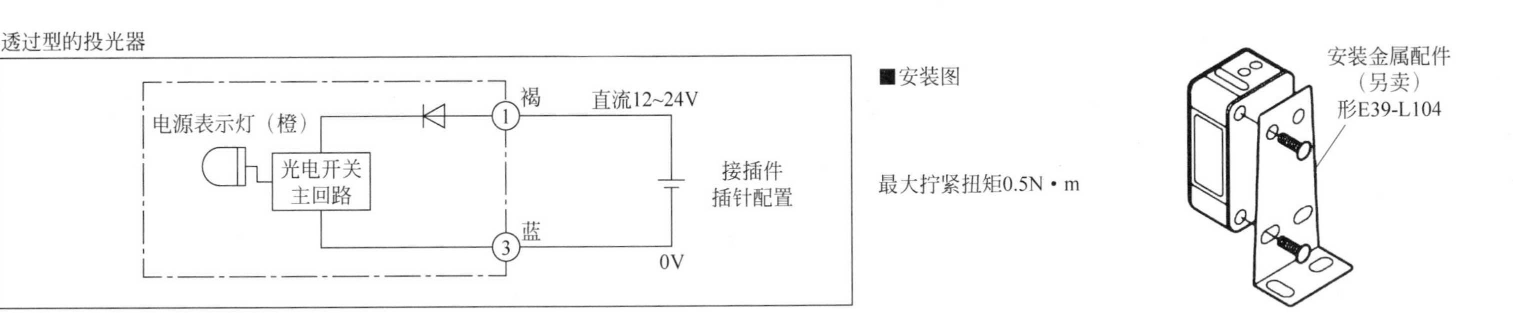

接插件插针配置（形E3Z-□□6/7、E3Z-□6□/-□8□-M1J、E3Z-□6□/-□8□-M3J、E3Z-□6□/-□8□-M5J、E3Z-□6□/-□8□-ECON）

形E3Z-□6□/-□8□-M1J	形E3Z-□□6/7、E3Z-□6□/-□8□-M3J	形E3Z-□6□/-□8□-M5J	形E3Z-□6□/-□8□-ECON
①②③④ ②接头为空端子 ②④接头为空端子	①②③④ ②接头为空端子 ②④接头为空端子	①③④ ④接头为空端子	①②③④ ②接头为空端子 ②④接头为空端子

图 8-17 E3Z 型输出回路和接线

3. 清扫

因为稀释剂会溶化产品表面，所以最好避免使用。

4. 电源

使用市场上销售的开关整流器时，应将 FG(frame ground)端子接地。

5. 电源重新调整时间

从接通电源到传感器可正常进行检出的时间是 100ms，所以应在通电 100ms 后再使用。负载和传感器接不同电源时，一定要先接通传感器的电源。

6. 电源关闭

电源关闭时可能会出现输出脉冲，所以建议先关闭负载或负载线的电源。

7. 负载短路保护

本类传感器具有短路保护功能，所以发生负载短路时输出会变成 OFF，应对回路进行修正后再接通电源。短路保护回路也会重新调整。另外，当回路中通过 1.8 倍以上的额定负载电流时，负载短路保护功能也会动作。所以，接负载时应确保通过的电流小于额定负载电流的 1.8 倍。

8. 耐水性

虽然防水等级为 IP67，但最好避免在水中、雨中和室外使用。

8.5 位移传感器

8.5.1 位移传感器的定义

位移传感器是利用各种元件检测对象物的物理变化量，通过将该变化量换算为距离来测量从传感器到对象物位移的装置。根据使用元件的不同，位移传感器可分为光学式位移传感器、线性接近传感器、超声波位移传感器等。

8.5.2 位移传感器原理分类

1. 光学式位移传感器

1）概要

光源发出的光通过透镜进行聚光，并照射到物体上。

物体发出的反射光通过受光透镜集中到一维的位置检测元件(position sensitive detector，PSD)上。如果物体的位置(距离测定器的距离)发生变化，PSD 上成像位置也将不同；如果 PSD 的两个输出平衡发生变化，PSD 上的成像位置将不同，PSD 的两个输出平衡会再次发生变化。

如果将这两个输出作为 A、B，计算 $A/(A+B)$，并加上适当的拉线系数 K 和残留误差 C，可求得

$$位移量=\frac{A}{A+B}\times K+C$$

测得的值不是照度(亮度)，而是 A、B 两个输出的位移量，因此即使与测定对象物之间的距离发生变化，受光光量发生变化也不会受影响，可以得到与距离的差、位置的偏移成比例的线性输出。

2）PSD 方式与 CCD(CMOS)方式

(1) PSD 方式的原理：将对象物上的光点光束投影到受光元件上时的重心位置换算为距离。

(2) CCD(CMOS)方式的原理：分别检测对象物上的光点光束投影到受光元件上时的CCD(CMOS)的各像素的光量，并换算为距离。

(3) CCD与CMOS的差异。CCD(charge coupled device)是电荷传输元件的简称，而CMOS(complementary metal oxide semi-conductor)是互补性金属氧化半导体的简称。CCD是根据动作原理而命名的，CMOS则是根据构造而命名的。

CMOS与CCD图像传感器的差异见表8-19，正反射方式和扩散反射方式见表8-20。

表8-19　CMOS与CCD图像传感器的差异

项　目	CMOS图像传感器	CCD图像传感器
读取方式	分别读取每个像素的信号进行扩大	用存储继电器方式分别读取每个像素信号，最后进行扩大
优点	① 消耗功率小 ② 容易高速化 ③ 能使运算电路等一体化	① 画质好 ② 实际使用时间长
缺点	① 需要控制每个像素的分散 ② 灵敏度约为CCD的1/5	① 消耗功率大(高速化困难) ② 生产过程复杂(成本高)
应用	如不使用CMOS，则难以进行物体识别、动态物体检测、距离传感、超高速摄像和累积时间适应。图像压缩、累积时间适应和大型动态范围摄像是CMOS的擅长领域	静止画面百万像素的图像读入

表8-20　正反射方式和扩散反射方式

正反射方式	扩散反射方式
直接接受来自物体的正反射光的方式，对金属等表面有光泽的检测体也能稳定测量	投光光束面对测定面垂直投光，并接受反射光中的扩散反射光的方式，可以扩大测定范围

2. 线性接近传感器

该位移传感器是一种属于金属感应的线性器件，接通电源后，在开关的感应面将产生一个交变磁场，当金属物体接近此感应面时，金属中产生涡流而吸取了振荡器的能量，使振荡器输出幅度线性衰减，然后根据衰减量的变化完成无接触检测物体的目的。

3. 超声波位移传感器

由送波器向对象物发送超声波，通过受波器接收其反射波。通过计算超声波从发送到接收所需的时间与音速之间的关系计算距离。

8.5.3　位移传感器型号、额定值及规格

以欧姆龙公司智能传感器内置放大器型激光传感器ZX1为例进行说明。

1. ZX1位移传感器的特点

(1) 0.002mm的分辨率，适合简单测量。

(2) 测量结果稳定，适用于任何类型的工件。

(3) 多种型号，具有4种不同距离规格。

(4) 长距离型号，最高可达1000mm。

2. ZX1位移传感器的种类

ZX1位移传感器的种类如表8-21所示。

表 8-21　ZX1 位移传感器的种类

外观	连接方法	电缆长度/m	检测距离	型号	
				NPN 输出	PNP 输出
	导线引出型	2	(50±10)mm 40 60	ZX1-LD50A61 2M*	ZX1-LD50A81 2M*
		5		ZX1-LD50A61 5M	ZX1-LD50A81 5M
	接插件中继型	0.5		ZX1-LD50A66 0.5M	ZX1-LD50A86 0.5M
	导线引出型	2	(100±35)mm 65 135	ZX1-LD100A61 2M*	ZX1-LD100A81 2M*
		5		ZX1-LD100A61 5M	ZX1-LD100A81 5M
	接插件中继型	0.5		ZX1-LD100A66 0.5M	ZX1-LD100A86 0.5M
	导线引出型	2	(300±150)mm 150 450	ZX1-LD300A61 2M*	ZX1-LD300A81 2M*
		5		ZX1-LD300A61 5M	ZX1-LD300A81 5M
	接插件中继型	0.5		ZX1-LD300A66 0.5M	ZX1-LD300A86 0.5M
	导线引出型	2	(600±400)mm 200 1000	ZX1-LD600A61 2M*	ZX1-LD600A81 2M*
		5		ZX1-LD600A61 5M	ZX1-LD600A81 5M
	接插件中继型	0.5		ZX1-LD600A66 0.5M	ZX1-LD600A86 0.5M

注：* 另提供带有 1 级激光的传感器。订购时请在型号末尾加“L”，如 ZX1-LD50A61L 2M。

3. ZX1 位移传感器额定规格

ZX1 位移传感器额定规格如表 8-22 所示。

表 8-22　ZX1 位移传感器额定规格

型号					
型号	NPN 输出	ZX1-LD50A61 ZX1-LD50A66	ZX1-LD100A61 ZX1-LD100A66	ZX1-LD300A61 ZX1-LD300A66	ZX1-LD600A61 ZX1-LD600A66
	PNP 输出	ZX1-LD50A81 ZX1-LD50A86	ZX1-LD100A81 ZX1-LD100A86	ZX1-LD300A81 ZX1-LD300A86	ZX1-LD600A81 ZX1-LD600A86
测量范围		(50±10)mm	(100±35)mm	(300±150)mm	(600±400)mm
光源(波长)		可视光半导体激光 (波长：660nm，1mW 以下，IEC/EN2 级，FDA2 级 *1)			
光斑直径(典型)(定义在测量中心处) *2		ϕ0.17mm	ϕ0.33mm	ϕ0.52mm	ϕ0.56mm
电源电压		直流 10～30V，包含 10%的波纹(p-p)			
电流消耗		250mA 以下(电源电压为直流 10V 时)			
控制输出		负载电源电压：直流 30V 以下，负载电流：100mA 以下 (残留电压：1V 以下，负载电流为 10mA 以下；2V 以下，负载电流为 10～100mA)			
模拟输出		电流输出：4～20mA；最大负载电阻：300Ω			
功能		智能调节、保持功能、缩放设定、背景移除、OFF-延迟计时器、ON-延迟计时器、单触发计时、ON/OFF-延迟计时器、零复位/区域输出、ECO 模式、Hys 宽度可变、初始值设定			

续表

项目					
型号	NPN 输出	ZX1-LD50A61 ZX1-LD50A66	ZX1-LD100A61 ZX1-LD100A66	ZX1-LD300A61 ZX1-LD300A66	ZX1-LD600A61 ZX1-LD600A66
	PNP 输出	ZX1-LD50A81 ZX1-LD50A86	ZX1-LD100A81 ZX1-LD100A86	ZX1-LD300A81 ZX1-LD300A86	ZX1-LD600A81 ZX1-LD600A86
指示灯		数字显示器(红色)、输出指示灯（OUT1、OUT2）(橙色)、零复位指示灯(橙色)、菜单指示灯(橙色)、激光 ON 指示灯(绿色)和智能调谐指示灯(蓝色)			
响应时间	判断输出	超高速(SHS)模式：1ms 高速(HS)模式：10ms 标准(Stnd)模式：100ms			
	激光 OFF 输入	200ms max			
	零复位输入	200ms max			
温度特性 *3		0.03% F.S./℃			0.04% F.S./℃
直线性 *4		±0.15% F.S.		±0.25% F.S.	±0.25% F.S. (200～600mm) ±0.5% F.S. (全范围)
分辨率 *5		2μm	7μm	30μm	80μm
使用环境照度		受光面照度：低于 7500lx（白炽灯）		受光面照明：低于 5000lx（白炽灯）	
环境温度		工作时：−10～+55°C，保存时：−15～+70°C（无结冰、结露）			
环境湿度		工作和保存时：35%～85%（无结露）			
耐电压		交流 1000V，50/60Hz，1min			
耐振动(破坏)		10～55Hz，1.5mm 双振幅，X、Y 和 Z 各方向 2h			
耐冲击(破坏)		500m/s^2，X、Y 和 Z 各方向 3 次			
保护等级 *6		IEC 60529，IP67			
连接方法 *7		导线引出型(标准电缆长度：2m、5m) 接插件中继型(标准电缆长度：0.5m)			
质量(捆包状态/仅传感器)	导线引出型（2m）	大约 240g/大约 180g		大约 270g/大约 210g	
	导线引出型（5m）	大约 450g/大约 330g		大约 480g/大约 360g	
	接插件中继型(0.5m)	大约 170g/大约 110g		大约 200g/大约 140g	
材质		外壳和罩盖：PBT（聚对苯二甲酸丁二酯树脂），透镜部：玻璃，电缆：PVC，安装孔部件：SUS303 PVC，安装孔部分：SUS303			
附件		指导说明书和激光警告标签(英文)			

注：1. 如果对象具有高反射率，则可能出现超出测量范围的错误测量结果。

2. 具有 1 级激光的传感器的额定规格，可参见产品样本。

*1. 根据 IEC 60825-1 标准归为第 2 类，符合 Laser Notice No. 50 的 FDA 标准预测。已申请 CDRH 认证(器械和辐射健康中心)(登记号：1210041)。

*2. 光斑直径：测量中心距离时定义的线心强度为 1/e2（13.5%）。

当定义的区域外存在漏光且目标对象周围的反射比高于目标对象时，可能会发生检测错误，可能无法准确测量小于光斑直径的工件。

*3. 温度特性：此例值为传感器和欧姆龙标准目标对象之间的距离，一般用铝制夹具维持此距离值(在测量中心距离处测得)。

*4. 直线性：指在 25°C 的条件下测量欧姆龙标准目标对象(白陶瓷)时，相对于位移输出的理想直线的误差。根据目标对象的不同，直线性和测量值也可能会有所差异。

*5. 分辨率：执行智能调谐后，在标准模式下针对欧姆龙标准目标对象(白陶瓷)定义的。分辨率表示静态工件的重复精度，不表示距离精度。在强磁场中可能无法满足分辨率性能。

*6. IP67 保护适用于接插件中继型。

*7. 应将预配线连接器型号与延长电缆(10m 或 20m)一起使用。

8.5.4 位移传感器的外观尺寸及接线

1. 外观尺寸

ZX1 位移传感器外观尺寸如图 8-18 所示。

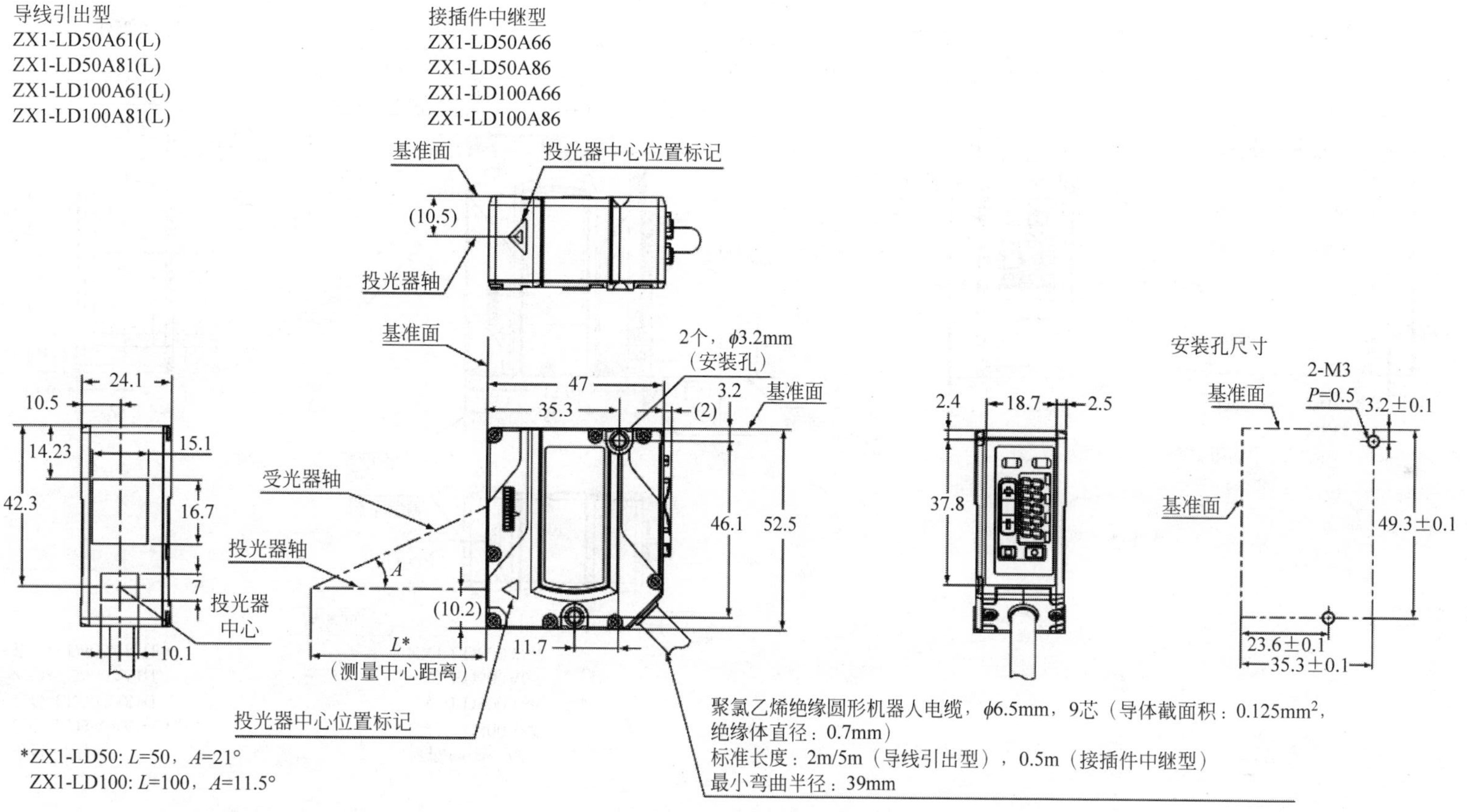

图 8-18　ZX1 位移传感器外观尺寸

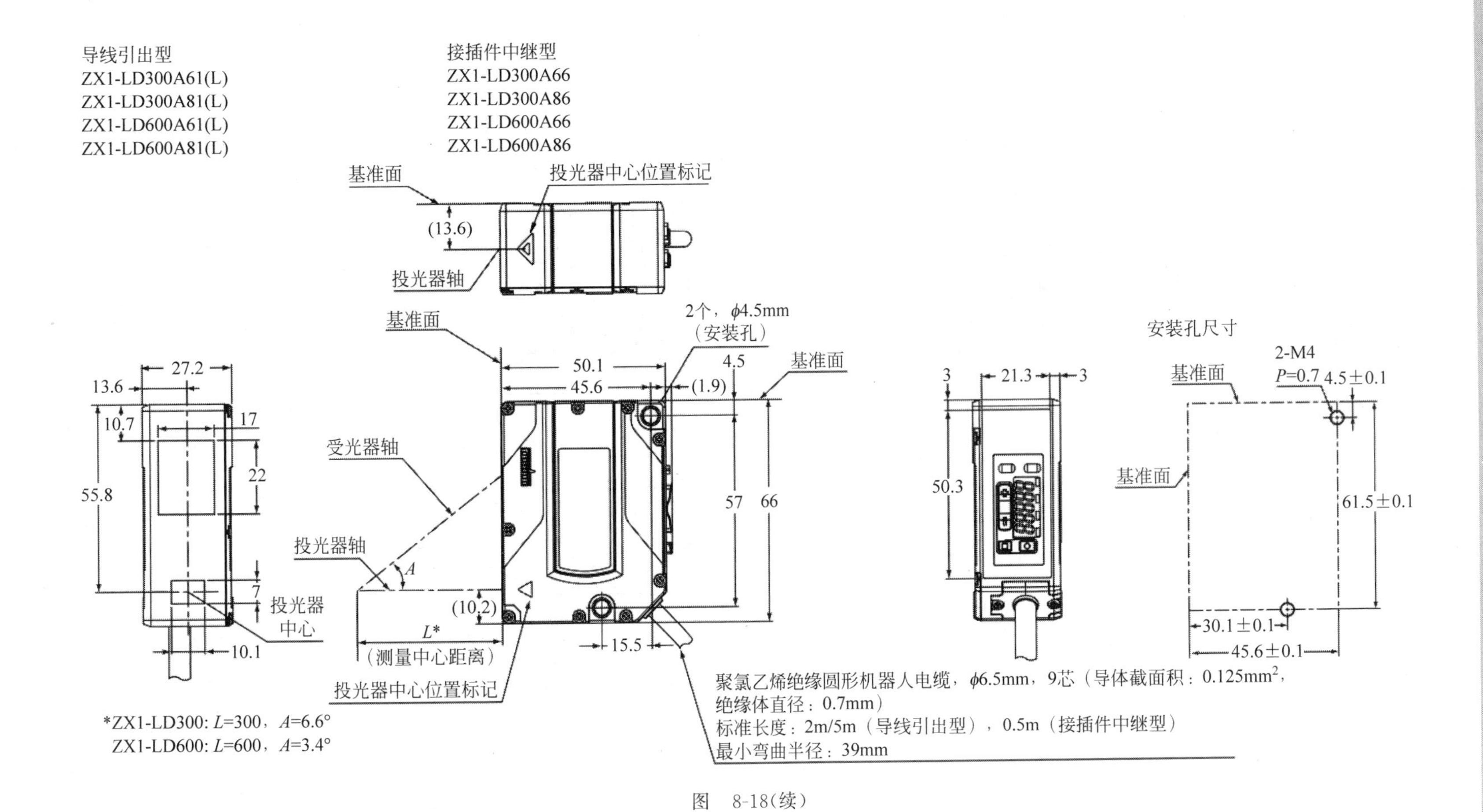
导线引出型
ZX1-LD300A61(L)
ZX1-LD300A81(L)
ZX1-LD600A61(L)
ZX1-LD600A81(L)
接插件中继型
ZX1-LD300A66
ZX1-LD300A86
ZX1-LD600A66
ZX1-LD600A86
基准面
投光器中心位置标记
(13.6)
投光器轴
2个，φ4.5mm
（安装孔）
受光器轴
投光器中心
L*
（测量中心距离）
安装孔尺寸
2-M4
P=0.7
聚氯乙烯绝缘圆形机器人电缆，φ6.5mm，9芯（导体截面积：0.125mm²，
绝缘体直径：0.7mm）
标准长度：2m/5m（导线引出型），0.5m（接插件中继型）
最小弯曲半径：39mm
*ZX1-LD300: L=300，A=6.6°
ZX1-LD600: L=600，A=3.4°

图 8-18(续)

显示器、指示灯和控制器

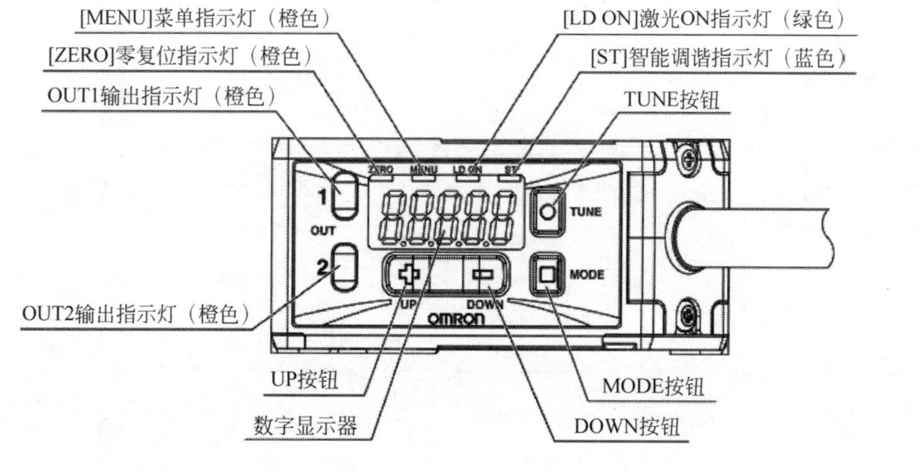

接插件中继型

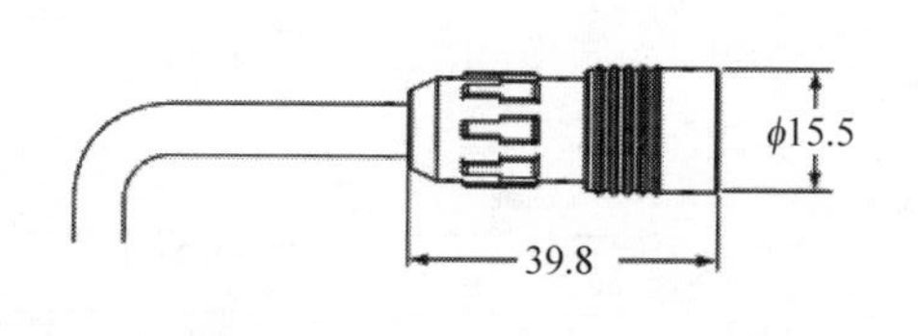

图 8-18(续)

2. 接线

ZX1 位移传感器接线如图 8-19 所示。

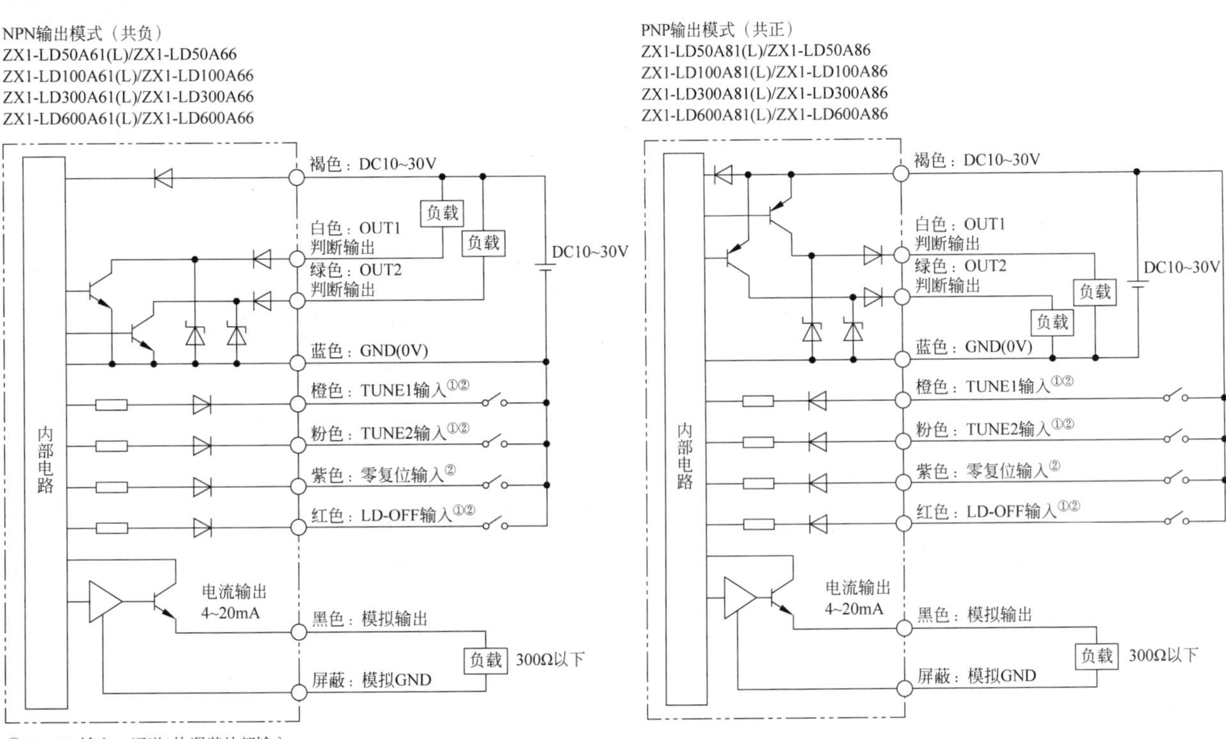

① TUNE1输入：通道1的调谐外部输入
  TUNE2输入：通道2的调谐外部输入
  LD-OFF输入：激光OFF输入
② 输入规格如下：

状态	NPN输出模式	PNP输出模式
ON	短路，0V端子或1.5V以下	供应电压短路或供应电压在-1.5V以内
OFF	开路（漏电流：0.1mA以下）	开路（漏电流：0.1mA以下）

图 8-19　ZX1 位移传感器接线

8.6 安全光幕

8.6.1 安全光幕的定义及工作原理

1. 安全光幕的定义

安全光幕也就是光电安全保护装置(也称安全保护器、冲床保护器、红外线安全保护装置等)。在现代化工厂里,人与机器协同工作,在一些具有潜在危险的机械设备上,如冲压机械、剪切设备、金属切削设备、自动化装配线、自动化焊接线、机械传送搬运设备、危险区域(有毒、高压、高温等),容易造成作业人员的人身伤害。

安全光幕是经过安全认证的光幕产品,由两部分组成,即投光器和受光器。投光器发射出调制的红外光,由受光器接收,形成了一个保护网。当有物体进入保护网时,从中有光线被物体挡住,通过内部控制线路,受光器电路马上做出反应,即在输出部分输出一个信号用于机床(如冲床、压力机等)紧急刹车。

光幕有着非常广泛的应用,比如在需要不断送取料的冲压设备上,如果安装接触式安全防护门,则需要操作人员频繁地开关防护门,这样不但增加了操作人员的工作量,而且降低了生产效率。在这种情况下,采用光栅和光幕就是最佳的选择。在操作人员送取料时,只要有身体的任何一部分遮断光线,就会导致机器进入安全状态而不会给操作人员带来伤害。

2. 安全光幕的工作原理

图8-20所示为一个用安全光幕检测物体(如手)进入的测试原理结构示意图。图中,光幕的一边等间距安装有多个红外发射管,另一边相应地有相同数量同样排列的红外接收管,每一个红外发射管都对应有一个相应的红外接收管,且安装在同一条直线上。当同一条直线上的红外发射管、红外接收管之间没有障碍物时,红外发射管发出的调制信号(光信号)能顺利到达红外接收管。红外接收管接收到调制信号后,相应的内部电路输出低电平,而在有障碍物的情况下,红外发射管发出的调制信号(光信号)不能顺利到达红外接收管,这时该红外接收管接收不到调制信号,相应的内部电路输出为高电平。当光幕中没有物体通过时,所有红外发射管发出的调制信号(光信号)都能顺利到达另一侧的相应红外接收管,从而使内部电路全部输出低电平。这样,通过对内部电路状态进行分析就可以检测到物体存在与否的信息。

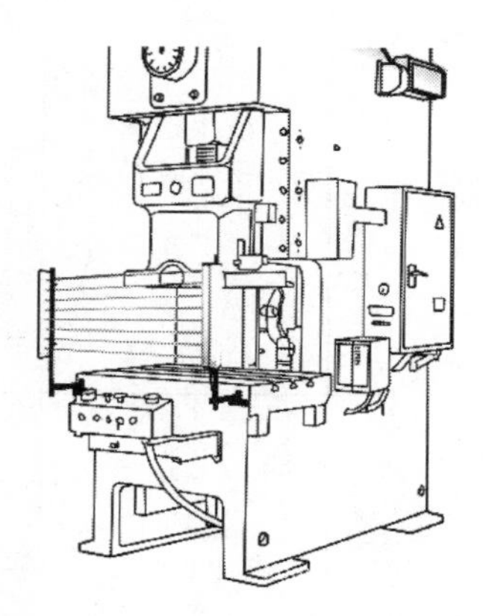

图8-20 安全光幕检测物体示意图

8.6.2 安全光幕的型号构成、种类及选型

1. 安全光幕型号构成

以欧姆龙公司F3SG-R系列安全光幕为例进行介绍,如表8-23所示。

表 8-23　F3SG-R 系列安全光幕型号构成

安全光幕 F3SG-SR

F3SG-□SR□□□□□-□□-□-□
①　②　③　④　⑤　⑥

编号	分　类	符　号	符号的含义	备　注
①	ESPE 型	4	4 类	
		2	2 类	
②	功能型	A	高级型	
		B	标准型	
③	检测高度	0160～2000	手指检测用的检测高度(mm)	
		0160～2480	手掌检测用的检测高度(mm)	
		0240～1520	手臂/脚检测用的检测高度(mm)	
		0280～0920	人体检测用的检测高度(mm)	
④	最小检测物体直径	14	手指检测(最小检测物体 ϕ14mm)	
		25	手掌检测(最小检测物体 ϕ25mm)	
		45	手臂/脚检测(最小检测物体 ϕ45mm)	
		85	人体检测(最小检测物体 ϕ85mm)	
⑤	选项 1	不显示	投光器和受光器的组合	
		L	仅投光器	
		D	仅受光器	
⑥	选项 2	不显示		
		F	适配型号	手指检测/手掌检测用：检测高度为 1m 以下，以 40mm 为间隔

2. 安全光幕种类

以欧姆龙公司 F3SG-R 系列安全光幕为例进行介绍，如表 8-24～表 8-27 所示。

表 8-24 安全光幕分类 1

光轴数	检测高度/mm	型号(高级型)	型号(标准型)
4	280	F3SG-4SRA0280-85	F3SG-□SRB0280-85
6	440	F3SG-4SRA0440-85	F3SG-□SRB0440-85
8	600	F3SG-4SRA0600-85	F3SG-□SRB0600-85
10	760	F3SG-4SRA0760-85	F3SG-□SRB0760-85
12	920	F3SG-4SRA0920-85	F3SG-□SRB0920-85

注：□可选择 2 或者 4,2 代表 2 类光幕型号,4 代表 4 类光幕型号。人体检测用(最小检测物体 ϕ85mm)。

表 8-25 安全光幕分类 2

光轴数	检测高度/mm	型号(高级型)	型号(标准型)
6	240	F3SG-4SRA0240-45	F3SG-□SRB0240-45
10	400	F3SG-4SRA0400-45	F3SG-□SRB0400-45
14	560	F3SG-4SRA0560-45	F3SG-□SRB0560-45
18	720	F3SG-4SRA0720-45	F3SG-□SRB0720-45
22	880	F3SG-4SRA0880-45	F3SG-□SRB0880-45
30	1200	F3SG-4SRA1200-45	F3SG-□SRB1200-45
38	1520	F3SG-4SRA1520-45	F3SG-□SRB1520-45

注：□可选择 2 或者 4,2 代表 2 类光幕型号,4 代表 4 类光幕型号。手臂/脚检测用(最小检测物体 ϕ45mm)。

表 8-26 安全光幕分类 3

光轴数	检测高度/mm	型号(高级型)	型号(标准型)
8	160	F3SG-4SRA0160-25	F3SG-□SRB0160-25
10	200	F3SG-4SRA0200-25-F	F3SG-4SRB0200-25-F
12	240	• F3SG-4SRA0240-25	F3SG-□SRB0240-25
14	280	F3SG-4SRA0280-25-F	F3SG-4SRB0280-25-F
16	320	F3SG-4SRA0320-25	F3SG-□SRB0320-25
18	360	F3SG-4SRA0360-25-F	F3SG-4SRB0360-25-F
20	400	F3SG-4SRA0400-25	F3SG-□SRB0400-25
22	440	F3SG-4SRA0440-25-F	F3SG-4SRB0440-25-F
24	480	• F3SG-4SRA0480-25	F3SG-□SRB0480-25
26	520	F3SG-4SRA0520-25-F	F3SG-4SRB0520-25-F

续表

光轴数	检测高度/mm	型号(高级型)	型号(标准型)
28	560	F3SG-4SRA0560-25	F3SG-□SRB0560-25
30	600	F3SG-4SRA0600-25-F	F3SG-4SRB0600-25-F
32	640	F3SG-4SRA0640-25	F3SG-□SRB0640-25
34	680	F3SG-4SRA0680-25-F	F3SG-4SRB0680-25-F
36	720	F3SG-4SRA0720-25	F3SG-□SRB0720-25
38	760	F3SG-4SRA0760-25-F	F3SG-4SRB0760-25-F
40	800	F3SG-4SRA0800-25	F3SG-□SRB0800-25
42	840	F3SG-4SRA0840-25-F	F3SG-4SRB0840-25-F
44	880	F3SG-4SRA0880-25	F3SG-□SRB0880-25
46	920	F3SG-4SRA0920-25-F	F3SG-4SRB0920-25-F
48	960	• F3SG-4SRA0960-25	F3SG-□SRB0960-25
50	1000	F3SG-4SRA1000-25-F	F3SG-4SRB1000-25-F
52	1040	F3SG-4SRA1040-25	F3SG-□SRB1040-25
56	1120	F3SG-4SRA1120-25	F3SG-□SRB1120-25
60	1200	F3SG-4SRA1200-25	F3SG-□SRB1200-25
64	1280	F3SG-4SRA1280-25	F3SG-□SRB1280-25
68	1360	F3SG-4SRA1360-25	F3SG-□SRB1360-25
72	1440	F3SG-4SRA1440-25	F3SG-□SRB1440-25
76	1520	F3SG-4SRA1520-25	F3SG-□SRB1520-25
80	1600	F3SG-4SRA1600-25	F3SG-□SRB1600-25
84	1680	F3SG-4SRA1680-25	F3SG-□SRB1680-25
88	1760	F3SG-4SRA1760-25	F3SG-□SRB1760-25
92	1840	F3SG-4SRA1840-25	F3SG-□SRB1840-25
96	1920	F3SG-4SRA1920-25	F3SG-□SRB1920-25
104	2080	F3SG-4SRA2080-25	F3SG-□SRB2080-25
114	2280	F3SG-4SRA2280-25	F3SG-□SRB2280-25
124	2480	F3SG-4SRA2480-25	F3SG-□SRB2480-25

注：□可选择 2 或者 4，2 代表 2 类光幕型号，4 代表 4 类光幕型号。手掌检测用(最小检测物体 ϕ25mm)。(带•为常备库存机型)

表 8-27 安全光幕分类 4

光轴数	检测高度/mm	型号(高级型)	型号(标准型)
15	160	F3SG-4SRA0160-14	F3SG-□SRB0160-14
19	200	F3SG-4SRA0200-14-F	F3SG-4SRB0200-14-F
23	240	F3SG-4SRA0240-14	F3SG-□SRB0240-14
27	280	F3SG-4SRA0280-14-F	F3SG-4SRB0280-14-F
31	320	F3SG-4SRA0320-14	F3SG-□SRB0320-14
35	360	F3SG-4SRA0360-14-F	F3SG-4SRB0360-14-F
39	400	F3SG-4SRA0400-14	F3SG-□SRB0400-14
43	440	F3SG-4SRA0440-14-F	F3SG-4SRB0440-14-F
47	480	F3SG-4SRA0480-14	F3SG-□SRB0480-14
51	520	F3SG-4SRA0520-14-F	F3SG-4SRB0520-14-F
55	560	F3SG-4SRA0560-14	F3SG-□SRB0560-14
59	600	F3SG-4SRA0600-14-F	F3SG-4SRB0600-14-F
63	640	F3SG-4SRA0640-14	F3SG-□SRB0640-14
67	680	F3SG-4SRA0680-14-F	F3SG-4SRB0680-14-F
71	720	F3SG-4SRA0720-14-F	F3SG-4SRB0720-14-F
75	760	F3SG-4SRA0760-14-F	F3SG-4SRB0760-14-F
79	800	F3SG-4SRA0800-14	F3SG-□SRB0800-14
83	840	F3SG-4SRA0840-14-F	F3SG-4SRB0840-14-F
87	880	F3SG-4SRA0880-14-F	F3SG-4SRB0880-14-F
91	920	F3SG-4SRA0920-14-F	F3SG-4SRB0920-14-F
95	960	F3SG-4SRA0960-14-F	F3SG-4SRB0960-14-F
99	1000	F3SG-4SRA1000-14	F3SG-□SRB1000-14
119	1200	F3SG-4SRA1200-14	F3SG-□SRB1200-14
139	1400	F3SG-4SRA1400-14	F3SG-□SRB1400-14
159	1600	F3SG-4SRA1600-14	F3SG-□SRB1600-14
179	1800	F3SG-4SRA1800-14	F3SG-□SRB1800-14
199	2000	F3SG-4SRA2000-14	F3SG-□SRB2000-14

注：□可选择 2 或者 4，2 代表 2 类光幕型号，4 代表 4 类光幕型号。手指检测用(最小检测物体 ϕ14mm)。

3. 安全光幕选型指南

安全光幕选型指南如图 8-21 所示。

以欧姆龙公司 F3SG-R 系列安全光幕为例进行介绍，如表 8-28 所示。

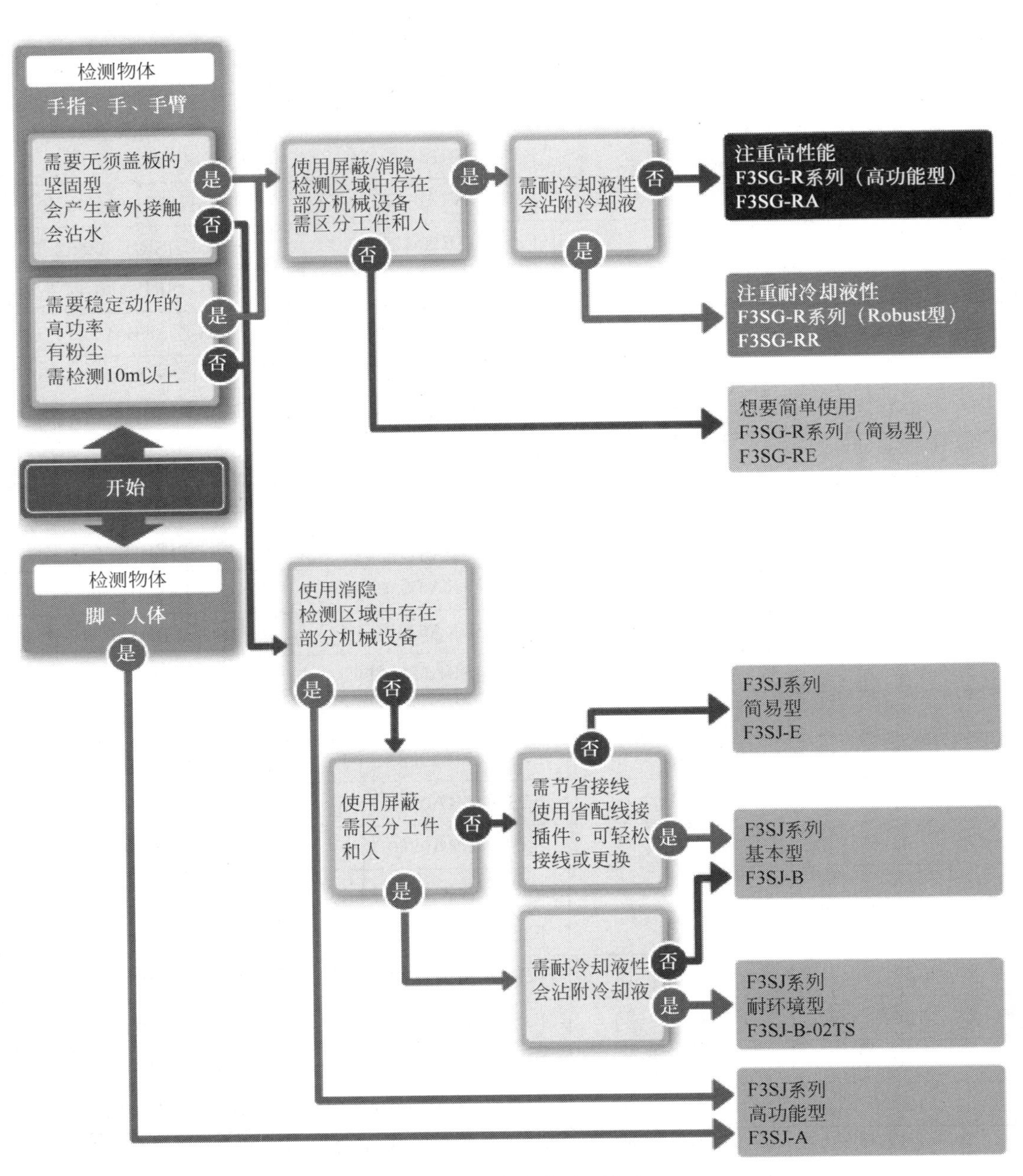

图 8-21　安全光幕选型指南

表 8-28　F3SG-RA 高功能型安全光幕额定值

参数			F3SG-4RA□□□□-14	F3SG-4RA□□□□-30
性能	最小检测物体直径(MOS)		不透明	
			ϕ14mm	ϕ30mm
	光轴间距		10mm	20mm
	光轴数		15～207 光轴	8～124 光轴
	镜头规格		5.2mm×3.4mm($W\times H$)	ϕ7mm
	保护高度		160～2080mm	190～2510mm
	检测距离	长	0.3～10.0m	0.3～20.0m
		短	0.3～3.0m	0.3～7.0m
	响应时间	ON→OFF	标准模式：8～18ms *1 低速模式：16～36ms *1 *2	
		OFF→ON	40～90ms *1	
		*1. 单体或连接时的响应时间。 单体时的响应时间可参阅样本。连接时的响应时间可参阅《安全光幕 F3SG-□R 系列 用户手册》。 *2. 可通过设定工具进行选择		
	有效开口角(EAA)(IEC 61496-2)		投光器、受光器的检测距离均大于 3m 时±2.5°以下	
	光源		红外 LED(波长 870nm)	
	电源接通后启动时间		2s 以下	
电气规格	电源电压 U_s		SELV/PELV 24 V DC±20%(波动 p-p 10%以下)	
	消耗电流		详情可参阅样本	
	控制输出(OSSD)		PNP 或 NPN 晶体管 2 输出(通过 DIP-SW 选择 PNP 或 NPN)负载电流 300mA 以下、剩余电压 2V 以下(通过延长电缆的电压降低除外)、电容负载 1μF 以下、感性负载 2.2H 以下。*1 漏电流 1mA 以下(PNP)、2mA 以下(NPN)。*2 *1. 感性负载的值是控制输出频繁反复 ON、OFF 时的最大值。在 4Hz 以下使用控制输出时，可使用的感性负载的值变大。 *2. 以追加方式连接包含电容器等电容负载的元件时需要考虑的数值	
	辅助输出		PNP 或 NPN 晶体管单通道输出(通过 DIP-SW 选择 PNP 或 NPN)负载电流 100mA 以下、剩余电压 2V 以下	
	输出动作模式	控制输出	入光时 ON	
		辅助输出	屏蔽或强制通过输出(出厂设定)(可通过设定工具进行选择)	
	输入电压	ON 电压	测试输入 24V 有效：9V 至 U_s(漏电流 3mA 以下)* 0V 有效：0～3V(源电流 3mA 以下) 屏蔽输入 A/B PNP：$U_s-3V\sim U_s$(漏电流 3mA 以下)* NPN：0～3V(源电流 3mA 以下) 复位输入 PNP：$U_s-3V\sim U_s$(漏电流 5mA 以下)* NPN：0～3V(源电流 5mA 以下)	

续表

参数			F3SG-4RA□□□□-14	F3SG-4RA□□□□-30
电气规格	输入电压	OFF 电压	测试输入 24V 有效：0～1.5V 或开路 0V 有效：9V 至 U_s 或开路 屏蔽输入 A/B、复位输入 PNP：0V～$1/2U_s$ 或开路* NPN：$1/2U_s$～U_s 或开路*	
			* 此处的 U_s 是指使用环境中的电源电压值	
	过电压类别（IEC 60664-1）		Ⅱ	
	指示灯		详情可参阅样本	
	保护电路		输出负载短路保护、电源反接保护	
	绝缘电阻		20MΩ 以上（直流 500V 兆欧表）	
	耐压		交流 1000V、50/60Hz、1min	
功能规格	相互干涉防止功能（扫描码）		通过该功能可防止 2 套间的相互干涉	
	串联连接功能		• 连接数：最多 3 套 • 总光轴数：最多 255 光轴 • 已连传感器间的电缆长度 • 最长 10m（不含连接电缆（F39-JGR2W）和本体电缆）	
	测试功能		• 自测试（电源接通时以及通电时） • 外部测试（通过测试输入停止投光的功能）	
	安全相关功能		• 联锁 • 外部继电器监控（EDM） • 预复位 • 固定消隐/浮动消隐 • 降低分辨率 • 屏蔽/强制通过 • 扫描码切换 • PNP/NPN 选择 • 响应时间变更	
环境规格	环境温度	工作时	－10～55℃（不结冰）	
		储存时	－25～70℃	
	环境湿度	工作时	35%～85%RH（不凝露）	
		储存时	35%～95%RH	
	使用环境光强度		白炽灯：受光面光强度 3000lx 以下 太阳光：受光面光强度 10000lx 以下	
	保护结构（IEC 60529）		IP65 及 IP67	
	耐振动（IEC 61496-1）		10～55Hz、双振幅 0.7mm、3 轴各轴 20 次扫描	
	耐久冲击（IEC 61496-1）		100m/s^2、3 轴各轴 1000 次	
	污染度（IEC 60664-1）		污染度 3	

续表

<table>
<tr><th colspan="3">参　　数</th><th>F3SG-4RA□□□□-14</th><th>F3SG-4RA□□□□-30</th></tr>
<tr><td rowspan="16">连接规格</td><td rowspan="5">电源电缆</td><td>连接方式</td><td colspan="2">M12 接插件 5 芯(投光器)、8 芯(受光器),连接时 IP67 等级,预配型</td></tr>
<tr><td>芯数</td><td colspan="2">投光器侧 5 芯；受光器侧 8 芯</td></tr>
<tr><td>电缆长度</td><td colspan="2">0.3m</td></tr>
<tr><td>电缆直径</td><td colspan="2">6mm</td></tr>
<tr><td>允许弯曲 R</td><td colspan="2">R5mm</td></tr>
<tr><td rowspan="5">串联连接电缆</td><td>连接方式</td><td colspan="2">M12 接插件 5 芯(投光器)、8 芯(受光器),连接时 IP67 等级</td></tr>
<tr><td>芯数</td><td colspan="2">投光器侧 5 芯；受光器侧 8 芯</td></tr>
<tr><td>电缆长度</td><td colspan="2">0.2m</td></tr>
<tr><td>电缆直径</td><td colspan="2">6mm</td></tr>
<tr><td>允许弯曲 R</td><td colspan="2">R5mm</td></tr>
<tr><td rowspan="6">延长电缆
• 单侧接插件电缆
• 两侧接插件电缆</td><td>连接方式</td><td colspan="2">M12 接插件 5 芯(投光器)、8 芯(受光器),连接时 IP67 等级</td></tr>
<tr><td>芯数</td><td colspan="2">投光器侧 5 芯；受光器侧 8 芯</td></tr>
<tr><td>电缆长度</td><td colspan="2">详情可参阅样本</td></tr>
<tr><td>电缆直径</td><td colspan="2">6.6mm</td></tr>
<tr><td>允许弯曲 R</td><td colspan="2">R36mm</td></tr>
<tr><td>延长电缆总长度</td><td colspan="2">最大 100m</td></tr>
<tr><td rowspan="3">材质</td><td colspan="2">材质</td><td colspan="2">• 外壳：铝合金
• 盖：PBT 树脂
• 光学盖板：丙烯酸树脂
• 电缆：耐油性 PVC 树脂
• 标准固定件(F39-LGF)：锌合金
• FE 板：不锈钢</td></tr>
<tr><td colspan="2">重量(包装状态)</td><td colspan="2">详情可参阅样本</td></tr>
<tr><td colspan="2">附件</td><td colspan="2">安全注意事项(七国语言)、快速安装手册、
标准固定件*、故障诊断标贴、警告区域标签
* 同箱包装的标准固定件数量根据保护高度的不同有所差异
[F3SG-4RA□□□□-14]
• 保护高度 0160～1200：2 套
• 保护高度 1280～2080：3 套
[F3SG-4RA□□□□-30]
• 保护高度 0190～1230：2 套
• 保护高度 1310～2270：3 套
• 保护高度 2350～2510：4 套</td></tr>
<tr><td rowspan="8">标准符合</td><td colspan="2">适用标准</td><td colspan="2">详情可参阅样本</td></tr>
<tr><td colspan="2">ESPE 型(IEC 61496-1)</td><td colspan="2">Type 4</td></tr>
<tr><td colspan="2">性能等级(PL)/安全类别</td><td colspan="2">PLe/安全类别 4(EN ISO 13849-1：2008)</td></tr>
<tr><td colspan="2">PFHd</td><td colspan="2">1.1×10^{-8}(IEC 61508)</td></tr>
<tr><td colspan="2">验证试验间隔 TM</td><td colspan="2">20 年(IEC 61508)</td></tr>
<tr><td colspan="2">SFF</td><td colspan="2">99%(IEC 61508)</td></tr>
<tr><td colspan="2">HFT</td><td colspan="2">1(IEC 61508)</td></tr>
<tr><td colspan="2">分类</td><td colspan="2">Type B(IEC 61508-2)</td></tr>
</table>

8.6.3 安全光幕系统结构

以欧姆龙公司 F3SG-R 系列安全光幕为例进行介绍，如图 8-22 所示。

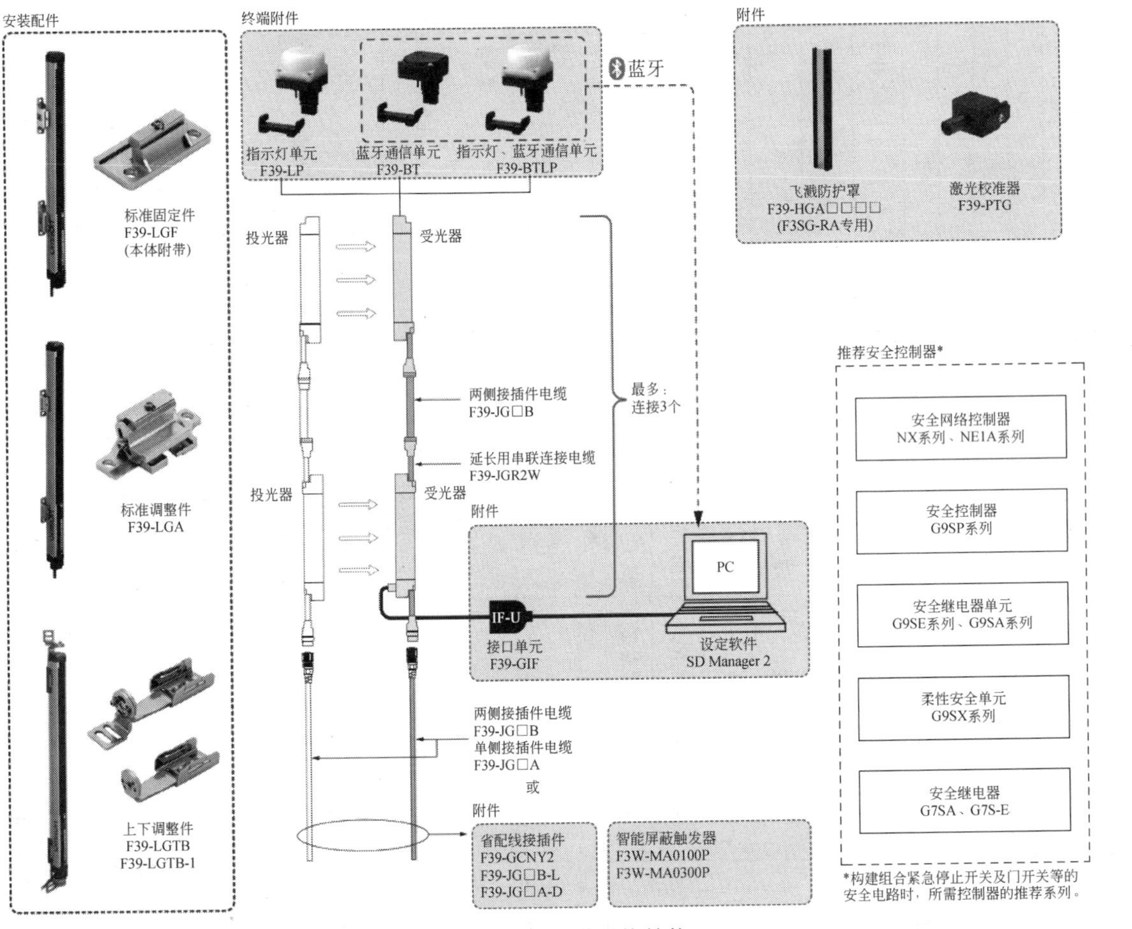

图 8-22 安全光幕系统结构

其中连接电缆如表 8-29～表 8-32 所示。

表 8-29　单侧接插件电缆

<table>
<tr><th>形　　状</th><th>电缆长度/m</th><th>规　　格</th><th>型　　号</th></tr>
<tr><td rowspan="5"></td><td>3</td><td rowspan="5">投光器用　M12 接插件(5 针)、5 芯　颜色：灰色
连接电源电缆、两侧接插件电缆

插孔
<table><tr><td>1</td><td>+24V</td><td>褐</td></tr><tr><td>2</td><td>测试输入</td><td>黑</td></tr><tr><td>3</td><td>0V</td><td>蓝</td></tr><tr><td>4</td><td>未使用</td><td>白</td></tr><tr><td>5</td><td>未使用</td><td>黄</td></tr></table>受光器用　M12 接插件(8 针)、8 芯　颜色：黑色
连接电源电缆、两侧接插件电缆

插孔
<table><tr><td>1</td><td>复位输入</td><td>黄</td></tr><tr><td>2</td><td>+24V</td><td>褐</td></tr><tr><td>3</td><td>MUTE A</td><td>灰</td></tr><tr><td>4</td><td>MUTE B</td><td>粉红</td></tr><tr><td>5</td><td>控制输出1</td><td>黑</td></tr><tr><td>6</td><td>控制输出2</td><td>白</td></tr><tr><td>7</td><td>0V</td><td>蓝</td></tr><tr><td>8</td><td>辅助输出</td><td>红</td></tr></table></td><td>F39-JG3A</td></tr>
<tr><td>7</td><td>F39-JG7A</td></tr>
<tr><td>10</td><td>F39-JG10A</td></tr>
<tr><td>15</td><td>F39-JG15A</td></tr>
<tr><td>20</td><td>F39-JG20A</td></tr>
</table>

表 8-30　两侧接插件电缆

<table>
<tr><th>形　　状</th><th>电缆长度/m</th><th>规　　格</th><th>型　　号</th></tr>
<tr><td rowspan="8"></td><td>0.5</td><td rowspan="8">投光器用　两侧 M12 接插件(5 针)　颜色：灰色
连接电源电缆、两侧接插件电缆　　连接单侧接插件电缆、两侧接插件电缆
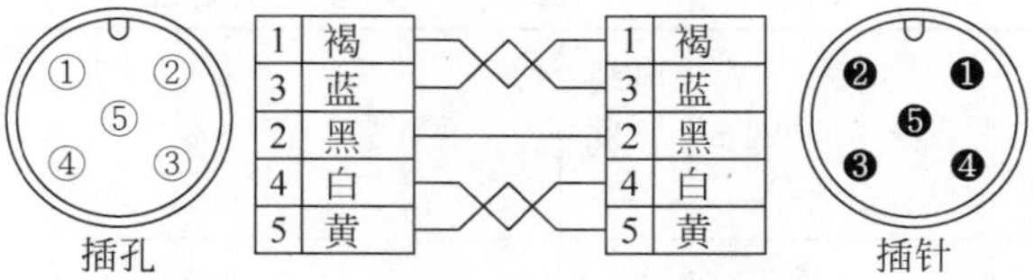
插孔　　插针
<table><tr><td>1</td><td>褐</td><td>1</td><td>褐</td></tr><tr><td>3</td><td>蓝</td><td>3</td><td>蓝</td></tr><tr><td>2</td><td>黑</td><td>2</td><td>黑</td></tr><tr><td>4</td><td>白</td><td>4</td><td>白</td></tr><tr><td>5</td><td>黄</td><td>5</td><td>黄</td></tr></table>受光器用　两侧 M12 接插件(8 针)　颜色：黑色
连接电源电缆、两侧接插件电缆　　连接单侧接插件电缆、两侧接插件电缆

插孔　　插针
<table><tr><td>2</td><td>褐</td><td>2</td><td>褐</td></tr><tr><td>7</td><td>蓝</td><td>7</td><td>蓝</td></tr><tr><td>5</td><td>黑</td><td>5</td><td>黑</td></tr><tr><td>6</td><td>白</td><td>6</td><td>白</td></tr><tr><td>1</td><td>黄</td><td>1</td><td>黄</td></tr><tr><td>8</td><td>红</td><td>8</td><td>红</td></tr><tr><td>3</td><td>灰</td><td>3</td><td>灰</td></tr><tr><td>4</td><td>粉红</td><td>4</td><td>粉红</td></tr></table></td><td>F39-JGR5B</td></tr>
<tr><td>1</td><td>F39-JG1B</td></tr>
<tr><td>3</td><td>F39-JG3B</td></tr>
<tr><td>5</td><td>F39-JG5B</td></tr>
<tr><td>7</td><td>F39-JG7B</td></tr>
<tr><td>10</td><td>F39-JG10B</td></tr>
<tr><td>15</td><td>F39-JG15B</td></tr>
<tr><td>20</td><td>F39-JG20B</td></tr>
</table>

续表

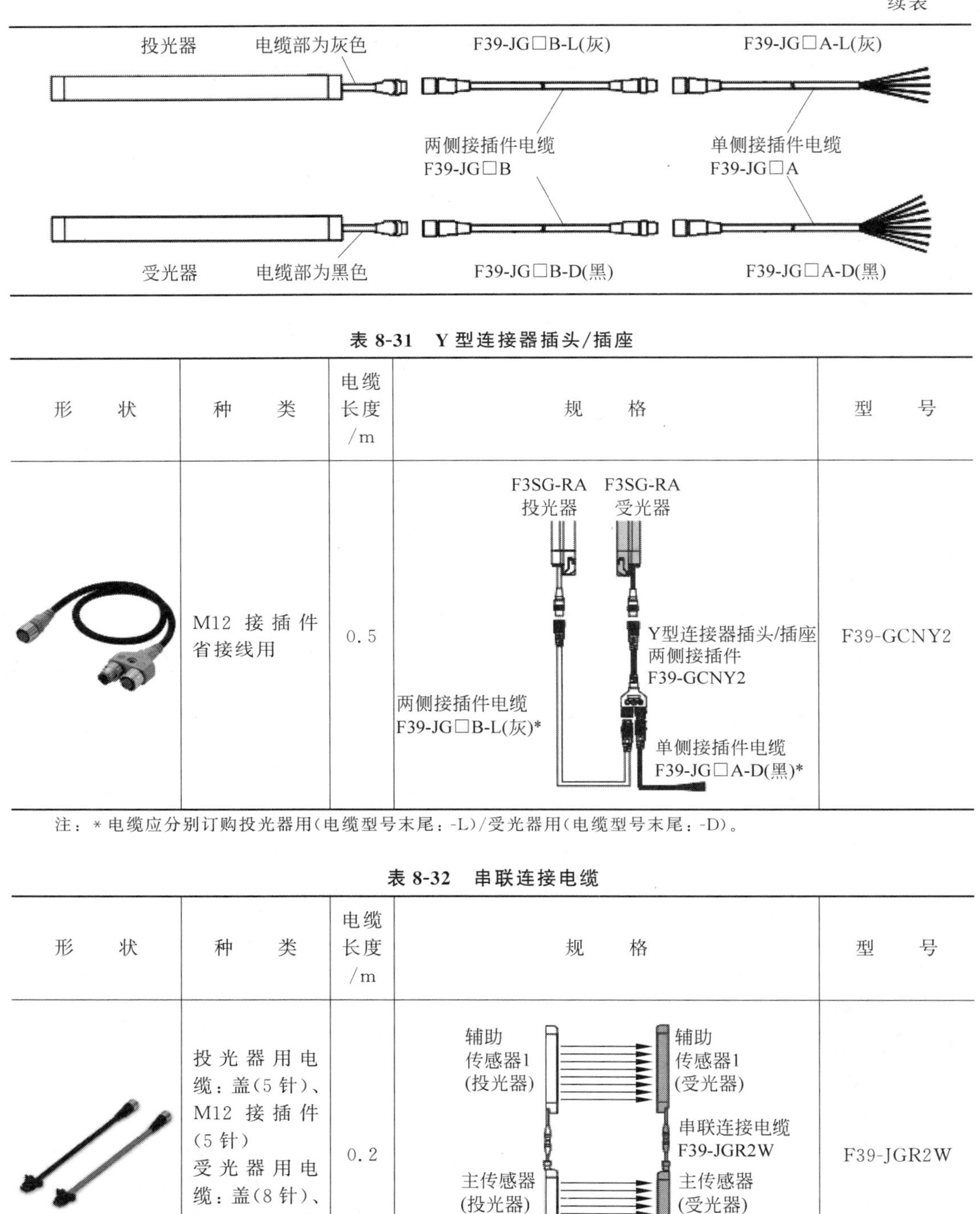

表 8-31　Y 型连接器插头/插座

形　　状	种　　类	电缆长度/m	规　　格	型　　号
	M12 接插件省接线用	0.5	F3SG-RA 投光器 F3SG-RA 受光器 Y型连接器插头/插座 两侧接插件 F39-GCNY2 两侧接插件电缆 F39-JG□B-L(灰)* 单侧接插件电缆 F39-JG□A-D(黑)*	F39-GCNY2

注：* 电缆应分别订购投光器用(电缆型号末尾：-L)/受光器用(电缆型号末尾：-D)。

表 8-32　串联连接电缆

形　　状	种　　类	电缆长度/m	规　　格	型　　号
	投光器用电缆：盖(5 针)、M12 接插件(5 针) 受光器用电缆：盖(8 针)、M12 接插件(8 针)	0.2	辅助传感器1(投光器) 辅助传感器1(受光器) 串联连接电缆 F39-JGR2W 主传感器(投光器) 主传感器(受光器) 电缆 F39-JG□□□-L 电缆 F39-JG□□□-D	F39-JGR2W

续表

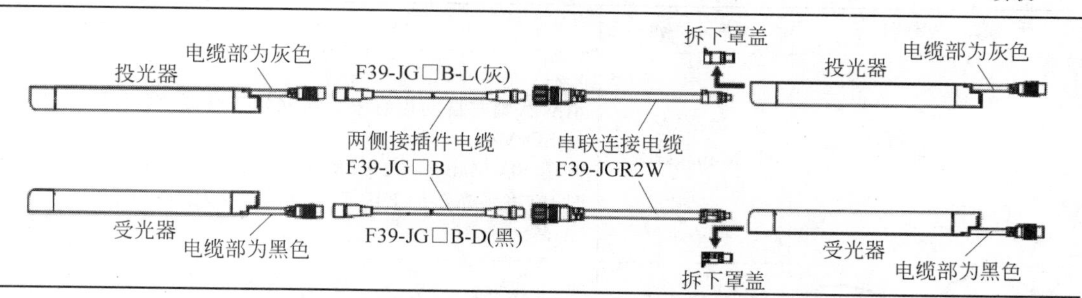

注：串联连接时如需延长已连传感器之间的电缆，则应组合使用串联连接电缆和两侧接插件电缆。
延长时的两侧接插件电缆可使用最长 10m 的电缆(F39-JG10B)。
已连传感器之间的电缆长度：最长 10m(不含连接电缆(F39-JGR2W)和本体电缆)。

其他附件如表 8-33 至表 8-37 所示。

表 8-33　安全光幕安装件

形　状	规　格	用　途	型　号
	标准固定件	安装 F3SG-R 的配件。 可进行侧面安装、背面安装。 (本体的标准附件、2 个 1 套。附带数量请参阅 *1)	F39-LGF
	标准调整件	在已安装 F3SG-R 的状态下可进行光轴调整。 角度调整范围为±15°。 可进行侧面安装、背面安装。 (另售、2 个 1 套。所需数量请参阅 *1)	F39-LGA
	上下调整件 *2	在 F3SG-R 的上下端位置使用。在已安装 F3SG-R 的状态下可进行光轴调整。 角度调整范围为±22.5°。 可进行侧面安装、背面安装。 (另售、4 个 1 套)	F39-LGTB
	上下调整件 *2 (自作用)	上下调整件(F39-LGTB)除壁面安装部配件以外的配件套件。 壁面安装部请客户根据装置自行准备。 (另售、4 个 1 套)	F39-LGTB-1

注：* 1. F3SG-4RA□□□□-14：保护高度 0160～1200：2 套、保护高度 1280～2080：3 套。
F3SG-4RA□□□□-30：保护高度 0190～1230：2 套、保护高度 1310～2270：3 套、保护高度 2350～2510：4 套。

* 2. 上下调整件无法与标准固定件组合使用。请与标准调整件组合使用。
使用上下调整件+标准调整件时
F3SG-4RA□□□□-14：保护高度为 1040 以下时，无须使用标准调整件。需购买上下调整件 F39-LGTB(−1)×1 套。
保护高度为 1120～1920：需购买上下调整件 F39-LGTB(−1)×1 套/标准调整件 F39-LGA×1 套。
保护高度为 2000～2080：需购买上下调整件 F39-LGTB(−1)×1 套/标准调整件 F39-LGA×2 套。
F3SG-4RA□□□□-30：保护高度为 1070 以下时，无须使用标准调整件。需购买上下调整件 F39-LGTB(−1)×1 套。
保护高度为 1150～1950：需购买上下调整件 F39-LGTB(−1)×1 套/标准调整件 F39-LGA×1 套。
保护高度为 2030～2510：需购买上下调整件 F39-LGTB(−1)×1 套/标准调整件 F39-LGA×2 套。

表 8-34 接口单元、设定软件 SD Manager2

形状或软件	种 类	规 格	型 号
软件	SD Manager 2	请从欧姆龙自动化有限公司网站下载设定软件 SD Manager 2。 使用 SD Manager 2 变更 F3SG-RA 的设定时，应将受光器的 DIP 开关 No.8 设为 ON	—
	接口单元	连接 F3SG-RA 受光器与计算机的 USB 端口	F39-GIF
	蓝牙通信单元	可安装在 F3SG-RA 受光器上进行蓝牙通信 IP67 等级	F39-BT

表 8-35 指示灯

形 状	种 类	规 格	型 号
	指示灯	安装在受光器上，通过点亮状态表示 F3SG-RA/RR 的动作状态。 颜色：红、橙、绿 状态：点亮、闪烁、熄灭 IP67 等级	F39-LP
	指示灯、蓝牙通信单元		F39-BTLP

表 8-36 终端盖

形 状	规 格	型 号
	外壳颜色：黑 投光/受光器兼用 （遗失时的预备） IP67 等级	F39-CNM

表 8-37 F3SG-R 用激光校准器

形 状	规 格	型 号
	进行光轴调整的粗调时，可安装在 F3SG-R 的光学面上，使用激光支持光轴调整	F39-PTG

8.6.4 安全光幕接线

(1) F3SG-RA 单体、自动复位、EDM 无效(PNP 输出),其基本接线如图 8-23 所示。

DIP-SW设定*1

器件	功　能	DIP-SW1	DIP-SW2
受光器	外部继电器监控无效（出厂设定）	2 □■ ON	2 □■ ON
	自动复位（出厂设定）	3 □■ ON	3 □■ ON
		4 □■ ON	4 □■ ON
	PNP（出厂设定）	7 □■ ON	7 □■ ON
投光器	外部测试：24V有效（出厂设定）	4 □■ ON	

□：表示开关位置。

需在接线前设定DIP-SW。

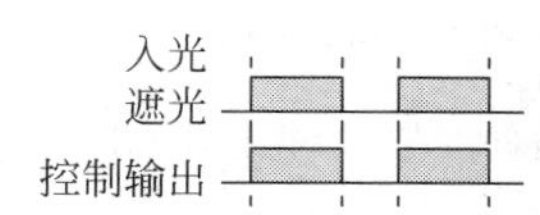

KM1、KM2：带强制导向接点安全继电器（G7SA）或电磁接点
M：三相电机
*1. 可通过DIP-SW设定各种功能。关于DIP-SW的设定，可参阅《安全光幕F3SG-R系列 用户手册》。
*2. 使用外部测试功能时，需通过测试开关（a接点）连接24V。
*3. 使用锁定复位功能时，需通过锁定复位开关（b接点）连接24V。

注：在一般的工业环境（考虑干扰及稳定供电的环境）下使用时，无须功能接地。
在干扰源多、可能会受干扰影响或妨碍稳定供电的环境下使用时，建议对F3SG-R进行功能接地。
下述接线图中未标记功能接地，功能接地时需按照上述内容对功能接地线进行接线。
功能接地的详情可参阅《安全光幕F3SG-□R系列 用户手册》（样本编号：SGFM-CN5-712）。

接线示例

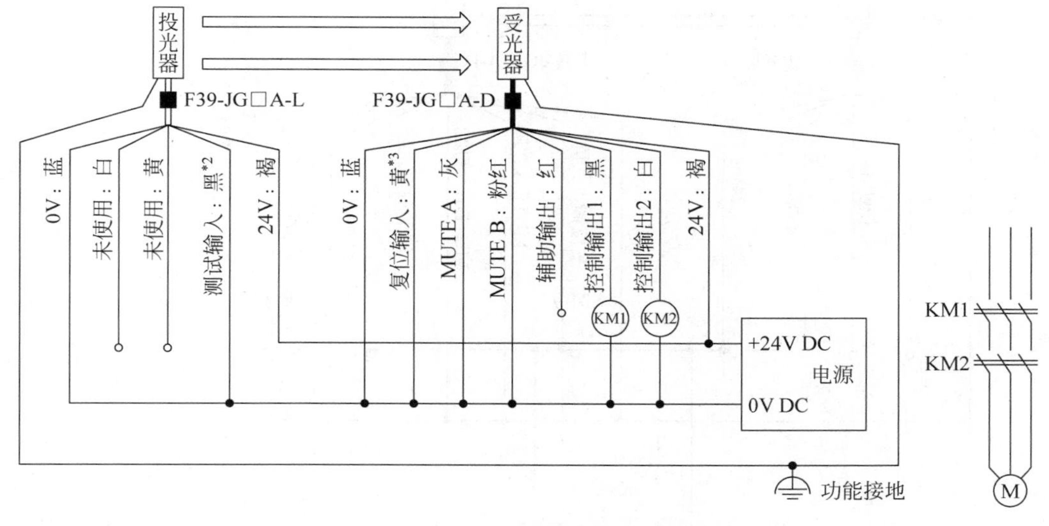

图 8-23　F3SG-RA 基本接线图 1

(2) F3SG-RA 单体、手动复位、EDM 有效(PNP 输出),其基本接线如图 8-24 所示。

(3) 使用 F3SG-RA 单体、Y 型连接器接插件时(PNP 输出),其基本接线如图 8-25 所示。

(4) F3SG-RA 标准屏蔽模式/退出位置专用屏蔽模式,使用 Y 型连接器接插件时(PNP 输出),其基本接线如图 8-26 所示。

(5) 标准屏蔽模式/退出位置专用净噪模式(PNP 输出),其基本接线如图 8-27 所示。

(6) 使用 2 个屏蔽传感器的标准净噪模式/退出位置专用净噪模式(PNP 输出),其基本接线如图 8-28 所示。

DIP-SW设定*2

器件	功　能	DIP-SW1	DIP-SW2
受光器	外部继电器监控有效	2 ON	2 ON
	手动复位	3 ON	3 ON
		4 ON	4 ON
	PNP（出厂设定）	7 ON	7 ON
投光器	外部测试：24V有效（出厂设定）	4 ON	

□：表示开关位置。

需在接线前设定DIP-SW。

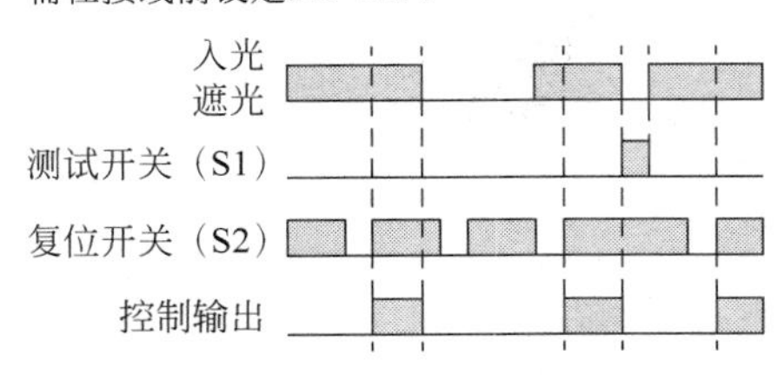

S1：测试开关（无须开关时，连接0V）
S2：锁定/联锁复位开关
KM1、KM2：带强制导向接点安全继电器（G7SA）或电磁接点
M：三相电机
*1. 也可以作为EDM输入线使用。
*2. 可通过DIP-SW设定各种功能。关于DIP-SW的设定，
可参阅《安全光幕F3SG-R系列 用户手册》。

接线示例

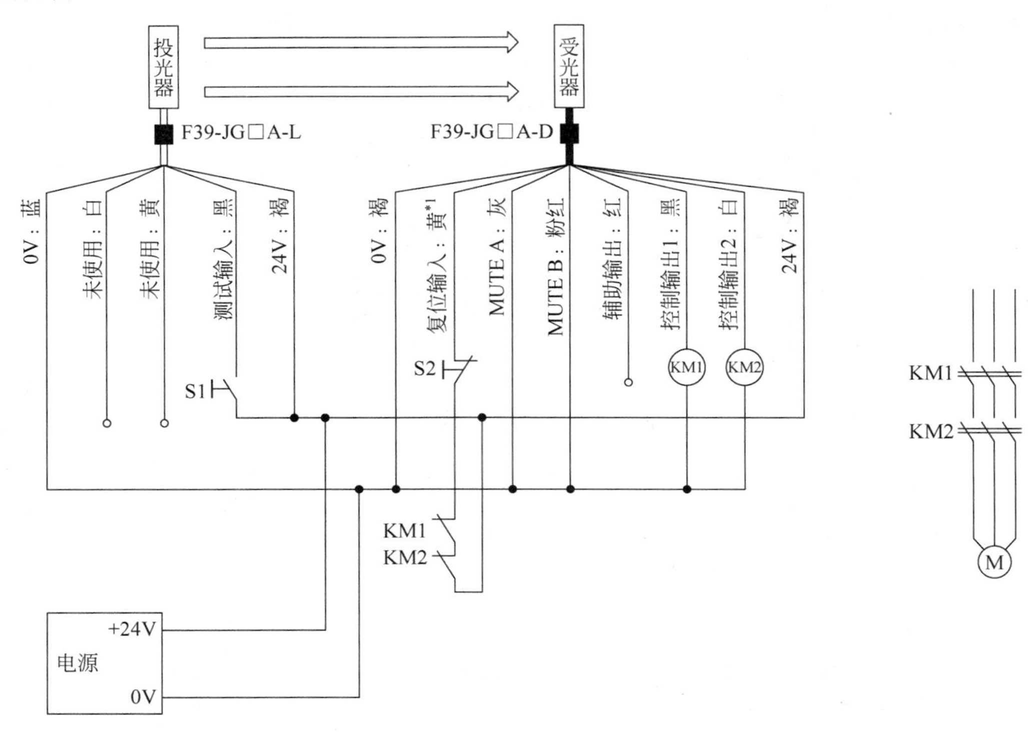

图 8-24　F3SG-RA 基本接线图 2

DIP-SW设定

器件	功 能	DIP-SW1	DIP-SW2
受光器	外部继电器监控有效	2 ■□ ON	2 ■□ ON
	手动复位	3 ■□ ON	3 ■□ ON
		4 □■ ON	4 □■ ON
	PNP（出厂设定）	7 □■ ON	7 □■ ON
投光器	外部测试：24V有效（出厂设定）	4 □■ ON	

□：表示开关位置。

需在接线前设定DIP-SW。

S1：锁定/联锁复位开关

KM1、KM2：外部继电器反馈

M：三相电机

PLC：可编程控制器

（属于监控用途，与安全系统无关）

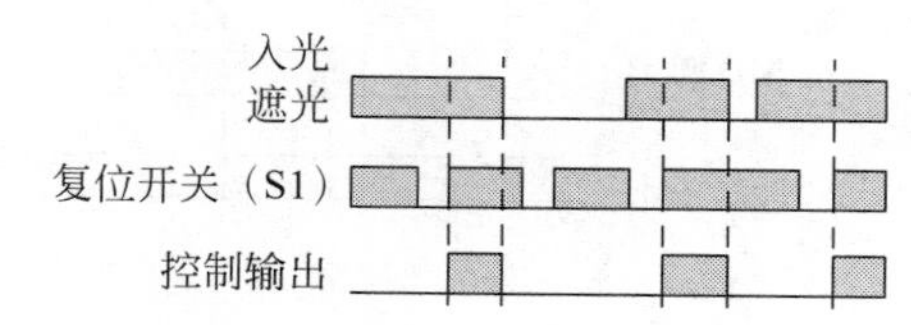

接线示例

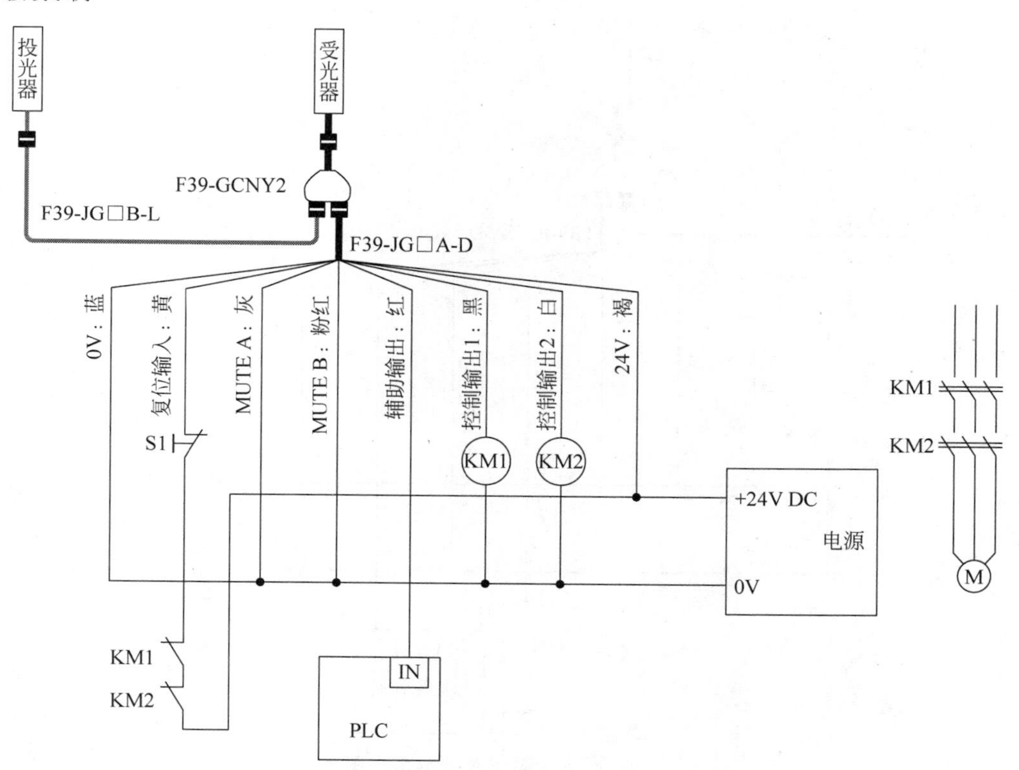

图 8-25 F3SG-RA 基本接线图 3

DIP-SW设定

器件	功　能	DIP-SW1	DIP-SW2
受光器	外部继电器监控无效（出厂设定）	2 ☐ ON	2 ☐ ON
	自动复位（出厂设定）	3 ☐ ON	3 ☐ ON
		4 ☐ ON	4 ☐ ON
	PNP（出厂设定）	7 ☐ ON	7 ☐ ON
投光器	外部测试：24V有效（出厂设定）	4 ☐ ON	

☐：表示开关位置。

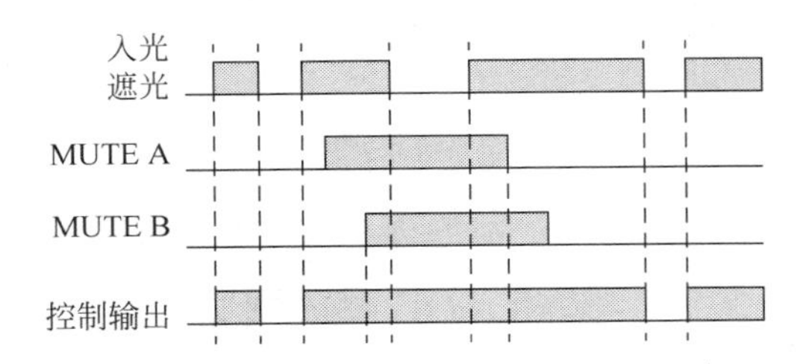

接线示例

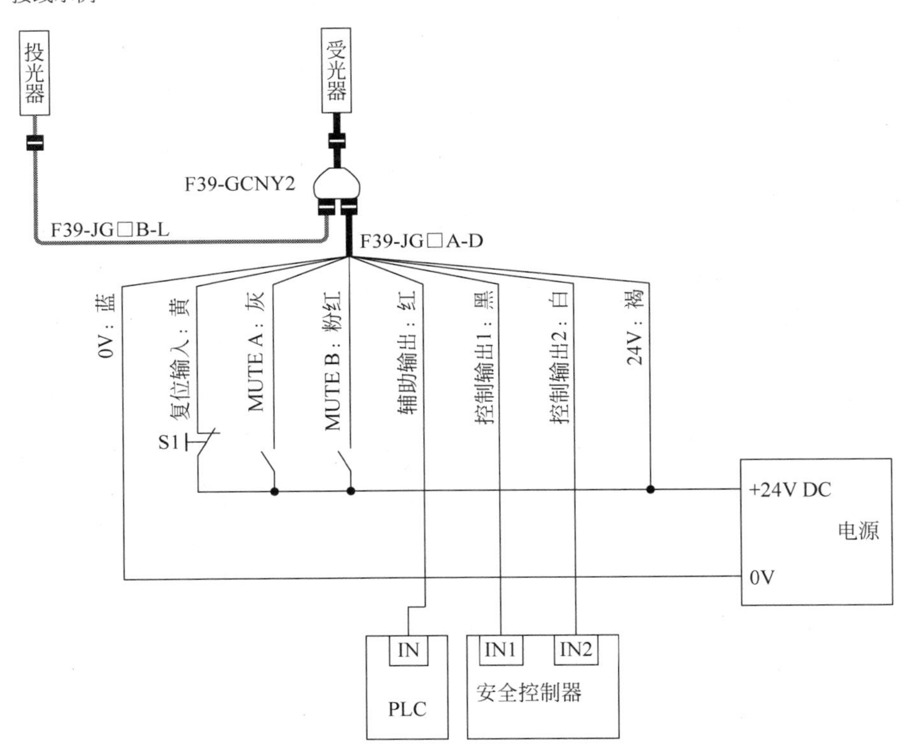

图 8-26　F3SG-RA 基本接线图 4

DIP-SW设定

器件	功　能	DIP-SW1	DIP-SW2
受光器	外部继电器监控无效（出厂设定）	2 □ ON	2 □ ON
	自动复位（出厂设定）	3 □ ON	3 □ ON
		4 □ ON	4 □ ON
	PNP（出厂设定）	7 □ ON	7 □ ON
投光器	外部测试：24V有效（出厂设定）	4 □ ON	

□：表示开关位置。

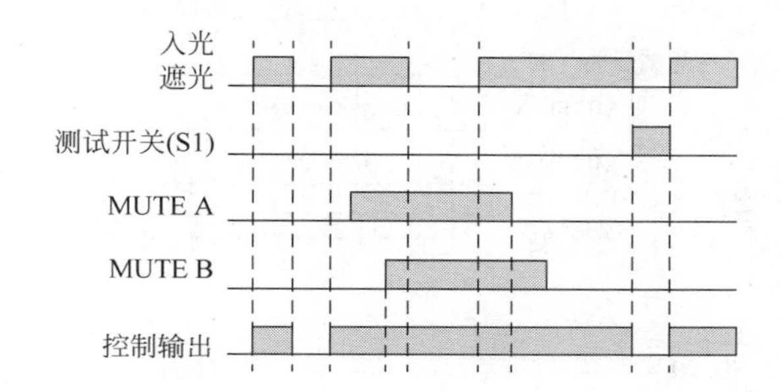

接线示例

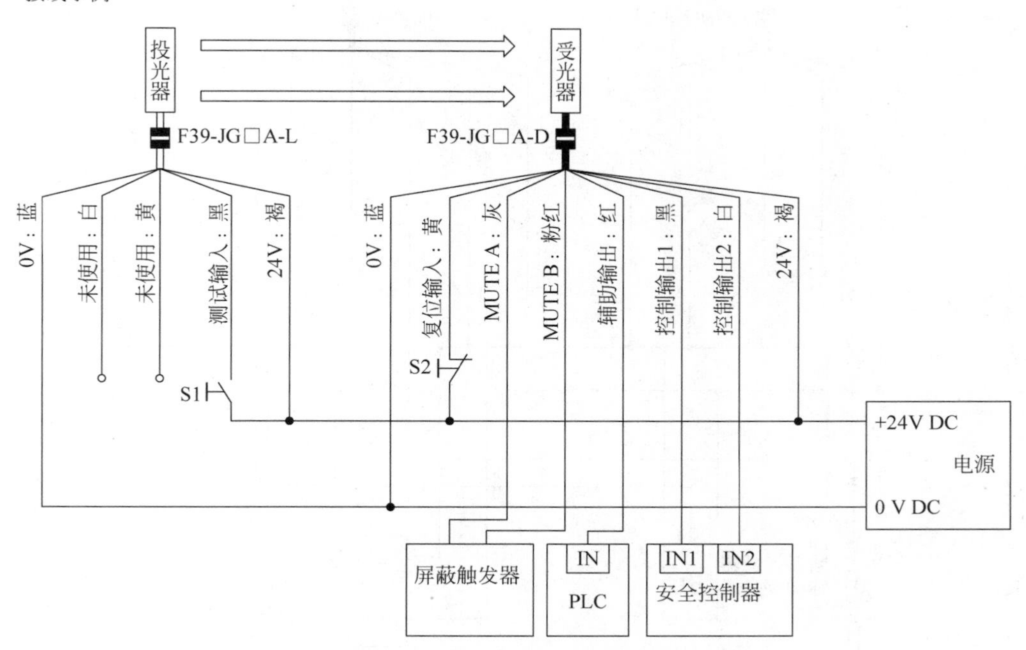

图 8-27　F3SG-RA 基本接线图 5

DIP-SW设定

器件	功　能	DIP-SW1	DIP-SW2
受光器	外部继电器监控无效（出厂设定）	2 ON	2 ON
	自动复位（出厂设定）	3 ON	3 ON
		4 ON	4 ON
	PNP（出厂设定）	7 ON	7 ON
投光器	外部测试：24V有效（出厂设定）	4 ON	

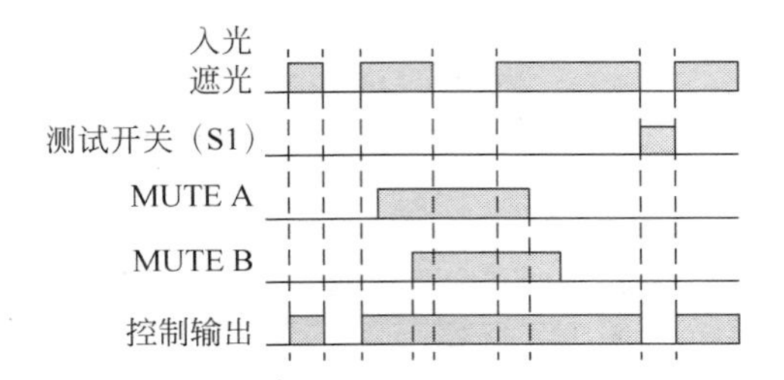

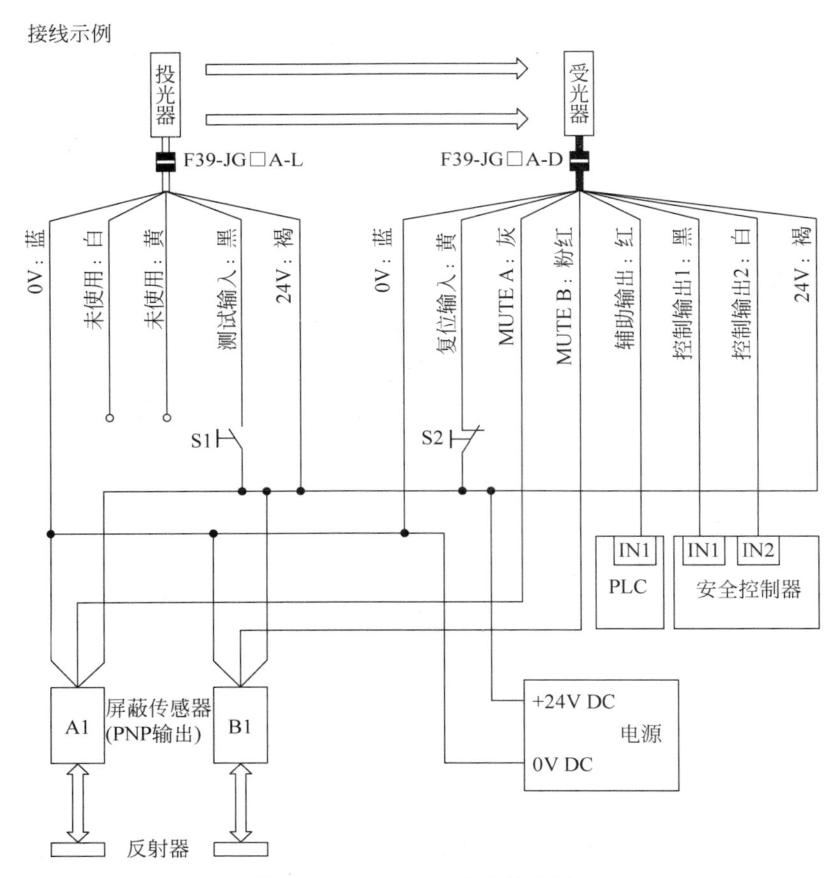

图 8-28　F3SG-RA 基本接线图 6

（7）使用 4 个屏蔽传感器的标准屏蔽模式（PNP 输出），其基本接线如图 8-29 所示。

接线示例

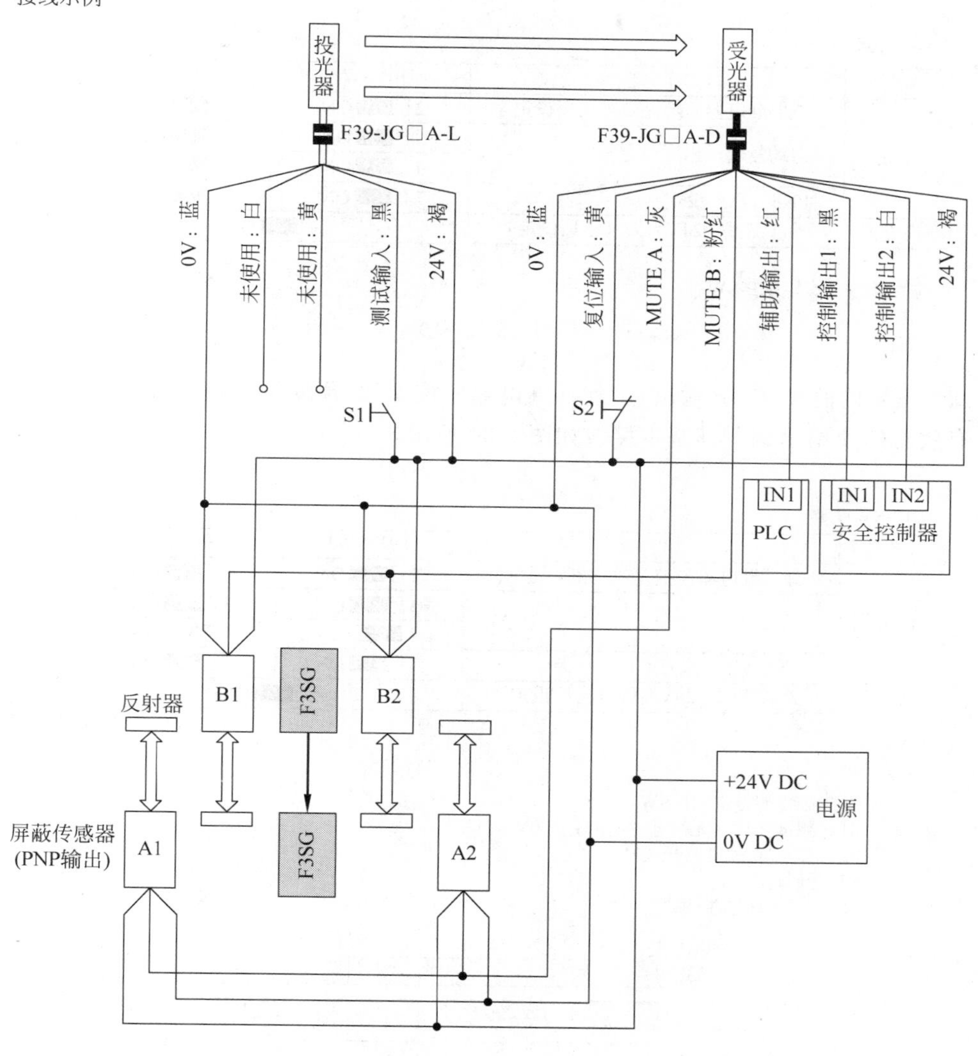

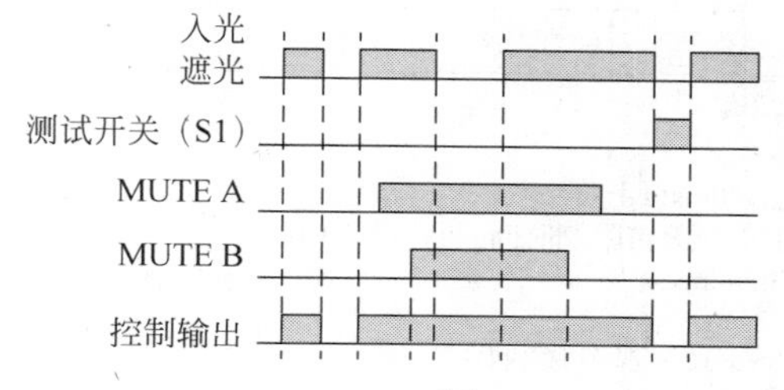

S1：测试开关（无须开关时，连接0V）
S2：锁定/联锁复位开关
强制通过开关或强制通过取消开关
A1、A2、B1、B2：屏蔽传感器

图 8-29　F3SG-RA 基本接线图 7

DIP-SW设定

器件	功　能	DIP-SW1	DIP-SW2
受光器	外部继电器监控无效（出厂设定）	2 ON	2 ON
	自动复位（出厂设定）	3 ON	3 ON
		4 ON	4 ON
	PNP（出厂设定）	7 ON	7 ON
投光器	外部测试：24V有效（出厂设定）	4 ON	

□：表示开关位置。

需在接线前设定DIP-SW。

图　8-29(续)

(8) 预复位模式(PNP 输出)。外部继电器监控无效、预复位模式、PNP 输出、外部测试 24V 有效时的使用示例。其基本接线如图 8-30 所示。

DIP-SW设定

器件	功　能	DIP-SW1	DIP-SW2
受光器	外部继电器监控无效（出厂设定）	2 ON	2 ON
	预复位	3 ON	3 ON
		4 ON	4 ON
	PNP（出厂设定）	7 ON	7 ON
投光器	外部测试：24V有效（出厂设定）	4 ON	

□：表示开关位置。

需在接线前设定DIP-SW。
S1：测试开关（无须开关时：连接0V）
S2：锁定/联锁复位开关
S3：预复位开关
PLC：可编程控制器

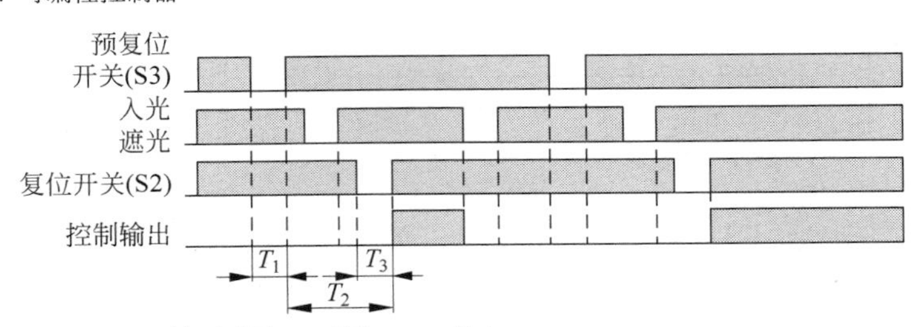

T_1：按下时间；T_1须在300ms以上
T_2：预复位与复位之间的预复位限制时间；T_2须在60s以下
T_3：按下时间；T_3须在300ms以上

图 8-30　F3SG-RA 基本接线图 8

接线示例

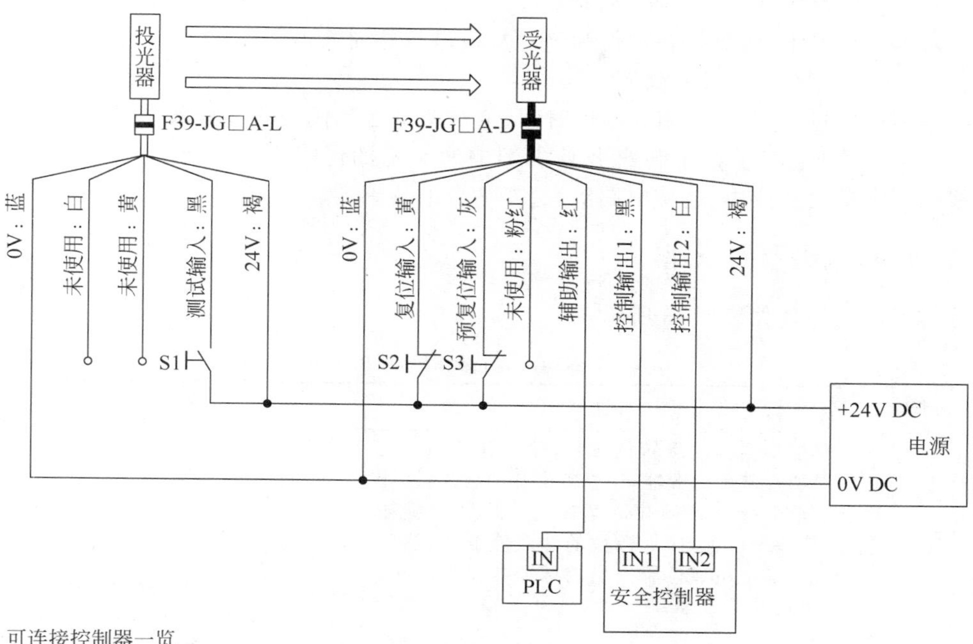

可连接控制器一览
以PNP输出使用F3SG-RA时，可连接至下列安全控制单元。

可连接控制器（PNP输出）		
G9SA-301 G9SA-321 G9SA-501 G9SB-200-B G9SB-200-D G9SB-301-B G9SB-301-D G9SE-201 G9SE-401 G9SE-221-T□	G9SX-AD322-T G9SX-ADA222-T G9SX-BC202 G9SX-GS226-T15	G9SP-N10S G9SP-N10D G9SP-N20S NE0A-SCPU01 NE1A-SCPU01 NE1A-SCPU02 DST1-ID12SL-1 DST1-MD16SL-1 DST1-MRD08SL-1 NX-SIH400 NX-SID800 F3SP-T01

图 8-30（续）

8.7 旋转编码器

8.7.1 旋转编码器的定义和特点

1. 旋转编码器的定义

旋转编码器是将旋转的机械位移量转换为电气信号，对该信号进行处理后检测位置、速度等的传感器。检测直线机械位移量的传感器称为线性编码器。

2. 旋转编码器的特点

（1）根据轴的旋转变位量进行输出。

通过联合器与轴结合，能直接检测旋转位移量。

(2) 启动时无须原点复位(仅绝对型)。

绝对型的情况下,将旋转角度作为绝对数值进行并列输出。

(3) 可对旋转方向进行检测。

增量型可通过A相和B相的输出时间、绝对型可通过代码的增减来掌握旋转方向。

(4) 应根据丰富的分辨率和输出型号,选择最合适的传感器。

根据要求精度和成本、连接电路等,选择适合的传感器。

8.7.2 旋转编码器的原理

旋转编码器原理如表8-38所示。

表8-38 旋转编码器原理

项目分类	特长	构造
增量型 E6A2-C E6B2-C E6C2-C E6C3-C E6D-C E6F-C E6H-C E6J-C	本型号能根据轴的旋转位移量,输出脉冲列。其方式是通过其他计数器,计算输出脉冲数,通过计数检测旋转量。希望知道某输入轴位置的旋转量,先按基准位置,使计数位的计数值复位,然后再用计数器把由该位置发出的脉冲数累加起来。因此,可任意选择基准位置,且可无限量检测旋转量。 其最大的特点是,可添加电路,产生1周期信号的2倍、4倍脉冲数,提高电流的分辨率(注)。此外,可把每旋转一周发生的Z相信号作为1旋转内的原点使用。 注:需要高分辨率时,一般可采用4倍增电路方式。(如果把A相、B相的上升、下降波形分别进行微分,可得到4倍输出,分辨率则为4倍)	与轴旋转同时写入光学图案的磁盘时,通过两处狭缝的光就会相应地被透过、遮断。这种光通过与各自的狭缝相对的受光元件转换为电流,通过波形整形后,成为2个矩形波输出。另2处的狭缝要配置在与矩形波输出的相位差1/4间距处
绝对型 E6CP-A E6C3-A E6F-A E6J-A	本型号为把旋转角度通过 $2n$ 的代码作为绝对值,通过并联输出。因此,如果持有输出代码位数的输出量,分辨率较大时,输出量就会增加,方式是通过直接读取输出代码,进行旋转位置检测。编码器一旦被装入机械,则可确定输入旋转轴的零位,一般把零位作为坐标原点,旋转角度用数字输出。此外,不会因干扰等发生数据错落,也无须进行启动时的原点复位。另外,因高速旋转,不能读取符号时,若降低转速,则可读取正确的数据,此外因停电等切断电源,再次接通电源的情况下,也能读取正确的旋转数据	旋转已写入图案的磁盘,透过狭缝的光就可依据图案,处于透过与遮断交替的状态。 透过的光可通过受光元件转换为电流,并进行波形整形后,变成数字信号

8.7.3 旋转编码器选择要点

1. 增量式或绝对式

考虑到允许的成本,以及电源接通时的原点可否恢复、控制速度、耐干扰性等选择合适的类型。

2. 分解率精度的选择

在考虑组装机械装置的要求精度和机械成本的基础上,选择最适合的产品。一般选择机械综合精度的1/2~1/4精度的分辨率。

3. 外形尺寸

选定外形尺寸时要考虑安装空间与选定轴的形态(中空轴、杆轴类)。

4. 轴允许负重

选定轴允许负重时要考虑到不同安装方法的不同轴负载状态及机械的寿命等。

5. 允许最大旋转数

根据使用时机械的最大旋转数来选择。

6. 最高响应频率数

根据组装机械装置使用时的轴最大旋转数来确定。

$$最大响应频率=\frac{旋转数}{60}\times 分辨率$$

但是,由于实际信号周期有所波动,所以选定时应针对上述的计算值来选择留有余度的规格。

7. 保护构造

根据使用环境中的灰尘、水、油等的程度来选择。

仅灰尘:IP50;还有水、油:IP52(f)、IP64(f)(防滴落、防油)。

8. 轴的旋转启动转矩

轴的驱动源的旋转启动转矩、驱动源的转矩值。

9. 输出电路方式

选择电路方式时应考虑到连接的后段机器、信号的频率、传送距离、干扰环境等。

长距离传送情况下,应选择线路驱动器输出。

8.7.4 旋转编码器基本术语

1. 分辨率

轴旋转1次时输出的增量信号脉冲数或绝对值的绝对位置数。

2. 输出相

增量型的输出信号数。包括一相型(A相)、二相型(A相、B相)、三相(A相、B相、Z相)。Z相输出1次即输出1次原点用的信号。

3. 输出相位差

轴旋转时,将A相、B相各信号相互间上升或下降中的时间偏移量与信号1周期时间的比,或者用电气角表示信号1周期为360°。

A相、B相用电气角表示为90°的相位差。

4. CW

即顺时针方向旋转(clock wise)的方向。从轴侧面观察为向右旋转,在这个旋转方向中,通常增量型为A相比B相先进行相位输出,绝对型为代码增加方向。

CW方向反旋转时为CCW(counter clock wise)。

5. 输出功效比

使轴以固定速度旋转时输出的平均脉冲周期时间与1周期的 H 位时间的比。

6. 最高响应频率

响应信号所得到的最大信号频率。

7. 上升时间、下降时间

输出脉冲的10%~90%的时间。

8. 输出电路

(1) 开路集电极输出。以输出电路的晶体管发射极为共通型,以集电极为开放式的输出电路。

(2) 电压输出。以输出电路的晶体管的发射极为共通型,在集电极与电源间插入电阻,并输出因电压而变化的集电极的输出电路。

(3) 线路驱动器输出。本输出方式采用高速、长距离输送用的专用 IC 方式,是依据 RS-422A 规格的数据传送方式。信号以差动的 2 信号输出,因此抗干扰能力强。接收线路驱动器输出的信号时,可使用线路连接。

(4) 补码输出。输出具备 NPN 和 PNP 两种输出晶体管的输出电路。根据输出信号高和低,2 个输出晶体管交互进行开和关动作。使用时,应在正极电源、零电位上进行上拉、下降后再使用。补码输出包括输出电流的流出、流入两个动作,其特征为信号的上升、下降速度快,可延长代码的长距离。可与开路集电极输入器(NPN、PNP)连接。

9. 启动转矩

启动转矩是旋转编码器的轴旋转启动时必需的旋转力矩。通常旋转时,一般取比本值低的值。轴为防水用密封设计时,启动转矩的值较高。

10. 惯性力矩

惯性力矩表示旋转编码器的旋转启动、停止时的惯性力大小。

11. 轴允许力

轴允许力是加在轴上的负载负重的允许量。径向以直角方向对轴增加负重,而轴向以轴方向增加负重。两者都为轴旋转时允许负重,该负重的大小对轴承的寿命产生影响。

12. 动作环境温度

动作环境温度是满足规格的环境温度,也是接触外界温度与旋转式编码器相关零件的温度允许值。

13. 保存环境温度

保存环境温度是在断电状态下,不会引起功能劣化的环境温度,也是接触外界温度及与旋转编码器相关零件的温度允许值。

14. 保护构造

保护构造的标准是为了防止外部异物侵入旋转式编码器内。根据 IEC60529 规格、JEM 规格的规定,用 IP 表示。

15. 绝对代码

(1) 二进制代码。本代码为纯二进制代码,用 $2n$ 表示。可通过位置的转换变换复数的位置。

(2) 格雷码。转换位置时,只有 1 位发生变化的代码。旋转编码器的代码板为格雷码。

(3) 余格雷码。是用格雷码表示 36、360、720 等 $2n$ 以外的分辨率时的代码。格雷码的性质为:将格雷码的最上位从“0”切换至“1”时起,当数值小的一方和数值大的一方分别只取相同区域时,在该范围内从代码的结束与开始进行转换时,只改变 1 位信号。根据这种性质,可按格雷码进行任意的偶数分辨率设定。但此时,代码的起始不是从 0 位置开始,而是从中途的代码开始,所以实际使用时,需要进行代码转换处理,转换至由 0 位置起的代码后再使用。二-十进制代码是用二进制符号表示十进制各位的代码。绝对代码表如表 8-39 所示。

表 8-39　绝对代码表

十进制码	二进制码	格雷码	格雷码余留码14符号	BCD	
				10	1
0	00000	000000		000	0000
1	00001	000001		000	0001
2	00010	000011		000	0010
3	00011	000010		000	0011
4	00100	000110		000	0100
5	00101	000111		000	0101
6	00110	000101		000	0110
7	00111	000100		000	0111
8	01000	001100		000	1000
9	01001	001101		000	1001
10	01010	001111		001	0000
11	01011	001110		001	0001
12	01100	001010		001	0010
13	01101	001011		001	0011
14	01110	001001	00	001	0100
15	01111	001000	01	001	0101
16	10000	011000	02	001	0110
17	10001	011001	03	001	0111
18	010010	011011	04	001	1000
19	010011	011010	05	001	1001
20	010100	011110	06	010	0000
21	010101	011111	07	010	0001
22	010110	011101	08	010	0010
23	010111	011100	09	010	0011
24	011000	010100	10	010	0100
25	011001	010101	11	010	0101
26	011010	010111	12	010	0110
27	011011	010110	13	010	0111
28	011100	010010	14	010	1000
29	011101	010011	15	010	1001
30	011110	010001	16	011	0000
31	011111	010000	17	011	0001
32	100000	110000	18	011	0010
33	100001	110001	19	011	0011
34	100010	110011	20	011	0100
35	100011	110010	21	011	0101
36	100100	110110	22	011	0110
37	100101	110111	23	011	0111
38	100110	110101	24	011	1000
39	100111	110100	25	011	1001
40	101000	111100	26	100	0000
41	101001	111101	27	100	0001
42	101010	111111	28	100	0010
43	101011	111110	29	100	0011
44	101100	111010	30	100	0100
45	101101	111011	31	100	0101

续表

十进制码	二进制码	格雷码	格雷码余留码14符号	BCD	
				10	1
46	101110	111001	32	100	0110
47	101111	111000	33	100	0111
48	110000	101000	34	100	1000
49	110001	101001	35	100	1001
50	110010	101011		100	0000
51	110011	101010		101	0001
52	110100	101110		101	0010
53	110101	101111		101	0011
54	110110	101101		101	0100
55	110111	101100		101	0101
56	111000	100100		101	0110
57	111001	100101		101	0111
58	111010	100111		101	1000
59	111011	100110		101	1001
60	111100	100010		101	0000
61	111101	100011		110	0001
62	111110	100001		110	0010
63	111111	100000		110	0111

16. 串行传送

对应同时输出多位数据的通常并联传送，可采用由一个传送线进行系列化输出数据的形式，目的是节省连线，在接收信号侧则变换成并联信号后使用。

17. 中空轴型(空心轴型)

旋转轴为中空轴形状，通过将驱动侧的轴直接与中空孔连接，可节省轴方向的空间。以板簧为缓冲，吸收驱动轴的振动等。

18. 金属盘

编码器的旋转板(盘)是用金属制成的，与玻璃旋转板(盘)相比，强化了耐冲击性。但受到狭缝加工的制约，不能应用于高分辨率。

8.7.5 旋转编码器的种类

以欧姆龙公司增量型旋转编码器 E6B2-C 为例进行介绍，如表 8-40 所示。

表 8-40 增量型旋转编码器种类

电源电压	输出形式	分辨率/(P/R)	型号
DC 5～24V	集电极开路输出(NPN 输出)	10、20、30、40、50、60、100、200、300、360、400、500、600	E6B2-CWZ6C(分辨率)0.5M 如 E6B2-CWZ6C 10P/R 0.5M
		720、800、1000、1024	
		1200、1500、1800、2000	
DC 12～24V	集电极开路输出(PNP 输出)	100、200、360、500、600	E6B2-CWZ5B(分辨率)0.5M 如 E6B2-CWZ5B 100P/R 0.5M
		1000	
		2000	

续表

电源电压	输出形式	分辨率/(P/R)	型　　号
DC 5～12V	电压输出	10、20、30、40、50、60、100、200、300、360、400、500、600	E6B2-CWZ3E(分辨率)0.5M 如 E6B2-CWZ3E 10P/R 0.5M
		1000	
		1200、1500、1800、2000	
DC 12～24V	互补输出	10、20、30、40、50、60、100、200、300、360、400、500、600	E6B2-CWZ5G(分辨率)0.5M 如 E6B2-CWZ5G 10P/R 0.5M
		720、800、1000、1024	
		1200、1500、1800、2000、3600	
DC 5V	线性驱动器输出	10、20、30、40、50、60、100、200、300、360、400、500、600	E6B2-CWZ1X(分辨率)0.5M 如 E6B2-CWZ1X 10P/R 0.5M
		1000、1024	
		1200、1500、1800、2000	

8.7.6 旋转编码器的额定值和性能

增量型旋转编码器的额定值及性能如表 8-41 所示。

表 8-41　增量型旋转编码器的额定值及性能

项　　目	E6B2-CWZ6C	E6B2-CWZ5B	E6B2-CWZ3E	E6B2-CWZ5G	E6B2-CWZ1X
电源电压	DC 5V－5%～24V＋15% 纹波（p-p）5%以下	DC 12V－10%～24V＋15% 纹波（p-p）5%以下	DC 5V－5%～12V＋10% 纹波（p-p）5%以下	DC 12V－10%～24V＋15% 纹波（p-p）5%以下	DC 5V±5% 纹波(p-p)5%以下
消耗电流[*1]	80mA 以下	100mA 以下	100mA 以下	100mA 以下	160mA 以下
分辨率/(P/R)	10、20、30、40、50、60、100、200、300、360、400、500、600、720、800、1000、1024、1200、1500、1800、2000	100、200、360、500、600、1000、2000	10、20、30、40、50、60、100、200、300、360、400、500、600、1000、1200、1500、1800、2000	10、20、30、40、50、60、100、200、300、360、400、500、600、720、800、1000、1024、1200、1500、1800、2000、3600	10、20、30、40、50、60、100、200、300、360、400、500、600、1000、1024、1200、1500、1800、2000
输出相	A、B、Z 相				A、$\overline{A}$、B、$\overline{B}$、Z、$\overline{Z}$ 相
输出相位差	A 相、B 相的相位差 90°±45°((1/4±1/8)T)				
输出形式	NPN 集电极开路输出	PNP 集电极开路输出	电压输出(NPN 输出)	互补输出	线性驱动器输出[*2]
输出容量	施加电压：DC 30V 以下 负载电流：35mA 以下 残留电压：0.4V 以下 （负载电流 35mA 时）	施加电压：DC 30V 以下 源电流：35mA 以下 残留电压：0.4V 以下 (源电流 35mA 时)	输出电阻：2kΩ 负载电流：20mA 以下 残留电压：0.4V 以下 （负载电流 20mA 时）	输出电压： $U_H=U_{CC}-3V$ ($I_O=30mA$) $U_L=2V$ 以下 ($I_O=-30mA$) 输出电流：±30mA	AM26LS31 输出电流 H 位：$I_O=-20mA$ L 位：$I_S=20mA$ 输出电压 $U_O=2.5V$ 以上 $U_S=0.5V$ 以下

续表

项　目	E6B2-CWZ6C	E6B2-CWZ5B	E6B2-CWZ3E	E6B2-CWZ5G	E6B2-CWZ1X
最高响应频率*3	100kHz	50kHz	100kHz		
输出上升、下降时间	1μs 以下(控制输出电压：5V 负载电阻 1kΩ、导线长：2m)	1μs 以下(导线长：2m 负载电流：10mA)			0.1μs 以下 导线长：2m (I_O＝－20mA、I_S＝20mA)
启动转矩	0.98mN·m 以下				
惯性力矩	1×10^{-6}kg·m^2 以下(600P/R 以下为 3×10^{-7}kg·m^2 以下)				
最大轴负载　径向	30N				
最大轴负载　轴向	20N				
允许最高转速	6000r/min				
保护回路	负载短路保护、电源反接保护				—
环境温度范围	工作时：－10～＋70℃；保存时：－25～＋85℃(无结冰)				
环境湿度范围	工作时、保存时：各 35%～85%RH(无结露)				
绝缘电阻	20MΩ 以上(DC 500V 兆欧表)导线端整体与外壳间				
耐电压	AC 500V 50/60Hz 1min 导线端整体与外壳间				
振动(耐久)	10～500Hz 上下振幅 2mm 或 150m/s^2 X、Y、Z 各方向 扫频 11min/次 扫频 3 次				
冲击(耐久)	1000m/s^2 X、Y、Z 各方向 3 次				
保护结构	IEC 标准 IP50				
连接方式	导线引出型(标准导线长 500mm)				
材质　外壳	ABS				
材质　本体	铝				
材质　轴	SUS420J2				
质量(包装后)	约 100g				
附件	耦合器、六角扳手、使用说明书				

注：*1. 接通电源时，流过约 9A 的浪涌电流(时间：约 0.3ms)。

*2. 线性驱动器输出是指按照 RS-422A 的数据传送回路。可通过双绞线进行长距离传送(相当于内藏 AM26LS31)。

*3. 电气响应转数由分辨率及最高响应频率决定，即

$$\text{电气最高响应转速(r/min)} = \frac{\text{最高响应频率}}{\text{分辨率}} \times 60$$

因此，旋转超过最高响应转速时将无法跟上电器信号。

8.7.7 旋转编码器的接线方法

以欧姆龙公司旋转编码器为例进行介绍。

(1) 图 8-31 所示为 NPN 输出增量型 E6B2-CWZ6C 的接线原理，图 8-32 所示为 NPN 输出增量型 E6B2-CWZ6C 的实际接线，棕色线接电源正极，蓝色线接电源负极，黑色线接输入 I0.00，白色线接输入 I0.01，橙色线接输入 I0.04，PLC 的 COM 接电源正极。

(2) 图 8-33 所示为 PNP 输出增量型 E6B2-CWZ6B 的实际接线，棕色线接电源正极，蓝色线接电源负极，黑色线接输入 I0.00，白色线接输入 I0.01，橙色线接输入 I0.04，PLC 的 COM 接电源负极。

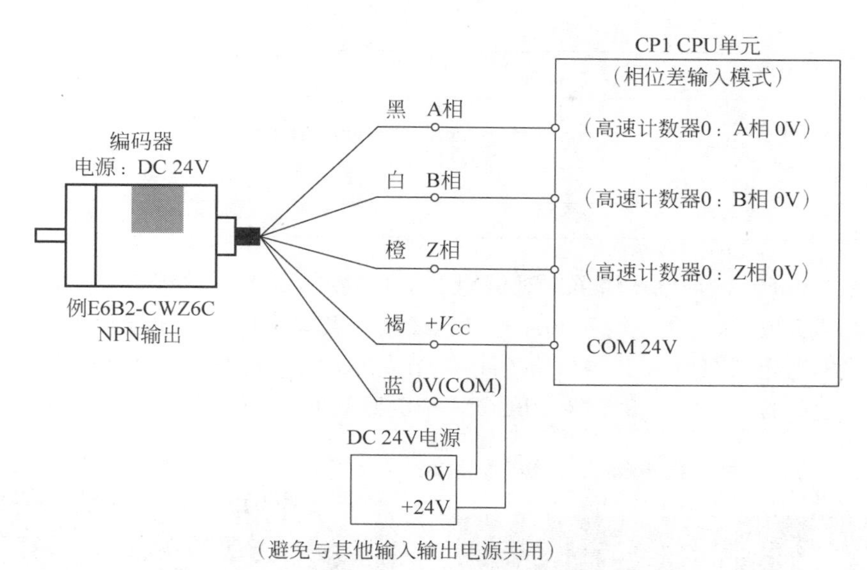

图 8-31 NPN 输出增量型 E6B2-CWZ6C 接线原理

图 8-32 NPN 输出增量型 E6B2-CWZ6C 实际接线

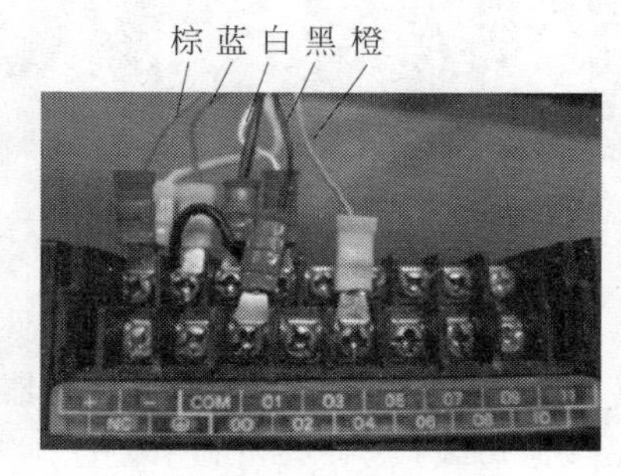

图 8-33 PNP 输出增量型 E6B2-CWZ6B 实际接线

（3）表 8-42 所示为绝对值型编码器的线与 PLC 输入的点的对应图，图 8-34 所示为 NPN 输出绝对值型 E6C3-AG5C 的实际接线，红色线接电源正极，黑色线接电源负极，棕色线接输入 I0.00，橙色线接输入 I0.01，黄色线接输入 I0.02，绿色线接输入 I0.03，蓝色线接输入 I0.04，紫色线接输入 I0.05，灰色线接输入 I0.06，白色线接输入 I0.07，粉色线接输入 I0.08，PLC 的 COM 接电源正极。

表 8-42 绝对值型编码器与 PLC 输入点的对应

编码器输出信号	PLC 输入信号
棕(2^0)	00000
橙(2^1)	00001
黄(2^2)	00002
绿(2^3)	00003
蓝(2^4)	00004
紫(2^5)	00005

续表

编码器输出信号	PLC 输入信号
灰(2^6)	00006
白(2^7)	00007
粉(2^8)	00008
空(2^9)	00009

(4) 图 8-35 所示为 PNP 输出绝对值型 E6C3-AG5B 的实际接线,红色线接电源正极,黑色线接电源负极,棕色线接输入 I0.00,橙色线接输入 I0.01,黄色线接输入 I0.02,绿色线接输入 I0.03,蓝色线接输入 I0.04,紫色线接输入 I0.05,灰色线接输入 I0.06,白色线接输入 I0.07,粉色线接输入 I0.08,PLC 的 COM 接电源负极。

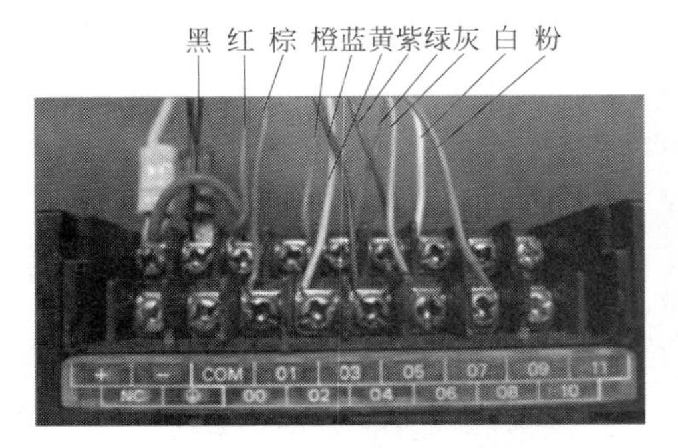

图 8-34 NPN 输出绝对值型 E6C3-AG5C 实际接线

图 8-35 PNP 输出绝对值型 E6C3-AG5B 实际接线

(5) 图 8-36 所示为线性驱动编码器的接线原理,图 8-37 所示为实际接线,黑色线接 A0+,黑红镶边线接 A0-,白色线接 B0+,白红镶边线接 B0-,橙色线接 Z0+,橙红镶边线接 Z0-,棕色线接电源+5V,蓝色线接电源 0V,切勿接线错误。

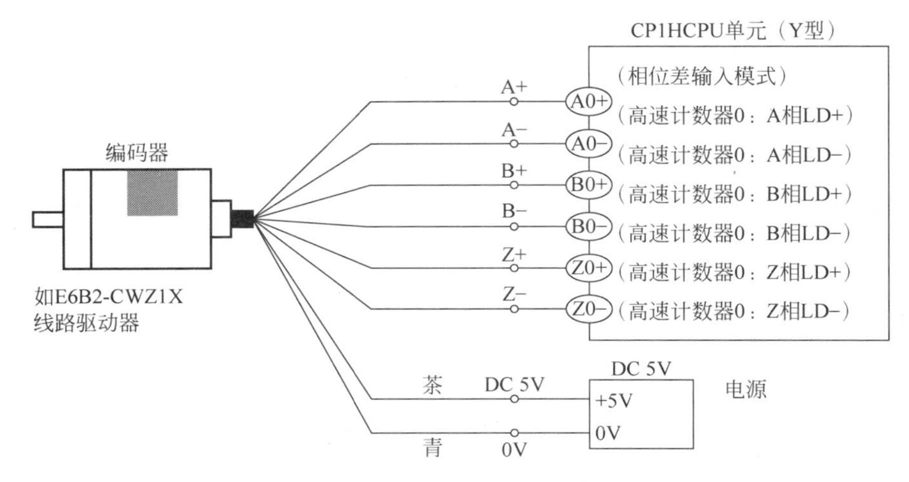

图 8-36 线性驱动编码器接线原理

图 8-37 线性驱动编码器实际接线

8.8 压力传感器

8.8.1 压力传感器的定义及工作原理

1. 压力传感器的定义

压力传感器是指以膜片装置(不锈钢膜片、硅酮膜片等)为介质,用感压元件对气体和液体的压力进行测量,并转换成电气信号输出的设备。

2. 压力传感器的工作原理

半导体压电阻抗扩散压力传感器是在薄片表面形成半导体变形压力,通过外力(压力)使薄片变形而产生压电阻抗效果,从而使阻抗的变化转换成电信号。

静电容量型压力传感器是将玻璃的固定极和硅的可动极相对而形成电容,将通过外力(压力)使可动极变形所产生的静电容量的变化转换成电气信号。

8.8.2 压力传感器的基本术语

1. 标准压力

标准压力是以大气压为标准来表示的压力大小。

比大气压高的压力称为"正压",比大气压低的称为"负压"。

2. 绝对压力

绝对压力以绝对真空为标准表示的压力大小。

3. 差压(相对压)

差压为相对于任意的比较压力(标准压)表示的压力大小。

4. 大气压

大气压是指大气的压力。标准大气压(1atm)相当于高度为 760mm 水银柱产生的压力。

5. 检测压力范围

检测压力范围是指可使用传感器检测的压力范围。

6. 耐压力

耐压力为恢复到检测压力时,不会引起性能下降的可承受压力。

7. 重复精度(ON/OFF 输出)

在一定温度(23℃)下增减压力时,在检测压力的全部值中除去反运行的压力值后的动作点压力变动值。

8. 精度(线性)

在一定温度(23℃)下,从全部值中除去施加零压力及额定输出时的输出电流的规格值(4mA、20mA)中的偏离值。单位用%FS(%FS 的意思是指精度和满量程的百分比)表示。

9. 直线性(线性)

模拟输出相对于检测压力几乎成直线性变化,但与理想直线仍有若干偏离。这种偏离相对于全部值用百分比来表示。

8.8.3 数字压力传感器

1. 数字压力传感器的种类

以欧姆龙公司数字压力传感器为例进行介绍,如表 8-43 所示。

表 8-43 数字压力传感器的种类

压力范围		输出形式(ON/OFF)	线性输出	型号	
				NPN 输出	PNP 输出
正压	0~100kPa	集电极开路(独立 2 输出)	1~5V	E8F2-A01C	E8F2-A01B
	0~1MPa			E8F2-B10C	E8F2-B10B
负压	0~−101kPa			E8F2-AN0C	E8F2-AN0B

2. 数字压力传感器的额定规格及性能

以欧姆龙公司数字压力传感器为例进行介绍,如表 8-44 所示。

表 8-44 数字压力传感器的额定规格及性能

项目	型号			
	NPN 输出	E8F2-A01C	E8F2-B10C	E8F2-AN0C
	PNP 输出	E8F2-A01B	E8F2-B10B	E8F2-AN0B
电源电压	DC 12~24V±10% 波动(p-p) 10%以下			
消耗电流	70mA 以下			
压力种类	计示压力			
压力范围	0~100kPa		0~1MPa	−101~0kPa
压力设定范围	0~100kPa		0~1MPa	−101~0kPa
耐压力	400kPa		1.5MPa	400kPa
适用流体	非腐蚀性气体、不可燃性气体			
动作模式	磁滞状态、窗口状态、自动示教状态			
重复精确度(ON/OFF 输出)	±1%FS 以下			

续表

项　目		型　号			
		NPN 输出	E8F2-A01C	E8F2-B10C	E8F2-AN0C
		PNP 输出	E8F2-A01B	E8F2-B10B	E8F2-AN0B
直线性(线性输出)		±1%FS 以下			
响应时间(ON/OFF 输出)		5ms 以下			
线性输出		1～5V ±5%FS(输出阻抗：1kΩ、允许负载电阻：500kΩ 以上)			
输出形式（ON/OFF）		集电极开路输出（NO/NC）（NPN/PNP 输出 因形式而异）			
控制输出	负载电流	30mA 以下			
	输出施加电压	DC 30V 以下			
	残留电压	NPN 集电极开路输出型 1V 以下(负载电流 30mA 时) PNP 集电极开路输出型 2V 以下(负载电流 30mA 时)			
显示方式		根据 LED3.5 位数字显示(红色)、LED 显示(绿色)、输出晶体管 ON 时、橙色 LED 亮灯(2 输出独立)、LED 单位显示(绿色)			
显示精度		±3%FS±1 位以下			
保护回路		逆接、负载短路保护			
环境温度范围		工作时：0～+55°C；保存时：－10～+60°C（无结冰）			
环境湿度范围		工作时、保存时：各 35%～85%RH（无结露）			
温度的影响		±3%FS 以下			
电压的影响		±1.5%FS 以下			
绝缘电阻		100MΩ 以上(DC 500V 兆欧表)充电部整体与外壳之间			
耐电压		AC 1000V、1min			
振动(耐久)		10～500Hz、双振幅 1mm 150m/s^2 X、Y、Z 各方向 11min×3 次扫描			
冲击(耐久)		300m/s^2 X、Y、Z 各方向 各 3 次			
保护结构		IEC 标准 IP50			
压力孔		R(PT)1/8 锥形螺钉、M5 螺母			
连接方式		导线引出型(标准导线长 2m)			
导线		UL 认定导线			
质量(包装后)		约 110g			
材质	压力孔	铝压铸			
	外壳	耐热 ABS			
附件		安装支架、使用说明书			

3. 数字压力传感器输入输出段回路图

以欧姆龙公司数字压力传感器为例进行介绍，如表 8-45 所示。

表 8-45 数字压力传感器输入输出段回路图

NPN 输出

动作模式	型　　号	时序图		输出回路
		磁滞状态	窗口状态	
NO	E8F2-A01C E8F2-B10C E8F2-AN0C	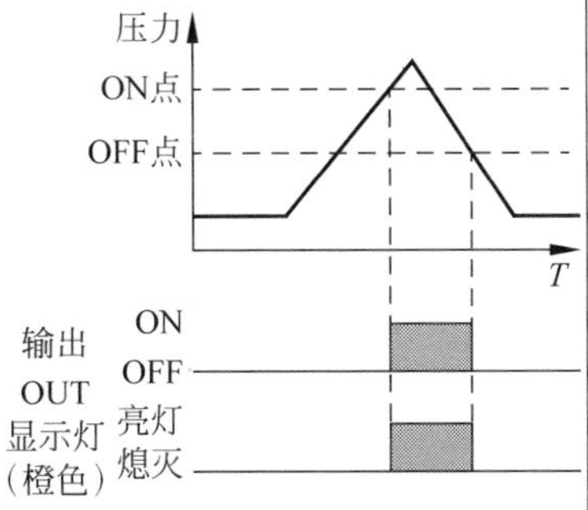 压力 ON点 OFF点 T 输出 OUT ON OFF 显示灯（橙色）亮灯 熄灭	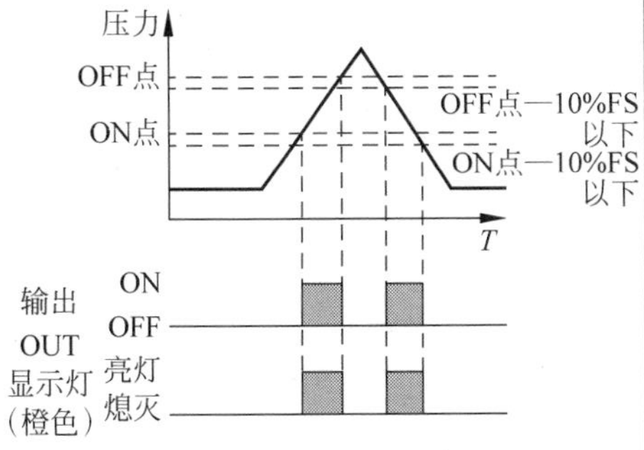 压力 OFF点 ON点 T OFF点—10%FS以下 ON点—10%FS以下 输出 OUT ON OFF 显示灯（橙色）亮灯 熄灭	压力传感器主回路 褐色 +12~24V 负载 30mA以下 黑色（ON/OFF1） 负载 30mA以下 白色（ON/OFF2） 灰色（线性）1~5V 负载 蓝色 0V
NC		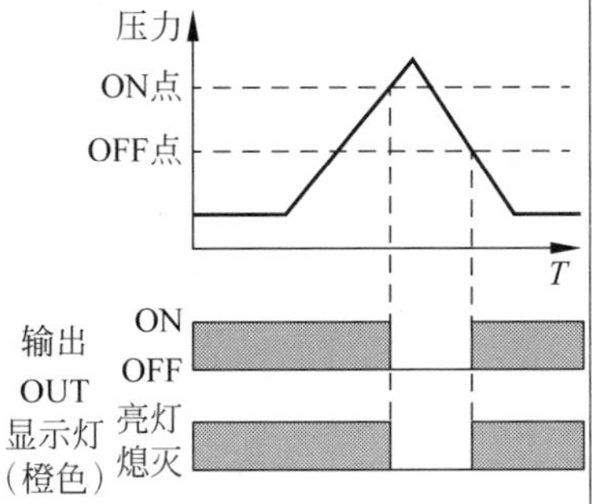 压力 ON点 OFF点 T 输出 OUT ON OFF 显示灯（橙色）亮灯 熄灭	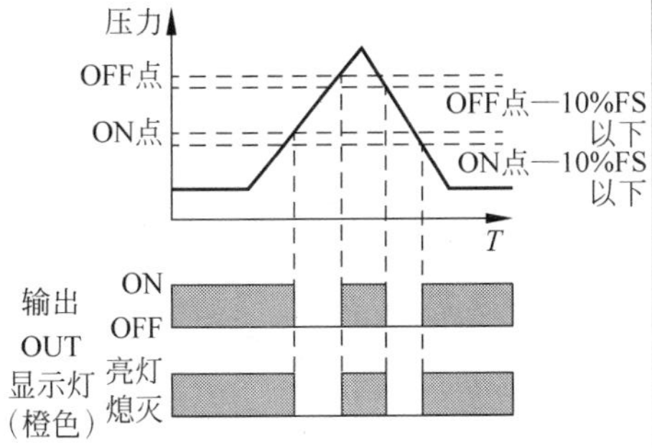 压力 OFF点 ON点 T OFF点—10%FS以下 ON点—10%FS以下 输出 OUT ON OFF 显示灯（橙色）亮灯 熄灭	

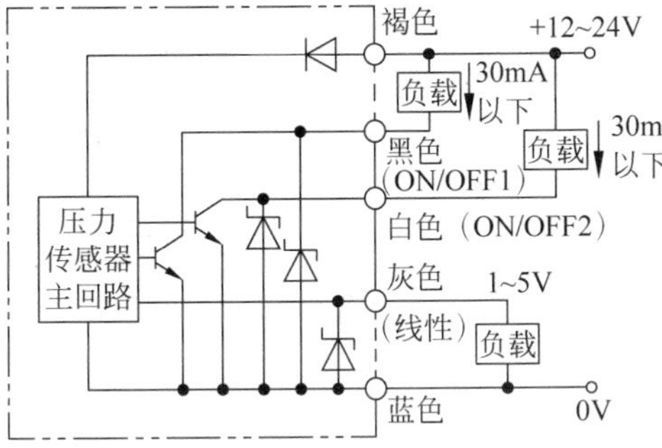

PNP 输出

续表

动作模式	型号	时序图		输出回路
		磁滞状态	窗口状态	
NO	E8F2-A01B E8F2-B10B E8F2-AN0B	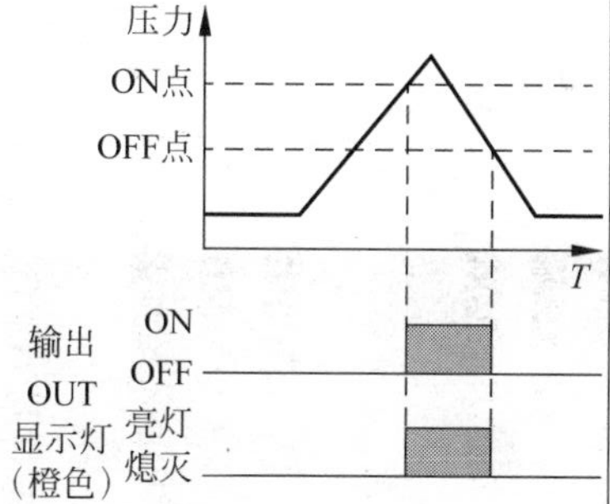 压力 ON点 OFF点 T 输出 OUT ON OFF 显示灯（橙色） 亮灯 熄灭	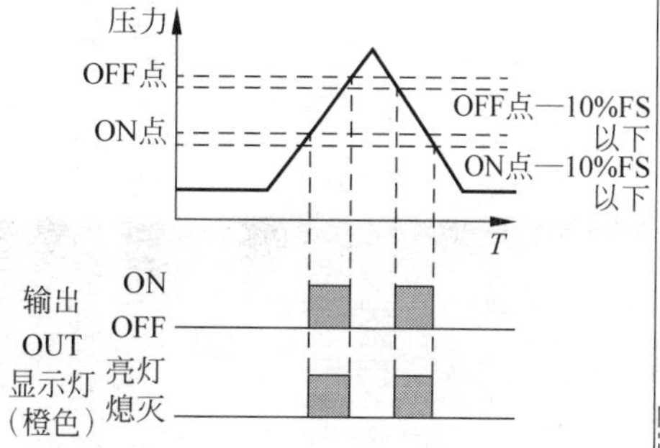 压力 OFF点 ON点 T OFF点—10%FS以下 ON点—10%FS以下 输出 OUT ON OFF 显示灯（橙色） 亮灯 熄灭	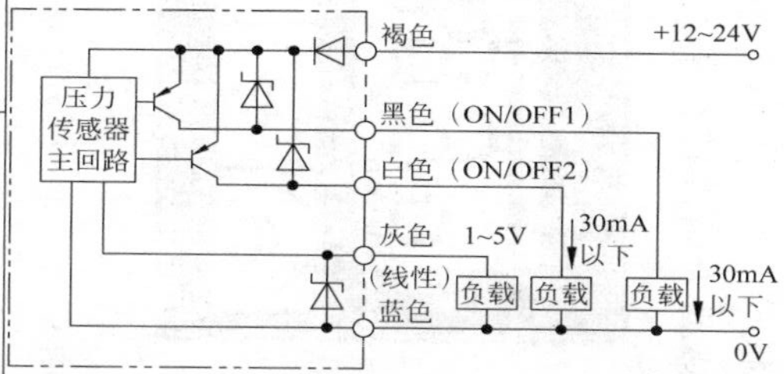 压力传感器主回路 褐色 +12~24V 黑色（ON/OFF1） 白色（ON/OFF2） 灰色（线性） 1~5V 蓝色 0V 负载 负载 负载 30mA以下 30mA以下
NC		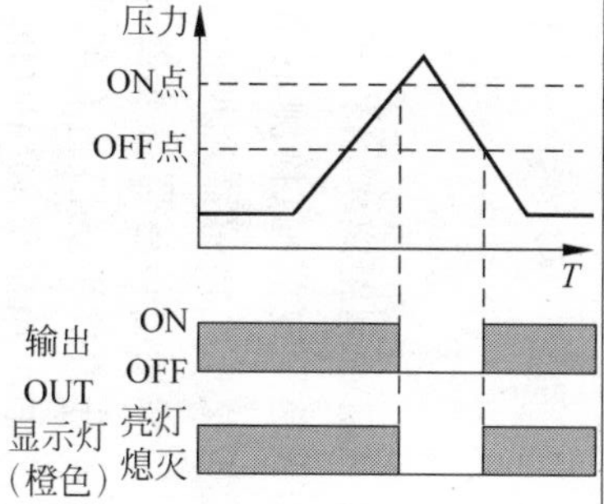 压力 ON点 OFF点 T 输出 OUT ON OFF 显示灯（橙色） 亮灯 熄灭	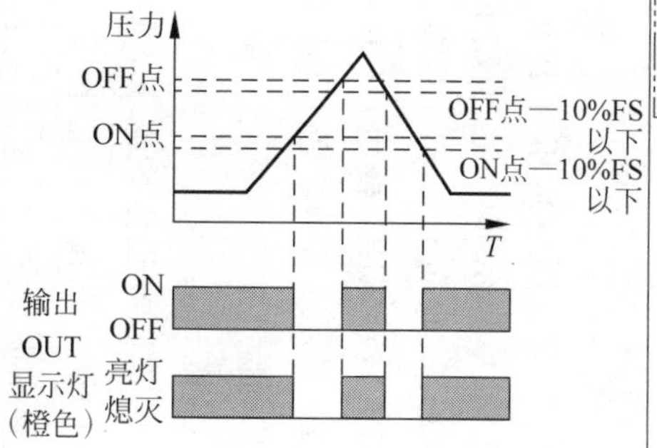 压力 OFF点 ON点 T OFF点—10%FS以下 ON点—10%FS以下 输出 OUT ON OFF 显示灯（橙色） 亮灯 熄灭	

4. 数字压力传感器操作面板

以欧姆龙公司数字压力传感器为例进行介绍,如图 8-38 所示。

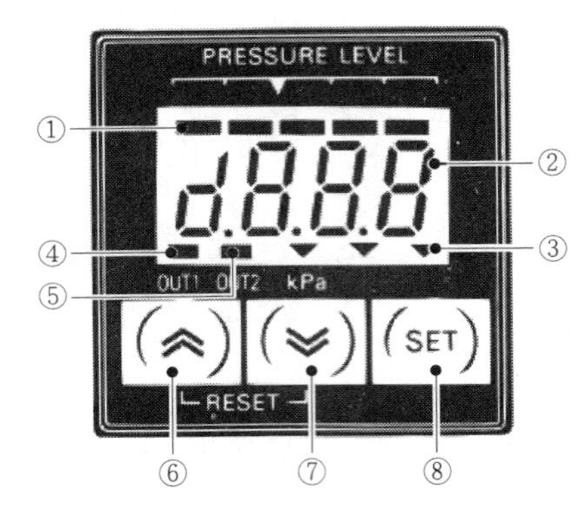

图 8-38 数字压力传感器操作面板

(1) 显示部。

① 条状显示部(绿色),相对于压力设定值,显示出计测值有多少。

② 数值/菜单显示部(红色),显示计测值和各种设定所用的菜单。

③ 单位显示(绿色),显示计测单位。

④ OUT1 显示 LED(橙色),OUT1 的输出 ON 时亮灯。

⑤ OUT2 显示 LED(橙色),OUT2 的输出 ON 时亮灯。

(2) 操作键。

⑥ (向上)键。

⑦ (向下)键。在设定状态下,选择设定相同项目,设定内容和变更设定值时使用。

⑧ (SET)键。在设定状态下,确定设定内容和设定值时使用。在初期设定状态,压力设定状态下移动时使用。

习 题

8-1 什么是检测距离?

8-2 什么是设定范围、检测范围?

8-3 欧姆龙光电传感器选型要素有哪些?

8-4 对射型光电传感器投光器和受光器接线定义是什么?

8-5 光电开关抗干扰措施有哪些?

8-6 E3Z-T61 输出接 OMRON 的 PLC 是怎样接线的?

8-7 接近传感器的直流二线式和直流三线式的区别是什么?

8-8 接近传感器可以检测哪些物体?

8-9 接近开关和欧姆龙的 PLC 怎样接线?

8-10 接近传感器有误动作现象时应如何解决?

8-11 导线引出型接近传感器标准导线长度是多少?可以延长到多远?

8-12 接近开关正确的接线是什么?(以 E2E 系列为例)

8-13 接近传感器选型要素有哪些?

8-14 简述测长传感器选型要素。

8-15 ZX-L-N 电流/电压输出转换开关如何选择?

8-16 ZX-L-N 系列激光位移传感器的复位输入、归零输入和时序输入分别实现怎样的功能?

8-17 ZX-L-N 对射型探头如何检测物体位移量?

8-18 画出 ZX1 系列 PNP 和 NPN 输出的接线图。

8-19 如何将 ZX1 系列的 4～20mA 模拟量信号转换为 1～5V 的模拟量信号?

8-20 若 ZX1 检测黑色传送带上的白色工件时,会有黑色背景干扰,应如何解决?

8-21 绝对型编码器的输出二进制码、BCD 码和格雷二进制码的区别是什么?

8-22 增量型编码器和绝对型编码器的区别是什么?

8-23 要连接 3000r/min 的电机,E6B2-C 系列应该选多少分辨率?

8-24 旋转编码器与后续设备(PLC、计数器等)连线应如何接?

8-25 增量型编码器接到 PLC 中,PLC 为何会读不到数值?

8-26 如何采集编码器信号?

第9章

电信号的调理与记录

被测参量经传感器转换后的输出一般是模拟信号，它以电信号或电参数的形式出现。电信号的形式有电压、电流和电荷等，电参数的变化形式有电阻、电容及电感等。以上信号由于太微弱或不能满足测试要求，还需经过中间转换装置进行变换、放大等，以便将信号转换成便于处理、接收或显示记录的形式。习惯上将完成这些功能的电路或仪器称为信号的调理环节，最常见的调理环节如图 9-1 所示。本章将讨论信号调理中常见的环节，即电桥、信号放大、滤波、信号调制与解调等内容。

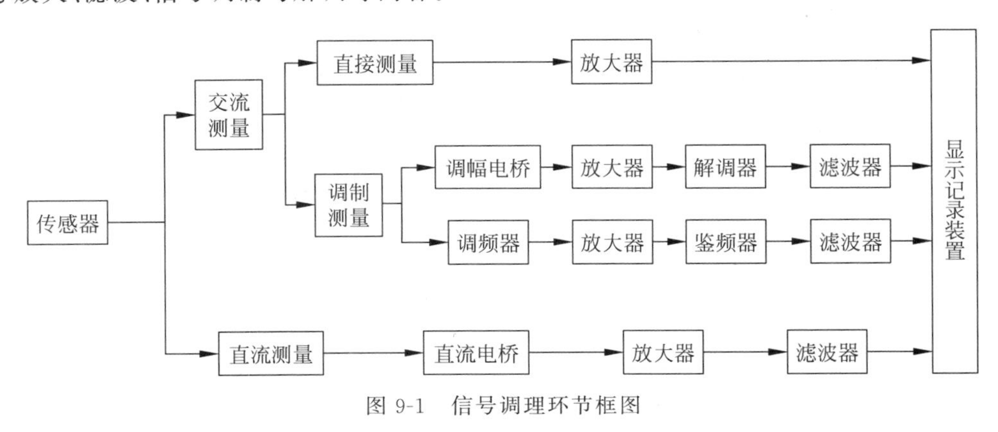

图 9-1　信号调理环节框图

9.1 电　桥

当传感器把被测量转换为电路或磁路参数的变化后，电桥（bridge）可以把这种参数变化转变为电桥的输出电压或电流的变化，分别称为电压桥和电流桥。电压桥按其激励电压的种类不同，可以分为直流电桥和交流电析，电流桥也称为功率桥，输出的阻抗要与内电阻匹配。

9.1.1　直流电桥

采用直流电源的电桥称为直流电桥，直流电桥的桥臂只能为电阻，如图 9-2 所示。电阻 R_1、R_2、R_3、R_4 作为 4 个桥臂，在 A、C 端（称为输入端或电源端）接入直流电源 U_0，在 B、D 端（称为输出端或测量端）输出电压 U_{BD}。

测量时常用等臂电桥，即 $R_1=R_2=R_3=R_4$，或电源端对称电桥，即 $R_1=R_2$，$R_3=R_4$。

贴在试件上的应变计称为工作片。常用的有3种设置工作片的方式，分别为单臂工作(选桥臂1为工作片)、双臂工作(选桥臂1、2为工作片)和四臂工作。

电桥的4个桥臂均为应变片组成时，称为全桥；桥臂1、2由应变片组成，而桥臂3、4为标准电阻时，称为半桥。

当电桥输出端接入的仪表或放大器的输入阻抗足够大时，可认为其负载阻抗为无穷大。这时把电桥称为电压桥；当其输出阻抗与内电阻匹配时，满足最大功率传输条件，这时电桥称为功率桥或电流桥。

1. 直流电桥的输出特性

由图9-2可知电压桥的输出电压为

$$U_{BD}=U_{BA}-U_{DA}=\frac{U_0R_1}{R_1+R_2}-\frac{U_0R_4}{R_3+R_4}$$

$$=\frac{R_1R_3-R_2R_4}{(R_1+R_2)(R_3+R_4)}U_0 \tag{9-1}$$

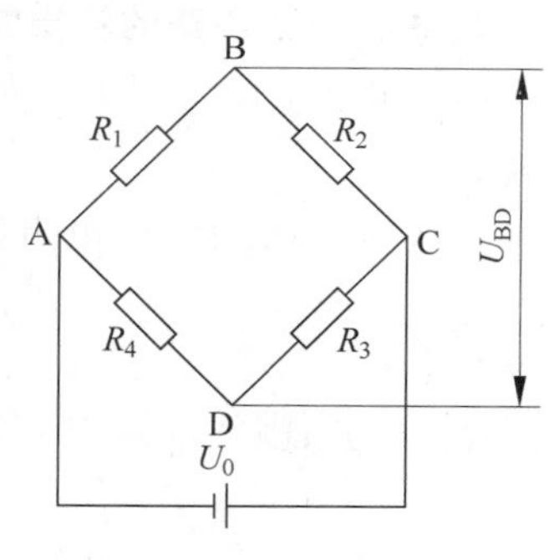

图9-2 直流电桥

显然，当

$$R_1R_3=R_2R_4\left(\text{即}\frac{R_1}{R_4}=\frac{R_2}{R_3}\right) \tag{9-2}$$

时，电桥的输出为“零”，所以式(9-2)称为电桥的平衡条件。

设电桥四臂电阻R_1、R_2、R_3、R_4的增量分别为ΔR_1、ΔR_2、ΔR_3、ΔR_4，则电桥的输出为

$$U_{BD}=\frac{(R_1+\Delta R_1)(R_3+\Delta R_3)-(R_2+\Delta R_2)(R_4+\Delta R_4)}{(R_1+\Delta R_1+R_2+\Delta R_2)(R_3+\Delta R_3+R_4+\Delta R_4)}U_0 \tag{9-3}$$

考虑到$\Delta R_i \ll R_i$，$i=1\sim4$，忽略式(9-3)右边分子中的2阶微小增量$\Delta R_i\Delta R_j$和分母中的微小增量ΔR_i，同时代入电桥的平衡条件式(9-2)，有

$$U_{BD}=U_0\frac{R_3\Delta R_1-R_4\Delta R_2+R_1\Delta R_3-R_2\Delta R_4}{(R_1+R_2)(R_3+R_4)} \tag{9-4}$$

再次利用电桥的平衡条件式(9-2)进行整理，有

$$U_{BD}=\frac{R_2/R_1}{(1+R_2/R_1)^2}U_0\left(\frac{\Delta R_1}{R_1}-\frac{\Delta R_2}{R_2}+\frac{\Delta R_3}{R_3}-\frac{\Delta R_4}{R_4}\right) \tag{9-5}$$

因为在等臂电桥和电源端对称电桥中，$R_2=R_1$，所以有

$$U_{BD}=\frac{1}{4}U_0\left(\frac{\Delta R_1}{R_1}-\frac{\Delta R_2}{R_2}+\frac{\Delta R_3}{R_3}-\frac{\Delta R_4}{R_4}\right) \tag{9-6}$$

式(9-6)中，括号内为4个桥臂电阻变化率的代数和，各桥臂的运算规则是相对桥臂相加(同号)，相邻桥臂相减(异号)。这一特性简称为加减特性，式(9-6)是非常重要的电桥输出特性公式。

利用全桥做应变测量时，应变计的灵敏系数K必须一致，式(9-6)又可写成

$$U_{BD}=\frac{1}{4}U_0K(\varepsilon_1-\varepsilon_2+\varepsilon_3-\varepsilon_4) \tag{9-7}$$

如果采用输出端对称电桥，则$R_2/R_1\neq1$，在式(9-5)中显然有$\frac{R_2/R_1}{(1+R_2/R_1)^2}<\frac{1}{4}$，所以其输出小于电源端对称电桥。

对于功率桥，因为其内、外电阻匹配，所以流经负载 R_L 的电流为

$$I_L=\frac{U_{BD}}{2R_L} \tag{9-8}$$

可知功率桥的输出电压为

$$U_L=I_LR_L=\frac{U_{BD}}{2} \tag{9-9}$$

是电压桥输出电压的一半。

2. 3种典型桥路的输出特性

(1) 单臂工作。当 R_1 为工作应变片，R_2、R_3、R_4 为固定电阻时的桥路称为惠斯通电桥。

工作时，只有 R_1 的电阻值发生变化，此时的输出电压为

$$U_{BD}\approx\frac{U_0}{4R}\Delta R_1$$

令 $\Delta R_1=\Delta R$，则

$$U_{BD}\approx\frac{U_0}{4R}\Delta R \tag{9-10}$$

(2) 半桥工作。当两个邻臂 R_1、R_2 为工作应变片时，其增量 $\Delta R_1=\Delta R$、$\Delta R_2=-\Delta R$，而另两个桥臂 R_3、R_4 为固定电阻，则式(9-6)可写成

$$U_{BD}\approx\frac{U_0}{2R}\Delta R \tag{9-11}$$

(3) 全桥工作。4个桥臂均为工作应变片，且其增量 $\Delta R_1=\Delta R$、$\Delta R_2=-\Delta R$、$\Delta R_3=\Delta R$、$\Delta R_4=-\Delta R$，则式(9-6)可写成

$$U_{BD}\approx\frac{U_0}{R}\Delta R \tag{9-12}$$

3. 应变计串联或并联组成桥臂的电桥

电桥串并联的主要目的如下。

① 传感器设计时，减少偏心载荷的需要。

② 在测量转轴转矩时，为了减少集流器的电阻变化，以便减少误差，常采用应变计串联或使用大阻值应变计。

③ 串联时，减少了桥臂的电流，可适当提高供桥电压，从而提高输出灵敏度。

④ 并联时，当供桥电压不变时，输出电流增加，这对后续的电流驱动设备非常重要。

应变片串联或并联组成的桥臂如图9-3所示。

(1) 桥臂串联的情况。

以单臂工作为例，设桥臂阻值 R_1、R_2 由 n 个应变片 R 串联组成(图9-3(a))，$R_3=R_4=R$，当 R_1 桥臂的 n 个应变片 R 都有增量 $\Delta R_i(i=1,2,\cdots,n)$时，电桥输出为

$$U_{BD}=\frac{U_0}{4}\cdot\frac{\sum_{i=1}^{n}\Delta R_i}{nR}=\frac{U_0}{4n}\sum_{i=1}^{n}\frac{\Delta R_i}{R} \tag{9-13}$$

只有当 ΔR_i 均等于 ΔR 时，电桥的输出才有

$$U_{BD}=\frac{U_0}{4}\cdot\frac{\Delta R}{R} \tag{9-14}$$

由于这种桥在一个桥臂上有加减特性，故可将应变片的电阻变化取均值后输出，这在应力测量中对消除偏心载荷的影响是很有用的。

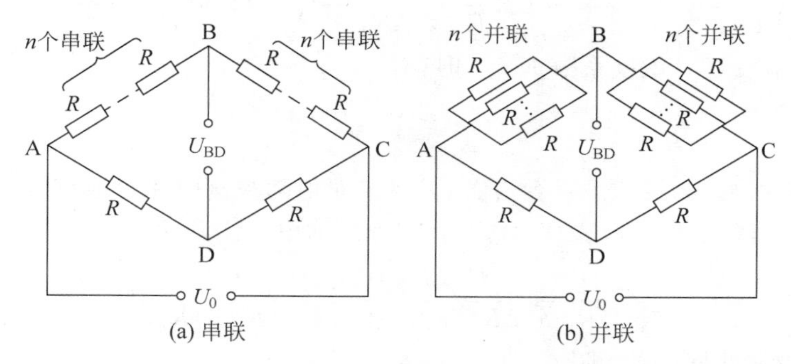

图 9-3 串联或并联组成桥臂的电桥

(2) 桥臂并联的情况如图 9-3(b)所示，R_1、R_2 桥臂由 n 个应变片并联，$R_3=R_4=R$，R_1 桥臂的各电阻应变片阻值为 $R_{1i}=R(i=1,2,\cdots,n)$，有

$$\frac{1}{R_1}=\sum_{i=1}^{n}\frac{1}{R_{1i}} \tag{9-15}$$

对两边求导数，有

$$\frac{\mathrm{d}R_1}{R_1^2}=\sum_{i=1}^{n}\frac{\mathrm{d}R_{1i}}{R_{1i}^2} \tag{9-16}$$

用增量代替微分，并代入应变计阻值，有

$$\frac{\Delta R_1}{R_1}=\frac{1}{n}\sum_{i=1}^{n}\frac{\Delta R_{1i}}{R} \tag{9-17}$$

只有 R_1 桥臂的 n 个 R 都有相同增量 ΔR 时，电桥输出才与式(9-10)相同。

由式(9-14)和式(9-17)可知，采用桥臂串、并联方法并不能增加输出，但是可以在一个桥臂得到加减特性。提高电桥输出可以采取以下措施。

① 增加电桥工作臂数。当电桥相邻臂有异号、相对臂有同号的电阻变化时，电桥输出可提高 2～4 倍。

② 提高供桥电压。提高供桥电压可增加电桥输出，但会受到应变计额定功率的限制，实用中可选用串联方法增加桥臂阻值以提高供桥电压。在桥臂并联情况下，并联电阻越多，供桥电源负担越重，使用中应适可而止。

③ 使用不等臂电桥时，采用电源端对称电桥。

4．电桥输出的非线性

前文在推导电桥输出特性公式时做了线性化处理，现在具体考察非线性误差的情况。

(1) 单臂工作。设有一单臂工作的电桥，由式(9-3)，其实际输出电压为

$$U'_{BD}=\frac{(R_1+\Delta R_1)R_3}{(R_1+\Delta R_1+R_2)(R_3+R_4)}U_0 \tag{9-18}$$

线性化表达式为

$$U_{\mathrm{BD}}=\frac{(R_1+\Delta R_1)R_3}{(R_1+R_2)(R_3+R_4)}U_0 \tag{9-19}$$

于是,非线性误差为

$$\delta=\frac{U'_{\mathrm{BD}}-U_{\mathrm{BD}}}{U_{\mathrm{BD}}}=\frac{U'_{\mathrm{BD}}}{U_{\mathrm{BD}}}-1=\frac{R_1+R_2}{R_1+\Delta R_1+R_2}-1\approx\frac{-\Delta R_1}{R_1+R_2}=-\frac{\Delta R_1}{2R_1} \tag{9-20}$$

特别地,当应变计灵敏度系数 $K=2$ 时,有

$$\delta=-\frac{K\varepsilon}{2}=-\varepsilon \tag{9-21}$$

可见,其相对误差与灵敏度系数有关,并且绝对值随被测应变的绝对值增加而增加。

(2) 双臂或四臂工作。由式(9-3),双臂工作时的电桥实际输出电压为

$$U'_{\mathrm{BD}}=\frac{R_3\Delta R_1-R_4\Delta R_2}{(R_1+\Delta R_1+R_2+\Delta R_2)(R_3+R_4)}U_0 \tag{9-22}$$

同样可求得非线性误差,即

$$\delta=\frac{\Delta R_1+\Delta R_2}{R_1+R_2}=-\frac{1}{2}\left(\frac{\Delta R_1}{R_1}+\frac{\Delta R_2}{R_2}\right) \tag{9-23}$$

显然,若使$\frac{\Delta R_1}{R_1}=-\frac{\Delta R_2}{R_2}$,则可消除非线性误差,并且使灵敏度增加为原来的两倍。同理,如果采用全桥则有可能消除非线性误差并且使灵敏度增加为 4 倍。

9.1.2 交流电桥

为了克服零点漂移,常采用正弦交流电压作为电桥的电源,这样的电桥为交流电桥。交流电桥的电源必须具有良好的电压波形和频率稳定性,为了避免工频信号干扰,一般采用 5~10kHz 交流电源作为激励电压。交流电桥不仅能测量动态信号,也能测量静态信号。电桥的 4 个桥臂可以是电感、电容、电阻或其组合。常用于电抗型传感器,如电容或电感传感器,此时电容或电感一般做成差动接电桥的相邻臂。

在交流电桥中,电桥平衡条件式(9-2)可改写为阻抗的形式:

$$Z_1Z_3=Z_2Z_4 \tag{9-24}$$

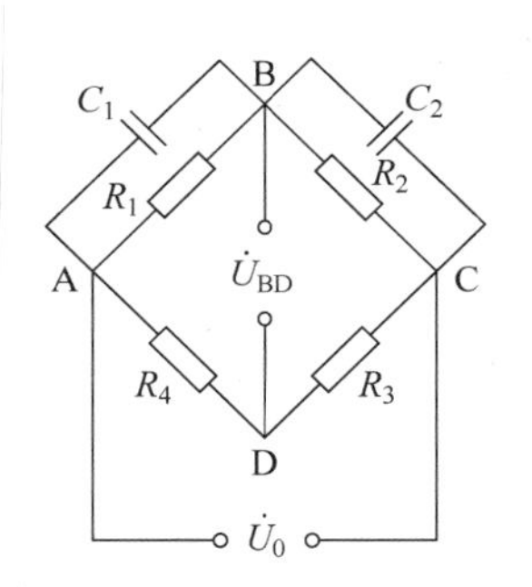

图 9-4 由电阻和电容构成的交流电桥

图 9-4 是由电阻和电容组成的交流电桥。平衡条件式(9-24)可写成

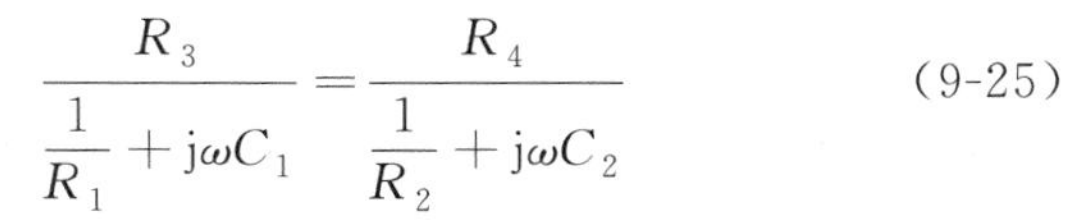

$$\frac{R_3}{\frac{1}{R_1}+\mathrm{j}\omega C_1}=\frac{R_4}{\frac{1}{R_2}+\mathrm{j}\omega C_2} \tag{9-25}$$

使其两边实部与虚部分别相等,有

$$\begin{cases}R_1R_3=R_2R_4\\ \dfrac{R_3}{R_4}=\dfrac{C_1}{C_2}\end{cases} \tag{9-26}$$

可见,交流电桥除了要满足电阻平衡条件外,还必须满足电容平衡的要求。

实测中,应尽量减少分布电容,利用仪器上的电阻、电容平衡装置调整好初始平衡,并避

免导线移动、温度变化、吸潮等造成桥臂电容变化，以减少零漂及相移。

（1）电阻平衡装置。目前应变仪多采用图9-5(a)所示的电阻平衡装置。图中，R_5 为固定电阻，R_6 为电位器。图9-5(a)可以等效地转换为图9-5(b)所示的星形（Y）和图9-5(c)所示的三角形（△）电路。根据电学中的Y-△电路等效变换的原理，图9-5(c)中的等效电阻 R_1'、R_2'、R_6' 为

$$\begin{cases} R_1'=R_5+R_7+\dfrac{R_5R_7}{R_8} \\ R_2'=R_5+R_8+\dfrac{R_5R_8}{R_7} \\ R_6'=R_7+R_8+\dfrac{R_7R_8}{R_5} \end{cases} \tag{9-27}$$

从式(9-27)可看到，改变 R_7、R_8 的比例，即改变并联于 R_1、R_2 臂上的 R_1'、R_2' 的比例。因此，调节电位器 R_6 即可实现电阻平衡。R_6'对电桥平衡不起作用。为了避免等效电阻 R_1'、R_2' 并联于 R_1、R_2 上造成桥臂初始电阻值的改变而引起测量误差，R_5、R_6 的阻值应选择大些。

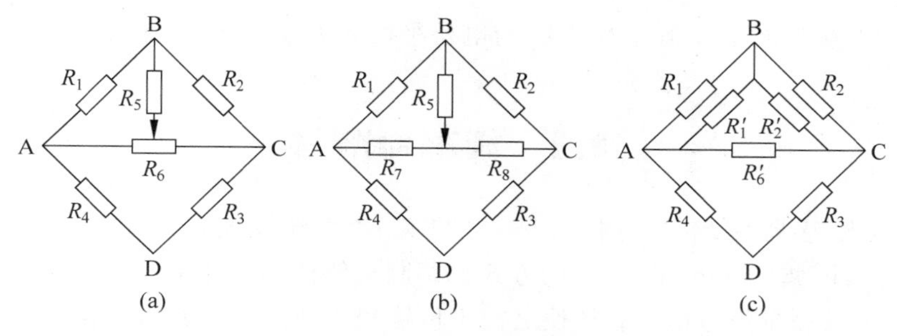

图9-5 电阻平衡装置

（2）电容平衡装置。应变仪的电容平衡装置常采用差动电容式和电阻电容式，如图9-6所示。图9-6(a)所示为差动电容式平衡装置，C_1、C_2 为差动可调电容，当 C_1 增加 ΔC 时，C_2 同时减少 ΔC，从而达到电容平衡的目的。图9-6(b)所示为电阻电容式平衡装置。与图9-5所示的Y-△等效变换类似，其星形和三角形电路分别如图9-7(a)和图9-7(b)所示，等效阻抗为

$$\begin{cases} Z_1'=R_7+\dfrac{1}{\mathrm{j}\omega C_0}+\dfrac{R_7}{\mathrm{j}\omega C_0}\Big/R_8=R_7+\dfrac{1}{\mathrm{j}\omega C_1} \\ Z_2'=R_8+\dfrac{1}{\mathrm{j}\omega C_2} \\ Z_6'=R_7+R_8+\mathrm{j}\omega C_0R_7R_8 \end{cases} \tag{9-28}$$

式中，$C_1=\dfrac{C_0R_8}{R_7+R_8}$，$C_2=\dfrac{C_0R_7}{R_7+R_8}$。

式(9-28)说明等效阻抗 Z_1'是由 R_7 和 C_1 串联组成，Z_2'是由 R_8 和 C_2 串联组成，如图9-7(c)所示。改变 R_6 的滑动触点位置，就可以改变 R_7 和 R_8 的比例，即改变了 C_1 和 C_2 的比例，从而达到电桥的电容平衡。但应注意，容抗分量改变的同时，电阻分量也同时改

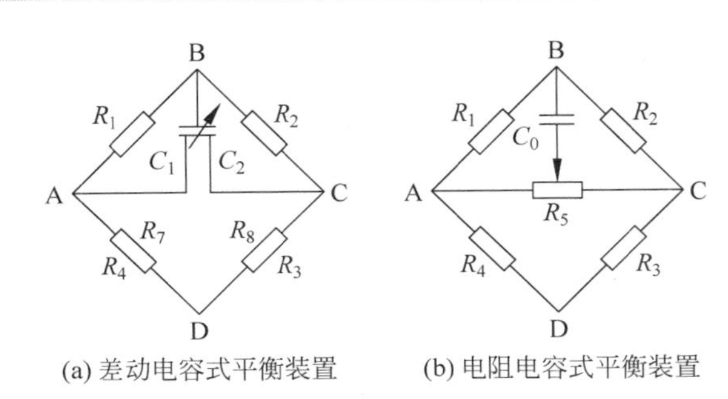

(a) 差动电容式平衡装置　(b) 电阻电容式平衡装置

图 9-6　电容平衡装置

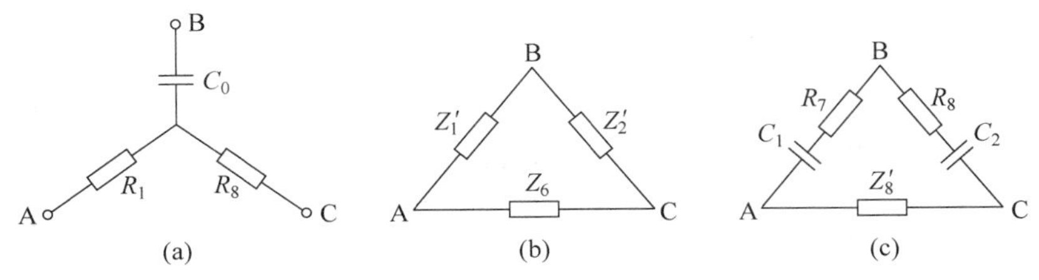

(a)　(b)　(c)

图 9-7　电阻电容式电容平衡装置的Y-△转换

变，所以应反复调节电阻、电容平衡。Z_6' 与电桥平衡无关，C_0 则决定电容平衡范围。

9.2　调制与解调

为了传输传感器输出的微弱信号，可以采用直流放大的方式，也可以采用调制(modulation)与解调(demodulation)的方式。调制是使信息载体的某些特征随信息变化的过程，作用是把被测量信号植入载体使之便于传输和处理。载体被称为载波，是受被测量控制的较高频信号。被测量称为调制信号，原是直流或较低频率的信号，调制到高频区后进行交流放大，可以使信号频率落在放大器带宽内，避免失真并且增强抗干扰能力。解调是调制的逆过程，作用是从载波中恢复所传送的信息。

根据载波受控参数的不同，可分为幅值调制、频率调制和相位调制，对应的波形分别称为调幅波、调频波和调相波。

调制与解调在工程上有着广泛的应用。为了改善某些测量系统的性能，在系统中常使用调制与解调技术。比如，力、位移等一些变化缓慢的量，经传感器变换后所得信号也是一些低频信号。如果直接采用直流放大常会带来零漂和极间耦合等问题，引起信号失真。如果先将低频信号通过调制手段变为高频信号，再通过简单的交流放大器进行放大，就可以避免直流放大中的问题。对该放大的已调制信号再采取解调的手段，即可获得原来的缓变信号。在无线电技术中，为了防止所发射信号间的相互干扰，常将发送的声频信号的频率移到各自被分配的高频、超高频频段上进行传输与接收，这也要用到调制与解调技术。

9.2.1　幅值调制与解调

幅值调制不仅仅是将信息嵌入到能有效传输的信道中去，而且还能够把频谱重叠的多个信号通过一种复用技术在同一信道上同时传输。在电话电缆、有线电视电缆中，由于不同的信号被调制到不同的频段，因此，在一根导线中可以传输多路信号。幅值调制就是将载波信号与调制信号相乘，使载波的幅值随被测量信号变化。解调就是为了恢复被调制信号。幅值调制与解调过程如图 9-8 所示。

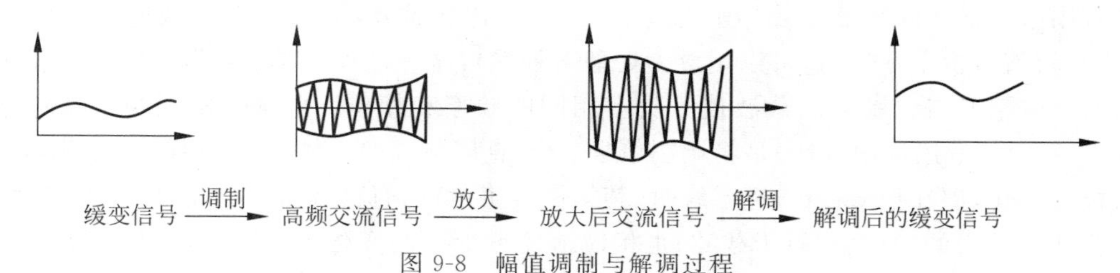

图 9-8　幅值调制与解调过程

现以频率为 f_z 的余弦信号 $z(t)$ 作为载波进行讨论。由傅里叶变换性质知，在时域中两个信号相乘，则对应在频域中两个信号卷积，即

$$x(t)z(t) \Leftrightarrow X(f) * Z(f) \tag{9-29}$$

余弦函数的频谱图形是一对脉冲谱线，即

$$\cos 2\pi f_z t \Leftrightarrow \frac{1}{2}\delta(f-f_z)+\frac{1}{2}\delta(f+f_z) \tag{9-30}$$

一个函数与单位脉冲函数卷积的结果，就是将其图形由坐标原点平移至该脉冲函数处。因此，若以高频余弦信号作载波，把信号 $x(t)$ 和载波信号 $z(t)$ 相乘，其结果就相当于把原信号频谱图形由原点平移至载波频率 f_z 处，其幅值减半，如图 9-9 所示，即

$$x(t)\cos 2\pi f_z t \Leftrightarrow \frac{1}{2}X(f)*\delta(f+f_z)+\frac{1}{2}X(f)*\delta(f-f_z) \tag{9-31}$$

显然，幅值调制过程就相当于频率“搬移”的过程。图中，调制器起乘法器的作用。为避免调幅波 $x_m(t)$ 的重叠失真，要求载波频率 f_z 必须大于测试信号 $x(t)$ 中的最高频率，即 $f_x > f_m$。实际应用中，往往选择载波频率至少数倍甚至数十倍于信号中的最高频率。

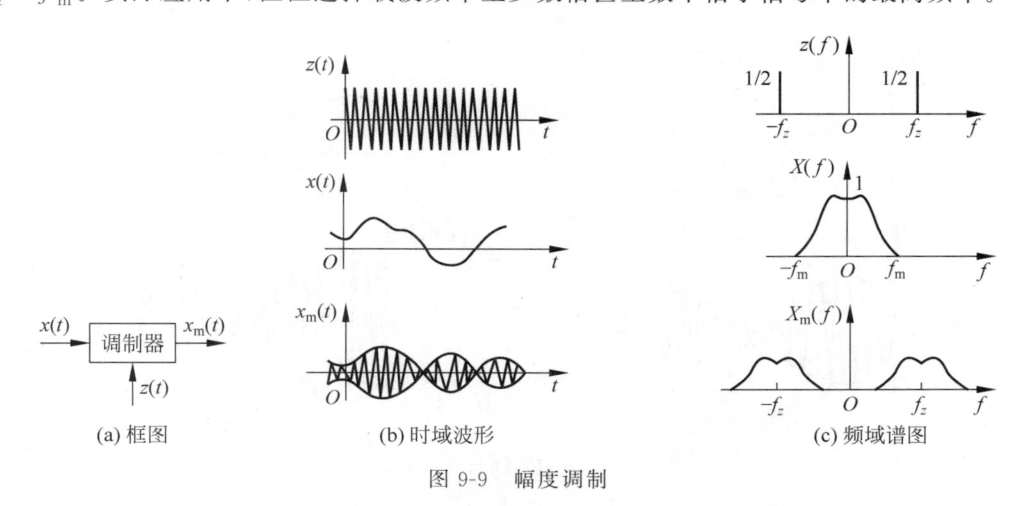

(a) 框图　(b) 时域波形　(c) 频域谱图

图 9-9　幅度调制

若把调幅波 $x_m(t)$ 再次与载波 $z(t)$ 信号相乘，$x(t)\cos 2\pi f_0 t\cos 2\pi f_0 t = x(t)/2 + x(t)\cos 4\pi f_0 t/2$，则频域图形将再一次进行“搬移”，即 $x_m(t)$ 与 $z(t)$ 相乘积的傅里叶变换为

$$F[x_m(t)z(t)]=\frac{1}{2}X(f)+\frac{1}{4}X(f+2f_z)+\frac{1}{4}X(f-2f_z) \quad (9\text{-}32)$$

最常见的解调方法为整流检波和相敏检波。

若用一个低通滤波器滤除中心频率为 $2f_z$ 的高频成分，那么可以复现原信号的频谱(只是其幅值减少了一半，这可以用放大处理来补偿)，这一过程为同步解调。“同步”是指解调时所乘的信号与调制时的载波信号具有相同的频率和相位。调幅波的同步解调过程如图 9-10 所示。上述调制方法，是将调制信号 $x(t)$ 直接与载波信号 $z(t_1)$ 相乘。这种调幅波具有极性变化，即在信号 $x(t)$ 过零线时，其幅值发生由正到负(或由负到正)的突然变化，此时调幅波 $x_m(t)$ 的相位(相对于载波)也相应地发生 180°的变化，此种调制方法称为抑制调幅，如图 9-11 所示。抑制调幅波需采用同步解调或相敏检波解调的方法，才能反映出原信号的幅值和极性。

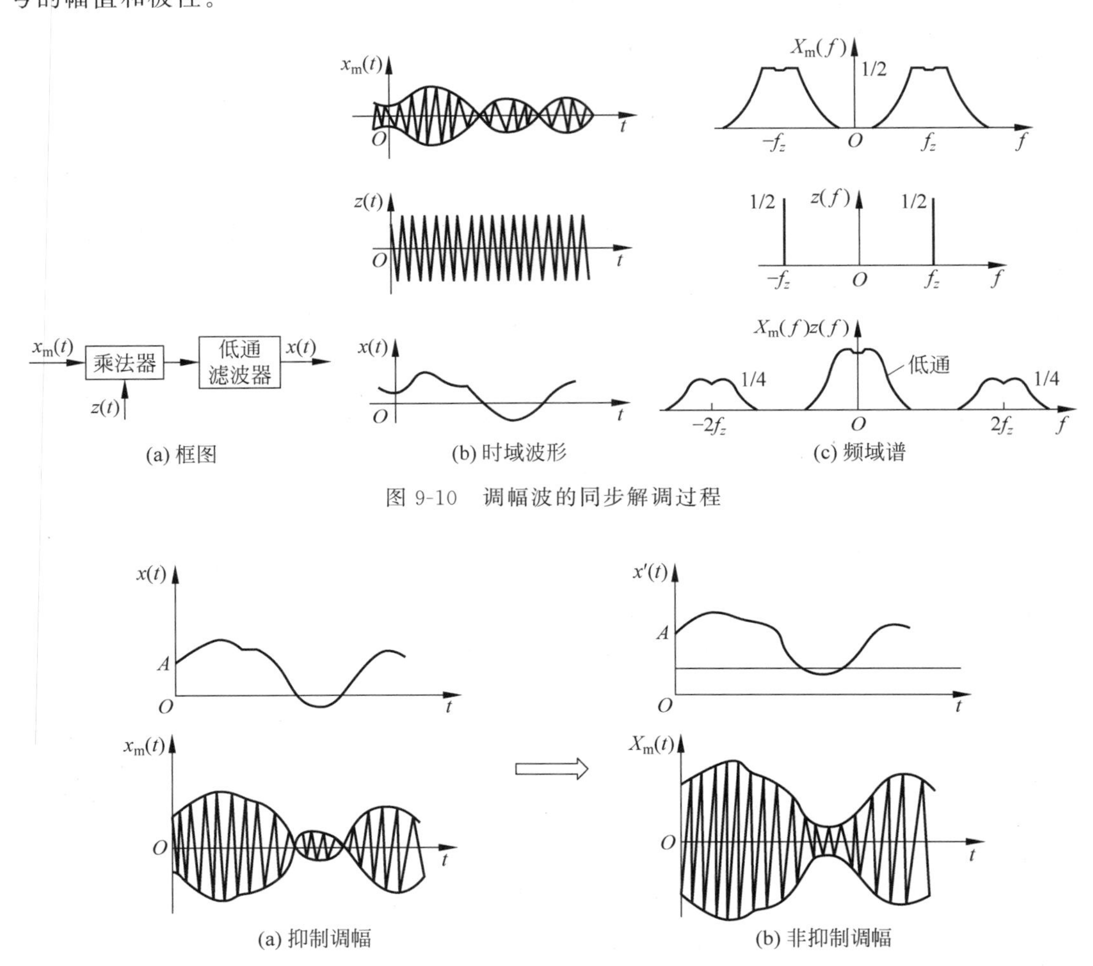

(a) 框图　(b) 时域波形　(c) 频域谱

图 9-10　调幅波的同步解调过程

(a) 抑制调幅　(b) 非抑制调幅

图 9-11　抑制调幅与非抑制调幅

若把调制信号 $x(t)$ 进行偏置，叠加一个直流分量 A，使偏置后的信号 $x'(t)$ 都具有正电压，即

$$x'(t)=A+x(t) \quad (9\text{-}33)$$

此时调幅波如图 9-11(b)所示，其表达式为

$$x_m(t)=x'(t)\cos 2\pi ft=[A+x(t)]\cos 2\pi ft \tag{9-34}$$

这种调制方法称为非抑制调幅，其调幅波的包络线具有原信号形状。一般采用整流、滤波(或称包络法检波)以后就可以恢复原信号。

在非抑制调幅中，如果所加偏压不足以使信号电压全部处于零线的一边，则不能采用包络检波。这时需要相敏检波器(phase sensitive demodulator)(与滤波器配合)进行解调。图 9-12 是常用的环形相敏检波器。图中，R_{fz} 为负载电阻，U_{sr} 是由放大器输出的调幅信号即相敏检波器输入信号，U_c 为参考电压，它与供桥电源来自同一个振荡器，频率相同。参考电压 U_c 起开关作用，决定二极管的导通与截止。4 个阻值相等的电阻和 4 个特性完全相同的二极管 $VD_1 \sim VD_4$ 组成一个环形回路。在 $U_c>U_{sr}$ 时，二极管的导通与截止全由参考电压 U_c 决定。

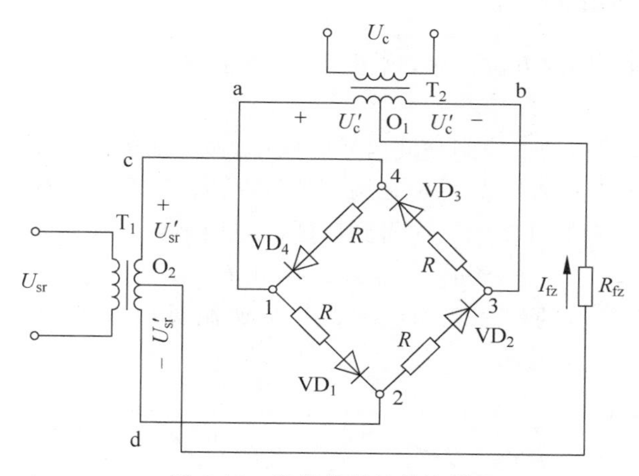

图 9-12　常用的相敏检波器

(1) 无输入信号($U_{sr}=0$)的情况。若 U_c 正半周的极性为 a+、b−，则 VD_1、VD_2 导通，VD_3、VD_4 截止，由于 T_1、T_2 二次绕组对称，电路对称，2 点和 O_1 点等电位，负载上无电流通过。U_c 负半周时极性为 a−、b+，VD_3、VD_4 导通，VD_1、VD_2 截止，4 点和 O_1 点等电位，负载上也无电流通过。

这表明输入信号为零时，尽管二极管像开关一样不断动作，二极管内有电流通过，但负载上无电流，输出为零。

(2) 有输入信号($U_{sr}\neq 0$)的情况。

① U_{sr} 与 U_c 同相。U_{sr} 与 U_c 同相即拉应变的情况。T_2 极性为 a+、b−，U_{sr} 极性为 c+、d−，VD_1、VD_2 导通，VD_3、VD_4 截止，信号电流的流经路线为

$$O_2 \rightarrow R_{fz} \rightarrow O_1 \rightarrow VD_1(VD_2) \rightarrow 2 \rightarrow d$$

R_{fz} 中的电流方向向上。

当 U_c、U_{sr} 同时改变极性时，VD_3、VD_4 导通，电流路线为

$$O_2 \rightarrow R_{fz} \rightarrow O_1 \rightarrow VD_3(VD_4) \rightarrow 4 \rightarrow c$$

其方向仍从下向上。负载上得到一个全波整流电流。在整个周期中，流过负载 R_{fz} 的电流方向不变，输出电压极性不变。

② U_{sr} 与 U_c 反相。当输入信号 U_{sr} 的相位对于 U_c 改变 180°，即为压应变时，T_1 极性为 c－、d＋，T_2 极性为 a＋、b－，由 U_{sr} 引起的电流路径为

$$d \rightarrow 2 \rightarrow VD_2(VD_1) \rightarrow O_1 \rightarrow R_{fz} \rightarrow O_2$$

R_{fz} 上的电流方向是从上到下。

当 U_c、U_{sr} 同时改变极性时，电流通路为

$$c \rightarrow 4 \rightarrow VD_4(VD_3) \rightarrow O_1 \rightarrow R \rightarrow O_2$$

电流方向仍从上向下。可见输入信号反相时，流过负载的电流方向随着改变，输出电压极性也随之而变。

从以上分析可知，相敏检波器（配合滤波器）可将调幅波还原成原信号，并具有鉴别应变信号相位的能力，也就是可以鉴别所测的正负应力。

9.2.2 频率调制与解调

实现信号调频和解调的方法甚多，这里只介绍常用的方法。

1. 频率调制

频率调制是用调制信号去控制载波信号的频率，使其随被测量 x 变化，如图 9-13 所示。

由于调频较容易实现数字化，特别是调频信号在传输过程中有较强的抗干扰能力，所以在测量、通信和电子技术的许多领域中得到广泛的应用。调频波的表达式为

$$u_f = U_m \sin(\omega_H + Kx)t \tag{9-35}$$

式中，U_m、ω_H 分别为载波的幅值和角频率；K 为调制灵敏度，其大小由具体的调频电路决定。

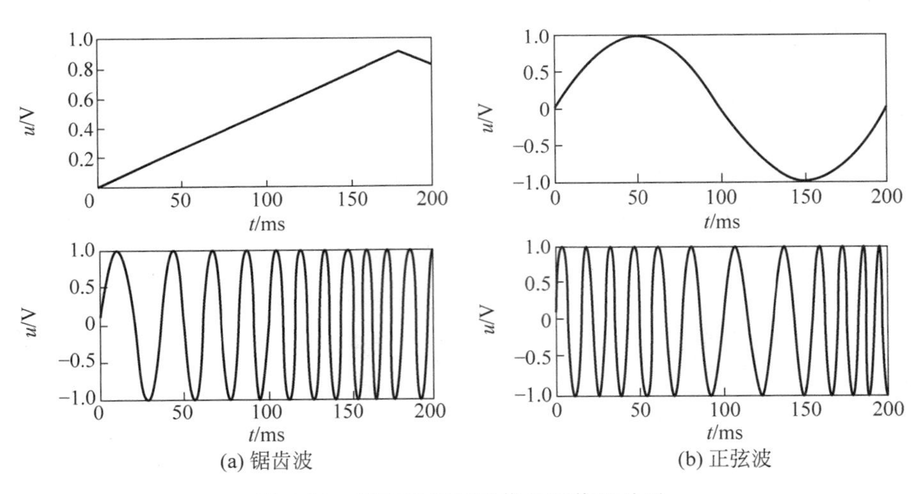

图 9-13　调频波与调制信号幅值的关系

1）电参数调频法

电参数调频法是用被测参数的变化控制振荡回路的参数电感 L、电容 C 或电阻 R，使振荡频率得到调制。

在测量系统中，常利用电抗元件组成调谐振荡器，以电抗元件的电感或电容感受被测量的变化，作为调制信号的输入，以振荡器原有的振荡信号作为载波。当有调制信号输入时，

振荡器输出的即为调频波。当电容 C 和电感 L 并联组成振荡器的谐振回路时，电路的谐振频率为

$$f=\frac{1}{2\pi\sqrt{LC}} \tag{9-36}$$

若在电路中以电容为调谐参数，对式(9-36)进行微分，有

$$\frac{\partial f}{\partial C}=\left(-\frac{1}{2}\right)\left(\frac{1}{2\pi\sqrt{LC}}\right)\frac{1}{C}=-\frac{f}{2C} \tag{9-37}$$

因为在 f_0 附近有 $C=C_0$，故频率偏移

$$\Delta f=Kx=-\frac{f_0\Delta C}{2C} \tag{9-38}$$

2）电压调频法

电压调频法利用信号电压的幅值控制振荡回路的参数 L、C 或 R，从而控制振荡频率。振荡器输出的是等幅波，但其振荡频率偏移量和信号电压成正比。信号电压为正值时调频波的频率升高，为负值时则降低；信号电压为零时，调频波的频率就等于中心频率。这种受电压控制的振荡器称为压控振荡器。其特性用输出角频率 ω_f 与输入控制电压 u_c 之间的关系曲线表示，如图 9-14 所示。图中，ω_0 称为自由振荡角频率（u_c 为零时的角频率）；曲线在 ω_0 处的斜率 K_0 为调制灵敏度。

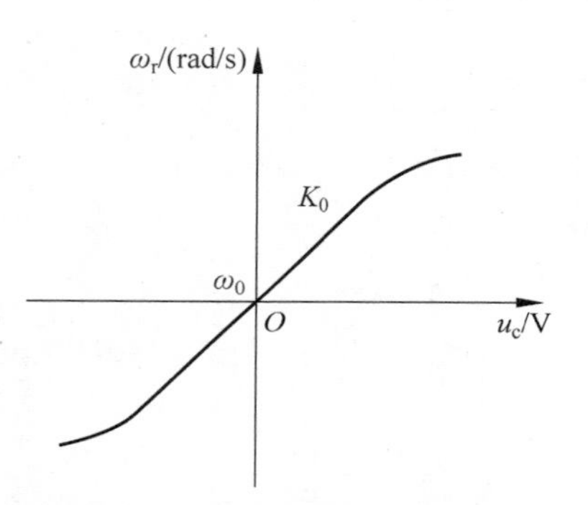

图 9-14　压控振荡器的特性曲线

2. 鉴频器

调频波的解调器又称为鉴频器(frequency discriminator)，是将频率变化恢复成调制信号幅值变化的器件。图 9-15 所示为斜率检频器即失谐回路鉴频器的工作原理。它由线性变换电路与幅值检波电路组成，先把调频波变换成调频调幅波，然后进行幅值检波。

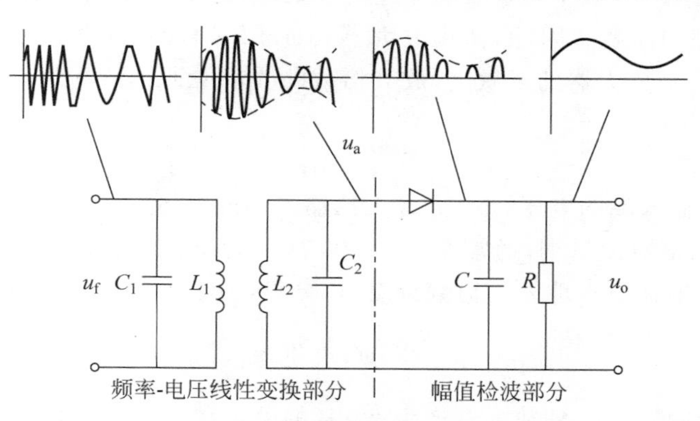

图 9-15　失谐回路鉴频器的工作原理

在图 9-15 中，调频波 u 经过变压器耦合，加在 L_2、C_2 组成的并联谐振回路上。当等幅调频波 u_f 的频率等于回路的中心频率 f_n 时，线圈 L_1、L_2 中的耦合电流最大，二次侧输出电压 u_f 也最大。若 u_f 的频率偏离 f_n，u_f 也随之下降。通常利用特性曲线的亚谐振区近似直线的一段实现频率-电压变换，失谐回路鉴频器的频率-电压特性曲线如图 9-16 所示。将

u_f 经过二极管进行半波整流，再经过 RC 滤波器滤波，鉴频器的输出电压 u_o 如图 9-16 所示。

因为被测量、调频波的频率和幅值 $|u_a|$ 依次有近似于线性的关系，因此检波后的输出电压 u_o 与被测量保持近似线性的关系。

为了改善失谐回路鉴频器的线性，可以用两个谐振回路组成双失谐回路鉴频器，原理如图 9-17 所示。其中的两个回路采用差动连接方式，可以使灵敏度增加 1 倍并增强线性。

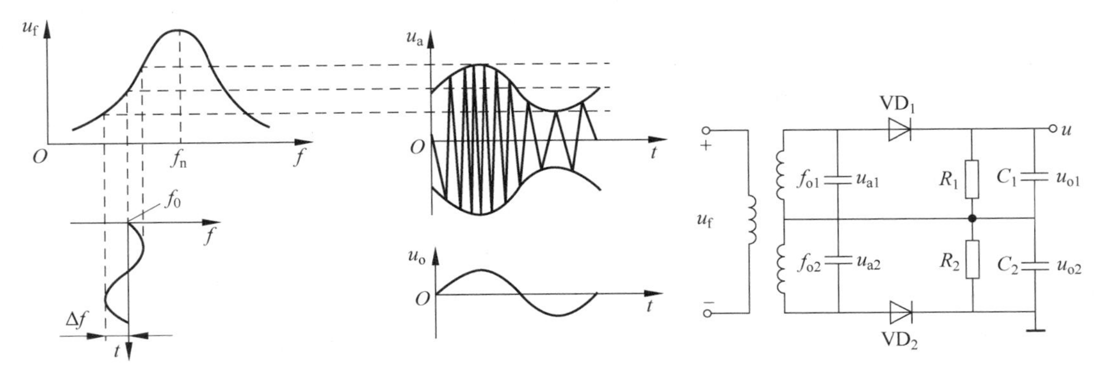

图 9-16　失谐回路鉴频器的频率-电压特性曲线　　图 9-17　双失谐回路鉴频器

9.3　信号的放大与衰减

9.3.1　信号放大器的主要特性

传感器输出的信号一般是很微弱的，通常是毫伏级的，有时是微伏级的，而许多处理系统要求的输入电压为 1～10V。如果不经过放大处理，传输转换这种信号是有困难的，并且不能满足信号处理的需要。因此，使用放大器(amplifier)增加这些信号的幅值。用放大倍数即增益(gain) 表示放大器的灵敏度，放大倍数(amplication rate)为

$$G=\frac{u_o}{u_i} \tag{9-39}$$

式中，u_i 为放大器输入端的电压；u_o 为放大器输出端的电压。

放大器的放大倍数无量纲，通常在 1～1000 甚至更高。对于衰减的装置($u_o<u_i$)，放大倍数的值小于 1。增益更多地采用对数分度，以分贝(dB) 为单位。电压增益可写成

$$G_{dB}=20\lg G=20\lg\left(\frac{u_o}{u_i}\right) \tag{9-40}$$

由式(9-40)，C 值为 10 的放大器产生 20dB 的分贝增益 G_{dB}，而 G 值为 1000 的放大器产生 60dB 的分贝增益。如果信号被衰减，即 $u_o<u_i$ 分贝增益将取负值。

尽管增大信号的幅值是放大器的主要目的，但是放大器会以多种方式影响信号，最主要的方式有频率失真、相位失真、共模干扰和电源负载等。

当放大器处理一般的频率在一定范围内的信号时，多数放大器并不是对所有的频率都有同样的增益值。例如，放大器在 10kHz 频率时可能有 20dB 的增益，而在 100kHz 频率时

的增益却为5dB。典型放大器的频率响应如图9-17所示。增益接近于常数的频率范围被称为带宽。带宽的高端频率和低端频率被称为拐角频率即截止频率。截止频率定义为增益减少3dB时的频率。大多数现代仪器放大器在低频，甚至当 $f=0$（直流）时增益为常数，所以图9-18中的 f_{c1} 为零。但是所有放大器都有高端的截止频率。

由于频率失真的影响，带宽狭窄的放大器将会改变时变输入信号的形状。图9-19所示为一个方波信号由于高频衰减而产生的频率失真。

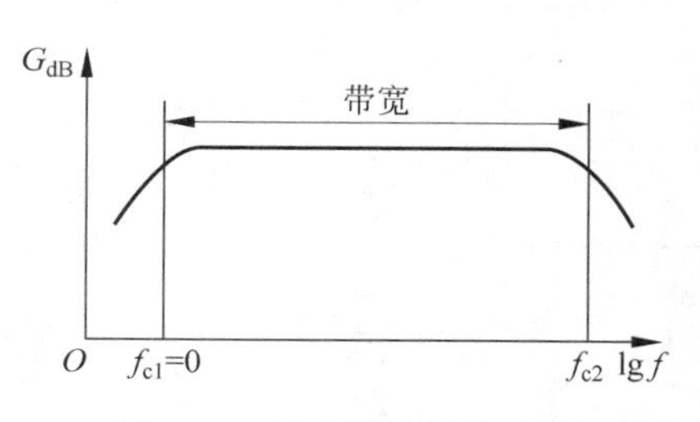

图9-18　放大器的频率响应

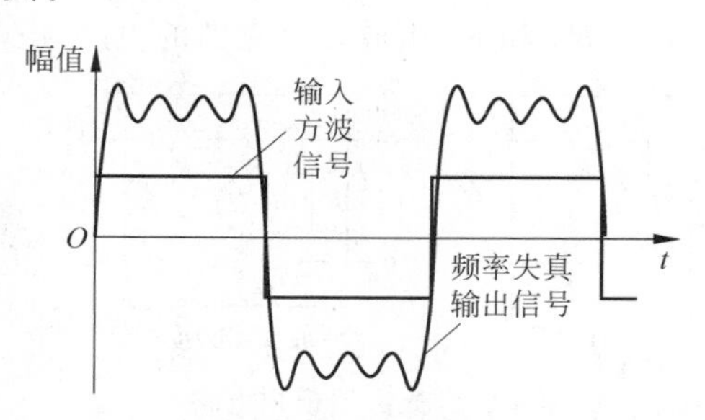

图9-19　方波由于高频衰减而产生的频率失真

尽管在带宽内放大器的增益接近于常数，但是输出信号的相角可能发生显著的变化。如果放大器的输入电压信号为

$$u_i(t)=u_m\sin 2\pi ft \tag{9-41}$$

则输出信号为

$$u_o(t)=G\sin(2\pi ft+\varphi) \tag{9-42}$$

在大多数情况下，φ 是负值，表示输出波形落后于输入波形。典型的放大器相位响应如图9-20所示。

对于纯正弦波形，相位移动并没有影响。而对于比较复杂的周期性波形，可能会出现相位失真的问题。显然，如果相角随频率线性变化，那么波形的相位将不会失真，并且仅在时间上被延迟或超前。

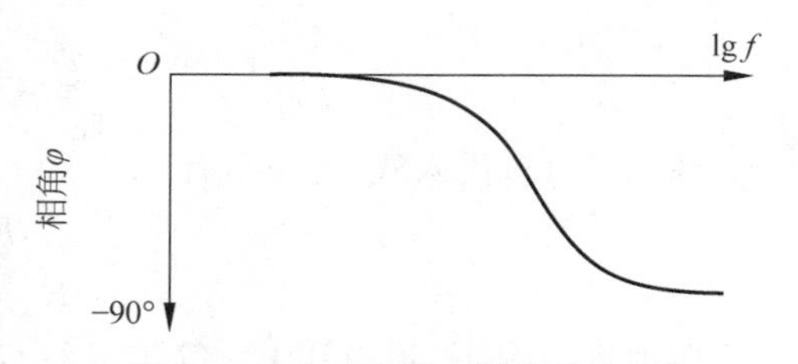

图9-20　典型的放大器相位响应

放大器另一个重要特性是共模抑制比(CMRR)。当大小相等极性不同的电压加到放大器两个输入端时，该电压被称为差模电压。当相同的电压(对地电压)供给两个输入端时，该电压被称为共模电压。理想的仪器放大器将对差模电压产生输出，对于共模电压则没有输出。实际的放大器对于差模电压和共模电压都会产生输出。但是差模电压的响应会大得多。差模电压和共模电压之间的关系用共模抑制比衡量，它定义为

$$K_{CMRR}=20\lg\frac{G_{diff}}{G_{cm}}\ (\mathrm{dB}) \tag{9-43}$$

式中，G_{diff} 为作用于两个输入端的差模电压的增益；G_{cm} 为作用于两个输入端的共模电压的增益。

因为有用的信号通常产生差模输入而噪声信号一般产生共模输入，所以 K_{CMRR} 值越大越好。高质量放大器的 K_{CMRR} 值常高于100dB。

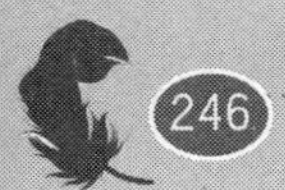

使用放大器(使用许多其他信号调理装置)时,输入负载和输出负载是潜在的问题。放大器输入电压通常是由一个输入电源如传感器或其他信号调理装置产生的。当放大器的输出和其他装置连接时,输出电压将会改变。如图 9-21(a)所示,把电源装置模拟成一个与电阻 R_s 串联的电压发生器 U_{so};同样,把放大器的输入模拟成输入电阻 R_i 输出模拟成为与输出电阻 R_o 串联的电压发生器 GU_i,如图 9-21(b)所示。

如果电源没有和放大器连接,输出端电压将是 U_s。当电源和放大器连接时,如图 9-22 所示,U_s、R_s 和 R_i 组成一个完整的电路,电源的输出电压就不再是 U_s。

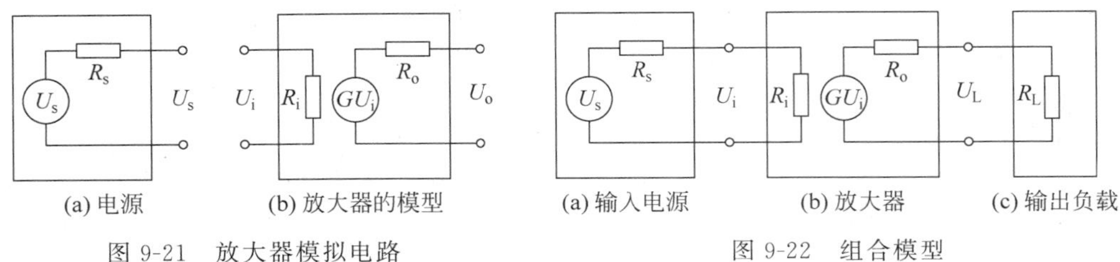

(a) 电源　(b) 放大器的模型

图 9-21　放大器模拟电路

(a) 输入电源　(b) 放大器　(c) 输出负载

图 9-22　组合模型

下面将会看到,为了减小输入和输出的负载效应,理想放大器(或者其他信号调理器)应该有非常大的输入电阻(R_i)和非常小的输出电阻(R_o)。

首先根据电源电压 U_s 求出放大器输入电压,即

$$U_i = \frac{R_i U_s}{R_s + R_i} \tag{9-44}$$

再由输出回路求 U_L,有

$$U_L = \frac{R_L G U_i}{R_o + R_L} \tag{9-45}$$

将式(9-44)代入式(9-45),有

$$U_L = \frac{R_L}{R_s + R_L} G \frac{R_i}{R_i + R_s} \tag{9-46}$$

在理想情况下,设电压 U_L 等于增益 G 乘以 U_s,即

$$U_L = GU_s \tag{9-47}$$

可见,如果 $R_L \gg R_o$ 且 $R_i \gg R_s$,那么式(9-46)和式(9-47)很接近,这样就没有负载效应。因此,理想放大器(或信号调理器)的输入阻抗为无限大,输出阻抗为零。

9.3.2　使用运算放大器的放大器

实际放大器通常采用一种普通的、低成本的集成电路构成,它被称为运算放大器,简称为运放(op-amp)。一个运算放大器可用图 9-23(a)所示的符号来示意。输入电压(U_n 和 U_p)被加到两个输入端(标为+和-),于是在信号输出端可见输出电压(U_o)。有两个供电端,分别标志为 V+和 V-。还有其他一些可以用来调节某些特性的附加端口(图中未表示)。

图 9-23(b)所示为使用图 9-22(b)的模型组成的运算放大器模型,所示的接线方法称为开环接法。因为输入端之间的电阻(r_d)非常大(接近无穷大),输出电阻(r_o)接近于零,所以从负载的角度来说,运算放大器接近于理想放大器。运算放大器的增益用小写的 g 表示,以示与放大器电路的增益 G 的区别。运算放大器的增益非常高,理想的值是无穷大。

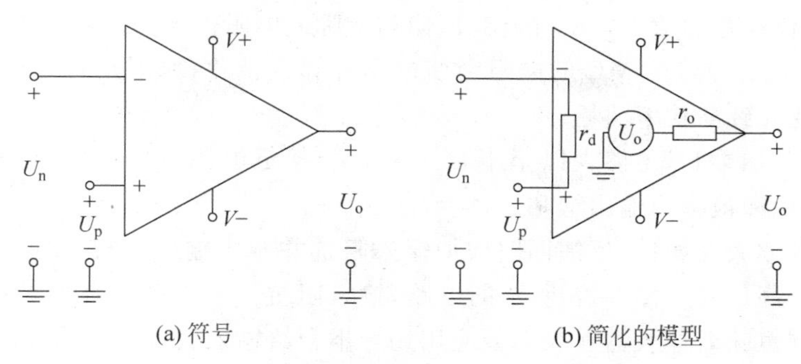

图 9-23　运算放大器的符号和简化的模型

在图 9-23(b)中,运放开环接线的输出为

$$U_o = g(U_p - U_n) \tag{9-48}$$

例如,型号为 μA741C (或基本相似的 A741)的运算放大器得到广泛的应用,价格极其便宜。μA741C 的输入阻抗 r_d 在 2MΩ 数量级,输出阻抗 r_o 约为 75Ω,增益 g 约为 200000,K_{CMRR} 约为 75dB 或更高。

下面介绍使用运算放大器的典型放大电路。

1. 同相放大器

同相放大器(noninverting amplifier)的示意图如图 9-24 所示,"同相"是指输出对地电压的符号与输入电压相同。在该电路的反馈回路中输出被连接到输入端,形成的电路被称为闭环结构。反馈回路的结构决定了以运放为基础的电路特性。在同相放大器中反馈电压被连接到负输入端而信号接到正输入端。参考图 9-23(b),同相端电压 U_p 就是 U_i。为求得 U_n,需要分析包括 U_o、R_2、R_1 和地线的电路。

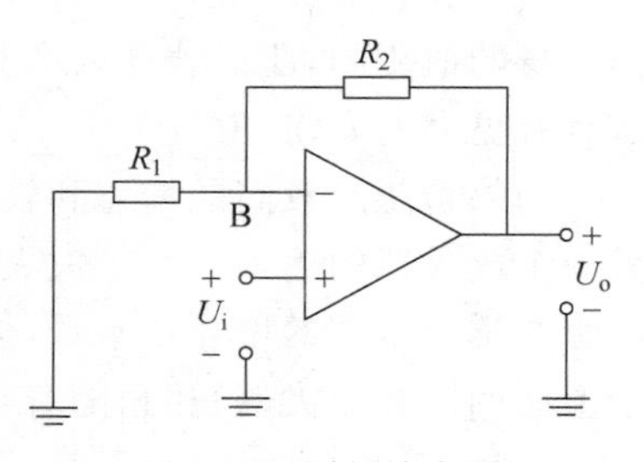

图 9-24　同相放大器

由于运算放大器的输入阻抗高,所以可以忽略由 B 点流入运算放大器反相端的电流,于是

$$U_n = U_o \frac{R_1}{R_1 + R_2} \tag{9-49}$$

将这些输入电压(U_p 和 U_n)代入式(9-48),有

$$U_o = g(U_p - U_n) = g\left(U_i - U_o \frac{R_1}{R_1 + R_2}\right) \tag{9-50}$$

求解 U_o,有

$$U_o = \frac{gU_i}{1 + g\left(\dfrac{R_1}{R_2 + R_1}\right)} \tag{9-51}$$

对于运算放大器,g 值非常大并且式(9-51)中分母的第二项远远大于 1。对此取近似值并注意到放大器的增益 $G = U_o/U_i$,于是可由式(9-51)解得

$$G = \frac{U_o}{U_i} = \frac{R_1 + R_2}{R_1} = 1 + \frac{R_2}{R_1} \tag{9-52}$$

可见，增益仅仅是比值 R_2/R_1 的函数，而与实际的电阻值无关。通常 R_1 和 R_2 的阻值范围在 1kΩ～1MΩ。超过 1MΩ 的电阻会使电路计算复杂化，原因是寄生电容使阻抗发生变化。低电阻值导致高功率消耗。

应该注意到，如果 U_i 足够大以至于 $U_o(=GU_i)$ 接近电源电压，那么再增加 U_i 也不会增加输出，这种饱和被称为输出饱和。

与开环运算放大器相比，反馈回路增加输入阻抗并减少输出阻抗。同相放大器的输入端之间的阻抗很高。对于图 9-23 所示的电路，输入阻抗一般在数百兆欧数量级，具体数值取决于增益。这意味着放大器在大多数应用场合不会给输入装置加上明显的负载。该电路同时显示出运算放大器的另一个主要优点，即非常小的输出阻抗(通常只有 1Ω)，因此其输出电压受被连接装置的影响不大。

增益在高频率时的下降是运算放大器的固有特性。低频增益与截止频率之间的关系可以用增益带宽积(GBP)来描述。对于大多数基于运算放大器的运算放大器，低频增益和带宽的乘积为常数。因为带宽的频率下限是零，所以高端截止频率为

$$f_c=\frac{\mathrm{GBP}}{G} \tag{9-53}$$

运算放大器 μA741C 的 GBP 值是 1MHz。图 9-23 所示的同相电路的 GBP 与运算放大器本身的值相同，所以若低频增益为 10，可求得带宽为 100kHz。一些比较昂贵的运算放大器具有更高的 GBP 值。

如果希望有较高的增益和较大的带宽，可以串联两个放大器，即一个放大器的输出作为另一个放大器的输入。每个放大器有较低的增益，但是两级总增益会高出许多而带宽不变。尽管在整个带宽的增益是常数，但输入和输出之间的相角 ϕ 显示出随频率的强烈变化。对于上面的同相放大器，相角随着频率的变化可以表示为

$$\phi=-\arctan\frac{f}{f_c} \tag{9-54}$$

当 $f=f_c$ 时，ϕ 值为 $-0.785\mathrm{rad}(-45°)$。这意味着输出较输入滞后大约 1/8 个圆周。然而，ϕ 随 f 的变化在 $f=0$ 到 $f=f_c/2$ 之间，非常接近于线性，在 $f=0$ 到 $f=f_c$ 之间近似于线性。

因此，在带宽范围内的信号将产生最合适的相位变化。然而在试验中，若要比较被放大的信号与被放大之前信号的时间关系，必须考虑相角。

2. 反相放大器

反相放大器(inverting amplifier)电路如图 9-25 所示，之所以称为反相，是因为输出电压相对于地线的符号与输入电压的相反。反相放大器是其他多种运算放大器电路的基础，包括滤波器、积分器和微分器。使用与同相放大器类似的分析方法，可以证明反相放大器的增益为

$$G=\frac{R_2}{R_1} \tag{9-55}$$

对于反相放大器，增益取决于电阻的比值而非电阻的实际值。电阻值的范围通常为 1kΩ～MΩ。

反相放大器与同相放大器有明显不同的特点。同相放大器的输入阻抗达几百兆欧姆，

而反相放大器的输入阻抗约等于 R，它的阻值通常不大于 100kΩ。这可能对一些输入装置带来负载问题。反相放大器和同相放大器同样具有低输出阻抗的特性——一般小于 1Ω。反相放大器的增益在高于截止频率时也是下降的。反相放大器的增益带宽积 $GBP_{反相}$ 与同相放大器的 $GBP_{同相}$ 不同，它们之间的关系为

$$GBP_{反相}=\frac{R_2}{R_1+R_2}GBP_{同相} \tag{9-56}$$

反相放大器的相位响应与同相放大器的相同，由式(9-54)确定。

3. 仪器放大器

图 9-24 和图 9-25 所示的放大器可以满足一些使用要求，然而对于许多仪器的应用却不是最好的。环境的电磁场可能在连接输入信号的导线中产生噪声。对这两种放大器只连接单个输入信号，都会在输入电路产生噪声。专用的仪器放大器通常采用两个或者更多的运算放大器(图 9-26)，它有两个不接地的信号源装置(平衡差动输入)。这种情况下，在两个输入线中产生同样幅值和相位的电气噪声。这是共模信号。正确设计和制作的仪器放大器有着很大的共模抑制比，因此它的输出能很大程度地避免输入的共模噪声。

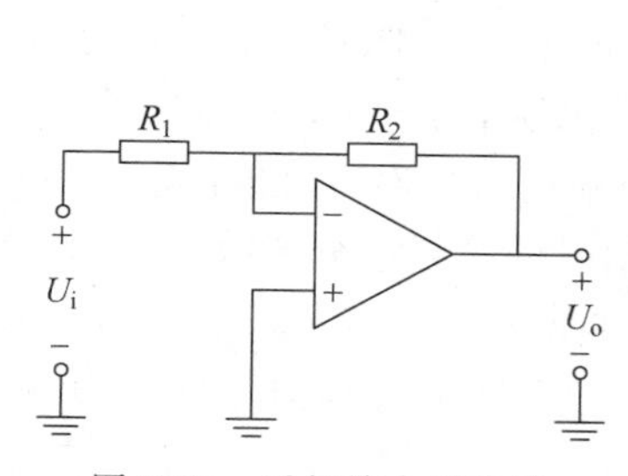

图 9-25 反相放大器电路

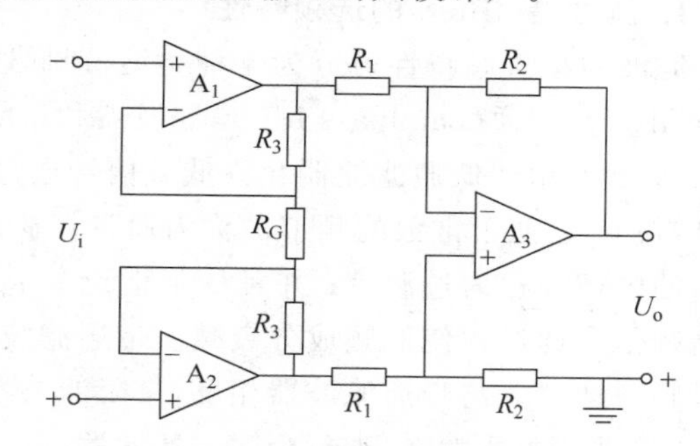

图 9-26 差动输入仪器放大器

完整的无源高质量放大器可由一个 IC 芯片构成。完整的有源并可调节增益和零点漂移的放大器可以买到。放大器与其他仪表元器件一样会产生误差。它们可能有非线性误差、滞后误差和热稳定性误差。如果实际的增益与预测增益不同，将有增益(灵敏度)误差。

9.3.3 信号衰减

在有些测量中输出电压的幅值可能会高于下一级元件输入电压的范围。这个电压必须减小到一个合适的水准，其处理过程被称为衰减(attenuation)。最简单的方法是使用图 9-27 所示的分压网络。从分压网络产生的输出电压为

$$U_o=U_i\frac{R_2}{R_1+R_2} \tag{9-57}$$

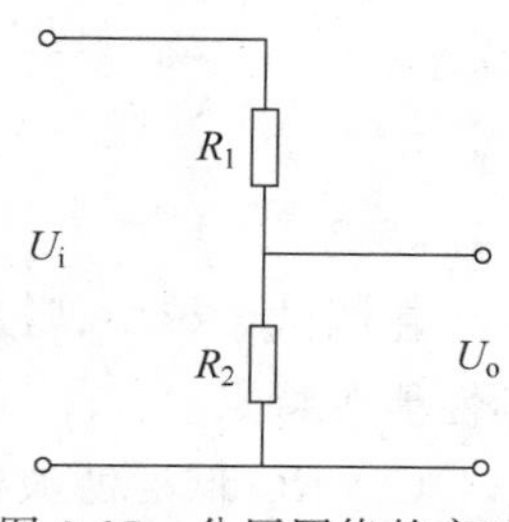

图 9-27 分压网络的衰减

这种类型的分压网络可能有负载问题。首先，在产生 U_i 的系统中设置一个阻性负载。该负载会产生有效的电流，从而改变 U_i，使其值不同于安装分压网络之前。这个问题可以通过使阻抗 R_1 和 R_2 之和远远高于产生 U_i 的系统的输出阻抗来解决。然而，这意味着网络输出的阻抗 R_2 也会很高，在连接输出端负载时会出现

问题。把分压器的输出接入一个增益恒定的高输入阻抗放大器来减少输出负载问题是理想的方法。

在分压器上采用高值电阻带来的另一个问题是附加负载。对于高频信号,因小量电容而产生的阻抗与分压器阻抗不相上下,并产生与频率相关的衰减。

9.4 滤 波 器

在许多测量环境中,时变信号电压可以看成由许多不同频率、不同振幅的简谐波的合成。滤波器是一种选频装置,它只允许一定频带范围的信号通过,同时极大地衰减其他频率成分。滤波器的这种筛选功能在测试技术中可以起到消除噪声和干扰信号等作用,在信号检测、自动控制、信号处理等领域得到广泛的应用。

9.4.1 滤波器的分类

1. 滤波器(filter)的选频特性

滤波器按选频特性可分为4种类型,即低通滤波器(low-pass filter)、高通滤波器(high-pass filter)、带通(bandpass filter)滤波器和带阻滤波器(bandstop filter)。它们的频率特性如图9-28所示。低通滤波器允许低频信号通过而不衰减,在频率 $f=0$ 与截止频率 f_c 之间的、增益 G 近似于常数的频带被称为通带;显著衰减的频率范围被称为阻带;在 f_c 和阻带之间的区域被称为过渡带;并且从截止频率 f_c 开始,使信号的高频成分衰减。高通滤波器使高频信号通过并使低频成分衰减。带通滤波器在高频和低频对信号进行衰减,使中间的一段频率通过。与带通滤波器相反,带阻滤波器允许高频和低频通过但对中间一段频率衰减,若阻带范围非常窄,则称为陷波滤波器(notch filter)。

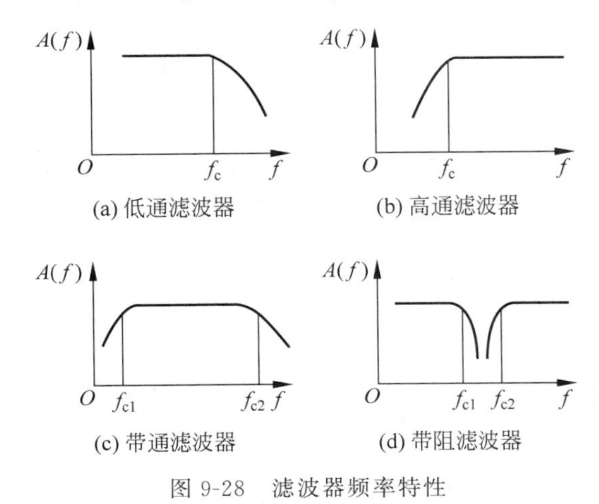

图9-28 滤波器频率特性

在测试系统中,常用 RC 滤波器,RC 滤波器具有电路简单、抗干扰能力强、有较好的低频性能等特点。

(1) RC 低通滤波器。RC 低通滤波器的典型电路如图9-29所示。设滤波器的输入电压为 u_x,输出电压为 u_y,则其微分方程为

$$RC\frac{\mathrm{d}u_y}{\mathrm{d}t}+u_y=u_x \tag{9-58}$$

令 $\tau=RC$，τ 为时间常数。经拉普拉斯变换，得频响函数为

$$H(f)=\frac{1}{\mathrm{j}2\pi f\tau+1} \tag{9-59}$$

这是典型的1阶系统。截止频率取决于 RC 值，截止频率为

$$f_{\mathrm{c}}=\frac{1}{2\pi RC} \tag{9-60}$$

当 $f\ll\frac{1}{2\pi RC}$ 时，其幅频特性 $A(f)=1$。信号不受衰减地通过。

当 $f=\frac{1}{2\pi RC}$ 时，$A(f)=\frac{1}{\sqrt{2}}$，也即幅值比稳定幅值降了 $-3\mathrm{dB}$。

当 $f\gg\frac{1}{2\pi RC}$ 时，输出 u_y 与输入 u_x 的积分成正比，即

$$u_y=\frac{1}{RC}\int u_x\,\mathrm{d}t \tag{9-61}$$

其对高频成分的衰减率为 $-20\mathrm{dB}/10$ 倍频程。

(2) RC 高通滤波器。RC 高通滤波器的典型电路如图9-30所示。设滤波器的输入电压为 u_x，输出电压为 u_y，其微分方程为

$$u_y+\frac{1}{RC}\int u_y\,\mathrm{d}t=u_x \tag{9-62}$$

同理，令 $\tau=RC$，其频响函数为

$$H(f)=\frac{\mathrm{j}2\pi f\tau}{\mathrm{j}2\pi f\tau+1} \tag{9-63}$$

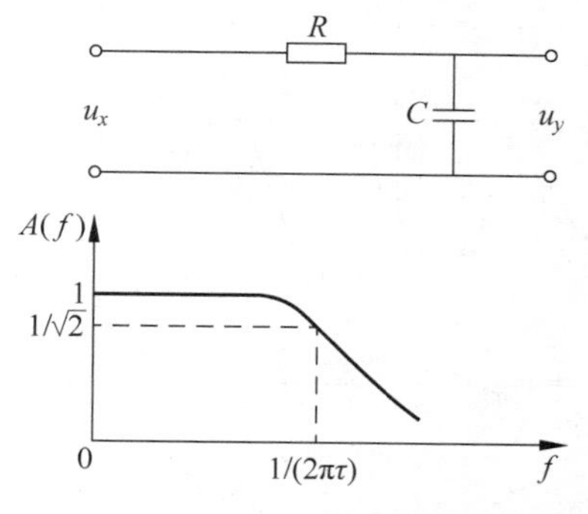

图9-29 RC 低通滤波器及其幅频特性曲线

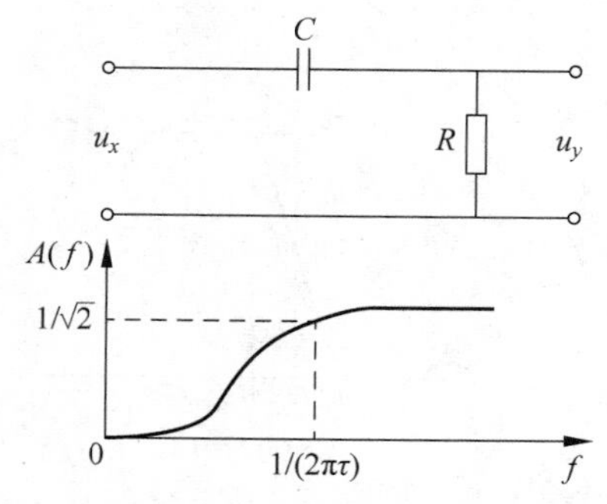

图9-30 RC 高通滤波器及其幅频特性曲线

(3) 带通滤波器。带通滤波器可以看成低通和高通滤波器串联组成的。串联所得的带通滤波器以原高通的截止频率为下截止频率，原低通的截止频率为上截止频率。但要注意当多级滤波器串联时，因为后一级成为前一级的"负载"，而前一级又是后一级的信号源内阻。因此，两级间常采用运算放大器等进行隔离，实际的带通滤波器通常是有源的。

2. 滤波器的阶次

实际滤波器的传递函数是一个有理函数，即

$$H(s)=\frac{b_m s^m+b_{m-1}s^{m-1}+\cdots+b_1 s+b_0}{a_n s^n+a_{n-1}s^{n-1}+\cdots+a_1 s+a_0} \tag{9-64}$$

式中，n 为滤波器的阶。滤波器可按其阶次分成1阶、2阶……n 阶滤波器。对特定类型滤波器而言，其阶数越大，阻频带对信号的衰减能力也越大。因为高阶传递函数可以写成若干1阶、2阶传递函数的乘积，所以可以把高阶滤波器的设计归结为1阶、2阶滤波器的设计。

9.4.2 理想滤被器与实际滤波器

1. 理想滤波器

从图9-28可见，4种滤波器在通频带与阻频带之间都存在一个过渡带，在此频带内，信号受到不同程度的衰减。这个过渡带对滤波器是不理想的。

理想滤波器是物理上不能实现的理想化的模型，用于深入了解滤波器的特性。根据线性系统的不失真测试条件，理想滤波器的频率响应函数应为

$$H(f)=\begin{cases}A_0 e^{-j2\pi f t_0} & (|f|<f_c)\\ 0 & (\text{其他})\end{cases} \tag{9-65}$$

这种在频域为矩形窗函数的“理想”低通滤波器的时域脉冲响应函数为

$$h(t)=2A_0 f_c \frac{\sin[2\pi f_c(t-t_0)]}{2\pi f_c(t-t_0)} \tag{9-66}$$

若给滤波器一单位阶跃输入 $x(t)=u(t)=\begin{cases}1 & (t\geqslant 0)\\ 0 & (t=0)\end{cases}$，则滤波器的输出为

$$y(t)=h(t)*x(t)=\int_{-\infty}^{\infty}x(\tau)h(t-\tau)\mathrm{d}\tau \tag{9-67}$$

其结果如图9-31所示。

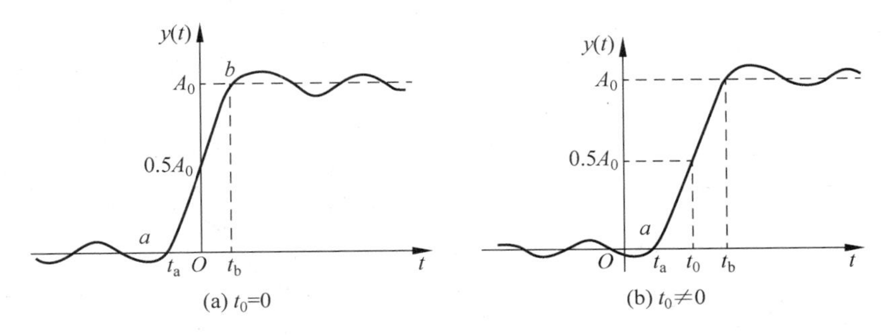

图9-31 理想低通滤波器对单位阶跃输入的响应

从图9-31可见，输出响应从零值（a 点）到稳定值 A_0（b 点）需要一定的建立时间（t_b-t_a）。计算积分式(9-67)，有

$$T_e=t_b-t_a=\frac{0.61}{f_c} \tag{9-68}$$

式中，f_c 为低通滤波器的截止频率，也称为滤波器的通带。f_c 越大，响应的建立时间 T_e 越小，即图9-31中的图形越陡峭。加果按理论响应值的10%～90%作为计算建立时间的标

准，则

$$T_e = t'_b - t'_a = \frac{0.45}{f_c} \tag{9-69}$$

因此，低通滤波器对阶跃响应的建立时间 T_e 和带宽 B（即通频带的宽度）成反比，即

$$BT_e = 常数 \tag{9-70}$$

这一结论对其他滤波器（高通、带通、带阻）也适用。

滤波器的带宽也表示频率分辨力，通频带越窄则分辨力越高。因此，滤波器的高分辨能力和测量时快速响应的要求是相互矛盾的。当采用滤波器从信号中选取某一频率成分时，就需要有足够的时间。如果建立时间不够，就会产生虚假结果，而过长的测量时间也是没有必要的。一般采用 $BT_e = 5 \sim 10$。

2. 实际滤波器

实际滤波器的性能与理想滤波器有差距，下面介绍描述其性能的几个特性参数（图 9-32）。

（1）截止频率是幅频特性值等于 $A_0/\sqrt{2}$ 所对应的频率。以 A_0 为参考值，$A_0/\sqrt{2}$ 对应于 -3dB 点，即相对于 A_0 衰减 3dB。

（2）带宽 B 为上、下两个截止频率之间的频率范围，单位为 Hz。

（3）品质因数 Q 为中心频率 f_n 和带宽 B 之比，即

$$Q = \frac{f_n}{B} \tag{9-71}$$

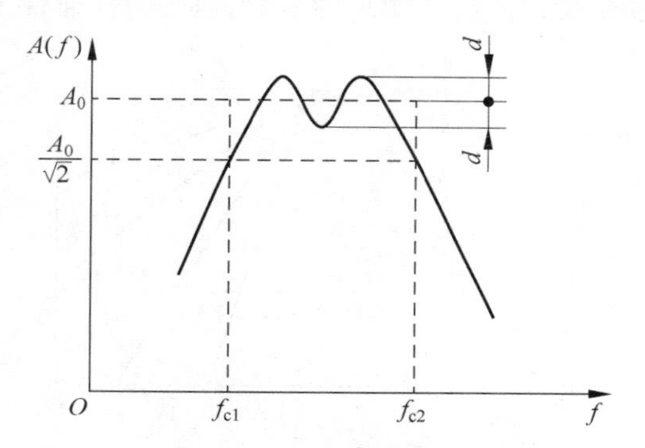

图 9-32　实际滤波器的特性参数

式中，f_n 为上、下截止频率的比例中项，即中心频率，$f_n = \sqrt{f_{c1} f_{c2}}$。

（4）纹波幅度 d_0。实际滤波器在通带内可能出现纹波变化，其波动幅度 d 与幅频特性的稳定值 A_0 相比，越小越好，一般应远小于 -3dB，即 $d \ll A_0/\sqrt{2}$。

（5）倍频程选择性。在过渡带，幅频曲线的倾斜程度表明幅频特性衰减的快慢，它决定着滤波器对带宽外频率成分衰减的能力。通常用上截止频率 f_{c2} 与 $2f_{c2}$ 之间，或者下截止频率 f_{c1} 与 $f_{c1}/2$ 之间幅频特性的衰减量来表示，即频率变化一个倍频程时的衰减量，这就是倍频程选择性。很明显，衰减越快滤波器选择性越好。

（6）滤波器因素 λ。这是滤波器选择性的另一种表示方法，用滤波器幅频特性的 -60dB 带宽与 -3dB 带宽的比值来表示，即

$$\lambda = \frac{B_{-60\text{dB}}}{B_{-3\text{dB}}} \tag{9-72}$$

理想滤波器 $\lambda = 1$，一般要求滤波器 $1 < \lambda < 5$。如果带阻衰减量达不到 -60dB，则以标明衰减量（如 -40dB）的带宽与 -3dB 带宽之比来表示其选择性。

3. 滤波器的逼近方式

理想滤波器的性能只能用实际滤波器逼近，根据不同的准则可以得到不同的频率特性。

虽然许多电路具有滤波器的功能，但是下列 4 种逼近方式的滤波器得到最广泛的应用，即巴特沃斯(Butterworth)滤波器、切比雪夫(Chebyshev)滤波器、椭圆(elliptic)滤波器和贝塞尔(Bessel)滤波器。每种滤波器都有其独特的性质，为了说明滤波器类型和阶数的某些基本特性，下面讨论低通滤波器的特性。

低通巴特沃斯滤波器具有恒定的直流增益，增益是频率 f 和阶数 n 的函数，即

$$G=\frac{1}{\sqrt{1+\left(\frac{f}{f_c}\right)^{2n}}} \tag{9-73}$$

式中，n 为滤波器的阶数。方程的曲线如图 9-33 所示。高阶巴特沃斯滤波器在阻带的衰减速度高，在接近截止频率 f_c 的过渡带内，增益的斜率没有非常显著的变化。切比雪夫滤波器的斜率有较明显的变化，但它是以通带增益的波纹为代价的，如图 9-34 所示。对于设计陷波滤波器，高阶数的切比雪夫滤波器比巴特沃斯滤波器更令人满意。椭圆滤波器在通带和阻带之间有很明显的变化，但无论在通带还是阻带中都有波纹。

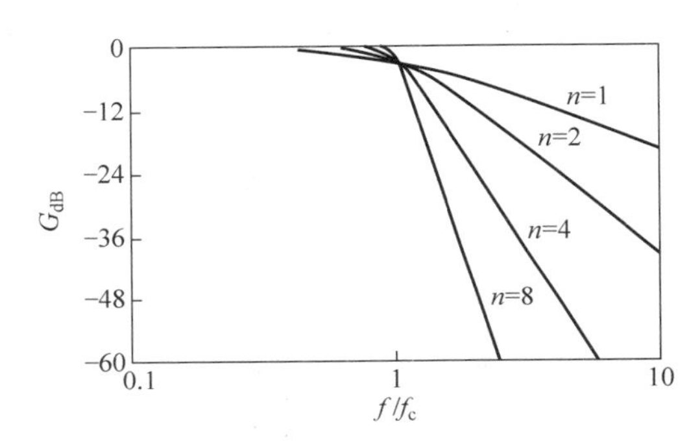

图 9-33　低通巴特沃斯滤波器的增益

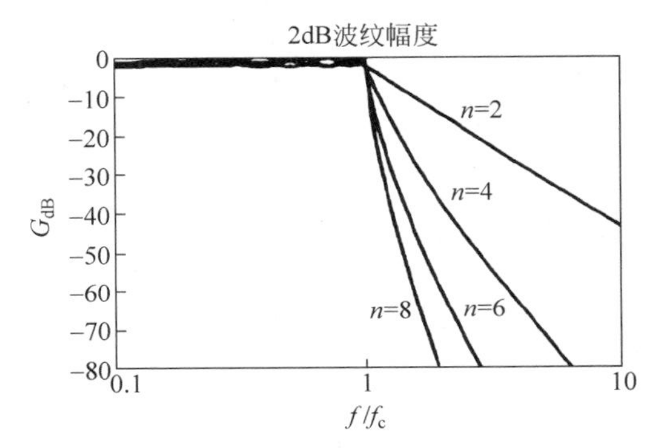

图 9-34　低通切比雪夫滤波器的增益

与放大器一样，滤波器也把信号各成分的相位变成频率的函数。例如，8 阶巴特沃斯滤波器在截止频率的相角移动 360°。对于高阶滤波器，这样的相位响应可能带来严重的失真。贝塞尔滤波器在通频带的相频特性比其他高阶滤波器更接近线性。如图 9-35 所示，在通频带中($f/f_c<1$)贝塞尔滤波器的相角变化更接近线性。对于指定的滤波器阶数，贝塞尔滤波器在阻带的前两个倍频程的衰减速度(dB/octave)比巴特沃斯滤波器的低。贝塞尔滤波器在 f_c 以上的后两个倍频程中的衰减速度增大，并接近巴特沃斯滤波器。

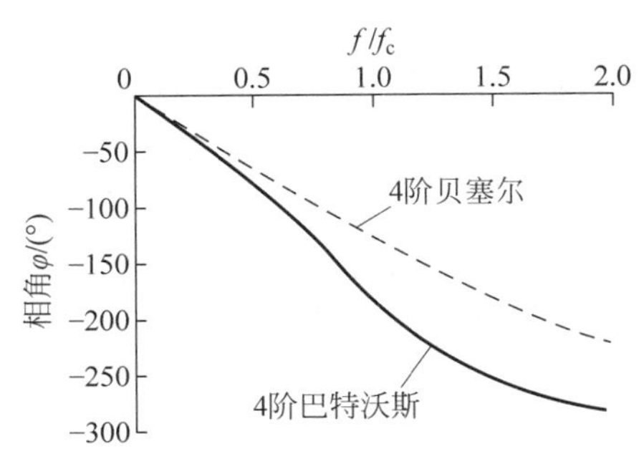

图 9-35　巴特沃斯和贝塞尔滤波器相频特性的比较

购买滤波器时，必须指定种类(如低通)、逼近方式(如巴特沃斯)、阶数(如 8 阶)和截止频率。对于切比雪夫和椭圆滤波器，必须指明通带和阻带的波纹。

9.4.3 恒带宽比和恒带宽滤波器

在实际测试中，为了能够获得需要的信息或某些特殊频率成分，可以将信号通过放大倍数相同而中心频率各不相同的多个带通滤波器，各个滤波器的输出主要反映信号中在该通带频率范围内的量值。这时有两种做法：一种是使用一组各自中心频率固定的，但又按一定规律相隔的滤波器组，如图 9-36 所示；另一种是使带通滤波器的中心频率是可调的，通过改变滤波器的参数使其中心频率跟随所需要测量的信号频段。

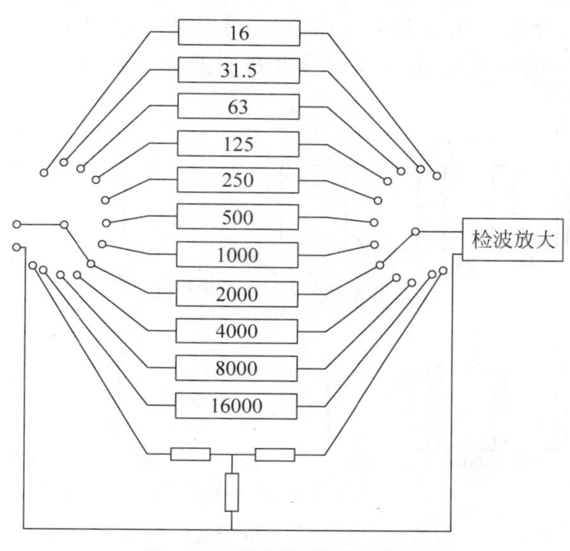

图 9-36 倍频程谱分析装置

图 9-36 所示的频谱分析装置所用的滤波器组，其通带是相互连接的，以覆盖整个感兴趣的频率范围，保证不丢失信号中的频率成分。通常是前一个滤波器的－3dB 上截止频率(高端)就是下一个滤波器的－3dB 下截止频率(低端)。滤波器组应具有同样的放大倍数。

1. 恒带宽比滤波器

因为品质因数 Q 为中心频率 f_n 和带宽 B 之比。若采用具有相同 Q 值的调谐滤波器做成邻接式滤波器(图 9-36)，则该滤波器组是由一些恒带宽比的滤波器构成的。因此，中心频率 f_n 越大，其带宽 B 越大，频率分辨率越低。

若一个带通滤波器的低端截止频率为 f_{c1}，高端截止频率为 f_{c2}，则有

$$f_{c1}=2^n f_{c1} \tag{9-74}$$

式中，n 为倍频程数。若 $n=1$，则称为倍频程滤波器；若 $n=1/3$，则称为 1/3 倍频程滤波器。

滤波器的中心频率为

$$f_n=\sqrt{f_{c1}f_{c2}} \tag{9-75}$$

由式(9-74)和式(9-75)可得截止频率与中心频率的关系为

$$\begin{cases} f_{c1}=2^{-\frac{n}{2}}f_n \\ f_{c2}=2^{\frac{n}{2}}f_n \end{cases} \tag{9-76}$$

对于邻接的一组滤波器，后一个滤波器的中心频率 f_{n2} 与前一个滤波器的中心频率 f_{n1} 之间的关系为

$$f_{n2}=2^{n}f_{n1} \tag{9-77}$$

因此，只要选定 n 值就可以设计覆盖给定频率范围的邻接式滤波器组。

2. 恒带宽滤波器

由式(9-71)可知，恒带宽比（Q 为常数）的滤波器，其通频带在低频段内很窄，而在高频段内则较宽。因此，滤波器组的频率分辨率在低频段内较好，在高频段内很差。

为了使滤波器组的分辨率在所有频段都具有同样良好的频率分辨率，可以采用恒带宽滤波器。图 9-37 所示为恒带宽比滤波器与恒带宽滤波器的特性比较。

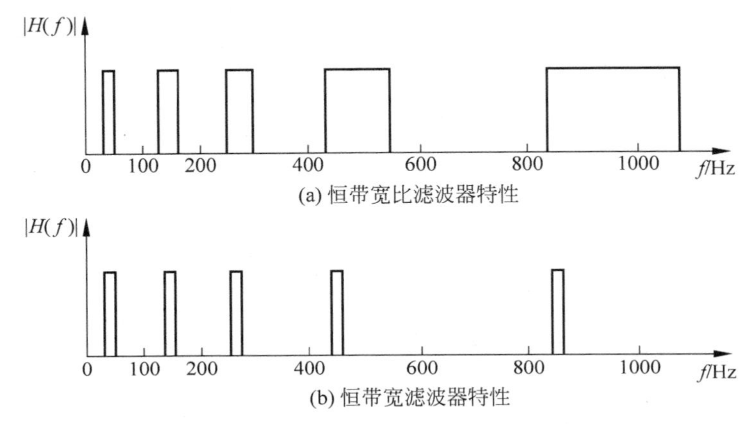

图 9-37　恒带宽比滤波器与恒带宽滤波器特性比较

为了提高滤波器的分辨率，其带宽应窄些。但这样为覆盖整个频率范围所需要的滤波器数量就很多。因此，恒带宽滤波器不应做成中心频率固定的。实际应用中，一般利用一个定带宽、定中心频率的滤波器加上可变参考频率的差频变换来适应各种不同中心频率的定带宽滤波器的需要。常用的恒带宽滤波器有相关滤波器和变频跟踪滤波器，它们的中心频率都能自动跟踪参考信号的频率。

9.5　信号的显示与记录

显示和记录装置是用来显示和记录各种信号变化规律所必需的设备，是测量系统的最后一个环节，有时候还需要将测试结果永久存储下来，作为测试档案和测试的法定依据保存，特别是对于那些需要花很大人力和物力才能完成，以及由于条件的限制很难重复的宝贵测试数据与检测结果。本节主要介绍常用的显示和记录设备，包括模拟显示设备、数字显示设备、图像显示设备、记录模拟信号的磁带记录器、数字记录的存储示波器以及基于通用设备及媒体的数字记录技术。

9.5.1　模拟指示仪表

早期设计的测试检测仪器的信号多为模拟输出，通过机械表头或电流表表头进行指示。

机械表头指示的测试仪器目前已经比较少见，但仍有一些产品由于原理和结构简单、性能还比较可靠等特点，目前还在生产实践中发挥作用，如用于微位移测量的千分表和百分表。在这类仪表中，其测量信号的输出量就是机械量，其测试结果是通过一组精密齿条-齿轮副和机械表头来指示的。

图9-38所示为千分表结构。千分表是利用齿轮放大原理制成的微小位移测量仪器，在其表盘上有一个大指针和一个小指针。触头上、下移动会引起大指针做相应的顺时针和逆时针方向转动。大指针转一圈，带动小指针同向转一格。大指针每转动一格，表示触头的位移为0.001mm，一圈为200格。小指针的最大分度值即为千分表的最大量程。千分表工作时将触头紧靠在被测物体上，安装固定时应使触头有一定的初始位移(即指针有一定的初始读数)。测量时，物体在触头接触点的位移会带动触头做上、下移动，而使大指针转动，通过记读大指针的读数即可得到物体与触头接触点的位移。百分表原理与千分表一样，只是放大倍数为100，即大指针每转动一格，表示触头的位移为0.01mm。

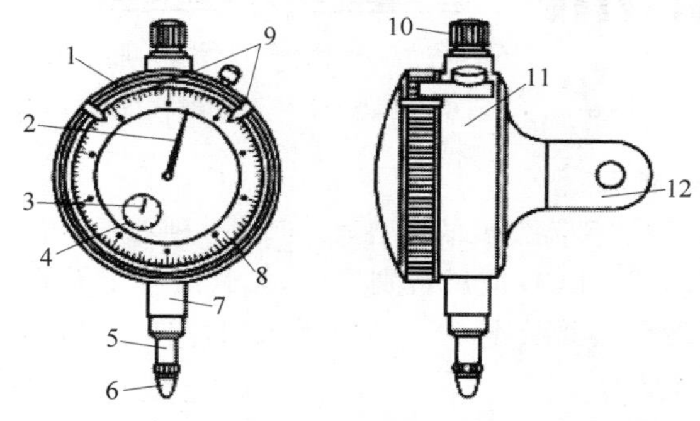

图9-38 千分表结构

1—表圈；2—大指针；3—小指针；4—转数指示盘；5—测量杆；6—测量头；7—轴套；8—表盘；9—界限指针；10—挡帽；11—表体；12—耳环

9.5.2 数码显示仪表

随着数字技术的发展，目前大多数测试仪器都采用数码显示方式输出测试结果。数码显示常用的显示器有发光二极管(light emitting diode，LED)、液晶显示器(liquid crystal display，LCD)和荧光管显示器(vacuum fluorescent display，VFD)。3种显示器中，以VFD亮度最高，LED次之，LCD最弱。其中LCD为被动显示器，必须有外光源。荧光管由于其特殊的真空管结构，驱动电压比较高(一般需要10～15V，而LED和LCD一般只需要2.7～5V)，而且使用不如LED和LCD灵活，因此在测试仪器中不如LED和LCD普及。但在一些特殊的显示需求下，这种显示器却具有独特的高亮度和低功耗(较LED)的显示特性。VFD的驱动原理与LED相似，因此本节不单独介绍。

1. 发光二极管(LED)数码显示

如图9-39所示，LED数码显示器件分别有7段("8"字形)数码管(图9-39(a))、"米"字形数码管(图9-39(b))、数码点阵(图9-39(c))和数码条柱(图9-39(d))4种类型。其中"8"字形和"米"字形显示器最为常用，一般用于显示0～9的数字数码和简单英文字母；数码点阵显示器不仅可以显示数码，还可以显示英文字母和汉字以及其他二值图形；数码条柱显示器比较简单，多用于分辨率要求不高的信号幅度显示，如音频信号幅度的显示、电源电池容量的指示、汽车油箱液位高度的显示、散热器相对温度的显示等。LED 数码显示器有静态显示和动态显示两种显示方式。

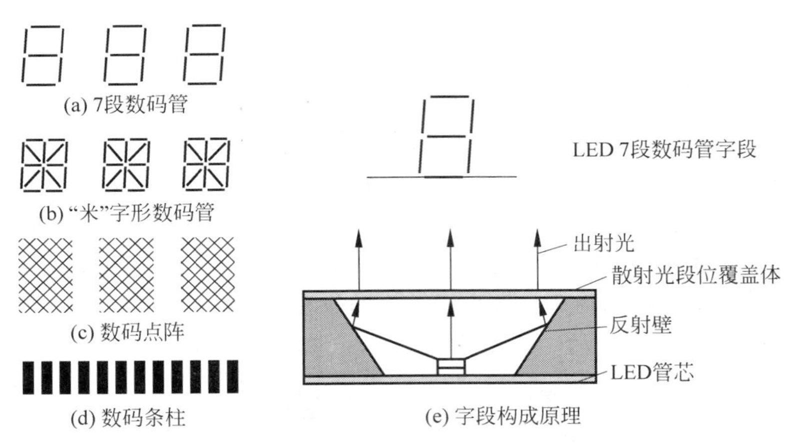

图 9-39　LED 数码显示器件及字段构成原理

2. 液晶(LCD)数码显示

低压低功耗是现代测试仪器发展的趋势，LCD 是一种功耗极低、驱动电压极低、集成度高、体积特小的数码显示器。LCD 应用特别广泛，尤其适合于需要野外操作的测试与检测仪器的显示输出(但不适合超低温环境)。从电子表到计算器，从袖珍式仪表到复杂的测试与检测设备，都利用了 LCD。

液晶是一种介于液体与固体之间的热力学的中间稳定相。其特点是在一定的温度范围内既有液体的流动性和连续性，又有晶体的各向异性。其分子呈长棒形，长宽比较大，分子不能弯曲，是一个刚性体，中心一般有一个桥链，分子两头有极性。LCD 的基本结构及显示原理如图 9-40 所示。由于液晶的四壁效应，在定向膜的作用下，液晶分子在正、背玻璃电极上呈水平排列，但排列方向互为正交，而玻璃间的分子呈连续扭转过渡。这样的构造能使液晶对光产生旋光作用，使光的偏振方向旋转 90°。当外部光线通过上偏振片后形成偏振光，偏振方向成垂直方向，当此偏振光通过液晶材料后，被旋转 90°，偏振方向成水平方向。此方向与下偏振片的偏振方向一致，因此光线能完全穿过下偏振片而到达反射板，经反射后沿原路返回，从而呈现出透明状态。当在液晶盒的上、下电极加上一定的电压后，电极部分的液晶分子转成垂直排列，从而失去旋光性。因此，从上偏振片入射的偏振光不被旋转，当此偏振光到达下偏振片时，因其偏振方向与下偏振片的偏振方向垂直，因而被下偏振片吸收，无法到达反射板形成反射，所以呈现出黑色。根据需要，将电极做成各种文字、数字或点阵，

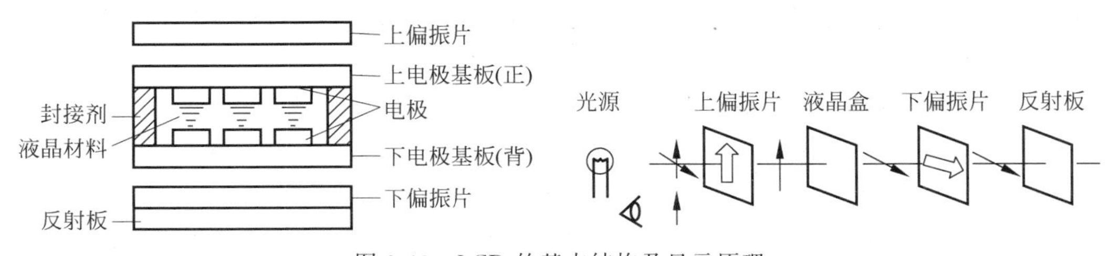

图 9-40　LCD 的基本结构及显示原理

就可获得所需的各种显示。

9.5.3 图像显示仪表

测试仪器的简单信息显示，如测量结果、信号的幅值、频率、相位角、峰-峰值等信号特征值都可以采用前面介绍的模拟指示和数码显示技术输出。然而现代测试仪器需要输出的信息越来越多、越来越复杂，而且有时需要根据不同的工作状态进行输出调整，或要求输出信号的实际波形。前面两种信息显示方式显然无法满足这一要求，这时只有图像显示技术可以达到目的。

图像显示是点阵图形显示和视频图像显示的总称。近年来，该技术的发展非常迅速，不仅有许多成熟技术可供测试仪器选用，而且很多图像显示新技术正逐渐走出实验室。在这些技术中，LED是一种全固体化的发光器件，可以把电能直接转化成光量，是很有发展前景的一种平面显示技术。但受单晶体面积的限制，只能制作分离的LED器件，然后组装成大面积的广告显示，目前还不适合制作高密度显示，因此很少在测试与检测仪器中作阵列式图像显示。本节介绍目前测试与检测仪器中常用的CRT技术。

示波器(oscilloscope)适用于显示动态信号的图像。信号调理器的输出电压使示波器的阴极射线管中的电子束偏转。图9-41所示为阴极射线管示意图，它由产生自由电子的加热阴极、加速电子束的阳极、两个偏转板和显示屏组成。若偏转板上有适当幅值的电压，电子束就会偏转，使显示器的特定位置的磷发光。偏转板电压是与输入电压成比例的，所以可视的偏转与输入电压成比例。示波器中CRT的结构与电视机中的显像管极其相似。

图9-42所示为控制CRT的原理框图。通常，把要显示的输入电压连接到控制垂直板电压的放大器上。扫描振荡器连接到控制水平板电压的放大器上。这种扫描使电子束按用户设定的恒定速度自左至右快速移动。结果是随着电子束扫过屏幕，输入电压被显示为时间的函数。对于周期性输入信号，可以进行同步水平扫描，这样就可以在每次扫描时，从输入电压循环中的同一点开始。于是重复扫描的图形都互相紧密连接，使用户更容易整理屏幕的数据。另外，也可以使用触发器，它只能使水平放大器扫描屏幕一次。

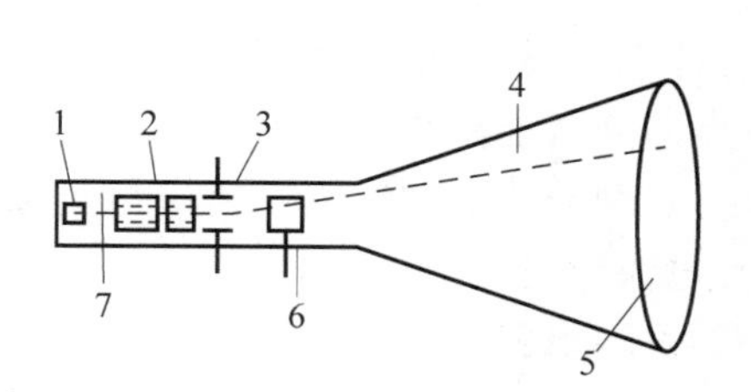

图9-41 阴极射线管的示意图

1—阴极；2—阳极；3—垂直偏转板；4—电子束；5—涂磷屏幕；6—水平偏转板；7—调制栅

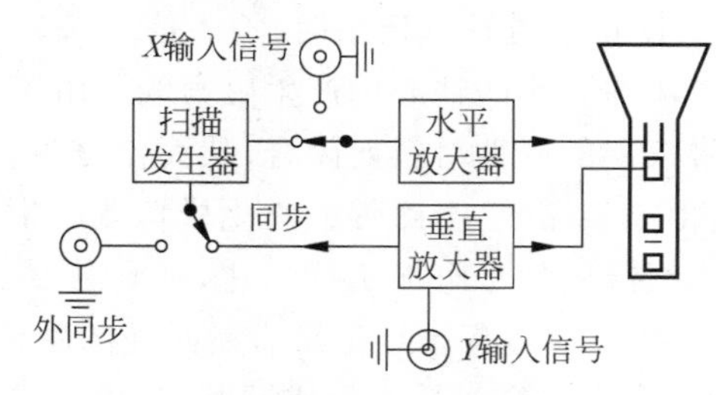

图9-42 控制CRT的原理框图

分离的信号电压可以被分别接到水平放大器和垂直放大器上。这样，可以画出一个输入电压相对于另一个输入电压的关系曲线。需要确定具有相同频率的两个输入电压之间的相位关系时，经常采用这种方法。示波器可以显示很高频率的信号(高达100MHz)，但所读取电压的精确度通常不如数字电压表。在大多数情况下，光束的直径和肉眼的分辨力把精度限制到1%～2%。也可以使用摄影、摄像设备对低频信号的图像做永久记录。

9.5.4 信号的记录和存储

传统的记录仪器用以记录反映被测物理量变化过程的信号。而现代记录仪器可以记录整个测试过程中所有的信号波形、参数及结果变化过程。在必要的时候，可以在计算机及软件构成的虚拟环境下重播测试过程与结果。

1. 磁带记录器

磁带记录器是利用铁磁性材料的磁化现象进行模拟信号记录的仪器。

(1) 工作原理。磁带记录器的典型结构如图9-43所示，其中具有代表性的部件是磁头和磁带。

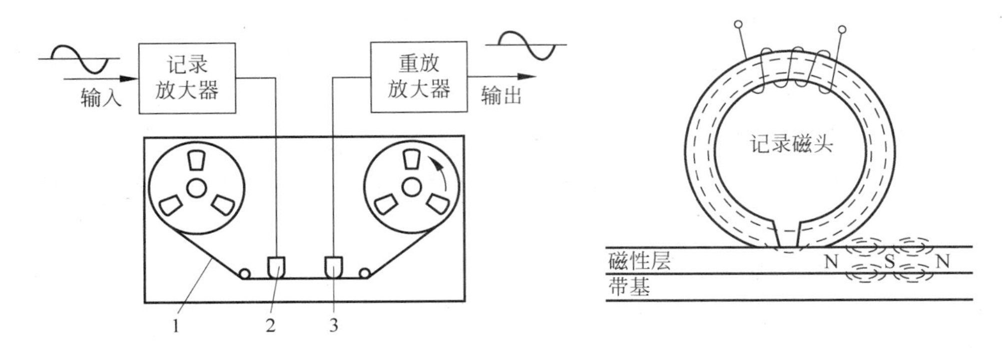

图9-43 磁带记录器的典型结构

1—磁带；2—记录磁头；3—重放磁头

记录磁头和重放磁头结构大致相同，在带有磁隙的环形铁心上绕有线圈。铁心由高磁导率、低电阻、耐磨性好的软磁性铁磁材料薄片叠成。

磁带是一条涂有一层磁性材料的长塑料带。磁带上的磁性材料采用硬磁材料，以满足大矫顽力和剩余磁感应强度的要求。

① 记录过程。记录时，输入信号首先被放大，再供给记录磁头。记录磁头线圈内的信号电流在磁头的铁心中产生磁力线。由于气隙的磁阻较大，大部分磁力线都绕过气隙，通过磁带表层的磁性材料而闭合，从而使磁头底下的一小部分磁层磁化。随着磁层离开记录磁头，由于磁滞效应，磁带的磁化材料就产生了与磁场强度相应的剩磁 B_r。由于磁场强度与输入线圈的信号电流 I 成正比，则剩磁 B_r 也与信号电流成正比。

② 重放过程。当记录有剩磁通的磁带经过重放磁头的磁隙时，因重放磁头铁心的磁阻很小，剩磁通穿过铁心形成回路，与磁头线圈交链耦合，而在线圈中产生感应电动势，其大小与剩磁通变化率成正比。这样，经过重放磁头，剩磁通的变化率则转换成磁头线圈的输出电压。

(2) 直接记录方式。磁带记录器具有多种记录方式，其中直接记录方式和频率调制记录方式最为常用。

采用直接记录方式的磁带记录器，被记录的信号先送入记录放大器放大，然后与一个来自高频振荡器的偏置电压线性叠加，再送入记录磁头线圈(图9-44)。记录磁头产生的磁场强度直接与输入信号的幅值成比例，频率也相同，故称为直接记录方式。采用直接记录方式时，要对磁头的特性进行校正。

① 磁头非线性失真的校正。加入高频偏置电压是为了减小磁介质变换特性造成的非线性失真。如图 9-45(a)所示，当记录磁头磁隙中的磁场强度为 H_1 时，与磁隙接触的磁带的磁性材料的磁感应强度为 B_1，当磁带的磁化部分离开磁头后，磁感应强度沿回线 1-B_{R1} 段下降到 B_{R1}。当 H 值随信号而改变时，将得到一系列剩余磁感应强度值 B_R。H-B_R 曲线如图 9-45(b)所示，它不是一条直线，当记录磁头中的信号电流为正弦函数时，在磁带上得到的剩磁感应强度却不是正弦函数，其波形发生了畸变。

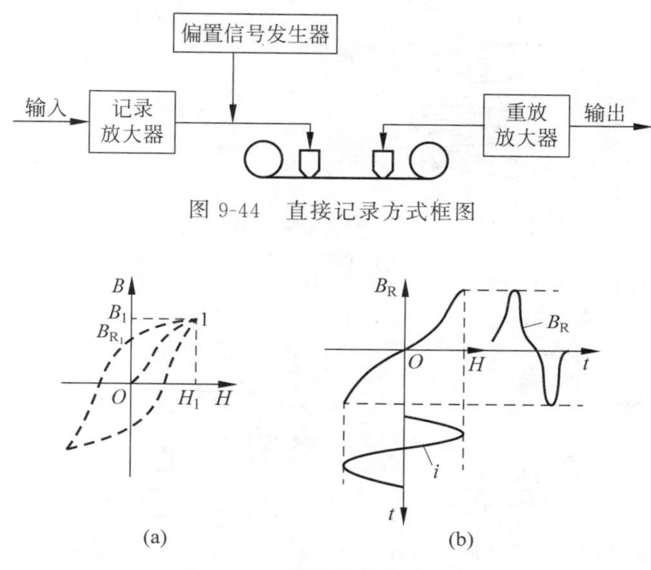

图 9-44　直接记录方式框图

图 9-45　非线性误差的产生

采用交流偏置技术，在记录器内设置偏置振荡器，产生高频偏置信号。将高频偏置信号与输入信号进行线性重叠后再供给记录磁头，这样由于输入信号重叠在高频偏置信号上，使得平均剩磁落到非线性转换曲线的直线段部分。由图 9-46 可见，尽管高频偏置信号的波形发生了畸变，但输入信号却没有畸变，从而消除了非线性误差。

② 重放输出幅频特性的校正。重放输出电压 e 与频率有关。图 9-47 表示了重放磁头的幅频特性。频率为零的直流信号无重放输出，低频信号输出较小，高频信号输出较大。若输入为非正弦信号，由于各次谐波响应不同，则信号重放失真严重。因此，需采取重放均化措施，即采用重放放大器，其频率特性如图 9-47 所示，使综合输出特性表现为不受影响。

(3) 频率调制记录方式(FM 方式)。频率的调制方式是目前工程测量用磁带记录器中采用最广泛的方式。它克服了自接记录方式的缺点。其基本原理如图 9-48 所示。在调制器中，由多谐振荡器产生一载波信号，其中心频率与信号输入为零时情况相对应。当输入正的直流信号时，载波频率增加；当输入负的信号时，载波频率减小。当输入交流信号时，载波频率将随交流信号幅值变化而时增时减。所得到等幅调频波形由磁头记录到磁带上。重放时，重放磁头将磁带上的信号转变为频率随信号而变化的等幅波信号，然后经放大、解调和低通滤波还原成原信号。通常频率调制方式记录的磁带机的工作频率为 0～40kHz。

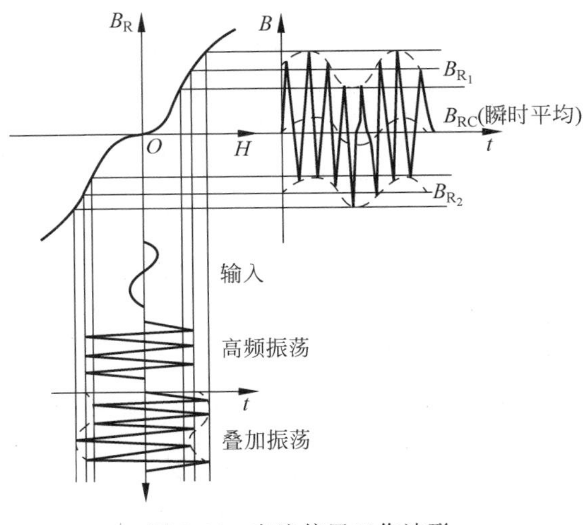

图 9-46　交流偏置工作波形

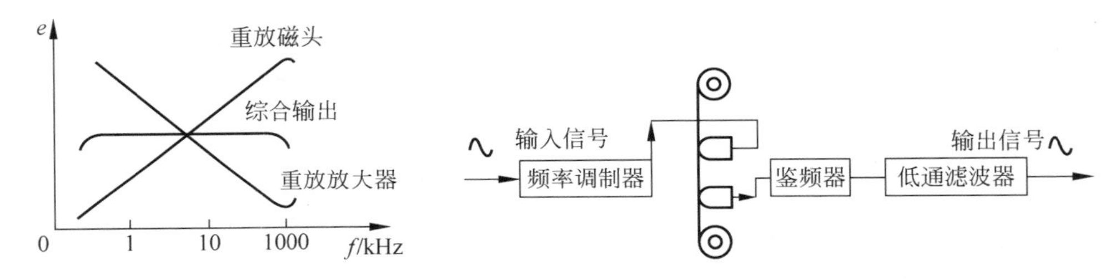

图 9-47　直接记录方式的重放均化的频率特性　　图 9-48　频率调制方式的基本原理

(4) 特点。

① 存储在磁带中的信息是看不见的。输入是电信号,输出也是电信号,便于与数据处理设备及计算机连接。

② 存储在磁带中的信息可以多次重放而不消失。可以方便地将磁带中的信息抹掉,进行再记录。一条磁带可以反复使用多次。

③ 可以记录直流及交流到兆赫的信号,信噪比高,线性度好,零点漂移小,比较容易进行多线记录。

④ 磁带记录可以快录慢放,也可以慢录快放,这在数据处理中是十分有用的。

2. 数字存储设备

(1) 数字存储示波器。可以用作数字记录的设备和媒体种类很多,分为专用数字记录设备和通用数字记录设备,专用数字记录设备有波形存储式记录仪、数字存储示波器等,通用数字记录设备包括计算机及其外设数字存储媒体,有磁带、磁盘、光盘、新型的固态半导体存储盘等。下面主要介绍数字存储示波器。

图 9-49 是一台典型的数字存储示波器,即 TPS2024 数字存储示波器。数字存储示波器不仅可以像普通示波器一样观察信号的波形,而且可以记录信号的波形。数字存储示波器的工作原理如图 9-50 所示,输入的模拟信号先经前置 t 增益控制电路处理以后,经采样(S)、保持(H)和 A/D 转换获得数字化信号,该数字信号被直接存储在示波器内存 RAM

中。为了提高信号采集存储的速度，数字存储示波器的数据内存一般都采用双口存储器或采用 DMA 采集方式。不同型号的数字存储示波器的内存容量不同。在相同采样率的情况下，存储容量越大，能记录的波形长度也就越长。存储在数字示波器内存中的数字信号，一方面可以以波形的方式通过示波器的 CRT 或 LCD 图像显示器显示出来，也可以直接通过 RS-232、IEEE 488、软盘甚至 Internet 以数字或图形的方式直接传输给其他设备或通用计算机，以便做进一步的数据处理和记录。早期的数字存储示波器还提供 D/A 模拟接口通道，用于连接 XY 记录仪等硬复制设备。目前大多数数字存储器都取消了这种模拟接口，因为目前的打印机、绘图仪等通用的硬复制输出设备都可以直接输入数字信号。

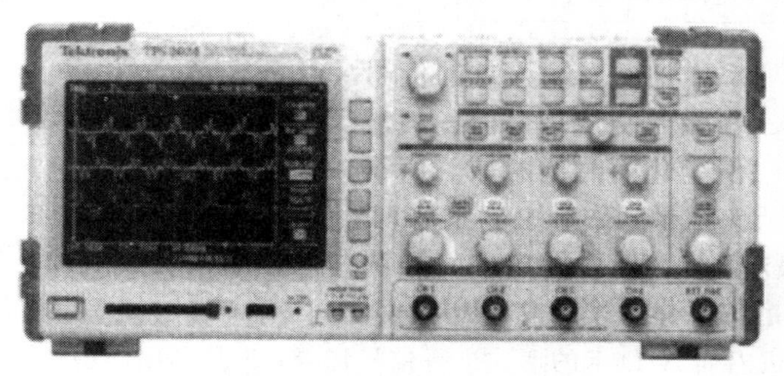

图 9-49　TPS2024 数字存储示波器

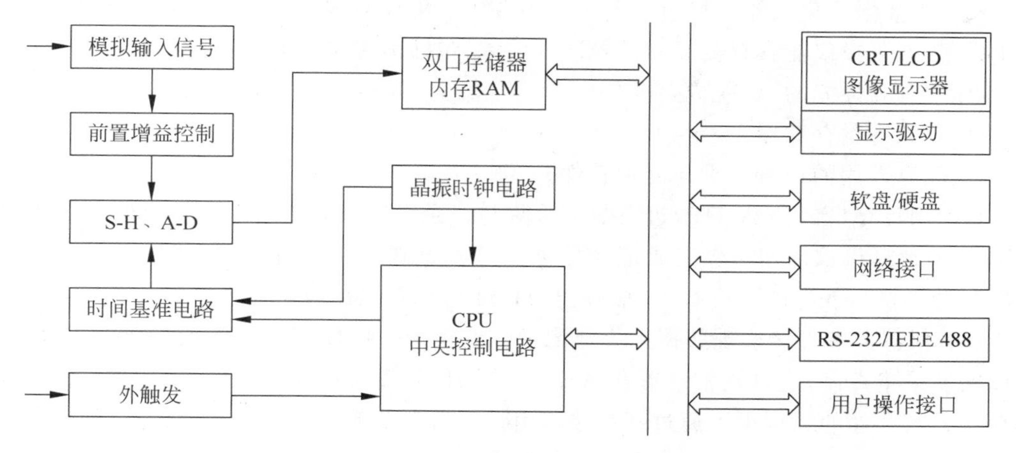

图 9-50　数字存储示波器的工作原理

（2）基于通用设备及媒体的数字记录技术任何一台通用的计算机，配上满足信号采集要求的数据采集卡，再辅以其他外设数字存储媒体，如磁带、软盘、光盘、新型的固态半导体存储盘等，就可以构成一台通用的测试信号数字记录设备。

利用通用数字存储媒体和设备进行数字记录的优点是：通用数字存储媒体和设备兼容性比较好，在测试仪器中使用的媒体及媒体上的记录可以用另外任意一台兼容设备（如计算机）读出。如果测试设备不仅要记录测试信号的波形和结果，还要记录一些测试现场关键参数，那么即使完全脱离原设备也可以在其他通用计算机上，通过软件构成的数字虚拟环境，重现测试过程、信号及结果。

基于通用设备及媒体在测试仪器中的应用原理与过程如图 9-51 所示，分为现场测试与记录过程和后置分析与处理过程。在现场测试与记录过程中，测量过程中所有关键参数被记录在通用介质上，该介质(不是测试设备)可以任意移动。在后置分析与处理过程中，通用介质上记录的参数被读入计算机，输入到与原测试设备配套的虚拟环境软件中运行，即可完全重现原来的测试过程。

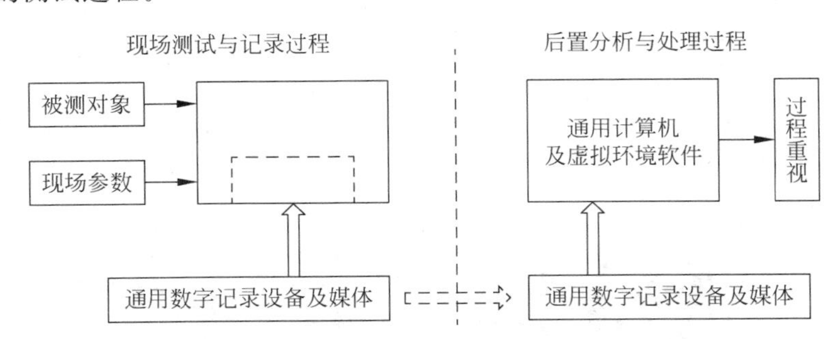

图 9-51 基于通用设备及媒体在测试仪器中的应用原理与过程

3. 信号记录和存储的发展趋势

近年来信号的记录方式越来越趋向于以下途径：一是用数据采集仪器进行信号的记录；二是与计算机内插 A/D 卡的形式进行信号记录；三是利用新型仪器前端直接数据采集与记录功能。

(1) 用数据采集仪器进行信号记录。用数据采集仪器进行信号记录有以下诸多优点。

① 数据采集仪器具有良好的信号输入前端，包括前置放大器、抗混滤波器等。

② 配有高性能的 A/D 转换板卡。

③ 有大容量存储器。

④ 配有专用的信号分析与处理软件。

(2) 用计算机内插 A/D 卡进行数据采集与记录。充分利用通用计算机硬件资源，借助 A/D 卡与计算机软件相结合完成记录任务。这种方式下，信号的采集速度与 A/D 卡转换速率和计算机写外存的速度有关，信号记录长度与计算机存储器容量有关。

(3) 仪器前端直接实现数据采集与记录。近年来一些新型仪器的前端含有 DSP 模块，可以实现采集控制，通过调整装置和 A/D 转换的信号直接送入前端仪器中的海量存储器实现存储。其存储的数据可以通过某些接口由计算机调节实现后续的信号显示、处理和分析。

习 题

9-1 单项选择题

(1) 下列(　　)为不正确叙述。

A. 低通滤波器带宽越窄，表示它对阶跃响应的建立时间越短

B. 截止频率为幅频特性值 $A_0/\sqrt{2}$ 所对应的频率

C. 截止频率为对数幅频特性衰减 3dB 所对应的频率

D. 带通滤波器的带宽为上、下截止频率之间的频率范围

(2) 调幅波(AM)是(　　)。

A. 载波与调制信号(被测信号)相加　　B. 载波幅值随调制信号幅值而变化

C. 载波频率随调制信号幅值而变化　　D. 载波相位随调制信号幅值而变化

(3) 调幅信号经过解调后必须经过(　　)。

A. 带通滤波器　　B. 低通滤波器　　C. 高通滤波器　　D. 相敏检波器

(4) 用磁带记录仪对信号进行快录慢放,输出信号频谱的带宽(　　)。

A. 变窄,幅值压低　　B. 扩展,幅值增高

C. 扩展,幅值压低　　D. 变窄,幅值增高

(5) 数据采集之前一环节为信号预处理,以下除了(　　)以外的其他项目可能是信号预处理包括的内容。

A. 信号放大　　B. 信号衰减　　C. 滤波　　D. 调制

(6) 在1/3倍频程分析中,带宽是(　　)。

A. 常数　　B. 与中心频率成正比的

C. 与中心频率成指数关系的　　D. 最高频率的1/3

(7) 有一1/2倍频程滤波器,其低端、高端截止频率和中心频率分别为f_1、f_a、f_n,带宽为B,下面表述正确的是(　　)。

A. $f_n=1.5f_{c1}$　　B. $B=f_{c1}$　　C. $f_{c2}=\sqrt{f_{c1}f_n}$　　D. $f_{c2}=\sqrt{2}f_{c1}$

(8) 如果比较同相放大器和反相放大器,下列说法中,(　　)是不符合实际的。

A. 它们都具有低输出阻抗的特性,一般小于1Ω

B. 它们的增益取决于反馈电阻与输入电阻的比值,而非实际电阻值

C. 它们的增益带宽积相同

D. 对于这两种放大器,相角与频率之间的关系相同

(9) 为了减少测量噪声,应避免除(　　)以外的做法。

A. 为节省导线,使传感器外壳和测量仪器的外壳分别接地

B. 为安装方便,把仪器的接地点连接到电源插头的地线

C. 为减小电磁干扰,两电源线尽可能互相靠近并互相缠绕,两信号线也应如此

D. 为减小耦合电容,使用屏蔽电缆并且使屏蔽层在传感器端和仪器端接地

9-2　填空题

(1) 交流电桥4个桥臂的阻抗按顺时针方向分别是Z_1、Z_2、Z_3、Z_4,其平衡条件是________。

(2) 调幅波可以看作是载波与调制波的________。

(3) 一个变送器用24V电源供电,就其测量范围,输出4~20mA的电流。为了把信号输入虚拟仪器,可在变送器电路中串联一个________Ω的标准电阻,以便在该电阻两端取出1~5V的电压信号。

(4) 恒带宽比滤波器的中心频率越高,其带宽________,频率分辨率越低。

(5) 增益在高频率的下降是运算放大器的固有特征,低频增益与截止频率之间的关系可以用________(GBP)来描述。如果希望获得较高的增益和带宽,可以使两个放大器________。

(6) 为了减小负载误差,放大器的输入阻抗一般是很________的。

(7) 同相放大器和反相放大器的输出阻抗都是很________的。

(8) 设计滤波器时，必须指明滤波器的种类、________、逼近方式和阶数。对于某些逼近方式，还要指明通带或阻带的波纹。

9-3　简答题

(1) 通常测试系统由哪几部分组成？简要说明各组成部分的主要功能。

(2) 等臂电桥单臂工作，电源电压为 $U_0=U_m\sin\omega t$，输入信号为 $\varepsilon=\Omega\sin Lt$，$\omega\gg\Omega$。写出输出电压 U_{BD} 并示意画出各种信号曲线。

(3) 选择一个正确的答案。

将两个中心频率相同的滤波器串联，可以达到：

① 扩大分析频带。

② 滤波器选择性变好，但相移增加。

③ 幅频、相频特性都得到改善。

(4) 什么是滤波器的分辨力？它与哪些因素有关？

(5) 设一带通滤波器的下截止频率为 f_{c1}，上截止频率为 f_{c2}，中心频率为 f_c，试指出下列叙述中的正确与错误。

① 倍频程滤波器 $f_{c2}=\sqrt{2}f_{c1}$。

② $f_c=\sqrt{f_{c1}f_{c2}}$。

③ 滤波器的截止频率就是此通频带的幅值-3dB处的频率。

④ 下限频率相同时，倍频程滤波器的中心频率是1/3倍频程滤波器的中心频率的2倍。

9-4　应用题

(1) 以阻值 $R=120\Omega$、灵敏度 $S=2$ 的电阻丝应变片与阻值为 120Ω 的固定电阻组成电桥，供桥电压为2V，并假定负载为无穷大，当应变片的应变为 $2\mu\varepsilon$ 和 $2000\mu\varepsilon$ 时，求单臂的输出电压。若采用开尔文电桥，另一桥臂的应变为 $-2\mu\varepsilon$ 和 $-2000\mu\varepsilon$ 时，求其输出电压并比较两种情况下的灵敏度。

(2) 在使用电阻应变片时试图在工作电桥上增加电阻应变片数以提高灵敏度。试问，在下列情况下，是否可提高灵敏度？并说明原因。

① 半桥双臂各串联一片。

② 半桥双臂各并联一片。

(3) 已知调幅波

$$x_o(t)=(100+30\cos2\pi f_1t+20\cos6\pi f_1t)(\cos2\pi f_ct)$$

式中，$f_c=10$kHz，$f_1=500$Hz。试求所包含的各分量的频率及幅值，并绘出调制信号与调幅波的频谱。

(4) 用电阻应变片接成全桥，单臂工作，测量某一构件的应变，已知其变化规律为

$$\varepsilon(t)=10\cos10t+8\cos100t$$

如果电桥激励电压是 $u_o=2\sin10000t$，求此电桥输出信号的频谱。

(5) 一个1/3倍频程滤波器，其中心频率 $f_n=500$Hz，建立时间 $T_c=0.8$s。试求：

① 该滤波器的带宽 B，上、下截止频率 f_{c1}、f_{c2}。

② 若中心频率改为 $f'_n=200$Hz，求带宽，上、下截止频率和建立时间。

(6) 一个测力传感器的开路输出电压为95mV，输出阻抗为500Ω。为了放大信号电压，

将其连接一个增益为 10 的放大器。若放大器输入阻抗为 4kΩ 或 1MΩ，分别求输入负载误差。

(7) μA741 同相放大器的增益为 10，电阻，$R_1=10\text{k}\Omega$，确定电阻 R_2 的值。μA741 运算放大器的增益带宽积(GBP)为 1MHz，求频率为 10000Hz 的正弦输入电压的截止频率和相位移动。

(8) 交流应变电桥的输出电压是一个调幅波。设供桥电压为 $E_0=\sin 2\pi f_0 t$，电阻变化量为 $\Delta R(t)=R_0\cos 2\pi f t$，单臂工作，电阻为 R_0，其中 $f_0 \gg f$。试求电桥输出电压 $e_y(t)$ 的频谱。

(9) 一个信号具有 100～500Hz 范围的频率成分，若对此信号进行调幅，试求调幅波的带宽，若载波频率为 10kHz，在调幅波中将出现哪些频率成分？

(10) 试验中用以供给加热器的公称电压为 120V。为记录该电压，必须采用分压器使之衰减，衰碱器的电压衰减系数为 15。电阻 R_1 和 R_2 之和为 1000Ω。

① 求 R_1、R_2 和理想电压输出。(忽略负载效应)

② 若电源阻抗 R_s 为 1Ω，求真实输出电压 U_o 和在 U_o 上导致的负载误差。

③ 若分压器输出端连接一输入阻抗为 5000Ω 的记录仪，输出电压(即记录仪输入电压)和负载误差各为多少？

(11) 一压力测量传感器需对上至 3Hz 的振动作出响应，但其中混有 60Hz 噪声。现指定一台 1 阶低通巴特沃斯滤波器来减少 60Hz 的噪声。用该滤波器，噪声的幅值能衰减多少？

(12) 一滤波器具有以下传递函数：$H(s)=\dfrac{K(s^2-as+b^2)}{s^2+as+b^2}$，求其幅频、相频特性，并说明滤波器的类型。

参考文献

[1] 谢里阳，孙红春，林贵瑜，等. 机械工程测试技术[M]. 北京：机械工业出版社，2012.
[2] Morris Driels. 线性控制系统工程[M]. 金爱娟，李少龙，李航天，译. 北京：清华大学出版社，2005.
[3] 胡寿松. 自动控制原理[M]. 7 版. 北京：科学出版社，2019.
[4] 罗忠，宋伟刚，郝丽娜，等. 机械工程控制基础[M]. 3 版. 北京：科学出版社，2018.
[5] 王建辉，顾树生. 自动控制原理[M]. 2 版. 北京：科学出版社，2014.
[6] 蔡自兴. 智能控制[M]. 2 版. 北京：电子工业出版社，2004.
[7] 晁勤，等. 自动控制原理[M]. 重庆：重庆大学出版社，2001.
[8] 陈来好，彭康拥. 自动控制原理学习指导与精选题型详解[M]. 广州：华南理工大学出版社，2004.
[9] 董景新，赵长德，熊沈蜀，等. 控制工程基础[M]. 3 版. 北京：清华大学出版社，2009.
[10] 韩致信，袁朗，姚运萍. 机械自动控制工程[M]. 北京：科学出版社，2004.
[11] 胡国清，刘文艳. 工程控制理论[M]. 北京：机械工业出版社，2004.
[12] 孔慧芳. 自动控制原理学 · 练 · 考[M]. 北京：清华大学出版社，2004.
[13] 李祖枢，涂亚庆. 仿人智能控制[M]. 北京：国防工业出版社，2003.
[14] 刘明俊，等. 自动控制原理典型题库解析与实战模拟[M]. 长沙：国防科技大学出版社，2002.
[15] 柳洪义，罗忠，等. 机械工程控制基础[M]. 2 版. 北京：科学出版社，2011.
[16] 卢京潮，刘慧英. 自动控制原理典型题解析及自测试题[M]. 西安：西北工业大学出版社，2003.
[17] 屈胜利，千博，朱欣志. 自动控制原理辅导[M]. 西安：西安电子科技大学出版社，2003.
[18] 沈越，铁维麟. 机械工程控制基础学习指导与习题详解[M]. 北京：机械工业出版社，2002.
[19] 孙炳达，梁志坤. 自动控制原理[M]. 北京：机械工业出版社，2000.
[20] 王积伟，吴振顺. 控制工程基础[M]. 北京：高等教育出版社，2003.
[21] 王田苗，丑武胜. 机电控制基础理论及应用[M]. 北京：清华大学出版社，2003.
[22] 王彤. 自动控制原理试题精选与答题技巧[M]. 哈尔滨：哈尔滨工业大学出版社，2000.
[23] 王益群，钟毓宁. 机械工程控制基础[M]. 武汉：武汉理工大学出版社，2001.
[24] 夏德钤，翁贻方. 自动控制理论[M]. 3 版. 北京：机械工业出版社，2007.
[25] 熊良才，杨克冲，吴波. 机械工程控制基础学习辅导与题解[M]. 武汉：华中科技大学出版社，2002.
[26] 薛安克，彭冬亮，陈雪亭. 自动控制原理[M]. 2 版. 西安：西安电子科技大学出版社，2007.
[27] 严镇军. 复变函数[M]. 合肥：中国科学技术大学出版社，2002.
[28] 谢李阳，孙红春，林贵瑜. 机械工程测试技术[M]. 北京：机械工业出版社，2012.
[29] 王明赞，李佳. 测试技术习题与题解[M]. 北京：机械工业出版社，2012.
[30] 罗忠，王菲，马树军，等. 机械工程控制基础习题辅导与习题解答[M]. 2 版. 北京：科学出版社，2017.
[31] 文杰. 欧姆龙 PLC 电气设计与编程自学宝典（双色版）[M]. 北京：中国电力出版社，2015.
[32] 熊诗波. 机械工程测试技术基础[M]. 4 版. 北京：机械工业出版社，2018.
[33] 欧姆龙自动化（中国）有限公司官网，https://www.fa.omron.com.cn/.